高等院校 EDA 系列教材

Multisim 电路设计与仿真

赵全利　李会萍　主编

周　毅　王　霞　谢志豪　等编著

机 械 工 业 出 版 社

本书由浅入深、循序渐进地介绍了 Multisim 12.0 的知识体系及应用技能。全书共分 9 章，内容包括 3 个主要部分：Multisim 12.0 的基础知识和基本功能，Multisim 12.0 常用电子电路设计和仿真，Multisim 12.0 在高频电子线路和单片机电路中的应用。本书通过大量应用实例，详细地介绍了 Multisim 12.0 的使用操作、原理分析、电路设计及虚拟仿真等各个方面的应用，每一章节的应用实例都是经过精挑细选，具有很强的针对性，力求让读者在学习 Multisim 仿真软件的过程中，其电子电路知识也得到同步提高，达到融会贯通、举一反三的效果。

本书可以作为高等学校电类课程教学和实验仿真，以及“基于 Multisim 电子技术仿真”课程的教材，也可以作为高职、高专院校电子电路设计与仿真的教材。

本书配套授课电子教案，需要的教师可登录 www.cmpedu.com 免费注册、审核通过后下载，或联系编辑索取（电话 010－88379753）。

图书在版编目(CIP)数据

Multisim 电路设计与仿真/赵全利，李会萍主编；周毅等编著．—北京：机械工业出版社，2015.12(2023.1 重印)
高等院校 EDA 系列教材
ISBN 978－7－111－52242－3

Ⅰ.①M… Ⅱ.①赵… ②李… ③周… Ⅲ.①电子电路－电路设计－计算机辅助设计－高等学校－教材 Ⅳ.①TN702

中国版本图书馆 CIP 数据核字(2015)第 284541 号

机械工业出版社(北京市百万庄大街 22 号 邮政编码 100037)
责任编辑：尚 晨
责任校对：张艳霞
责任印制：郜 敏
北京盛通商印快线网络科技有限公司印刷

2023 年 1 月第 1 版·第 8 次印刷
184mm×260mm·20.75 印张·510 千字
标准书号：ISBN 978-7-111-52242-3
定价：59.00 元

前　　言

Multisim 12.0 是 NI 公司推出的以 Windows 为基础的仿真工具，秉承“把实验室装进 PC 中，软件就是仪器”的理念，集电子电路原理分析、设计、虚拟仿真为一体的电子设计自动化环境，在系统建模和仿真、科学工程设计及应用系统开发等方面有着广泛的应用。

为了便于读者学习和掌握 Multisim 12.0 仿真软件，提高 Multisim 12.0 的操作水平，本书以零基础为起点，严格遵循由浅入深、循序渐进的原则，配合典型电子电路实例，引导读者逐步认识、熟悉、掌握和应用 Multisim。

本书作者都是长期工作在高等学校相关专业的一线教师，曾多次在电工、电子技术、单片机课程设计及全国大学生电子竞赛培训工作中创新地运用了 Multisim 12.0 仿真设计功能，并成功地将其转换为实际电路设计，取得了良好的教学成果和优异的成绩。

本书知识全面、实例精彩、指导性强，力求以全面的知识性和丰富的实例来指导读者掌握 Multisim 12.0 各方面的技术。本书共包括 9 章，第 1 ~3 章介绍了 Multisim 12.0 的基础知识，主要包括基本功能与基本操作、分析方法和虚拟仪器使用方法；第 4 ~7 章主要讲解了如何使用 Multisim 12.0 进行设计和仿真，内容包括基础电路、模拟电路、电源电路及数字电路中的应用；第 8 章介绍了 Multisim 12.0 在高频电子线路的应用和仿真；第 9 章介绍了 Multism 12.0 在 MCU 电路中的应用和仿真。

本书由赵全利、李会萍主编，周毅、王霞、谢志豪、范江波、曹晓丽、陈景召、杨丽、蒋俊华、杜晓玉编著，电路仿真调试、习题解答、文档编辑、图形处理及电子课件等由廖璠、宋学坤、田金雨、骆秋容、王如雪、曹媚珠、陈文焕、刘有荣、李刚、孙明建、李索、刘瑞新、刘大学、刘克纯、沙世雁、缪丽丽、田金凤、陈文娟、李继臣、王如新、赵艳波、王茹霞、田同福、徐维维、徐云林完成。本书由赵全利统稿，李会萍对全书进行统筹设计，刘瑞新教授主审。本书在编写过程中，参考和引用了许多文献，在此对文献作者表示感谢。

为方便教师授课、学生学习，本书提供各章电子教案及所有应用实例、例题、习题的仿真源文件，可到机械工业出版社教材服务网 www. cmpedu. com 下载。

由于作者水平有限，书中难免有不足和不妥之处，恳请广大读者批评指正。

编　者

目　录

第1章　Multisim 12.0的基本功能与基本操作

Multisim 12.0是美国国家仪器（National Instruments，NI）最新推出的用于电路设计和电子教学仿真的专用版本。Multisim 12.0专业版基于工业标准SPICE仿真，以获得最优化的利用。本章首先介绍了Multisim 12.0的发展历程、特点及安装过程，然后详细介绍了Multisim 12.0的基本操作界面，最后通过简单的电子电路仿真实例，介绍了电路原理图的建立和仿真基本操作步骤。

1.1　Multisim 12.0概述

1.1.1　Multisim的发展历程

NI Multisim 12.0电路仿真软件的前身是加拿大图像交互技术公司（Interactive Image Technologies，IIT）于20世纪80年代末推出的一款专门用于电子线路仿真的虚拟电子工作平台（Electronics Workbench，EWB）。它可以对数字电路、模拟电路以及模拟/数字混合电路进行仿真，克服了传统电子产品设计受实验室客观条件限制的局限性，用虚拟元件搭建各种电路，用虚拟仪表进行各种参数和性能指标的测试。20世纪90年代初，EWB软件进入我国，1996年IIT公司推出EWB 5.0版本，由于其界面直观、操作方便、分析功能强大、易学易用等突出优点，在我国高等院校中得到了迅速推广，也受到了电子行业技术人员的青睐。

从EWB 5.0版本以后，IIT公司对EWB进行了较大的变动，将专门用于电子电路仿真的模块改名为Multisim，将原IIT公司的PCB制板软件Electronics Workbench Layout更名为Ultiboard，为了增强机器布线能力，开发了Ultiroute布线引擎。另外，还推出了用于通信系统的仿真软件Commsim。至此，Multisim、Ultiboard、Ultiroute和Commsim构成了现在EWB的基本组成部分，能完成从系统仿真、电路设计到电路板图生成的全过程。其中，最具特色的仍然是电路仿真软件Multisim。

2001年，IIT公司推出了Multisim 2001，重新验证了元件库中所有元件的信息和模型，提高了数字电路仿真速度，开设了IIT公司再教育网站，用户可以从该网站得到最新的元件模型和技术支持。

2003年，IIT公司又对Multisim 2001进行了较大的改进，并升级为Multisim 7，其核心是基于带XSPICE扩展的伯克利SPICE，通过强大的工业标准引擎来加强数字仿真，提供了19种虚拟仪器，尤其是增加了3D元件以及安捷伦的万用表、示波器、函数信号发生器等仿实物的虚拟仪表，将电路仿真分析增加到19种，元件增加到13 000个。另外，还提供了专门用于射频电路仿真的元件模型库和仪表，提高了射频电路仿真的准确性。此时，电路仿真软件Multisim 7已经非常成熟和稳定，是加拿大IIT公司在开拓电路仿真领域的一个里程碑。

随后IIT公司又推出了Multisim 8，增加了虚拟Tektronix示波器，仿真速度有了进一步提高，仿真界面、虚拟仪表和分析功能则变化不大。

2005年以后，加拿大IIT公司被美国NI公司收购，并于2005年12月推出Multisim 9。Multisim 9在仿真界面、元件调用方式、搭建电路、虚拟仿真、电路分析等方面沿袭了EWB的优良特性，但软件的内容和功能有了很大变化，将NI公司最具特色的LabVIEW仪表融入其中，克服了Multisim软件不能采集实际数据的缺陷。此外，Multisim 9还可以与LabVIEW软件交换数据，调用LabVIEW虚拟仪表。同时，增加了51系列和PIC系列的单片机仿真功能，还增加了交通灯、传送带、显示终端等高级外设元件。

NI公司于2007年8月26日发行了NI系列电子电路设计套件（NI Circuit Design Suite 10)。该套件含有电路仿真软件NI Multisim 10和PCB板制作软件NI Ultiboard 10。安装NI Multisim 10时，会同时安装NI Ultiboard 10软件，且两个软件位于同一路径下，给用户的使用带来了极大便利。NI Multisim 10的启动画面也在Multisim前冠以NI，还出现了NI公司的徽标和"NATIONAL INSTRUMENTS™"字样，增加了交互部件的鼠标单击控制、虚拟电子实验室虚拟仪表套件（NI ELVIS II)、电流探针、单片机的C语言编程以及6个NI ELVIS仪表。

2010年年初，NI公司正式推出NI Multisim 11，进一步扩展了原有元器件库，新增了源自Microchip、Texas Instruments、Linear Technologies等公司的550多种元器件，使元件总数达到17 000余种。同时，改进了虚拟接口，提升了可编程逻辑器件（PLD）原理图设计仿真与硬件实现一体化融合的性能，将100多种新型基本元器件放置到仿真工作界面，搭接电路后可直接生成VHDL代码。专为学生定制了一款适合大学工程类课程的便携式数据采集设备NI myDAQ，集成了8个虚拟仪表。新增了NI范例查找器、波特图分析仪，增加了AC单频分析，提高了Multisim原理图与Ultiboard布线之间的设计同步性与完整性等。

Multisim 12.0是美国NI公司于2012年3月最新推出的用于电路设计和电子教学的专用版本。Multisim 12.0专业版基于工业标准SPICE仿真，已获得最优化的利用。使用Multisim仿真工具（包括在NI LabVIEW图形化系统设计软件下开发的自定义分析和标准SPICE分析，以及直观测量仪器)，工程师们可以使发生错误和原型返工的概率最小化，从而提高设计性能以满足他们的应用。

1.1.2 Multisim 12.0的主要特点

同Multisim 11一样，Multisim 12.0也有专业版和教育版两种版本。Multisim 12.0教学版内含丰富的教学特性，并配备了一套完整的硬件、教科书和课程解决方案。该集成系统通过交互式的动手实践方法来研究电路行为，帮助教师更好地将学生引入教学系统并且加强电路理论教学。Multisim 12.0中新增了许多新功能，进一步加深了学生对于机电一体化和数字课程的理解。NI的院校市场总监Dave Wilson说："我们为学生提供了与专业人士相同的工具，消除工程教学中过于枯燥或抽象的障碍。最新版本的Multisim功能强大，界面直观，不管是对于业内还是正在接受培训的工程师来说，都可以帮助他们更好地专注于应用本身而不是设计工具。"

同以往的版本相比较，最新版本的Multisim 12.0添加了新的SPICE模型、NI和行业标准硬件连接器、模拟和数字协同仿真，并增强了可用性等。Multisim 12.0的新特性主要体现以下几个方面：

1）使用LabVIEW和Multisim实现数字电路和模拟电路的联合仿真。在设计和分析一些完整系统（如电力和机械行业的一些工程应用）时，需要有效地在模拟部分和数字部分之间进行交互。传统的平台不能准确地将模拟和数字部分进行联合仿真，所以设计错误会影响到物理原型，进而造成低效率而且冗长的设计过程。在Multisim 12.0版本中，与LabVIEW前所未有的紧密集成，可实现模拟和数字系统的闭环仿真。使用该全新的设计方法，工程师可以在结束桌面仿真阶段之前验证模拟电路（如用于功率应用）旁边的现场可编程门阵列（FPGA）数字控制逻辑，进而在设计过程中有效节省时间。

2）可以使用Multisim片段（Snippets）分享电路文件。在Multisim 12.0中，可以以图形文件的格式保存Multisim设计的部分片段或整体片段以供后续设计工作中或者其他的Multisim使用者再次使用。部分片段可以用来分享单个元件、电路的一部分以及没有包括子电路或层次模块的整个电路文件。整体片段可以用于分享整个Multisim设计文件，包括任何的子电路和层次模块。分享Multisim电路文件可以不用打开电路文件就看到电路设计的预览图，也不需要在支持的网页浏览器上上传和下载文件附件。

3）新增Xilinx工具支持。教育版对最新版本XilinxFPGA工具的支持（12.x和13.x）以更好地服务于数字电子学理论课程教学。

4）全新的数据库改进，包括了新的机电模型、AC/DC电源转换器和用于设计功率应用的开关模式电源。

5）新增了超过2000个来自于亚诺德半导体、美国国家半导体、NXP和飞利浦等半导体厂商的全新数据库元件。

6）超过90个全新的引脚精确的连接器使得NI硬件的自定制附件设计更加容易，全新的数字信号分析仪等。

1.2 Multisim 12.0的安装

用户在使用Multisim 12.0软件之前，必须先将其安装到PC上。本节将介绍安装Multisim 12.0的全过程。

Multisim 12.0是NI Circuit Design Suite 12.0套件专业版（Professional Edition）。该套件包括电路仿真软件NI Multisim 12.0和PCB板制作软件NI Ultiboard 12.0两个软件。安装Multisim 12.0所需的配置如下。

1）操作系统：支持的操作系统有Windows XP（32位版本）、Windows Vista（32位或64位版本）、Windows 7（32位或64位版本）、Windows Server 2003 R2（32位）或2008 R2（64位）版本。不支持Windows NT/Me/98/95/2000、Windows XP（64位版本）或Windows Server非R2版本。

2）CPU：Pentium 4系列微处理器或同等性能的微处理器（最低要求为Pentium Ⅲ）。

3）内存：512 MB（最低要求为256 MB）。

4）显示器分辨率：1024×768像素或更高（最低要求800×600像素）。

5）硬盘：1.5 GB可用空间（最小可用空间不得小于1.0 GB）。

Multisim 12.0在不同版本的Windows操作系统下安装提示信息和过程略有不同，但只要按照提示操作即可顺利进行。Multisim12.0在Window 7环境下的安装过程如下：

1）Multisim 12.0 的安装软件为一个压缩文件，安装之前应先对其进行解压操作，双击扩展名为.EXE 的安装软件，弹出如图 1-1 所示的界面。

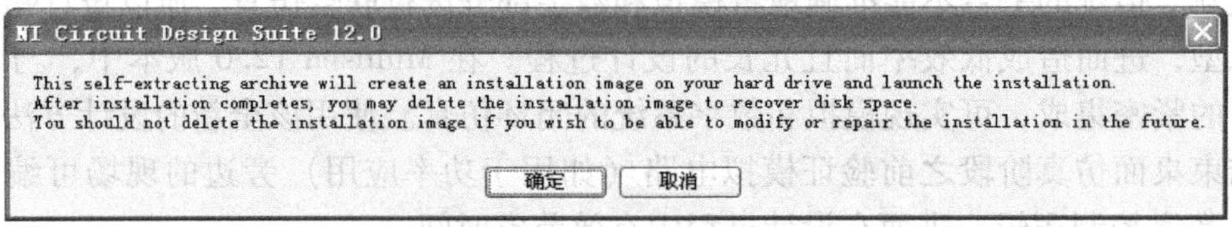

图 1-1　安装界面 1

2）单击“确定”按钮后，选择解压的文件路径，进行解压缩操作，如图 1-2 所示。解压完成后，弹出如图 1-3 所示的提示。

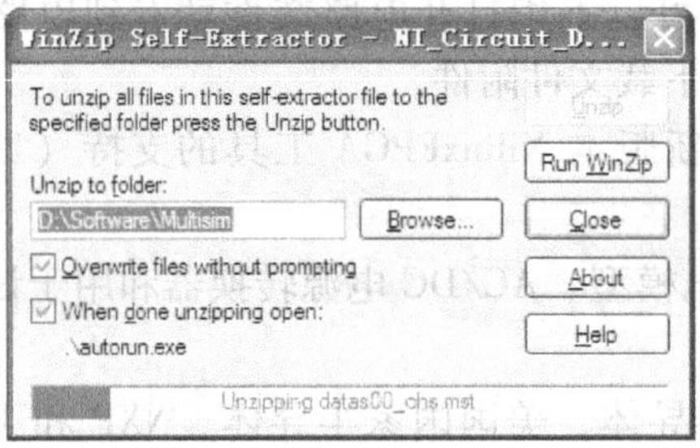

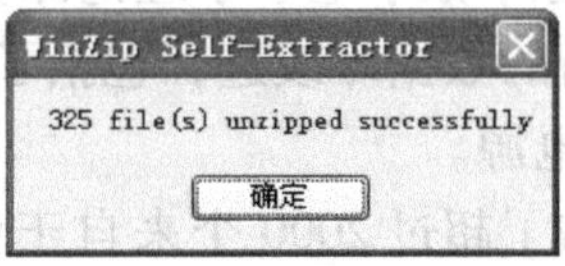

图 1-2　安装界面 2　　　　图 1-3　安装界面 3

3）紧接着，弹出如图 1-4 所示的安装界面。

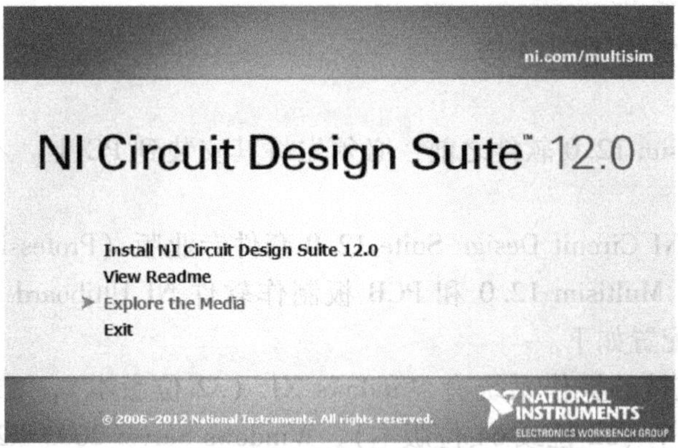

图 1-4　安装界面 4

4）选择“Install NI Circuit Design Suite 12.0”，弹出如图 1-5 所示的安装界面。

5）选中“Install this product for evaluation”单选按钮，单击“Next”按钮，弹出如图 1-6 所示的安装界面。

6）设置安装目录，单击“Next”按钮，弹出如图 1-7 所示的安装界面。

7）选择“NI Circuit Design Suite 12.0”，单击“Next”按钮，弹出如图 1-8 所示的安装界面。

8）选中图 1-8 中的复选框，单击“Next”按钮，弹出如图 1-9 所示的安装界面。

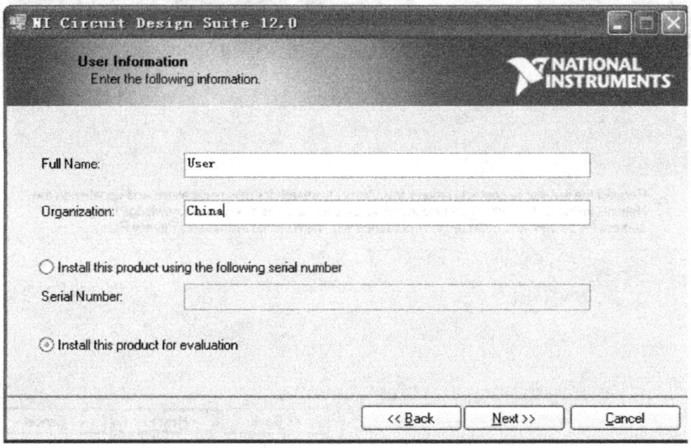

图 1-5　安装界面 5

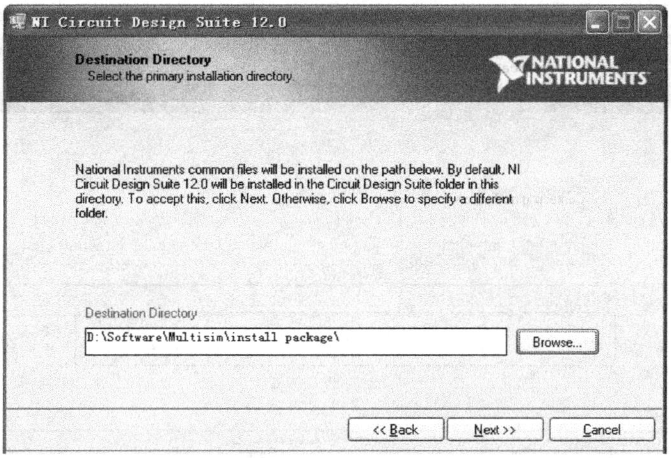

图 1-6　安装界面 6

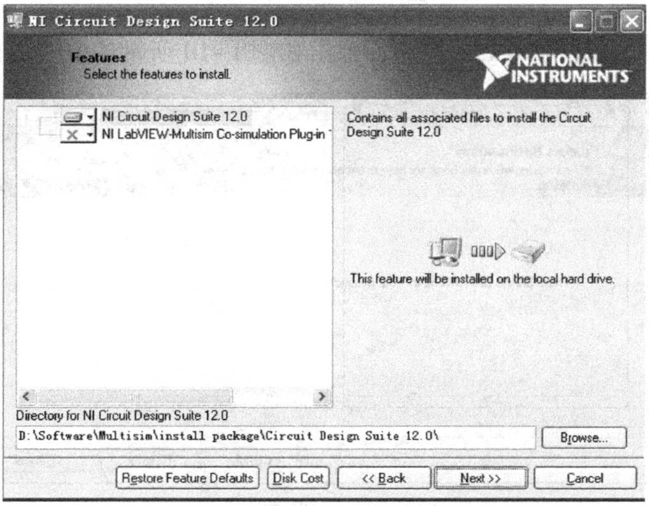

图 1-7　安装界面 7

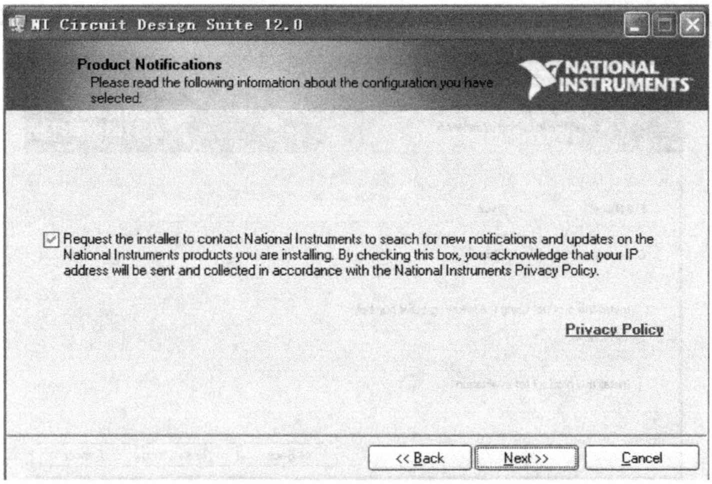

图 1-8　安装界面 8

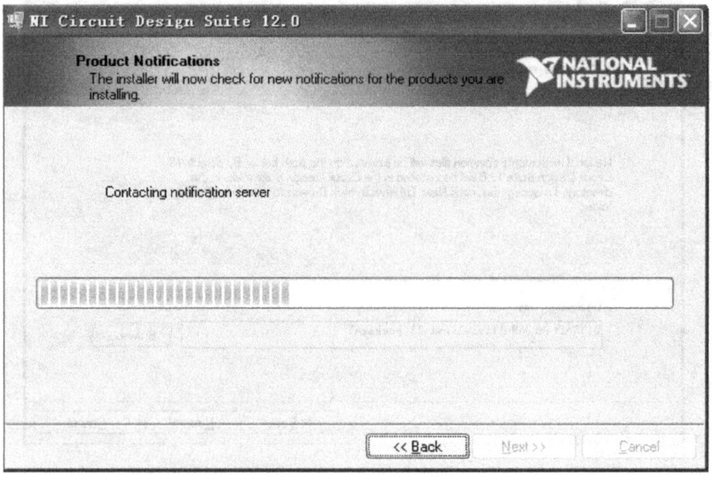

图 1-9　安装界面 9

9）进程结束后，单击“Next”按钮，弹出如图 1-10 所示的安装界面。

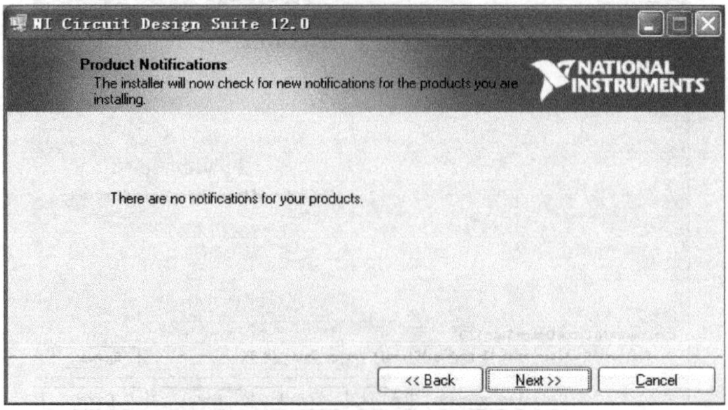

图 1-10　安装界面 10

10）单击“Next”按钮，弹出如图 1-11 所示的安装界面。

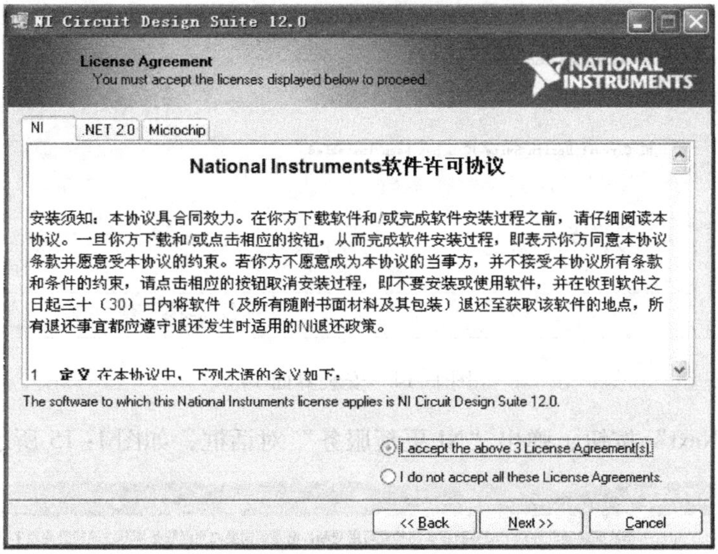

图 1-11　安装界面 11

11）选择同意协议，单击“Next”按钮，弹出如图 1-12 所示的安装界面。

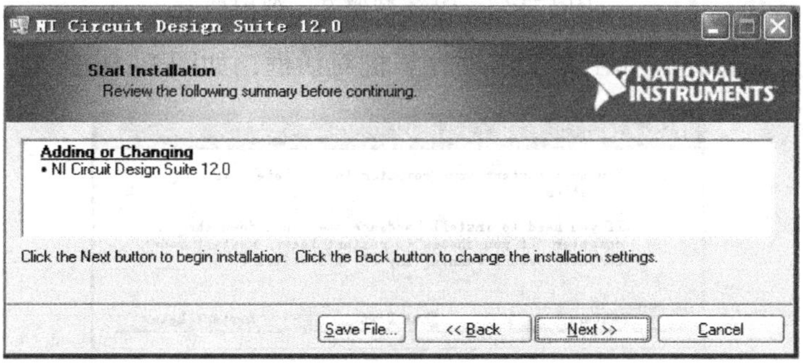

图 1-12　安装界面 12

12）单击“Next”按钮，开始安装软件，安装进程如图 1-13 所示。

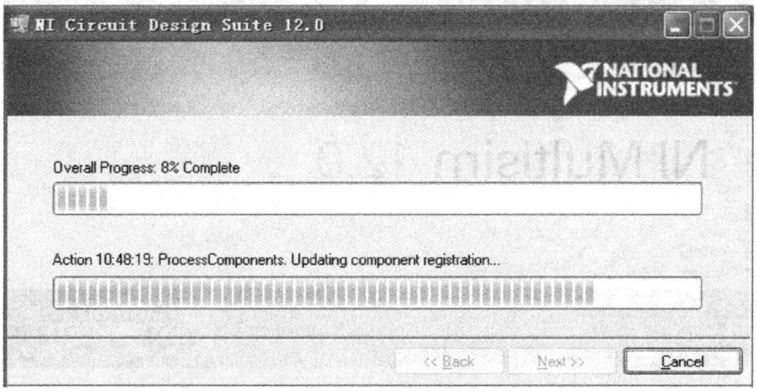

图 1-13　安装界面 13

13）安装进程结束后，弹出如图 1-14 所示的界面。

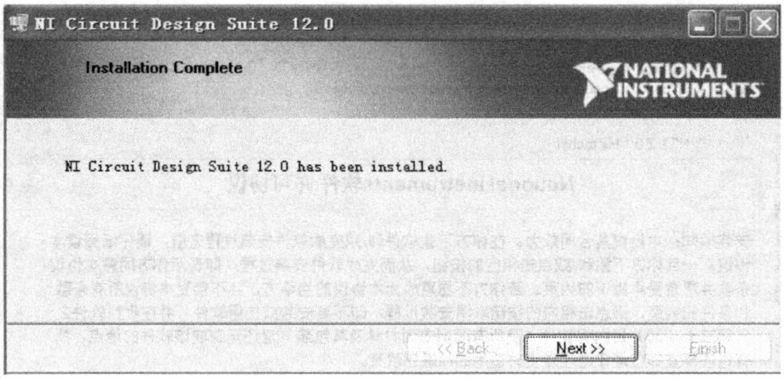

图 1-14　安装界面 14

14）单击“Next”按钮，弹出“NI 更新服务”对话框，如图 1-15 所示。

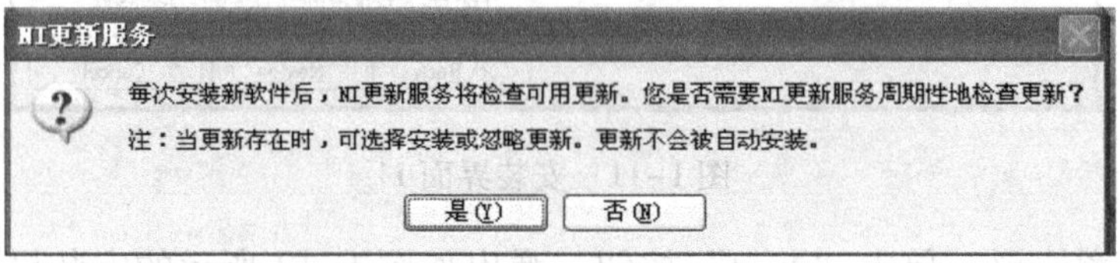

图 1-15　“NI 更新服务”对话框

15）单击“是”按钮，弹出重新启动计算机对话框，如图 1-16 所示。

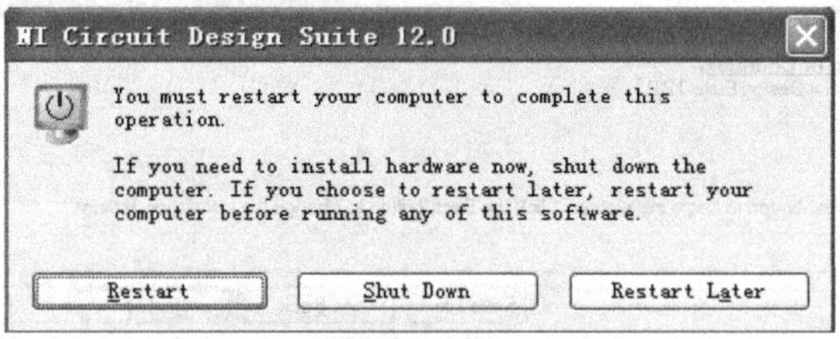

图 1-16　重新启动计算机对话框

16）重新启动计算机后，打开 Multisim 12.0 程序，软件启动界面如图 1-17 所示。

图 1-17　软件启动界面

17）第一次启动需要激活软件，界面如图 1-18 所示。

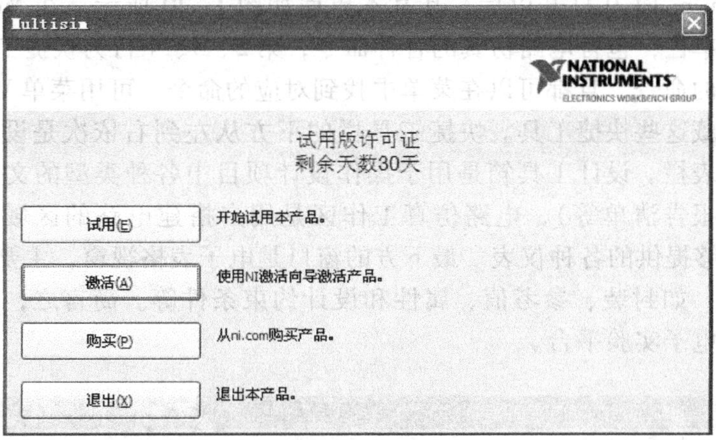

图 1-18　软件激活界面

18）单击“激活”按钮，弹出如图 1-19 所示的界面，选中“通过安全网络连接自动激活”单选按钮，单击“下一步”按钮，直至激活完成。

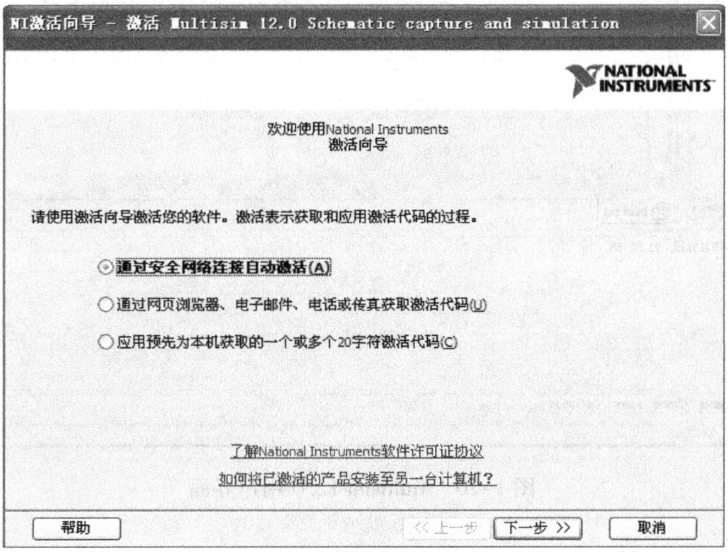

图 1-19　软件激活向导

19）至此，Multisim 12.0（包括 Ultiboard 12.0）软件安装成功。

1.3　Multisim 12.0 的基本操作界面

在完成 Multisim 12.0 的安装之后，便可以打开安装好的文件进行所需要的电路仿真、电路分析和综合等操作。Multisim 12.0 和 Windows 的操作界面极其类似，与 EWB、Multisim 2001、Multisim 11 等前身一样具有操作极其方便、易于使用的特点。

单击“开始”→“所有程序”→“National Instruments”→“Circuit Design Suite

12.0”，可以找到已经安装的电路仿真软件 Multisim 12.0 和 PCB 板制作软件 Ultiboard 12.0。选择 Multisim 12.0 打开以后，其基本界面如图 1-20 所示。在 Multisim 12.0 界面中，第 1 行为菜单栏，包含电路仿真的各种命令；第 2、3、4 行为快捷工具栏，其上显示了电路仿真常用的命令，且都可以在菜单中找到对应的命令，可用菜单 View 下的 Toolsbar 选项来显示或隐藏这些快捷工具。快捷工具栏的下方从左到右依次是设计工具箱、电路仿真工作区和仪表栏。设计工具箱是用于操作设计项目中各种类型的文件（如原理图文件、PCB 文件、报告清单等），电路仿真工作区是用户搭建电路的区域，仪表栏显示了 Multisim 12.0 能够提供的各种仪表。最下方的窗口是电子表格视窗，主要用于快速地显示编辑元件的参数，如封装、参考值、属性和设计约束条件等。简言之，该基本操作界面相当于一个虚拟电子实验平台。

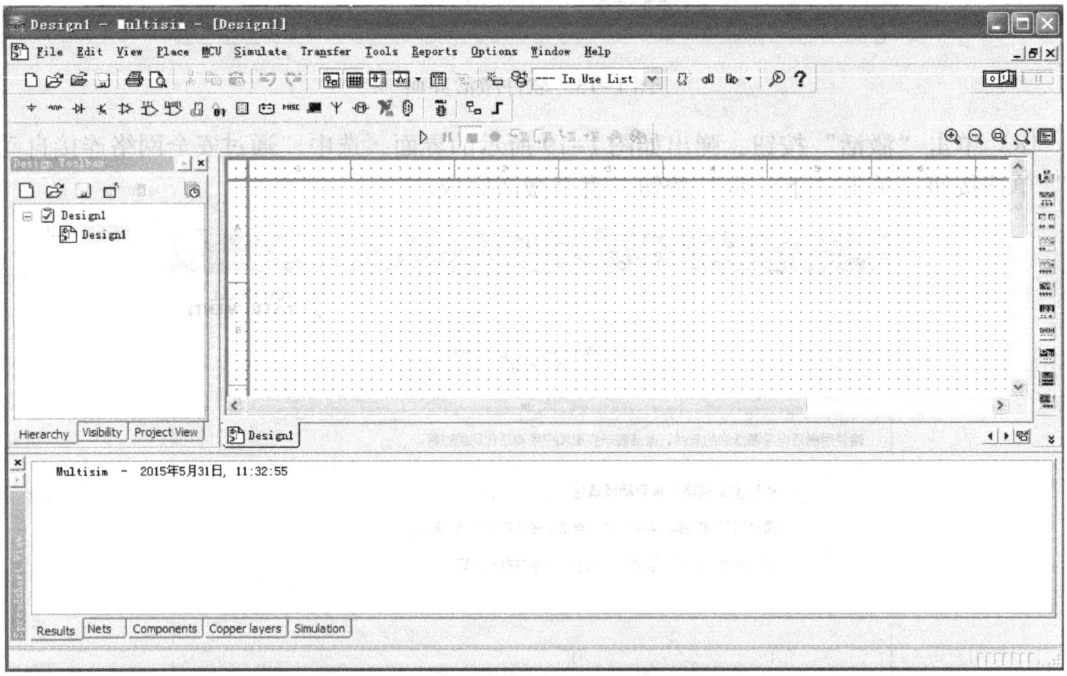

图 1-20　Multisim 12.0 用户界面

新产生的电路原理图文件以 Multisim 12.0 默认的名称 Design1 来命名。本节将介绍 Multisim 12.0 的基本界面中的菜单栏、工具栏、元器件栏、仿真开关、电路工作区、电子表格视窗等各部分的功能。

1.3.1　菜单栏

Multisim 12.0 的菜单栏和 Windows 的操作界面极其类似，如图 1-21 所示。

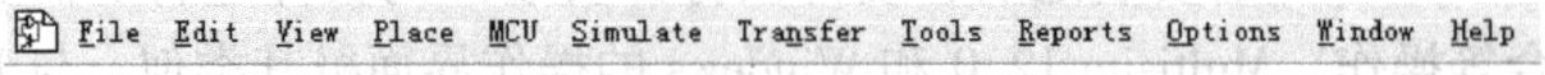

图 1-21　Multisim 12.0 的菜单栏

1. “File” 菜单

“File” 菜单提供了打开、新建、保存文件等操作，用法与 Windows 类似。

2. “Edit” 菜单

“Edit” 菜单提供了 Undo、Redo、Cut、Copy、Paste、Delete、Find、和 Select All 等选项，用法与 Windows 类似。

3. “View” 菜单

“View” 菜单提供了以下功能：全屏显示，缩放基本操作界面，绘制电路工作区的显示方式，以及扩展条、工具栏、电路的文本描述、工具栏是否显示。

4. “Place” 菜单

“Place” 菜单提供绘制仿真电路所需的元器件、节点、导线、各种连接接口，以及文本框、标题栏等文字内容。

5. “MCU” 菜单

“MCU” 菜单提供了带有微控制器的嵌入式电路的仿真功能。Multisim 12.0 目前能支持的微控制器芯片类型有两类：80C51 和 PIC。

6. “Simulate” 菜单

“Simulate” 菜单提供和仿真所需的各种仪器仪表，提供对电路的各种分析方法（如放大电路的静态工作点分析），设置仿真环境及 PSPICE、VHDL 等仿真操作。

7. “Transfer” 菜单

“Transfer” 菜单提供仿真电路的各种数据与 Ultiboard 12.0 的数据相互传送的功能。

8. “Tools” 菜单

“Tools” 菜单主要提供各种常用电路（如放大电路、滤波器、555 时基电路）的快速创建向导，用户可以通过 “Tools” 菜单快速创建上述电路。另外，各种电路元器件都可以通过 “Tools” 菜单修改其外部形状。

9. “Reports” 菜单

“Reports” 菜单用于产生指定元件存储在数据库中的所有信息和当前电路窗口中所有元件的详细参数报告。

10. “Options” 菜单

“Options” 菜单提供根据用户需要设置电路功能、存放模式以及工作界面的功能。

11. “Window” 菜单

“Window” 菜单提供对一个电路的各个多页子电路以及不同的仿真电路同时浏览的功能。

12. “Help” 菜单

单击 “Help” 菜单，可以打开 Help 窗口，其中有帮助主题目录、帮助主题索引以及版本说明等选项。

1.3.2 工具栏

1. 标准工具栏

标准工具栏主要提供一些常用的文件操作功能，按钮从左到右的功能分别为新建文件、打开文件、打开设计实例、文件保存、打印电路、打印预览、剪切、复制、粘贴、撤销和恢复，如图 1-22 所示。

图 1-22　Multisim 12.0 的标准工具栏

2. 视图工具栏

视图工具栏中的按钮从左到右的功能分别为放大、缩小、全屏显示、对指定区域进行放大和在工作空间一次显示整个电路，如图 1-23 所示。

图 1-23　Multisim 12.0 的视图工具栏

3. 主工具栏

主工具栏集中了 Multisim 12.0 的核心操作，从而可以使电路设计更加方便，如图 1-24 所示。该工具栏中的按钮从左到右分别为显示或隐藏设计工具栏，显示或隐藏电子表格视窗，显示或隐藏 SPICE 网表视窗，图形和仿真列表，对仿真结果进行后处理，切换到总电路，打开创建新元件向导，打开数据库管理窗口，使用中元件列表，ERC 电路规则检测，将 Ultiboard 12.0 电路的改变反标到 Multisim 12.0 电路文件中，将 Multisim 12.0 电路的改变反标到 Ultiboard 12 文件中，查找实例和帮助。

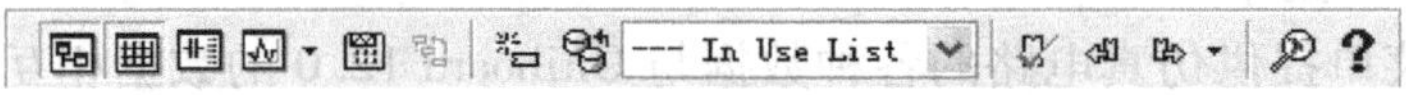

图 1-24　Multisim 12.0 的主工具栏

4. 仿真开关

用于控制仿真过程的开关有两个，左边的开关为仿真启动/停止开关，开关拨向左边停止仿真，拨向右边启动仿真；右边开关为暂停开关，如图 1-25 所示。

图 1-25　Multisim 12.0 的仿真开关

5. 元件工具栏

Multisim 12.0 的元件工具栏包括实际元件库和虚拟元件库，默认的界面上显示出来的是实际元件工具栏，如图 1-26 所示。实际元件工具栏中的元件是有封装的真实元件，参数是确定的，不可改变。实际元件工具栏中包括 18 种元件分类库，每个元件库放置同一类型的元件。此外，元件工具栏还包括放置层次电路和总线的命令。元件工具栏从左到右的模块分别为电源库、基本元件库、二极管库、晶体管库、模拟器件库、TTL 器件库、CMOS 器件库、其他数字元件库、混合元件库、显示元件库、功率元件库、其他元件库、高级外围元件库、RF 射频元件库、机电类元件库、NI 元件库、连接元件库、微处理器模块、层次化模块和总线模块。其中，层次化模块是将已有的电路作为一个子模块加到当前电路中。

图 1-26　Multisim 12.0 的元件工具栏

6. 仪器工具栏

仪器工具栏包含各种对电路工作状态进行测试的仪器仪表及探针，如图 1-27 所示。仪器工具栏从左到右分别为数字万用表、函数信号发生器、瓦特表、双通道示波器、四通道示波器、波特图仪、频率计、字信号发生器、逻辑分析仪、逻辑转换仪、伏安特性分析仪、失真分析仪、频谱分析仪、网络分析仪、安捷伦函数发生器、安捷伦万用表、安捷伦示波器、泰克示波器、测量探针、LabVIEW 虚拟仪器、NI ELVIS 仪器工具和电流探针。

图 1-27　Multisim 12.0 的仪器工具栏

1.3.3　设计工具箱（Design Toolbox）

设计工具箱位于快捷工具栏的左下方，主要用来管理原理图的不同组成元素和层次电路的显示，如图 1-28 所示。设计工具箱由 3 个不同的选项卡组成：层次化（Hierarchy）选项卡、可视化（Visibility）选项卡和工程视图（Project View）选项卡。

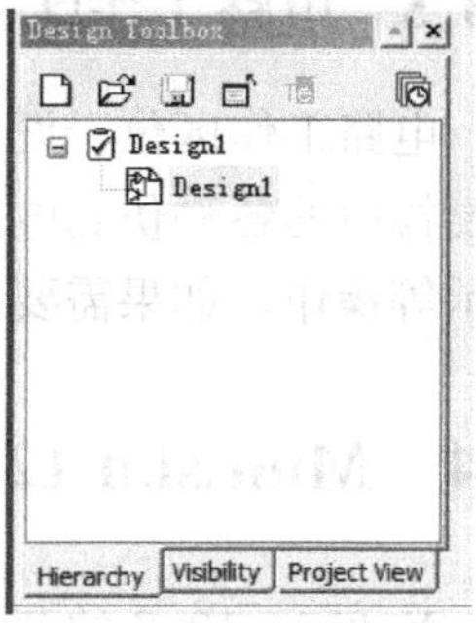

图 1-28　Multisim 12.0 的设计工具箱

1. 层次化（Hierarchy）选项卡

该选项卡用于对不同电路进行分层显示，上方的 5 个按钮从左到右分别为新建原理图、打开原理图、保存、关闭当前电路图和（对子电路、层次电路和多页电路）重命名。例如，Multisim 12.0 刚启动时，自动默认命名的 Design1 电路就以分层化的形式展示出来了。单击新建原理图，就会生成 Design2 电路，两个电路以层次化的形式表现出来。

2. 可视化（Visibility）选项卡

由用户决定工作空间的当前页面显示哪些层，以及用于设置是否显示电路的各种参数标识。例如，集成电路的引脚名、引脚号等。

3. 工程视图（Project View）选项卡

工程视图选项卡用于显示同一电路的不同页，显示所建立的工程，包括原理图文件、PCB 文件、仿真文件等。

1.3.4　电子表格视窗

电子表格视窗位于图 1-20 的最下方，又称电路元件属性视窗（SpreadSheet View），如图 1-29 所示。当电路存在错误时，该视窗用于显示检验结果以及作为当前电路文件中所有元件的属性统计窗口，可以通过该窗口改变元件的部分或全部属性。电子表格视窗包括 5 个选项卡，下面简单介绍各选项卡的功能。

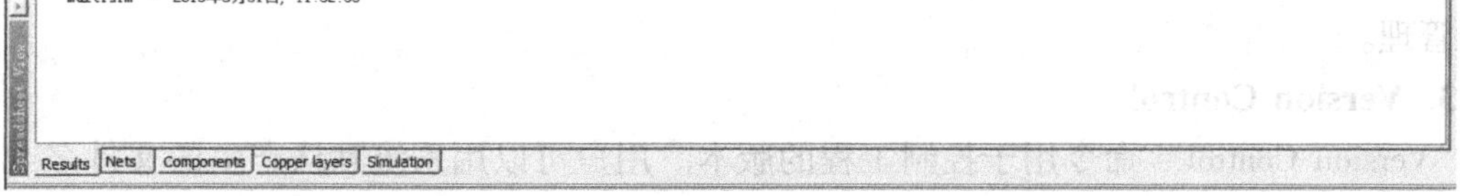

图 1-29　Multisim 12.0 的电子表格视窗

1. “Results” 选项卡

“Results” 选项卡可以显示电路中元件的查找结果和 ERC 校验结果，但要使 ERC 的校验结果显示在该页面，需要运行 ERC 校验时选择将结果显示在 Result Pane 中。

2. “Nets” 选项卡

“Nets” 选项卡显示当前电路中所有网点的相关信息，部分参数可以自定义修改。

3. “Components” 选项卡

“Components” 选项卡显示当前电路中所有元件的相关信息，部分参数可以自定义修改。

4. “Copper layers” 选项卡

“Copper layers” 选项卡显示 PCB 层的相关信息。

5. “Simulation” 选项卡

“Simulation” 选项卡显示运行仿真时的相关信息。

1.3.5 电路工作区

电路工作区位于设计工作箱的正右方，是基本工作界面的最主要部分，它用来创建用户需要检验的各种仿真电路。在电路工作区可以进行电路图的编辑绘制、仿真分析及波形数据显示等操作。如果需要，还可以在电路工作区内添加文字说明及标题框等。

1.4 Multisim 12.0 的菜单栏和工具项

Multisim 12.0 的菜单栏一共包含了 12 个菜单项，分别是文件（File）菜单、编辑（Edit）菜单、视图（View）菜单、放置（Place）菜单、MCU 菜单、仿真（Simulate）菜单、文件输出（Transfer）菜单、工具（Tools）菜单、报告（Reports）菜单、选项（Options）菜单、窗口（Window）菜单和帮助（Help）菜单。以上每个菜单下都有一系列功能命令，用户可以根据需要在相应的菜单下选择。

1.4.1 “文件（File）” 菜单

“文件（File）” 菜单主要用于管理所创建的电路文件，如对电路文件进行打开、保存和打印等操作。其中大多数命令和一般 Windows 的应用软件基本相同，此处不再赘述。下面主要介绍一下 Multisim 12.0 特有的命令菜单。

1. Open Samples

“Open Samples” 命令可以打开软件安装路径下的自带实例。

2. New Project、Open Project、Save Project 和 Close Project

这 4 个命令分别为对工程文件进行创建、打开、保存和关闭操作。一个完整的工程包括原理图、PCB（印制电路板）文件、仿真文件、工程文件和报告文件，可以将其分类存放，便于管理。

3. Version Control

“Version Control” 命令用于控制工程的版本。用户可以用系统默认产生的文件名或自定义文件名作为备份文件的名称对当前工程进行备份，也可以进行恢复以前版本的工程。

4. Print Options

"Print Options" 命令包括两个子命令：Print Circuit Setup（打印电路设置命令）和 Print Instruments（打印当前工作区内仪表波形图命令）。

1.4.2 "编辑（Edit）" 菜单

"编辑（Edit）" 菜单下的命令主要用于绘制电路图的过程中，对电路和元件进行各种编辑，其中一些操作（如复制、粘贴等）和一般 Windows 应用程序基本相同，这里不再赘述。下面仅介绍一下 Multisim 12.0 特有的命令。

1. Paste Special

"Paste Special" 命令不同于 Paste 命令，其功能是将所复制的电路作为子电路进行粘贴。

2. Delete Multi - Page

"Delete Multi - Page" 命令用于删除多页面电路文件中的某一页电路文件。

3. Find

"Find" 命令用于搜索当前工作区内的元件。单击该命令后弹出如图 1-30 所示的对话框，包括要寻找的元件的名称、类型以及寻找的范围等。其中，"Find what" 文本框用于输入所要查找的器件名称。"Search for" 下拉列表用于设置查找对象，常用的选项有 All elements（当前所有电路文件）、Off - page Connectors（多页电路的连接）、Nets（用于搜索网络器件）、HB/SC Connectors（设置了连接器的电路）。Search in 下拉列表用于设置查找范围，在当前的电路或者所有打开的电路中寻找。图 1-30 中的任意匹配和完全匹配复选框用于设置搜索时的字符匹配。注意，在 Multisim 12.0 的不同版本中搜索时，有可能要区分元器件名称的大小写。

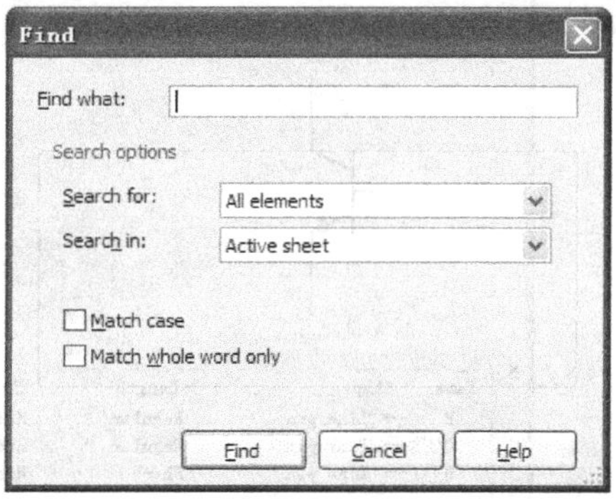

图 1-30　Multisim 12.0 的寻找元件对话框

4. Merge Selected Buses

"Merge Selected Buses" 命令用于合并所选择的总线。

5. Graphic Annotation

"Graphic Annotation" 命令用于编辑图形注释选项，利用它可以改变导线的颜色、类型，画笔颜色、类型和箭头类型。

6. Order

"Order" 命令用于安排已选图形的放置层次。

7. Assign to Layer

"Assign to Layer" 命令用于将已选的项目（如 ERC 错误标志、静态探针、注释和文本/图形）安排到注释层。

8. Layer Settings

"Layer Settings" 命令用于图层的设置，设置可显示的对话框。

9. Orientation

"Orientation"命令用于改变元件放置方向（上下翻转、左右翻转或旋转）。

10. Title Block Position

"Title Block Position" 命令用于改变标题栏在电路仿真工作区的位置。

11. Edit Symbol/Title Block

"Edit Symbol/Title Block"命令用于对已选元件的图形符号或工作区内的标题框进行编辑。在工作区内选择一个元件，单击"Edit Symbol/Title Block" 命令后，弹出如图 1-31 所示的元件符号编辑窗口。在该窗口中可以对元件各引脚端的线型、线长等参数进行编辑，还可以自行添加文字和线条等。选择工作区内的标题框（标题框的添加使用"Place" 菜单中的"Title block" 选项），单击"Edit Symbol/Title Block" 命令后，弹出如图 1-32 所示的标题框编辑窗口，可对选中的文字、边框或位图等进行编辑。

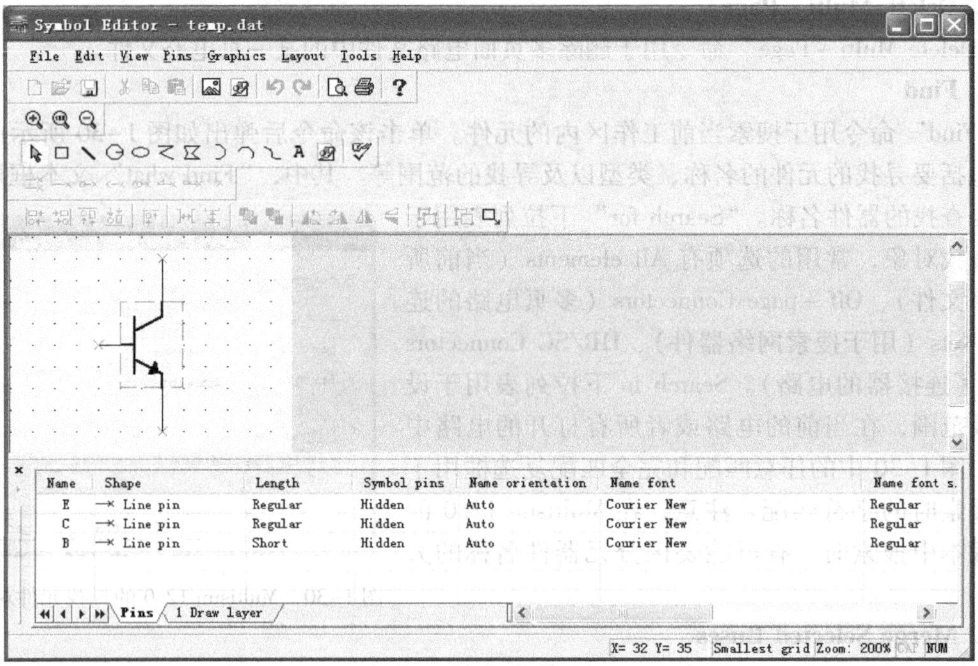

图 1-31　元件符号编辑窗口

12. Font

"Font" 命令用于改变所选择对象的字体，可以对电路中的元器件的标识号、参数值等进行设置，同 Word 办公软件的用法类似。

13. Comment

"Comment" 命令用于修改所选择的注释。

14. Forms/Questions

"Forms/Questions" 命令用于对有关电路的记录或问题进行编辑。当一个设计任务由多人完成时，常需要通过邮件的形式对电路图、记录表及相关问题进行汇总和讨论，Multisim 12.0 可以方便地实现这一功能。

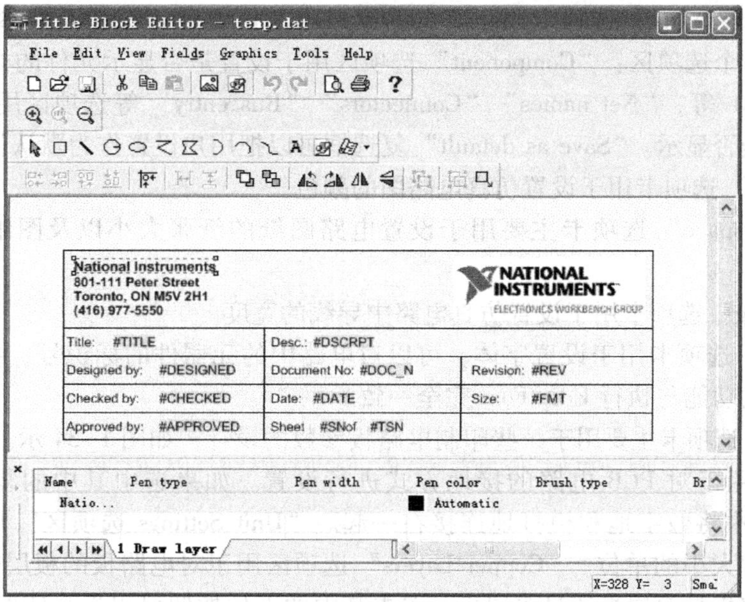

图 1-32　标题框编辑窗口

15. Properties

“Properties” 命令用于打开所选择对象的属性编辑窗口。打开一个已经被选中的元件的属性对话框，可对其参数值、标识符等信息进行编辑。若未选中某个特定元件，单击“Properties”选项，会弹出如图 1-33 所示的对话框。

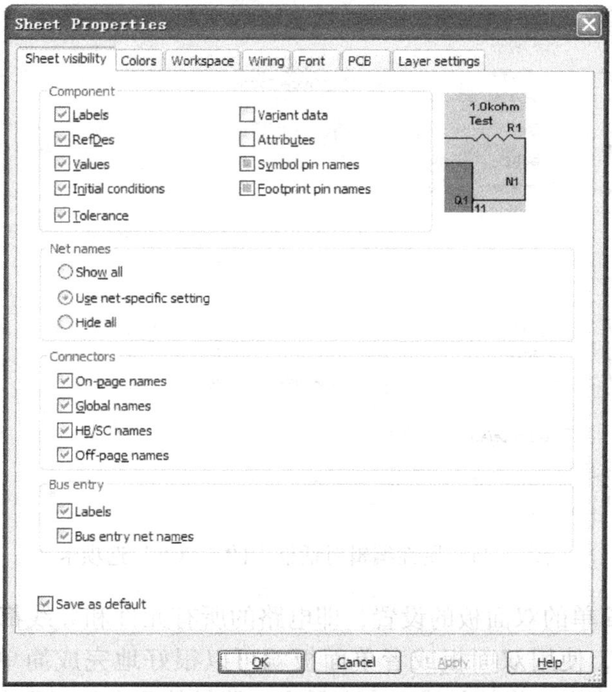

图 1-33　属性编辑对话框

1）“Sheet visibility”选项卡用于对电路窗口内的仿真电路图和元件参数值进行设置。该选项卡包括 4 个选项区：“Component”选项区用于设置是否显示元件的标识名（Labels）和数值（Values）等，“Net names”“Connectors”“Bus entry”等选项区用来设置网络名、连接器、总线是否显示。“Save as default”复选框可以把用户设置作为默认设置。

2）“Colors”选项卡用于设置仿真电路图的颜色。

3）“Workspace”选项卡主要用于设置电路图纸的纸张大小以及图纸的显示方式等参数。

4）“Writing”选项卡用于设置仿真电路中导线的宽度。

5）“Font”选项卡用于设置字体，可以对电路中的元器件的标识号、参数值等进行设置。该选项卡的功能与执行 Edit/Font 完全一致。

6）“PCB”选项卡主要用于一些印制电路板参数的设计，如图 1-34 示。其中，“Ground option”选项区用于对 PCB 电路的接地方式进行设置。如果选中其中的复选框，Multisim 12.0 会在 PCB 中将数字地和模拟地连接在一起。“Unit Settings 选项区”用于设置输出的 PCB 文件的尺寸大小的单位。“Copper Layers”选项区用于对电路板的板层数进行选择，用以表示印刷电路板是双层板还是多层板。单击其中的下拉按钮可以选择印制电路板的层数，此时下方的框中将出现每一层的名称。

图 1-34　属性编辑对话框中的“PCB”选项卡

图 1-34 所示为简单的双面板的设置，即电路的所有元件和导线都布局在电路的两个外表面上。一般情况下，使用双面板或者单面板就可以很好地完成简单电路的 PCB 制作了。对于一些复杂的电路来说，将信号线完全布局在电路板的两个外表面上将会极大地增加电路板的规模和尺寸，同时也不利于抑制电磁干扰，所以对于复杂的电路来讲，通常会在同一块

电路板的内部添加一些层，在这些层内分布不同的信号线，层与层之间通过绝缘介质隔离。由于将这些层叠加在一片 PCB 电路板中，因此俗称多层板电路，简称多层板。在进行 PCB 设计时，层的种类有很多，有信号层、内电层、丝印层等。图 1-35 所示的参数设置就将 PCB 板设置成了一个 4 层板。

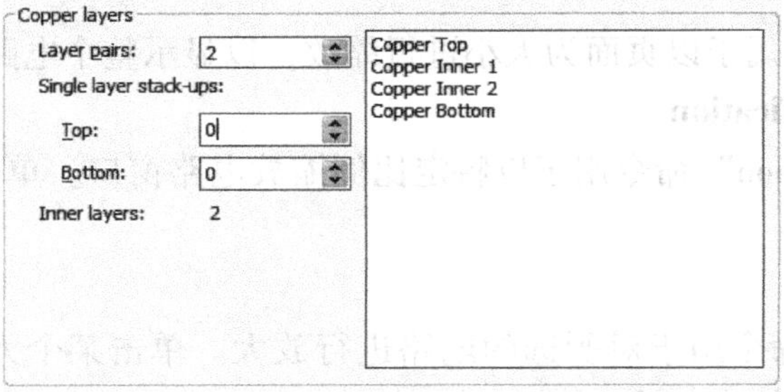

图 1-35 将 PCB 板设置成 4 层板

①“Layer pairs”表示多层板内不同层的叠放规则和顺序，改变该项所对应的数值可以成对地增加电路板内部的层数，其最大数值为 32。在图 1-35 中增加的层 Copper Inner1 和 Copper Inner2 一般统称为中间布线层，主要用来布置信号线。Inner Layers 表示中间布线层的数量。对于通常的 4 层 PCB 板，可以将 Copper Inner 1 和 Copper Inner 2 设计成内电层，即 Copper Inner 1、Copper Inner 2 分别通过孔与电源和地相连接，这样内电层可以看作是一个铜模层。多层板实际上是由多个双层板或单层板压制而成的，选择不同的模式，则表示在实际制作中采用不同的压制方法。

②“Single layer stack - ups”表示在电路板内部添加单个层。

③“PCB settings”选项区的“Pin swap”和“Gate swap”下拉列表分别表示引脚替换和门替换，其含义和功能类似。

7）“Layer settings”选项卡用于提供图层的相关设置功能，与“Edit”菜单中的“Layer settings”类似。

1.4.3 “视图（View）”菜单

“视图（View）菜单”用于显示或隐藏电路窗口中的某些内容（如工具栏、栅格、纸张边界等），设置仿真界面的显示及电路图的缩放显示等。“视图”菜单的主要命令及功能如下：

1. Full Screen

“Full Screen”命令用于全屏显示电路仿真工作区。

2. Parent Sheet

“Parent Sheet”命令用于返回到上一级工作区，用于切换到总电路原理图的显示。当用户正编辑子电路或分层模块时，单击该命令可以快速切换到总电路。当用户同时打开许多子电路时，该功能将方便用户的操作。

3. Zoom In

“Zoom In”命令用于放大电路窗口。

4. Zoom Out

“Zoom Out”命令用于缩小电路窗口。

5. Zoom Area

“Zoom Area”命令用于放大所选择的区域。

6. Zoom sheet

“Zoom sheet”命令用于以页面为大小进行缩放，以显示整个电路工作区窗口。

7. Zoom to magnification

“Zoom to magnification”命令用于以特定比例缩放电路窗口。单击该命令后，有200%、75%等比例可以选择。

8. Zoom selection

“Zoom selection”命令用于对所选的电路进行放大。单击某个元件后，再单击该命令，则电路窗口中呈现该元件放大后的特写。

9. Grid

“Grid”命令用于显示或隐藏栅格。

10. Border

“Border”命令用于显示或隐藏电路窗口的边界。

11. Print page bounds

“Print page bounds”命令用于显示或隐藏打印时纸张的边界。

12. Ruler bars

“Ruler bars”命令用于显示或隐藏电路工作区最上方空白处的标尺栏。

13. Status bar

“Status bar”命令为状态条，用于显示或隐藏仿真进行时的状态。

14. Design Toolbox

“Design Toolbox”命令用于显示或隐藏基本工作界面左侧的设计工具箱（Design Toolbox）窗口。

15. Spreadsheet View

“Spreadsheet View”命令用于显示或隐藏电子表格视窗（Spreadsheet View）。

16. SPICE Netlist Viewer

“SPICE Netlist Viewer”命令用于显示或隐藏SPICE网表文件观察视窗。

17. LabVIEW Co - simulation Terminals

“LabVIEW Co - simulation Terminals”为LabVIEW与Multisim联合使用命令。LabVIEW是NI公司研制开发的一种程序开发环境，利用LabVIEW用户可以方便地建立自己的虚拟仪器。

18. Description Box

“Description Box”命令用于电路功能描述。单击该命令后，弹出事先写好的只读的电路功能描述文本框。该文本框需要通过“Tools”菜单中的“Description Box Edit”选项来编辑。“Description Box”命令可以和“Edit”菜单中的“Forms/Questions”命令联合使用，来增强Multisim 12.0的网络功能。单击电路工作窗口中的某个元件来激活“Forms/questions”命令，执行“Forms/questions”命令后，结果如图1-36所示。

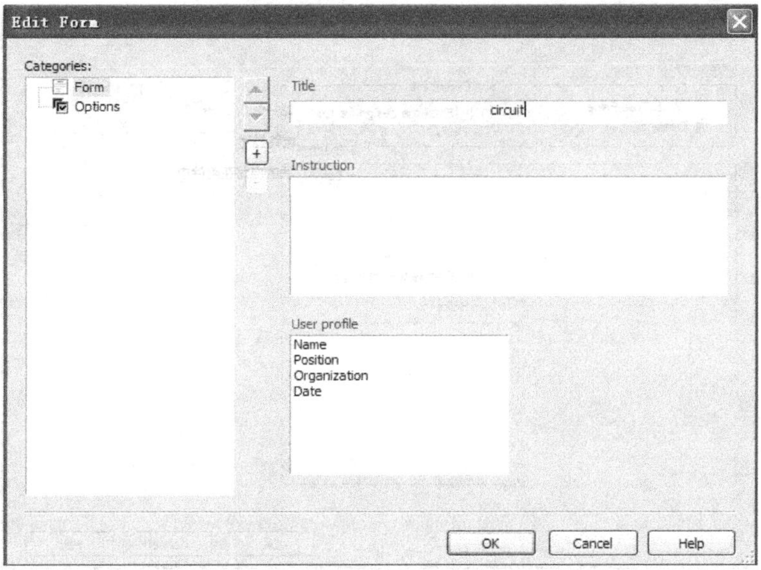

图 1-36 “Edit Form”对话框 1

图 1-36 提供了以表格形式创建的 Description Box。单击图 1-36 中的“+”按钮，在弹出的菜单中可以选择 Description Box 中表格的种类（如选择“Ture/False”选项），结果如图 1-37 所示。

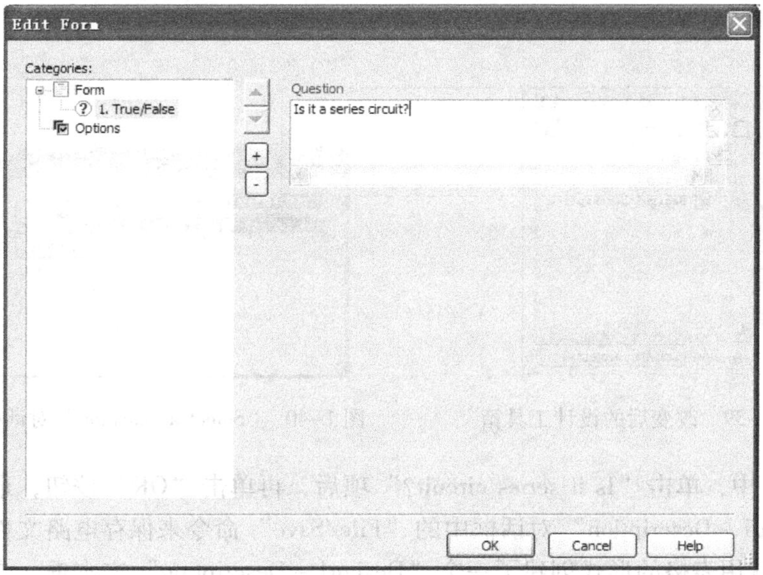

图 1-37 “Edit Form”对话框 2

可以在“Question”文本框中输入对问题的简单描述，然后在图 1-37 中单击左侧的“Options”项，结果如图 1-38 所示。

图 1-38 中的“Email the design file to”复选框用来设置接收电子邮件的人的地址，其余选项用来设置邮件的标题和内容。按照图 1-38 的参数，单击“OK”按钮完成设置。此时，设计工具箱中所示的电路层次结构则发生如图 1-39 所示的变化，在其中增加了对电路文件

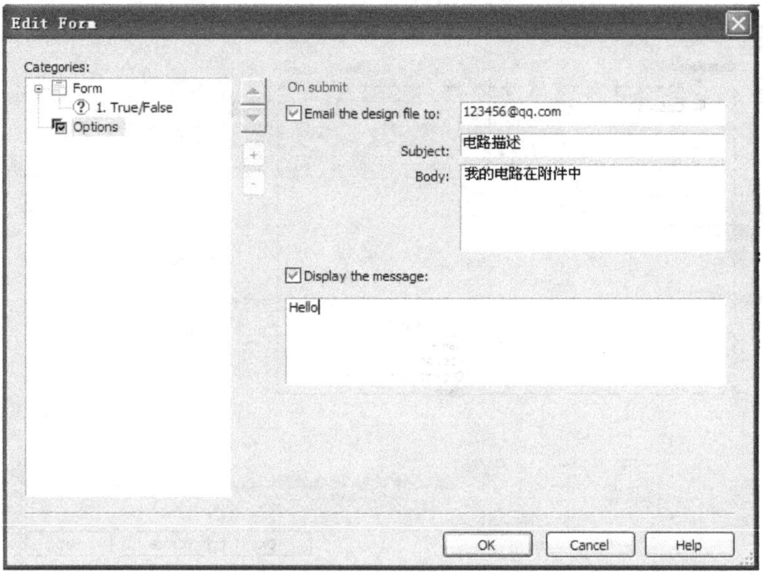

图 1-38 “Edit Form”对话框 3

Design1 的文本描述文件 Design1 - Description。

用鼠标单击图 1-39 中的“Design1 - Description”项，将弹出临时的“Design1 - Description”对话窗口。在新弹出的“Design1 - Description”对话框中，单击“Insert \ Question Link”命令，结果如图 1-40 所示。

图 1-39 改变后的设计工具箱

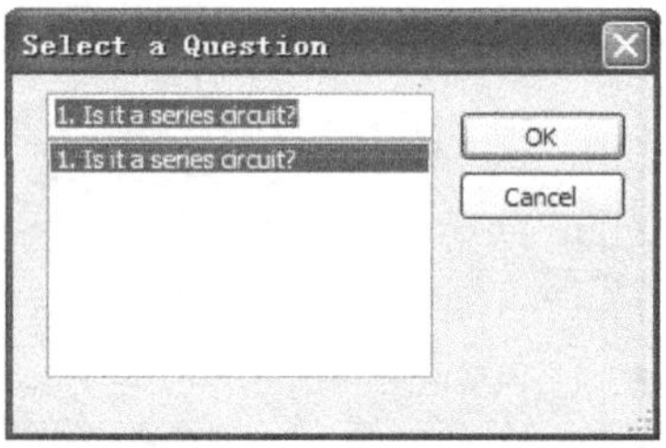

图 1-40 “Select a Question”对话框

在图 1-40 中，单击“Is it series circuit?”项后，再单击“OK”按钮，最后单击新弹出的临时“Design1 - Description”对话框中的“File/Save”命令来保存电路文件和上述操作设置。这样用户就用表格的形式创建了一个“Design1 - Description”文本框。本例中保存的电路文件的默认名为 Design1，完成上述操作后，单击新弹出的“Design1 - Description”对话框左边的“Design1”选项卡来返回电路设计仿真界面。此时，执行“View/Description box”命令后，将在 Multisim 12.0 的电路设计仿真界面中增加如图 1-41 所示的“Description Box”对话框。

单击图 1-41 中的“Submit”按钮后，在新弹出的对话框中单击“OK”按钮，则弹出如图 1-42 所示的对话框。此时，Multisim 12.0 将通过 Windows 操作系统自带的 Outlook Express 工具来进行电子邮件的接收和发送。

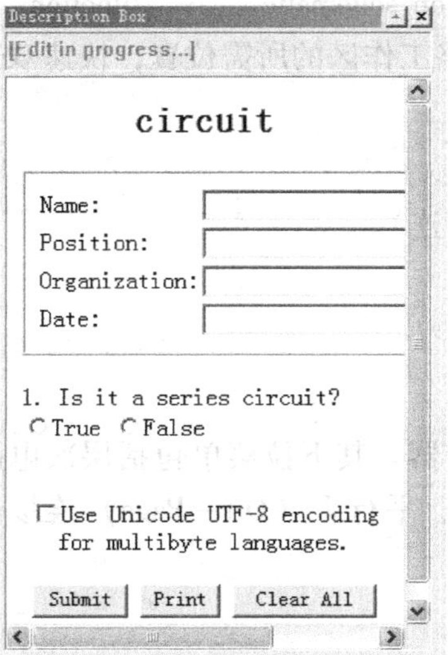

图 1-41 “Description Box” 窗口

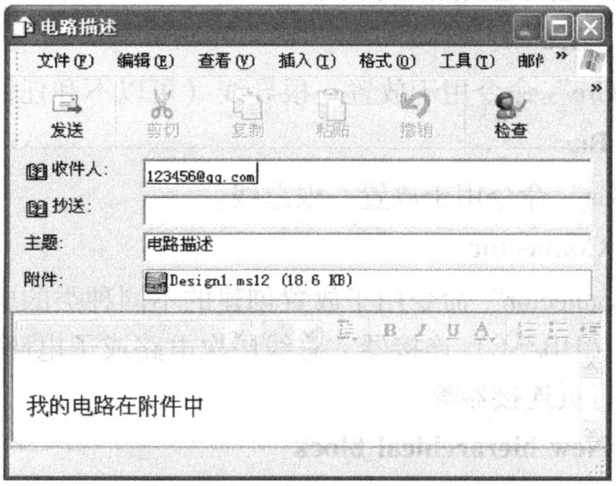

图 1-42 使用 Outlook Express 工具发送接收电子邮件

注意：当用户使用上述 Multisim 12.0 的网络联系功能出现问题时，最好对 Outlook Express 或者发送/接收邮件服务器进行更详细的配置。另外，杀毒软件、防火墙的参数设置也可能会影响 Outlook Express 的信息传送。

19. Toolbars

“Toolbars” 命令用于显示或隐藏标准工具栏、元件工具栏、仪表工具栏等基本操作界面中的菜单选项。用户可以根据自己的需要通过 Toolbars 来设置工具栏；也可以在菜单栏的空白处单击鼠标右键，在弹出的快捷菜单中单击 “Customize interface” 命令来自定义菜单栏。

20. Show comment/probe

“Show comment/probe” 命令用于显示或隐藏电路窗口中用于解释电路功能的文本框，只有在 “Place” 菜单项添加文本框后，才能激活该选项。关于 “Show comment/probe” 命令将结合 “Place” 菜单中的相关功能来加以说明。

21. Grapher

“Grapher” 命令用于以图表的方式显示仿真结果，在使用 Multisim 12.0 中自带的分析方法后才能在 “Grapher View” 对话框中展示结果。

1.4.4 “放置 (Place)” 菜单

“放置 (Place)” 菜单提供在电路窗口内放置元件、连接点、总线和子电路等命令，进而可以组织各种电路的连接形式。该菜单的主要命令及功能如下。

1. Component

“Component” 命令用于选择一个元件。选中一个元件后，在工作区的相应位置单击鼠标左键即可完成元件的添加。

2. Junction

“Junction” 命令用于放置一个节点。单击 “Place” → “Junction”，会有一个黑色的圆点跟随着鼠标，与放置元件一样，在电路工作区的某一位置单击鼠标，即可完成连接点的添加；或者单击鼠标右键，在弹出的快捷菜单中选择“Place on schematic”→“Junction”，也可以完成连接点的添加。还可以通过更简单的方式：在电路工作区的所需位置，快速双击鼠标左键，完成连接点的添加。

3. Wire

“Wire”命令用于放置一根导线（可以不和任何元件相连）。

4. Bus

“Bus”命令用于放置一根总线。

5. Connector

“Connector”命令用于放置创建的不同种类的电路连接器。其下拉菜单包括层次电路或子电路（HB/SC）连接器、总线层次电路或子电路连接器、平行页（Off - Page）连接器和总线平行页连接器等。

6. New hierarchical block

“New hierarchical block”命令用于建立一个新的分层模块（该模块是只含有输入、输出节点的空白电路）。

7. Hierarchical block from file

“Hierarchical block from file”命令用于从已有电路文件中选择一个作为层次电路模块。

8. Replace by hierarchical block

“Replace by hierarchical block”命令用于电路窗口中，所选电路将会被一个新的分层模块替换。

9. New subcircuit

“New subcircuit”命令用于创建一个新子电路。

10. Replace by subcircuit

“Replace by subcircuit”命令用于一个子电路替代所选择的电路。

11. Multi - Page

“Multi - Page”命令用于增加多页电路中的一个电路图（新建多页电路）。

12. Bus vector connect

“Bus vector connect”命令用于放置总线矢量连接器，这是从多引脚器件上引出很多连接端的首选方法。

13. Comment

“Comment”命令用于在工作空间中放置注释，为电路工作区或某个元件增加功能描述等类文本。当鼠标停留在相应元件上时该文本显示，便于对电路的理解。单击“Place”→“Comment”，此时鼠标指针会变成一个鼠标图案的黑点，在电路工作区的某一位置，单击鼠标后，工作区的电路窗口中的相应位置会出现一个白色的文本框，可以向其输入对电路功能的某种注释。电路注释输入完毕后，单击工作区窗口的任一位置，则白色的文本框消失，即完成注释的添加。如果要查看注释的内容，单击“View/Show comment/probe”，或者将鼠标在鼠标图案处稍作停留，即可显示注释的内容，如图 1-43 所示。

在 Multisim 12.0 中添加“Comment”后，当“Comment”被用户选中时，则“Edit”→“Assign to layer”命令项中的子菜单将被激活。此时，如果执行“Assign to layer”中的名为“Comment”的子命令项并单击设计工具箱中的“Visibility”选项卡，在图 1-44 中随着用户选中或取消选中“Comment”复选框，则图 1-43 电路工作区中的鼠标图案图标将出现或消失。

图 1-43　添加注释

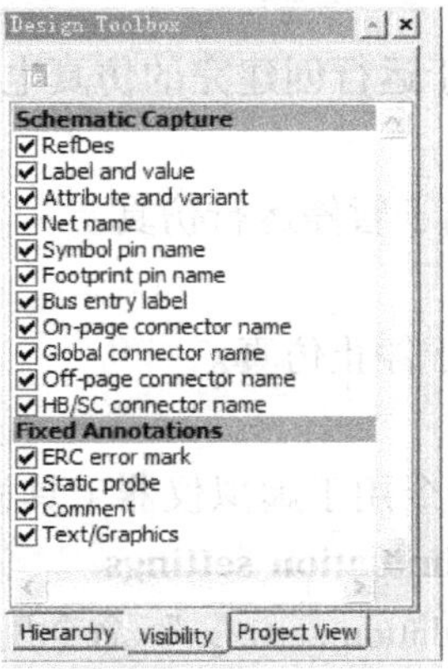

图 1-44　设计工具箱中的“Comment”复选框

14. Text

“Text”命令用于放置文本。

15. Graphics

“Graphics”命令用于放置直线、折线、长方形、椭圆、圆弧、多边形等图形。

16. Title block

“Title block”命令用于放置一个标题栏。可以从 Multisim 12.0 自带的模板中选择一种进行修改。Multisim 12.0 提供了 10 种不同的标题块，可以在电路图纸的下方放置名称、作者、图纸编号等对电路进行简要说明的常用信息。图 1-45 所示是其中一种标题块。

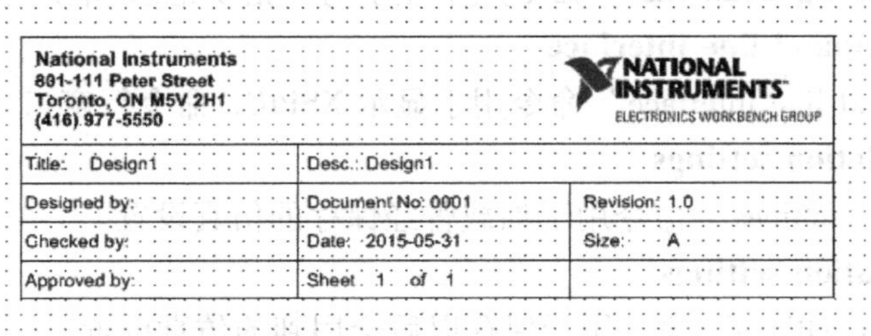

图 1-45　标题块示例

对标题框的修改有两种方法：一种是选定标题块，通过刚刚激活的“Edit”→“Edit symbol”→“title block”命令，在弹出的标题块编辑窗口中对标题块的格式和颜色等进行修改；另一种是直接双击标题块，在弹出的对话框中对标题块的内容进行修改。

1.4.5 “MCU”菜单

“MCU”菜单提供微控制器编译和调试等功能。其主要功能和一般编译调试软件类似，

MCU 指令不再进行介绍，使用时读者可以参考相关资料。

1.4.6 “仿真（Simulate）”菜单

“仿真（Simulate）”菜单主要提供电路仿真的设置与操作命令，其主要命令及功能如下：

1. Run

“Run”命令用于运行创建完的仿真电路。

2. Pause

“Pause”命令用于暂停运行仿真。

3. Stop

“Stop”命令用于停止仿真。

4. Instrument

“Instrument”命令用于虚拟仪器工具栏，用于选择仿真用的各种仪表。

5. Interactive simulation settings

“Interactive simulation settings”命令用于交互式的仿真设置，包括瞬态分析仪器的初始条件和仿真步长等。对仿真步长的设置在大型电路的设计中是不可缺少的。

6. Mixed – mode simulation settings

“Mixed – mode simulation settings”命令用于混合模式仿真参数设置。执行该命令，用户可以选择进行理想仿真或实际仿真，理想仿真较快，而实际仿真则更准确。

7. Analyses

“Analyses”命令用于对被选中的电路进行直流工作点分析、交流分析、瞬态分析、傅里叶分析等。这些分析方法与使用“Instruments”命令进行分析所得到的结果基本一致。

8. Postprocessor

“Postprocessor”命令用于对电路分析进行后处理。

9. Simulation error log/audit trail

“Simulation error log/audit trail”命令用于显示仿真错误记录/审计追踪、检查仿真轨迹。

10. Xspice command line interface

“Xspice command line interface”命令用于显示 XSPICE 命令行窗口。

11. Load simulation settings

“Load simulation settings”命令用于加载曾经保存的仿真设置。

12. Save simulation settings

“Save simulation settings”命令用于保存以后会用到的仿真设置。

13. Auto fault option

“Auto fault option”命令用于电路故障自动设置选项。该选项用于按照用户设置的故障数目和类型，在创建的仿真电路中加入相应电路元件故障的功能。此处的故障多为电路元件的常见故障。单击“Simulate”→“Auto fault option”，弹出如图 1-46 所示的对话框，在其中可以设置元件故障。

Multisim12 提供了 3 种故障。Any 代表下面 3 种方法的随机设置。Short 是将电路中的某个元器件接入一个很小的电阻，使其短路。Open 是将电路中的某个元器件接入一个很大的电阻，使其开路。Leak 是将电路中的某个元器件并联接入一个电阻，新接入的电阻的大小由用户自己设置，使部分电流流过该并联电阻。

14. Dynamic probe properties

"Dynamic probe properties"命令用于设置动态探针的属性。探针的作用是快速地检查电路中不同节点或引脚的电压值或频率值。

15. Reverse probe direction

"Reverse probe direction"命令用于将探针的极性取反。

16. Clear instrument data

"Clear instrument data"命令用于清除仿真仪器（如示波器）中的波形或数据，但不清除仿真图形中的波形。在仿真过程中，该命令一直处于激活状态，若单击则使虚拟仪表中的数据暂时消失。

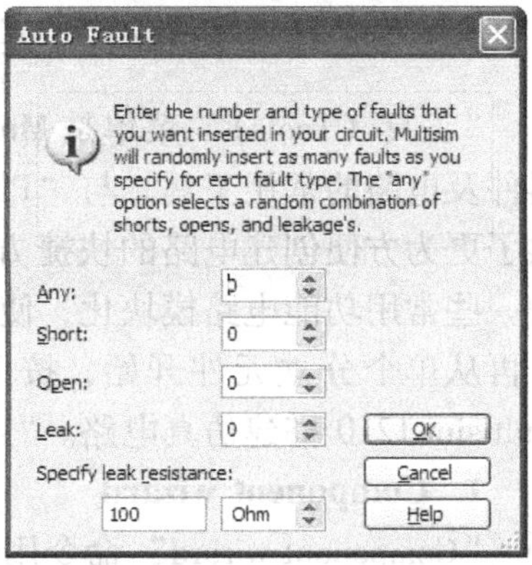

图 1-46　设置元件故障对话框

17. Use tolerances

"Use tolerances"命令用于设置全局元件的容差。

1.4.7 "文件输出（Transfer）"菜单

"文件输出（Transfer）"菜单提供将仿真结果输出给其他软件处理的命令，其主要命令及功能如下：

1. Transfer to Ultiboard

该命令下有两个选项："Transfer to Ultiboard 12.0"和"Transfer to Ultiboard file…"。其中，"Transfer to Ultiboard 12.0"是传送仿真文件的网络表给软件 Ultiboard 12.0。执行该命令后，如果 Ultiboard 12.0 已经打开，则 Ultiboard 12.0 会立即响应用户的命令。执行"Transfer to Ultiboard file…"命令后，网络表被存放在磁盘的指定位置，然后 Ultiboard 可以到该位置处打开该文件。

2. Forward annotate to Ultiboard

"Forward annotate to Ultiboard"命令用于将 Multisim 中电路元件的注释传送到 Ultiboard 软件中。

3. Backward annotate from file

"Backward annotate from file"命令用于将 Ultiboard 中电路元件的注释传送到 Multisim 12.0 中，从而使 Multisim 12.0 中的元器件注释响应变化。使用该命令时，电路文件必须打开。

4. Export to other PCB layout file

如果用户使用的是 Ultiboard 以外的其他 PCB 设计软件，则"Export to other PCB layout file"命令可以将所需格式的文件传送到该第三方 PCB 设计软件中。

5. Export SPICE netlist

"Export SPICE netlist"命令用于输出用户电路文件所对应的网表。

6. Highlight selection in Ultiboard

当 Ultiboard 运行时，如果在 Multisim 中选择某元件，则"Highlight selection in Ultiboard"命令用于在 Ultiboard 电路中的对应部分以高亮度显示。

1.4.8 “工具（Tools）”菜单

“工具（Tools）”菜单是 Multisim 12.0 中功能比较强大的菜单项，主要提供一些管理元器件及电路的常用工具。与“Place”菜单和“Simulate”菜单的用途相比，“Tools”菜单提供了更为方便创建电路的快捷方式。在“Tools”菜单中，Multisim 12.0 可以将电子电路中的一些常用功能电路模块化，使用户在创建电路时，可以直接调用这些模块化的电路，而不必再从单个分立元件开始，按照功能需要，逐个确定每个分立元件的参数值，然后通过 Multisim 12.0 搭建仿真电路。“工具（Tools）”菜单的主要命令及功能如下。

1. Component wizard

“Component wizard”命令用于打开创建新元件向导。除了 Multisim 12.0 中提供的元器件外，用户还可以通过 Component wizard 元件创建向导来自行创建元器件。

2. Database

“Database”为用户数据库菜单，其下面又包括一个子菜单。其中，“Database manager”为数据库管理，用户可以进行增加元件族、编辑元件等操作；“Save component to database”的功能是将对已选元件的改变保存到数据库中；“Merge database”可以进行合并数据库的操作；“Convert database”将公共或用户数据库中的元件转成 Multisim 格式，对于使用 Multisim 12.0 以前版本的用户，如果想要将自己以前自定义的元件（可以在 Corporate library 元件库或者 User 元件库中）用于 Multisim 12.0 中，则必须首先转换成 Multisim 12.0 的文件格式。

3. Variant manager

“Variant manager”命令为变量设置。打开可变电路管理窗口，该功能是针对对于不同市场需求而需要对设计进行部分修改的情况。例如，由于欧洲和北美的供电电源标准不同，因而设计中会要求用到不同的元件，而设计者希望产生一个 PCB 文件来满足两种不同的设计，这时将用到可变电路管理功能。“Variant manager”命令的作用在于，当一个电路设计使用不同标准的同一类型元件时，能够产生唯一符合各个标准的印制电路板。

4. Set active variant

“Set active variant”命令用于将指定的可变电路激活。在电路进行仿真时，满足不同标准的元件不可能同时被激活，这时需要进行设置以达到单独激活某类元件的目的。

5. Circuit wizards

“Circuit wizards”命令用于电路创建向导，包括 555 timer wizard（555 定时器创建向导）、Filter wizard（滤波器创建向导）、Opamp wizard（集成运算放大器创建向导）、CE BJT amplifier wizard（射级放大器创建向导）。

6. SPICE netlist viewer

“SPICE netlist viewer”命令用于查看网格表。其子菜单的命令将和 View/SPICE Netlist Viewer 命令联合使用。

7. Rename/renumber components

“Rename/renumber components”命令用于对电路工作区中的元件进行重命名或者重新编号。

8. Replace components

“Replace components”命令用于对已选元件进行替换。

9. Update components on sheet

若工作空间中打开的电路是由旧版本的 Multisim 创建的或者有不同标准的符号，“Update components on sheet”命令用于将电路中元件升级，以匹配当前数据库。

10. Update HB/SC symbols

“Update HB/SC symbols”命令用于更新 HB/SC 连接器符号。

11. Electrical rules check

“Electrical rules check”命令用于电路工作窗口进行电气性能测试，可检查电气连接错误。

12. Clear ERC markers

“Clear ERC markers”命令用于清除电气性能错误标识。

13. Toggle NC（no connection）marker

“Toggle NC（no connection）marker”命令用于在已选的引脚放置一个无连接标号，防止将导线错误连接到该引脚。

14. Symbol Editor

“Symbol Editor”命令用于打开电路元件外型编辑器（符号编辑器）。

15. Title Block Editor

“Title Block Editor”命令为标题块编辑器。

16. Description Box Editor

“Description Box Editor”命令用于在 Design Toolbox 窗口中添加关于电路功能的文本描述。

17. Capture screen area

“Capture screen area”命令用于对屏幕上的特定区域进行图形捕捉，可将捕捉到的图形保存到剪切板中（即截图功能），复制电路工作区中的指定部分到剪贴板中。

18. Online design resource

“Online design resource”命令用于在线设计资源，提供设计电路时，相关示例资料的在线帮助。其中 Analog Devices 中提供了对美国模拟器件公司（亚德诺半导体）各种产品的数据手册、典型应用电路和相关 PCB 评估板信息的快速网络链接。

不同版本的 Multisim 12.0 仿真软件中，“Tools”菜单或其他菜单中包含的命令项稍有差别。

1.4.9 “报告（Reports）”菜单

“报告（Reports）”菜单用于输出电路的各种统计报告，其主要的命令及功能如下：

1. Bill of Materials

“Bill of Materials”命令用于产生当前电路文件的元件清单。

2. Component detail report

“Component detail report”命令用于产生当前元件存储在数据库中的所有信息（元件细节）。

3. Netlist report

“Netlist report”命令用于产生网表文件报告，提供每个元件的电路连通性信息。

4. Cross reference report

“Cross reference report”命令用于显示当前电路窗口中所有元件的详细参数报告。

5. Schematic statistics

“Schematic statistics”命令用于显示电路原理图的统计信息。

6. Spare gates report

“Spare gates report”命令用于显示电路文件中未使用的门电路的报告。

1.4.10 “选项（Options）”菜单

“选项（Options）”菜单用于对电路的界面及电路的某些功能进行设定，其主要的命令及功能如下：

1. Global preferences

打开整体电路参数设置对话框，单击“Global Preferences”后，弹出如图1-47所示的对话框。

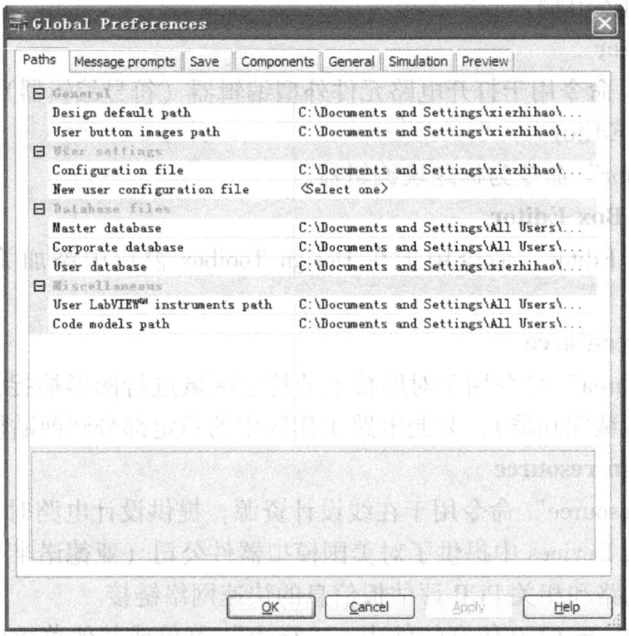

图1-47　整体电路参数设置

图1-47中各选项卡的相关设置如下：

1）Paths选项卡：该选项卡的设置项主要包括电路的默认路径设置、用户按钮图像路径、用户配置文件路径和数据库文件路径。

2）Message prompts选项卡：检查提示想要显示的情况，包括代码片段、注释和出口、网表变化、NI例程查找器、项目包装和网络表查看器。

3）Save选项卡：该选项卡用于定义文件保存的操作，主要设置项包括是否创建电路文件安全复制、是否自动备份及备份间隔、是否保存仪器的仿真数据及数据最大容量，是否保存.txt文件作为无编码文件。

4）Components选项卡：该选项卡分为：放置元件模式设置、符号标准设置、视图设置3部分。在放置元件模式设置中，用户可以选择是否在放置元件完毕后返回元件浏览器和元件放置的方式，如一次放置一个元件、连续放置元件（按〈Esc〉键或右击结束）或仅对复合封装元件连续放置；符号标准设置可以将元件的符号设为美国的 ANSI 标准和欧洲的 DIN 标准（两种标准中元件的符号有所不同，如 ANSI 标准的电阻符号为波浪线符号，而 DIN 标准中电阻为矩形符号）；视图设置为当文本移动时查看相关组件和当元件移动时显示原始位置。

5）General 选项卡：该选项卡可以设置框选行为、鼠标滑轮滚动行为、元件移动行为、走线行为和语言种类。框选行为可以选择 Intersecting 或 Fully enclosed，Intersecting 项指当元件的某一部分包括在选择方框内时，即将元件选中；Fully enclosed 项指只有当元件的所有部分（包括元件的所有文本、选项卡等）都在选择框内时，才能选中该元件。鼠标滑轮滚动时的操作可以设为放大工作空间或滚动工作空间。本选项卡中还可以设置移动元件文本（元件标号、标称值等）时是否显示和元件的连接虚线，以及移动元件时是否显示它和原位置的连接虚线。走线行为设置的内容为当引脚互相接触时是否自动连线，翻转元件时是否自动连线（是否允许自动寻找连线路径），当移动元件时 Multisim 是否自动优化连线路径以及删除元件时是否删除相关的连线。语言可以选英文、德文、日文或本系统语言。

6）Simulation 选项卡：该选项卡可进行网络表错误提示、图表设置、正相位移动方向设置。当网络发生错误时是否提示或者继续运行，为图表和仪器设置背景颜色，正相位移动方向的设置仅影响交流分析中的相位参数。

7）Preview 选项卡：预览选项卡，包括显示选项卡式窗口、显示设计工具箱、显示电路多页预览、显示分支电路/分层块预览。

2. Sheet properties

"Sheet properties" 命令可以打开页面属性设置对话框，用于设置电路工作区中参数是否显示以及 PCB 参数的设置。

3. Lock toolbars

"Lock toolbars" 命令用于锁定工具条。

4. Customize user interface

"Customize user interface" 命令用于自定义用户界面。单击 "Options"→"Customize user interface" 后，弹出如图 1-48 所示的对话框。

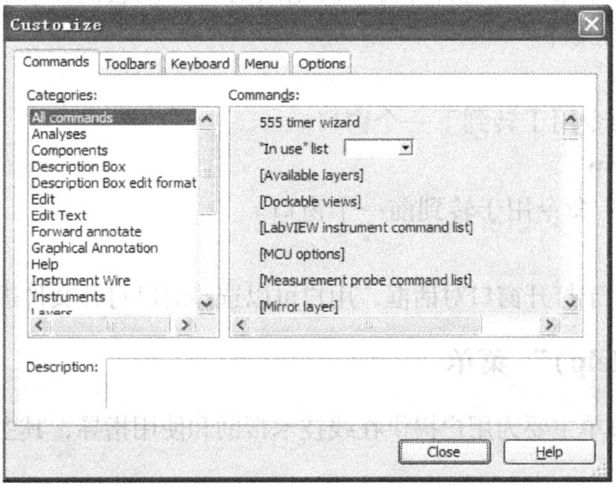

图 1-48　自定义用户界面设置对话框

图 1-48 有 5 个选项卡，各选项卡的功能如下：

1）Commands 选项卡：该选项卡左边为命令的分类菜单，右边为各类菜单下的全部命令列表。左边各菜单下的命令可能不全包含在软件菜单栏的各子菜单下，可以将要用到的命令拖到相应的子菜单下，或直接拖到菜单栏的空白处，用鼠标右键单击已经移动到菜单栏空白处的命令，可以选择将其移动到新的子菜单下，对该子菜单重命名，即完成了新子菜单的建立。如果不需要某个子菜单或某一命令，用鼠标右键单击可以选择将其删除。

2）Toolbars 选项卡：可将已选工具栏显示在当前界面中，用户也可新建工具栏。

3）Keyboard 选项卡：该选项卡用于设置或修改各已选命令的快捷键。

4）Menu 选项卡：用于设置打开菜单时菜单的显示效果。

5）Options 选项卡：用于工具栏和菜单栏的自定义设置，如是否显示工具栏图标的屏幕提示，是否选用大图标及工具栏和菜单栏的显示风格等。

1.4.11 “窗口（Window）”菜单

“窗口（Window）”菜单主要命令和功能如下。

1. New window

“New window”命令用于打开一个和当前窗口相同的窗口。

2. Close

“Close”命令用于关闭当前窗口。

3. Close all

“Close all”命令用于关闭所有打开的文件。

4. Cascade

“Cascade”命令用于层叠显示电路。

5. Title horizontal

“Title horizontal”命令用于调整所有打开的电路窗口，使它们在屏幕上水平排列，方便用户浏览所有打开的电路文件。

6. Title vertical

“Title vertical”命令用于调整所有打开的电路窗口，使它们在屏幕上垂直排列，方便用户浏览所有打开的电路文件。

7. Next window

“Next window”命令用于转到下一个窗口。

8. Previous window

“Previous window”命令用于转到前一个窗口。

9. Windows

“Windows”命令用于打开窗口对话框，用户可以选择对已打开文件进行激活或关闭操作。

1.4.12 “帮助（Help）”菜单

“帮助（Help）”菜单主要为用户提供在线技术帮助和使用指导，其主要命令及功能如下：

1. Multisim Help

“Multisim Help”命令用于显示关于 Multisim 的帮助目录。

2. Getting Started

“Getting Started”命令用于打开 Multisim 入门指南。

3. Multisim Fundamentals

“Multisim Fundamentals”命令用于打开电路仿真基础入门介绍。

4. Release notes

“Release notes”命令用于显示版本信息。

5. Patents

“Patents”命令用于打开专利对话框。

6. Find examples

“Find examples”命令用于查找实例。

7. About Multisim

“About Multisim”命令用于显示有关 Multisim 的信息。

1.5 Multisim 12.0 电路初步设计

本节将通过两个具体实例来介绍电路原理图的建立、仿真、测试的基本操作。

1.5.1 实例一：电阻串联分压电路

电路原理图的建立及仿真的具体步骤如下：

1. 选取元件

一个 12V 电源，一个参考接地点，一个 20 kΩ 电阻和一个 30 kΩ 电阻。为建立该实验仿真电路，单击“Place”→“Component”，弹出如图 1-49 所示的对话框。

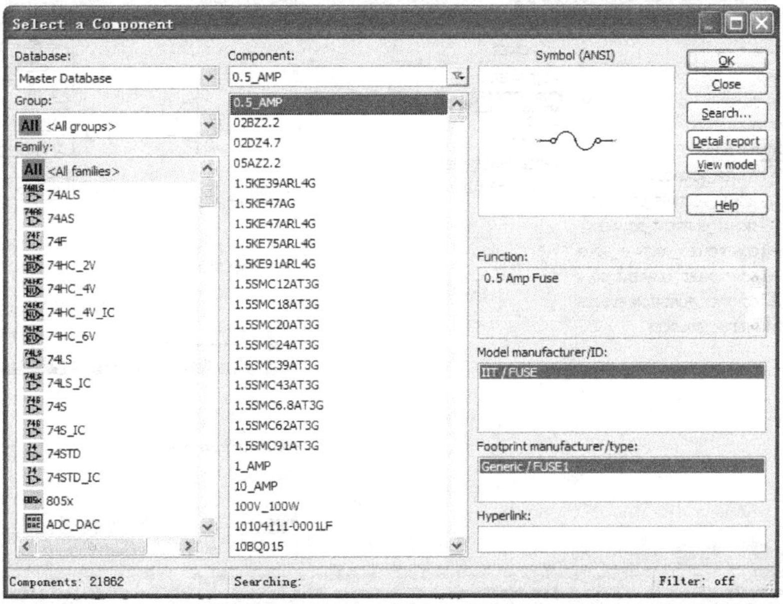

图 1-49 放置元器件对话框

该对话框中包括以下几个部分。

1）Database 下拉列表框。单击该下拉列表框后可以看到以下 3 个选项：Master Database（主元器件库）、Corporate Database（公司元器件库）、User Database（用户元器件库）。其中主元器件库中存储了大量常用的元器件。仿真时所需要的器件基本都能从主元器件库中找到。后两者是为用户的特殊需要而设计的。

2）Group 下拉列表框。Group 下栏列表框中为某一元器件库中的各种不同族元件的集合。如图 1-50 所示，该下拉列表框中共列出了 18 种元件族，分别为电源器件族、基本元件族、二极管族、晶体管族、模拟器件、TTL 器件族、CMOS 器件族、MCU 模块、高级外设模块、数字器件、数模混合器件、指示仿真结果器件、电源相关器件、其他器件、射频器件、机械电子器件族、连接器件族和 NI 公司制造的元器件族。

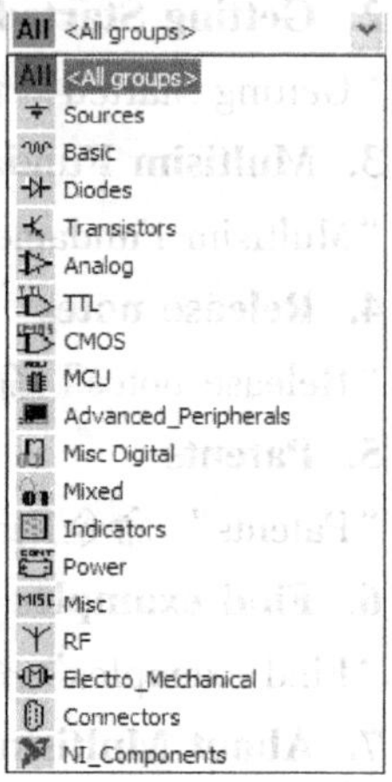

图 1-50　Group 下拉列表框

选择元器件时，首先确定某一数据库，然后确定元件族，最后确定某种系列。在本例中，首先选择 +12V 直流电源，在 Database 下拉列表框中选择“Master Database”选项，在“Group”下拉列表框中选择“Sources”选项，这时在“Family”下拉列表框中出现了“All families”选项和对应于电源器件族的 7 种不同的系列，依次为电压源、单信号交流电压源、单信号交流电流源、受控电压源、受控电流源、控制函数、数字时钟源。

对于本例，选择 POWER_SOURCES 系列。选中后对话框变为图 1-51 所示。这时，在“Select a Component”对话框中的“Component”下拉列表框中一共列出了 10 个具体元件。单击每一个选项，右侧的 Symbol、Function、Model Manufacture 等文本框都会给出元器件的外形、功能、封装模式等的描述。本例中按图完成图 1-51 的设置，然后单击“OK”按钮，

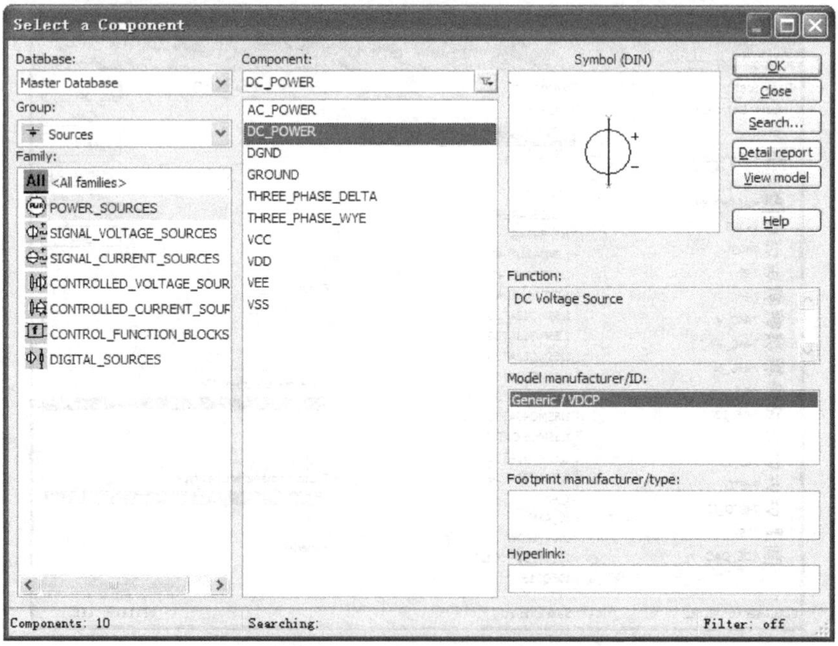

图 1-51　选择电源对话框

会看到在用户的绘制电路工作区有一个直流电源的虚影在随着鼠标移动，将鼠标移动到相应的位置后，单击鼠标左键，一个直流电源已经放置在工作区中。按照同样的方法可以放置一个参考接地点、一个 20 kΩ 电阻和一个 30 kΩ 电阻。

2. 连接元器件之间的导线

待所有的元器件都已经放置于工作电路区后，开始连接导线。将鼠标移动到所要连接的器件的某个引脚上，鼠标指针会变成中间有实心黑点的十字形状。单击鼠标后，再次移动鼠标，就会拖动出一条黑实线。将该黑实线移动到所要连接的其他元件的引脚时，再次单击鼠标，这时就会将两个元器件的引脚连接起来。

3. 分析仿真电路

Multisim 12.0 为仿真电路提供了以下两种分析方法。

1）利用 Multisim 12.0 提供的虚拟仪表观测仿真电路的某项参数。

2）利用 Multisim 12.0 提供的分析功能。

本例中采用第一种分析方法。执行“Simulate”→“Instruments”→“Multimeter”命令，与放置元器件类似，此时随着鼠标指针移动的是一个万用表。完成万用表的放置及测量端线路连接后，电路如图 1-52 所示。单击“Simulate”→“Run”开始仿真，然后双击万用表的图标，显示电压如图 1-53 所示。也可以采用第二种方法，只需单击“Simulate”→“Analyses”即可。

图 1-52　设置万用表面板

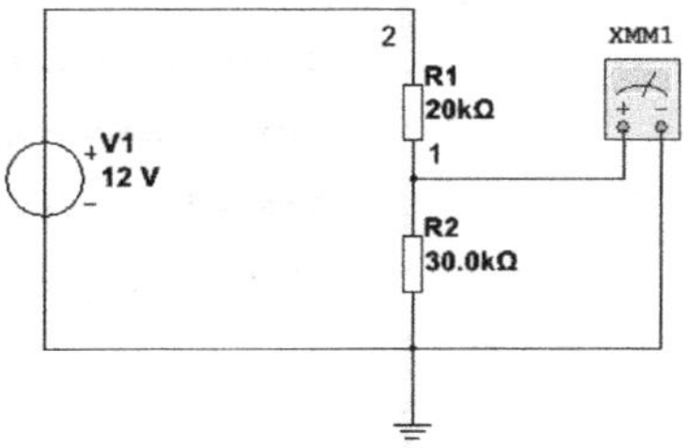

图 1-53　电阻串联分压电路

4. 保存电路

创建电路、编辑电路、仿真分析等工作完成后，可以将电路文件存盘。存盘的方法与其他 Windows 应用软件一样，第一次保存新创建的电路文件时，默认的文件名为 Design1. ms12。当然，也可以更改文件名和存放路径。

5. 扩展条 Spreadsheet View（电路元件属性视窗）的应用

在 Multisim 系列软件的不同版本中创建一个电路以后，可以通过电路元件属性窗口来查看电路元件的属性，单击“Spreadsheet View”窗口中的“Components”选项卡，结果如图 1-54 所示。

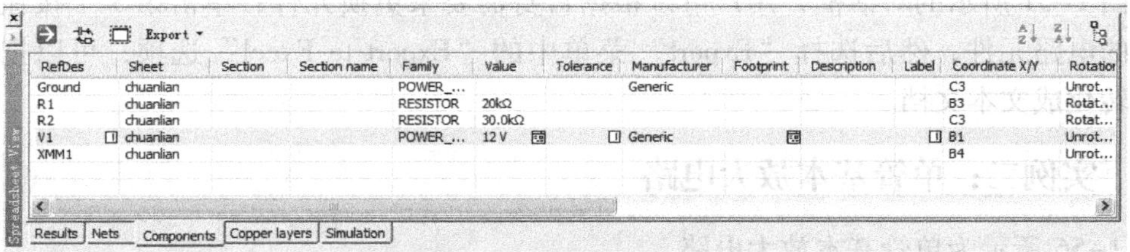

RefDes	Sheet	Section	Section name	Family	Value	Tolerance	Manufacturer	Footprint	Description	Label	Coordinate X/Y	Rotation
Ground	chuanlian			POWER_...			Generic				C3	Unrot...
R1	chuanlian			RESISTOR	20kΩ						B3	Rotat...
R2	chuanlian			RESISTOR	30.0kΩ						C3	Rotat...
V1	chuanlian			POWER_...	12 V		Generic				B1	Unrot...
XMM1	chuanlian										B4	Unrot...

图 1-54　电路元件属性窗口

从图 1-54 中可以看出，对于电阻分压电路来说，组成该电路的所有的元器件的清单通过电路元件属性视窗展示出来。在该窗口中列出了元器件的标识号、所属的数据库和元件系列、参数值以及封装模式等信息。此外，还可以通过电路元件属性视窗快速地更改元件的部分或某一属性。例如，在本例中，可以通过电路元件属性视窗来改变直流电压源的数值大小。方法是：鼠标指向电路元件属性视窗中的“Component”选项卡的“Value”选项后，双击 12 V 字体，弹出如图 1-55 所示的对话框。

在图 1-55 所示的对话框中，选中“Value”选项卡。在该对话框中可以根据需要输入电源的大小（Voltage）以及交流分析的幅度、相位（Magnitude/Phase）等参数。在本例中，在“Voltage”文本框中填入 50，然后单击“OK”按钮，退出该对话框。这时上方的电路工作区中直流电源的值已经变为 +50 V。注意，不是所有的元器件的任何属性都可以通过电路元件属性视窗来修改，一般该方法仅适用于理想的虚拟元器件。

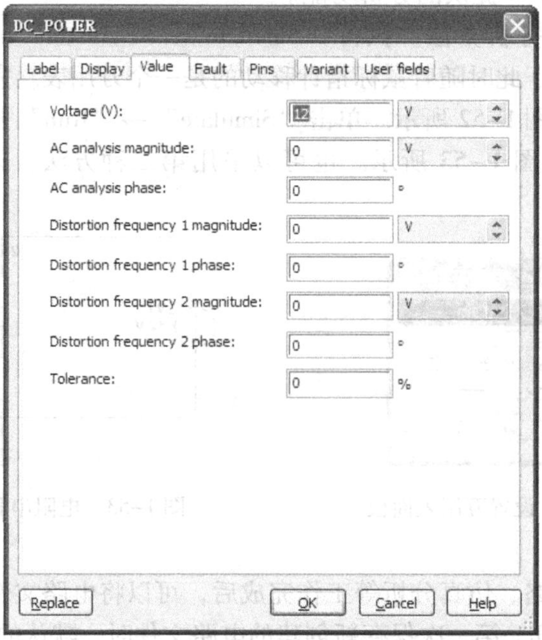

图 1-55　通过电路元件属性窗口设置电源属性

Spreadsheet View 还提供了电路元件的定位、替换的便捷操作。在图 1-54 中，选中电路元件 V1 后，“Spreadsheet View”窗口上方的 3 个按钮将被激活，此时如果单击第 1 个按钮（绿底白色向右指的箭头），则在电路工作区中元件 V1 将被突出选中；单击第 2 个按钮后，将弹出图 1-51 所示的对话框，用户可以根据自身需要来更换元件；单击第 3 个按钮可以选中所有的电路元件，然后选择“Export”菜单中的“Export to Excel”选项，可以把电路元件清单转化成文本文档。

1.5.2　实例二：单管基本放大电路

图 1-56 所示为单管基本放大电路。

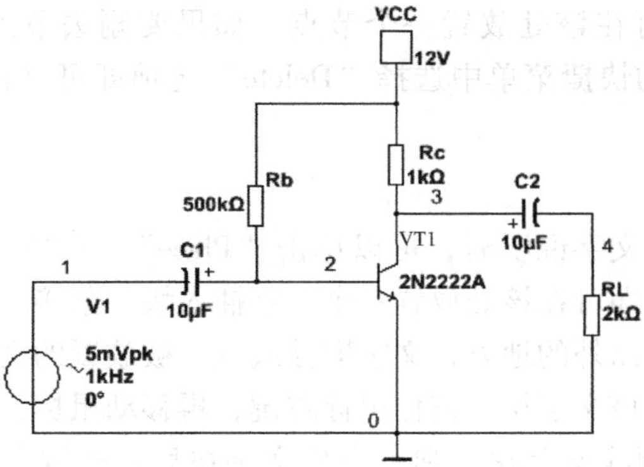

图 1-56　单管基本放大电路

电路原理图的建立及仿真的具体步骤如下：

1. 建立电路文件

运行 Multisim 12.0 打开一个空白的电路文件，根据个人习惯设置电路的颜色、尺寸和显示模式。

2. 定制用户界面

根据用户需要改变界面设置。本例中，单击“Options”→“Global preferences”命令进行用户喜好默认设置，单击“Options”→“Global preferences”→“Components”→“DIN”命令，设定元件符号标准，一般选用欧洲标准。

3. 在电路窗口中放置元件

按照电阻串联分压电路中所描述的方法，从元件库中取出所需的所有元件放到合适的位置。图中元件只是按照图 1-56 所示电路中的元件类型和数量取出放置，元件属性及所放置的位置和方向还有待修改。

4. 修改元件属性

每个被取用的元件都有默认的属性，包括元件标号、元件参数值及引脚、显示方式和故障，这些属性可以被重新设置。对于实际元件，用户可以设置元件标号、显示方式和故障；有些实际元件还可以设置元件参数值，但不能设置引脚，如晶体管；而有些实际元件（如电阻、电容和电感等）则不能重新设置元件参数值及管脚。对于虚拟元件，用户可以随意设置元件标号、元件参数值及引脚、显示方式和故障。

5. 编辑元件

在图 1-56 中，电阻的方向需要垂直设置，可旋转这些元件。

6. 连接线路与自动放置节点

参照电阻串联分压电路中所描述的元件连线的方法连接线路。如果需要从某一引脚连接到某一条线的中间，则只需要用鼠标单击该引脚，然后移动鼠标到所要连线的位置再单击鼠标即可。Multisim 12.0 不但自动连接这两点，而且在所连接线条的中间自动放置一个节点。

除了上述情况外，对于交叉而过的两条线不会产生节点。如果想要让交叉线相连接，则可以在交叉点上放置一个节点。单击“Edit”→“Place Junction”命令，用鼠标单击所要放置节点的位置，即可在该处放置一个节点。如果要删去节点，则用鼠标右键单击所要删除的节点，在弹出的快捷菜单中选择“Delete”选项即可（注意，删除节点会将与其相关的连线一起删除）。

7. 给电路增加文本

当需要在电路中放置文字说明时，可以单击“Place”→“Text”命令，然后用鼠标单击所要放置文字的位置，即可在该处放置一个文字插入块。紧接着输入所要放置的文字，输入完成后，单击该文字块以外的地方，文字即被放置。被放置的文字块可以任意搬移，具体做法是：将鼠标指针指向该文字块，按住鼠标左键，再移动鼠标，移至目的地后，放开左键即可完成搬移。如果要删除文字块，则单击该文字块后，按键盘上的〈Delete〉键即可删除。图中给电路节点号用文本形式给予了标注。

8. 仿真测量电路

本例中仍采用 Multisim 12.0 提供的虚拟仪表观测仿真电路的参数。

（1）用数字万用表测量静态工作点

利用数字万用表的直流电压和直流电流档可以测量静态工作点：I_{BQ}、I_{CQ}、U_{BEQ}、U_{CEQ}。

1）测量 I_{BQ}、I_{CQ}。

① 取数字万用表：单击虚拟仪器工具栏的数字万用表按钮，移动鼠标至电路窗口合适的位置，然后单击鼠标，数字万用表图标出现在电路窗口中。用该方法取出两个数字万用表 XMM1 和 XMM2，分别放置到 *R*b 和 *R*c 所在支路旁边。

② 给仪表连线：删除电路中适当的连线，将 XMM1 串联到 *R*b 所在支路中，将 XMM2 串联到 *R*c 所在支路中，如图 1-57 所示。

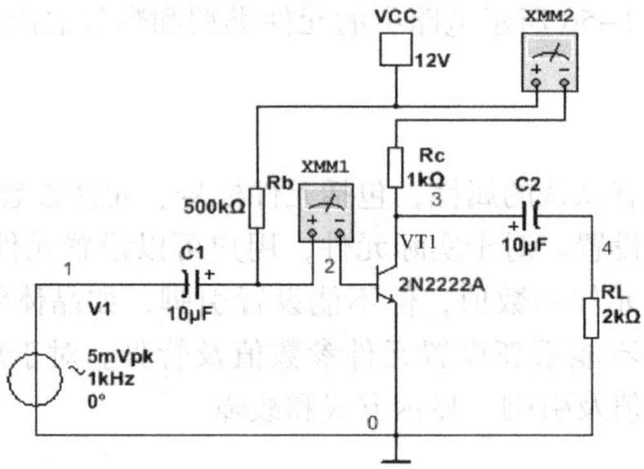

图 1-57　测静态工作点的电流 1

③ 设置仪表：分别双击 XMM1 和 XMM2 图标，打开数字万用表，并将它们移动至合适位置，单击第一行第一个图标（图标标志为 A）和第二行第二个图标（图标标志为直线）按钮，将数字万用表的测量方式设置为测量直流电流，如图 1-58 所示。

④ 仿真测量：打开仿真开关，数字万用表即可显示出测量的 I_{BQ}、I_{CQ}。

注意，在实测电子电路某一支路的电流时，可以通过测量该支路某电阻两端电位差及其阻值，计算得出电流。

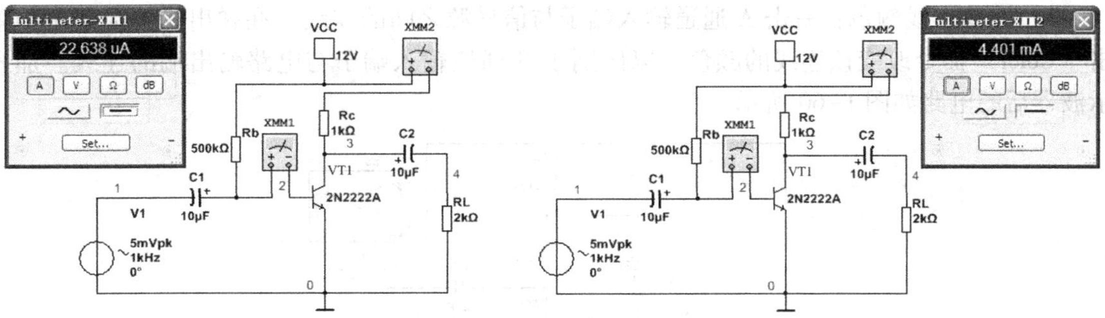

a)　　　　　　　　　　b)

图 1-58　测静态工作点的电流 2

2）测量 U_{BEQ}、U_{CEQ}。

① 取数字万用表：单击虚拟仪器工具栏中的“数字万用表”按钮，移动鼠标至电路窗口合适的位置，然后单击鼠标，数字万用表图标出现在电路窗口中。用该方法取出两个数字万用表 XMM1 和 XMM2，分别放置到晶体管两旁。

② 给仪表连线：删除电路中适当的连线，将 XMM1 并联到基极和发射极，将 XMM2 并联到集电极和发射极。

③ 设置仪表：分别双击 XMM1 和 XMM2 图标，打开数字万用表，并将它们移动至合适位置，单击第一行第二个图标（图标标志为 V）和 第二行第二个图标（图标标志为直线）按钮，将数字万用表的测量方式设置为测量直流电压，如图 1-59 所示。

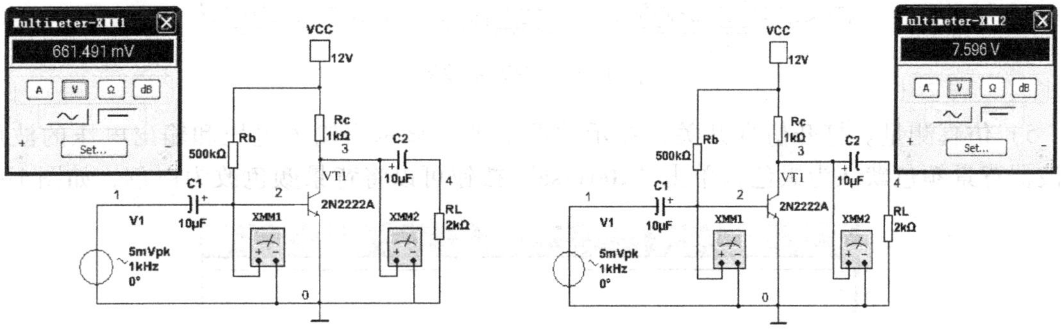

a)　　　　　　　　　　b)

图 1-59　测静态工作点的电压

④ 仿真测量：打开仿真开关，数字万用表即可显示出测量的 U_{BEQ}、U_{CEQ}，如图 1-59 所示。

（2）用示波器观察电压波形及测量中频电压放大倍数

1）增加示波器：单击虚拟仪器工具栏中的“示波器”按钮，移动鼠标至电路窗口合适的位置，然后单击鼠标，示波器图标出现在电路窗口中。

2）给示波器连线：将示波器图标上的 A 通道输入端子连接至信号源上端，将示波器图标上的 B 通道输入端子连接至输出端（即 RL 上端）。示波器图标上的接地端子与电路中的地连接。

3）改变连线颜色：右击 A 通道输入端子与信号源之间的连线，在弹出的快捷菜单中单击“Color”命令改变该连线的颜色，以区别于 B 通道输入端子与电路输出端的连线。加入示波器后的电路如图 1-60 所示。

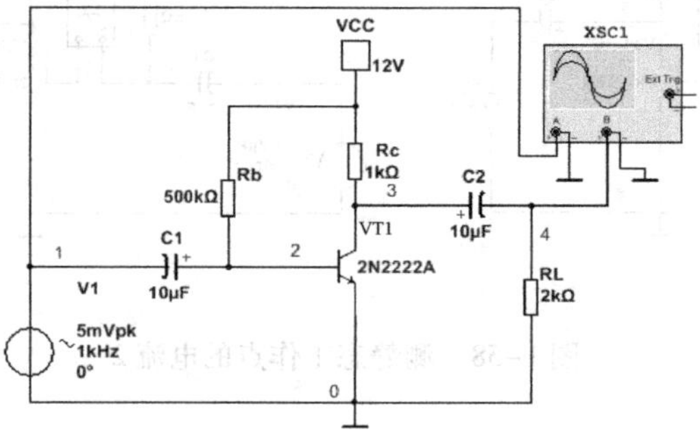

图 1-60　加入示波器后的电路

4）设置仪表：双击示波器图标，打开示波器，将它移动至合适位置，并将示波器扫描时间“Timebase”选项区的“Scale”设置为 1 ms/Div、“Channel A”选项区的“Scale”设置为 5 mV/Div、“Channel B”选项区的“Scale”设置为 500 mV/Div，如图 1-61 所示。

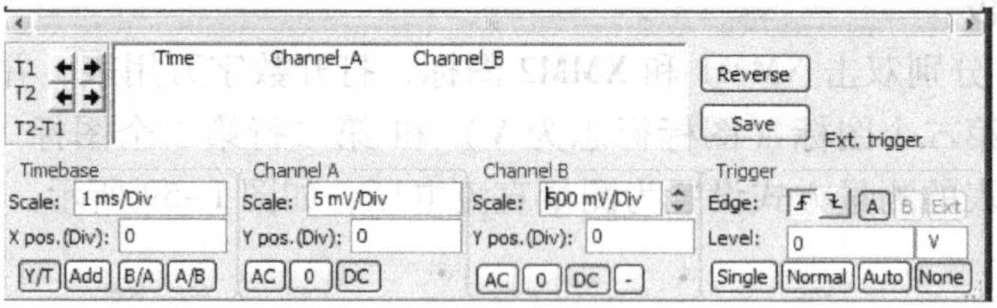

图 1-61　设置示波器

5）仿真测量。打开仿真开关，在示波器上即可显示出输入电压和输出电压的波形，示波器背景颜色默认为黑色，单击“Reverse”按钮可以将背景颜色改为白色，如图 1-62

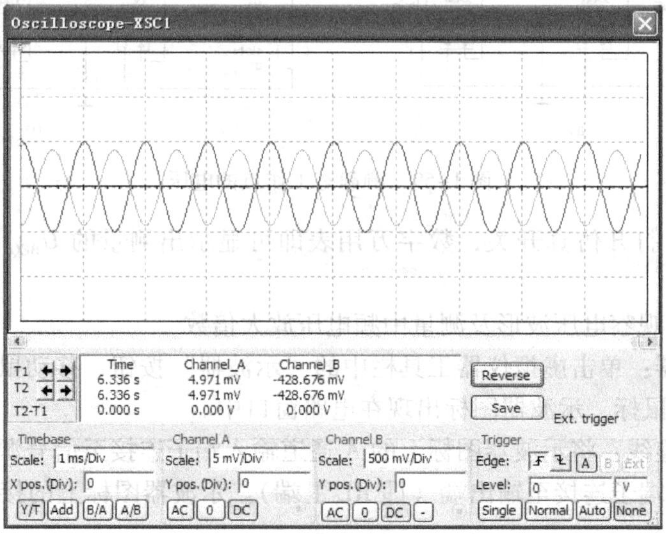

图 1-62　示波器的显示结果

所示。由上图可以观察到输入和输出电压的波形颜色分别与电路中设置的示波器 A 通道、B 通道与电路连线的颜色一致，容易区分。另外，由上图可以观察出输入和输出电压的波形相位相反。

单击仿真开关右边的“暂停”按钮，分别移动示波器左右两端的光标至输入波形和输出波形的峰值点上，如图 1-63 所示。此时，游标区 A、B 两通道的显示值即为输入波形和输出波形的峰值电压，两者的比值就是放大电路的电压放大倍数。

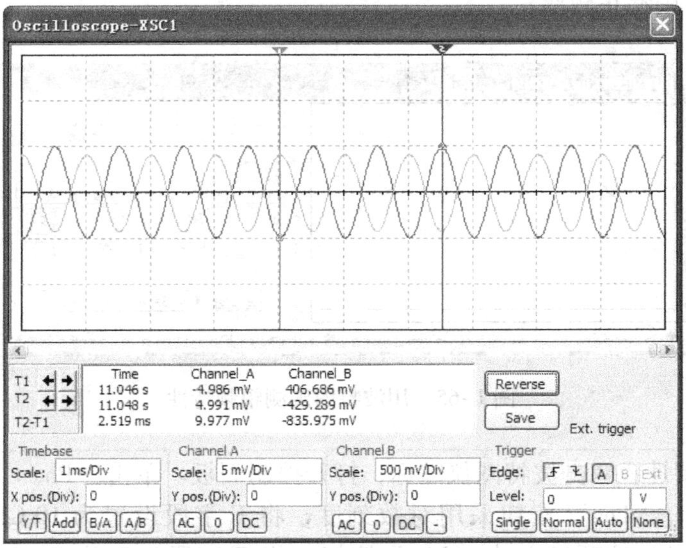

图 1-63　示波器的显示结果分析

（3）用波特图仪观察电压放大倍数的频率特性

1）增加波特图仪：单击虚拟仪器工具栏中的“波特图仪”按钮，移动鼠标至电路窗口合适的位置，然后单击鼠标，波特图仪图标出现在电路窗口中。

2）给波特图仪连线：将波特图仪图标上的输入端子（IN）的“＋”端子连接至信号源上端，将波特图仪图标上的输出端子（OUT）的“＋”端子连接至输出端，即 *R*L 上端。

3）改变连线颜色：用鼠标右键单击输入端子的“＋”端子与信号源之间的连线，在弹出的快捷菜单中单击“Color”命令改变该连线的颜色，以区别于输出端子的“＋”端子与电路输出端的连线。加入波特图仪后的电路图如图 1-64 所示。

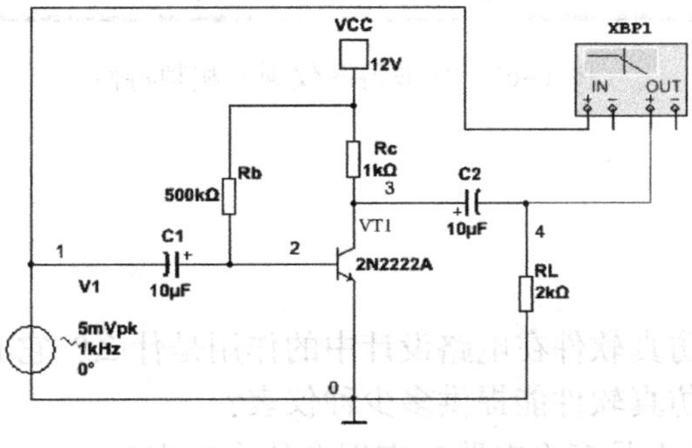

图 1-64　加入波特图仪后的电路

4）观察仿真结果：双击波特图仪图标，打开波特图仪，并将它移至合适的位置。

① 观察幅频特性：打开波特图仪控制面板，单击“Magnitude”按钮，在“Horizontal”选项区单击“Log”按钮采用对数刻度，将 F 字段设置为10 GHz、I 字段设置为 1 mHz；在“Vertical”选项区单击“Log”按钮采用对数刻度，将 F 字段设置为 100 dB、I 字段设置为 -200 dB。打开仿真开关，波特图仪的显示屏显示出电路的幅频特性，单击“Reverse”按钮将背景颜色改为白色，如图 1-65 所示。移动光标可以测量出中频电压放大倍数的分贝值、上限截止频率和下限截止频率。

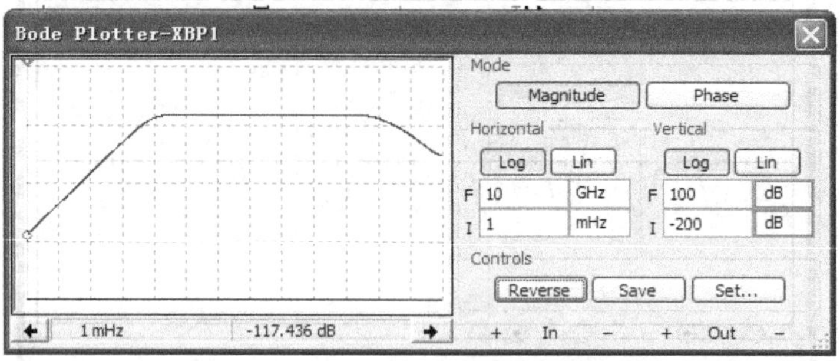

图 1-65　用波特图观测幅频特性

② 观察相频特性：双击波特图仪图标，打开控制面板。单击“Phase”按钮，在“Horizontal”选项区单击“Log”按钮采用对数刻度，将 F 字段设置为 10 GHz、I 字段设置为 1 mHz；在“Vertical”选项区单击“Lin”按钮，将 F 字段设置为 720Deg、I 字段设置为 -720Deg。打开仿真开关，波特图仪的显示屏显示出电路的相频特性，如图 1-66 所示。移动光标可以测量各频率点的相位值。

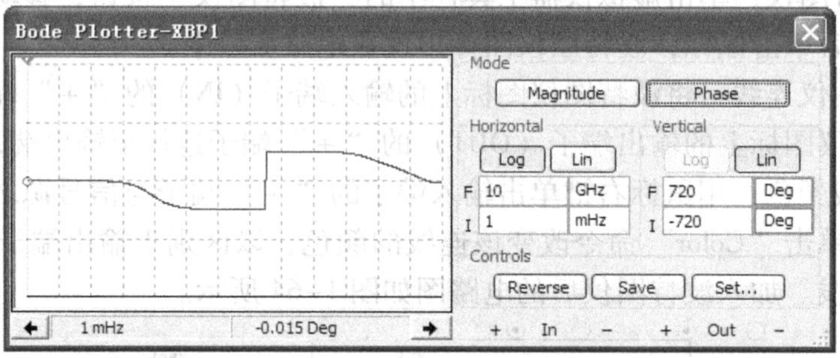

图 1-66　用波特图仪观察相频特性

1.6　思考与练习

1. NI Multisim 12.0 仿真软件在电路设计中的作用是什么？它有哪些优点？
2. NI Multisim 12.0 仿真软件能提供多少种仪表？
3. 什么是子电路？什么是多页电路？它们有什么区别？
4. 试在 NI Multisim 12.0 电路仿真工作区中创建如图 1-67 所示的电容充放电电路，并用示波器对其充放电过程进行仿真分析。其中参数“Key = Space”意为按下开关键来转换开关状态。

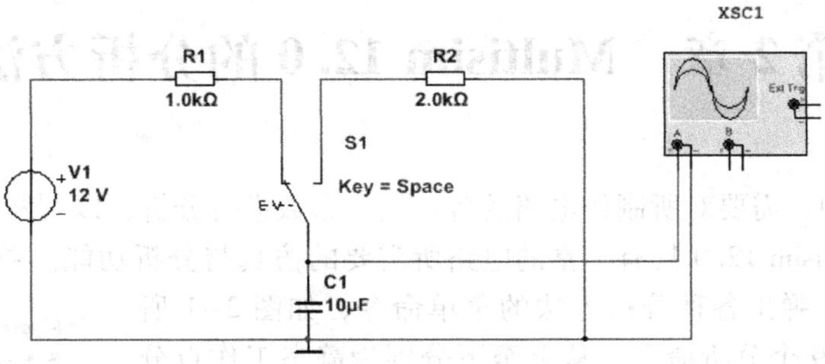

图 1-67　电容充放电电路

第 2 章　Multisim 12.0 的分析方法

在电子电路中，需要对所制作电路的各种技术参数进行分析，以判断电路的性能指标是否符合要求。Multisim 12.0 具有丰富的电路所需要的仿真与分析功能。单击“Simulate”→“Analyses”命令，弹出各种分析方法的菜单命令，如图 2-1 所示。其中包括了 19 个分析命令，从上至下分别为静态工作点分析、交流分析、单一频率交流分析、瞬态分析、傅里叶分析、噪声分析、噪声系数分析、失真分析、直流扫描分析、灵敏度分析、参数扫描分析、温度扫描分析、零点极点分析、传递函数分析、最坏情况分析、蒙特卡洛分析、布线宽度分析、批处理分析、用户自定义分析。

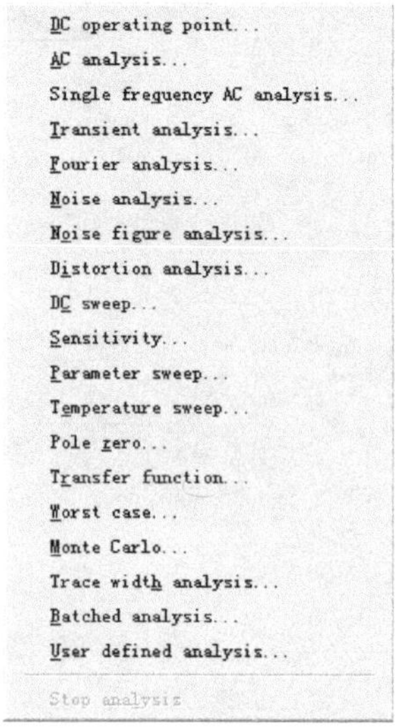

图 2-1　分析命令菜单

2.1　直流静态工作点分析

直流工作点分析（DC Operating Point Analysis）是最基本的电路分析，通常是为了判断电路的静态工作点是否设置合适，如果设置不合适，则会导致电路不能正常工作。直流分析的结果通常是后续分析的桥梁。例如，直流分析的结果决定了交流频率分析时的任何非线性元件（如二极管和晶体管）的近似线性的小信号模型。在进行直流工作点分析时，电路中的交流信号将自动设为 0 V，电容被视为开路，电感被视为短路，数字元件的输入/输出端被当成一个大电阻来处理。

在进行分析之前，首先必须设定相关的参数，而对于不同的分析，其设定参数不完全相同。大部分电路的分析设定参数可以使用默认值，但有些电路的设定是必须的，如指定所要追踪或分析的节点等。

打开第 1 章中的图 1-56 所建立的电路文件，执行“Simulate”→“Analyses”→“DC operating point”命令，进入静态工作点分析对话框，如图 2-2 所示。该对话框包括 Output、Analysis Options 和 Summary 3 个选项卡。

1. “Output”选项卡

“Output”选项卡是必须设定的部分，只有在该对话框中指定所要分析的节点，才能进行静态工作点分析。该选项卡包括 Variables in circuit 和 Selected variables for analysis 两个选项区，具体说明如下。

1）“Variables in circuit”选项区：该选项区列出了电路里的所有节点名称。选择所要分析的节点，再单击“Add”按钮，即可将所选择的节点放到右边的“Selected variables for analysis”选项区。如果在该选项区选择节点后，单击“Filter unselected variables”按钮，则对未列出的电路中的其他节点进行筛选。要注意输出节点的指定，单击图中对应的节点时编辑界面左下角会显示出节点标号。例如，第 2 个节点选中时会显示 Net：Name（2）；Analog；Location（C2，C3）。

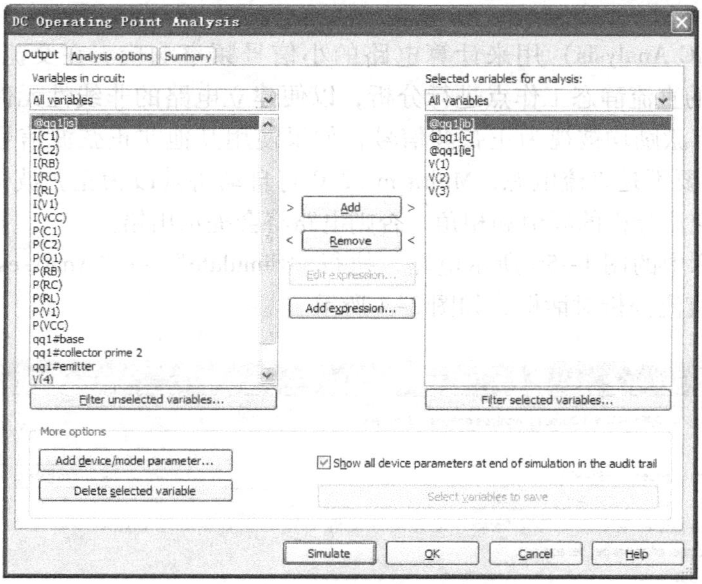

图 2-2　静态工作点分析对话框

2）"Selected variables for analysis" 选项卡：该选项卡列出了所要分析的节点，如果需要去除某个节点，则选择所要去除的节点，再单击 "Remove" 按钮将节点放回 "Variables in circuit" 选项区。

2. "Analysis Options" 选项卡

在 "Analysis Options" 选项卡中可以进行其他一些设定，包括在 "Title for analysis" 字段中输入所要进行分析的名称和通过 "Use custom analysis options" 设定习惯分析方式等。一般无须设定，采用默认值即可。

3. "Summary" 选项卡

在 "Summary" 选项卡中进行分析设定确认，一般无须设定，采用默认值。

当设定完成后，单击图 2-2 所示对话框中的 "Simulate" 按钮即可进行分析。分析结果如图 2-3 所示。在该分析结果图中，可以对分析结果进行一般的文档操作，如保存、打印等。

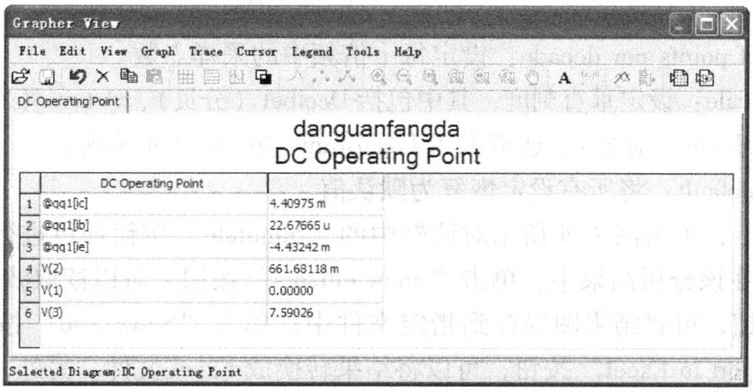

图 2-3　静态工作点分析结果

2.2 交流分析

交流分析（AC Analysis）用来计算电路的小信号频率响应。在交流分析时，Multisim 12.0 首先对电路的直流静态工作点进行分析，以便建立电路的非线性元件的交流小信号模型；原电路的所有激励均被视为正弦波信号，如果使用其他非正弦波信号作为激励（如方波或锯齿波），只要不是直流电源，Multisim 12.0 将自动将其改为正弦波信号；电路的信号源属性必须设置交流分析的幅值和相角，否则电路将会提示出错。

仍采用第 1 章中的图 1-56 所示电路，执行“Simulate”→“Analyses”→“AC Analysis”命令，进入交流分析对话框，如图 2-4 所示。

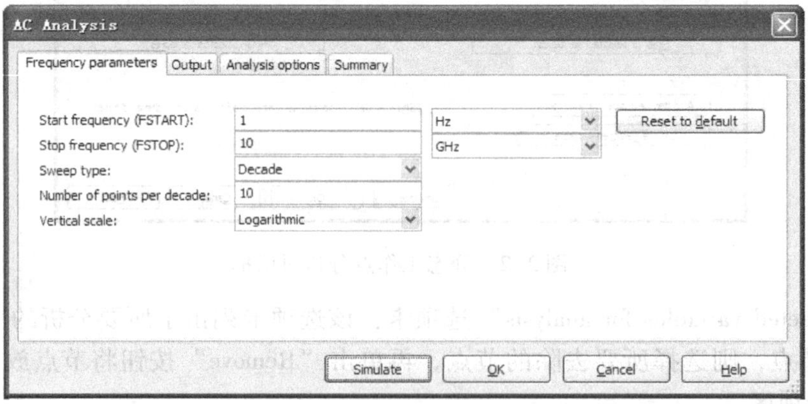

图 2-4　交流分析对话框

该对话框中包括 4 个选项卡，除了“Frequency parameters”选项卡外，其余均与静态工作点的设定一样。“Frequency parameters”选项卡包括以下 6 个项目。

1）Start frequency（FSTART）：设定交流分析的起始频率。

2）Stop frequency（FSTOP）：设定交流分析的终止频率。

3）Sweep type：设定交流分析的扫描方式，其中包括 Decade（十倍频扫描）、Octave（八倍频扫描）及 Linear（线性扫描）。通常采用十倍频扫描（Decade），以对数方式展现分析结果。

4）Number of points per decade：设定每十倍频中的采样点数。

5）Vertical scale：设定垂直刻度，其中包括 Decibel（分贝）、Octave（八倍频程）、Linear（线性）及 Logarithmic（对数）。通常采用 Logarithmic 或 Decibel 选项。

6）Reset to default：将所有设定恢复为默认值。

当设定完成后，单击图 2-4 所示对话框中的“Simulate”按钮即可进行分析，分析结果如图 2-5 所示。在该分析结果中，单击“Show cursors”按钮，可以读取波形上任一点的值；单击“Save”按钮，可将结果图保存到指定文件中；单击“Show grid”按钮，可以显示网格线；单击“Export to Excel”按钮，可以将结果转换成 Excel 文件。另外，在该分析结果图中，同样可以对分析结果进行一般的文档操作。

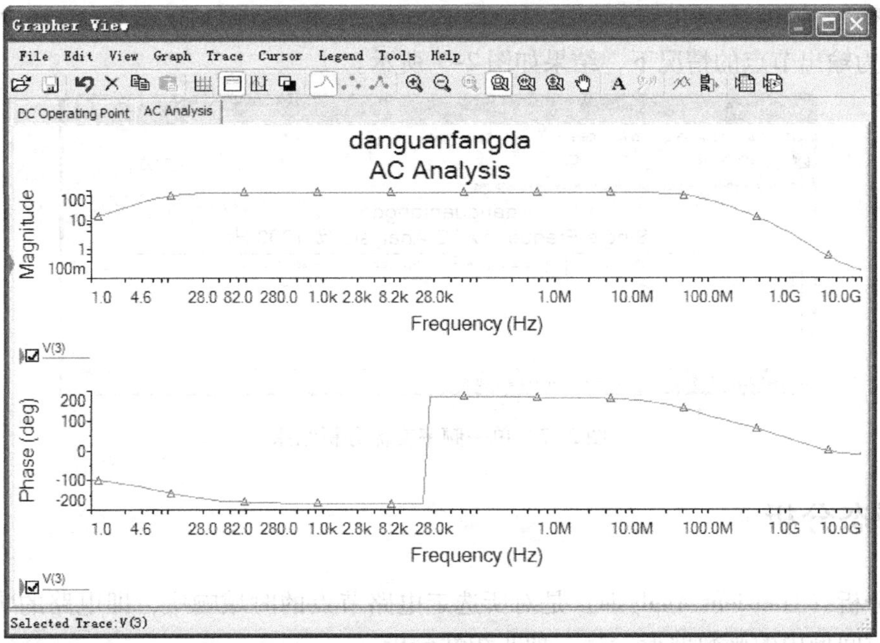

图 2-5 交流分析的结果

2.3 单一频率交流分析

单一频率交流分析（Singles Frequency AC Analysis）即测试电路对某个特定频率的交流频率响应。

采用第 1 章中的图 1-56 所示电路，单击“Simulate”→“Analysis”→“Single Frequency AC Analysis”命令，弹出图 2-6 所示的对话框。其中，Output、Analysis options 和 Summary 选项卡与 DC Operating Point Analysis 对话框中的选项卡完全一致。

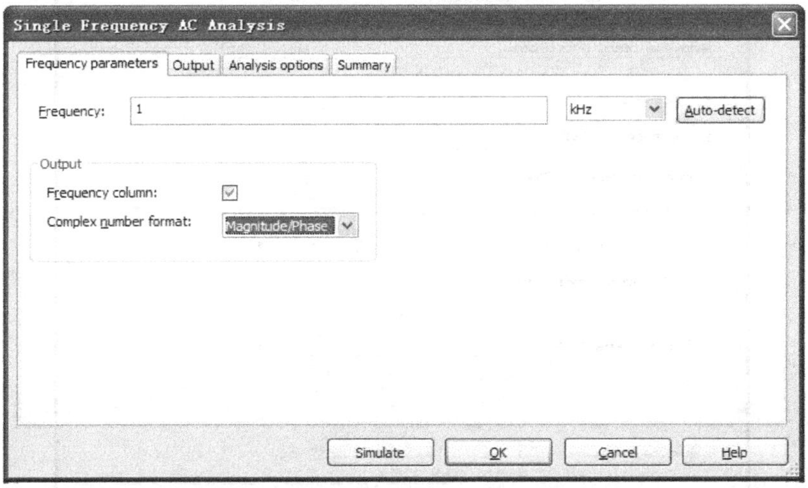

图 2-6 单一频率交流分析对话框

按照图 2-6 中的参数设置，测试用户自定义的放大电路对 1kHz 信号的频率响应，在将 V(3)设置为输出节点的情况下，结果如图 2-7 所示。

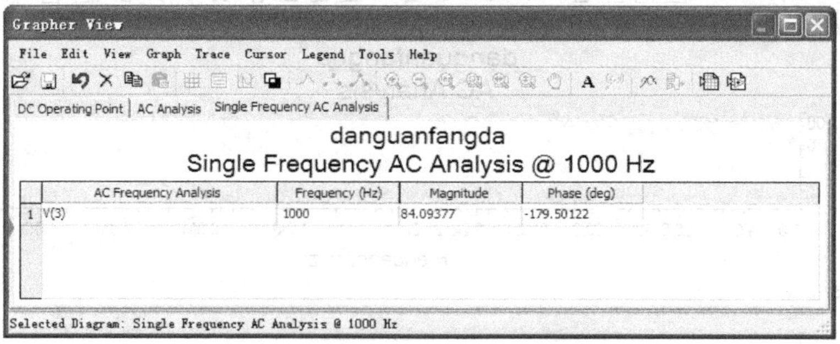

图 2-7 单一频率交流分析结果

2.4 瞬态分析

瞬态分析（Transient Analysis）是对所选定电路节点的时域响应，即电路的响应在激励作用下在时间域内的函数波形，是一种非线性分析。

Multisim 12.0 在进行瞬态分析时，将进行连续的直流静态工作点分析，即每个输入周期被分成几个时间段，周期中的每一个点都进行直流分析。把结果用节点电压的形式展示，观察该节点在整个显示周期中每一时刻的电压波形。

在进行瞬态分析时，直流电源保持常数，交流信号源随着时间而改变，电容和电感都是能量存储模式元件。瞬态分析的结果通常为分析节点的电压波形，通常是为了找出电子电路的工作情况，就像用示波器观察节点电压波形一样，所以使用示波器也可以观察到相同的结果。执行“Simulate”→“Analysis”→“Transient Analysis”命令，弹出如图 2-8 所示的瞬态分析对话框。

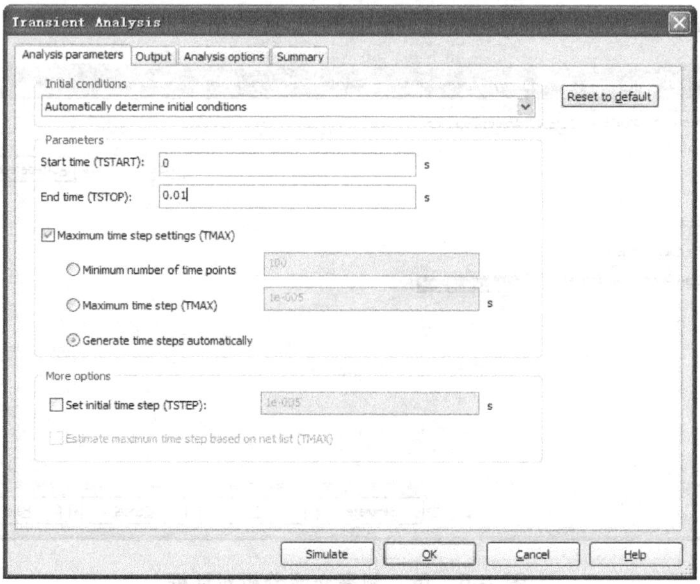

图 2-8 瞬态分析对话框

该对话框中包括 4 个选项卡，除了“Analysis parameters”选项卡之外，其余均与静态工作点分析的设定相同（参考 2.1 节）。“Analysis parameters”选项卡主要用来设置瞬态分析时间参数。

1）Initial conditions：设定初始条件，其中包括 Automatically determine initial conditions（由程序自动设定初始值）、Set to zero（设初始值为 0）、User defined（由用户定义初始值）、Calculate DC operating point（由静态工作点计算得到）。

2）Parameters：设定参数值，包括 3 个参数。其中，Start time（TSTART）用于设定分析开始的时间；End time（TSTOP）用于设定分析结束的时间；Maximum time step settings（TMAX）用于设定最大时间间距，当该复选框被选中时，需要同时选中下列 3 个单选按钮之一（默认选项为 Generate time steps automatically）。

① Minimum number of time points：设定最小采样点数。规定了在起始时间到终止时间内，Multisim12.0 在进行仿真分析时所能采样的最小采样点数目，用于设定分析的步阶。

② Maximum time step（TMAX）：设定最大时间间距，用于设定仿真分析时的时间步长。

③ Generate time steps automatically：设定由 Multisim12.0 自动设定仿真分析时的时间步长。

3）More options：该对话框用来设置时间增量。

4）Reset to default：用来将所有设定恢复为默认值。

本例采用第 1 章中的图 1-56 所示电路，按照图 2-8 中的设置，把仿真终止时间改为 0.01 s，在“Output”选项卡中将节点 3 设为输出节点，其余按默认设置。单击“Simulate”按钮，弹出如图 2-9 所示的瞬态分析的结果窗口。

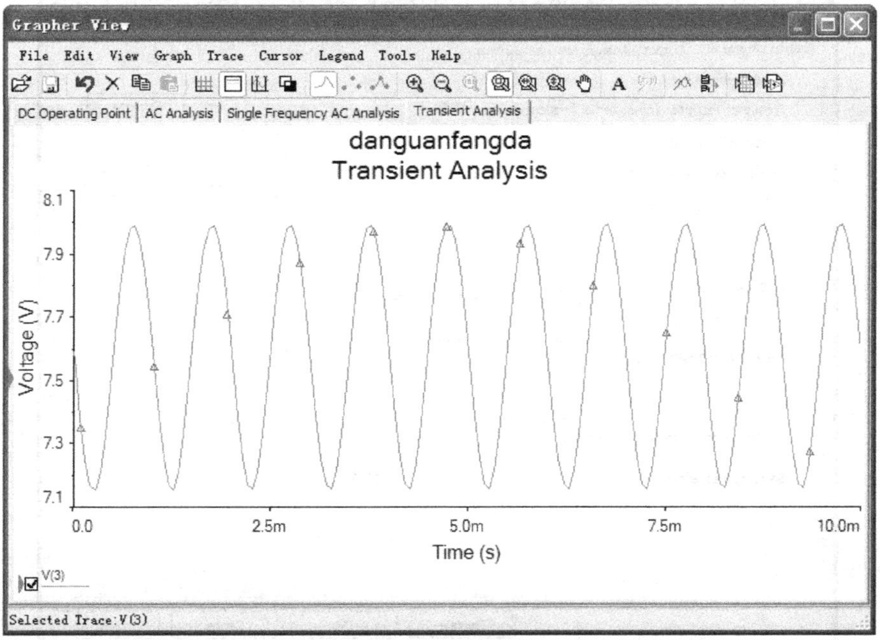

图 2-9　瞬态分析结果

由图 2-9 可知，单管共射级放大电路的输出电压以静态工作点 7.6 V 为水平线，在此基础上随着输入的正弦信号变化而变化，因此合理设置静态工作点可以使电路正常工作在放大状态。

2.5 傅里叶分析

傅里叶分析（Fourier Analysis）方法是分析周期性非正弦信号的一种数学方法，用于分析时域信号的直流分量、基频分量和谐波分量。它通过对被测节点处的时域变换信号进行傅里叶变换，找出其时域变换规律。该分析方法其实就是将周期性的非正弦信号转换成一系列正弦波和余弦波的组合，如下公式所示：

$$f(t) = A_0 + A_1\cos\omega t + A2\cos2\omega t + \cdots + B_1\sin\omega t + B2\sin2\omega t + \cdots$$

其中，A_0为原信号的直流分量；ω 为基频分量；$A_1\cos\omega t + B_1\sin\omega t$ 是基波成分，它的频率与周期和原始信号相同；$A_n\cos\omega t + B_n\sin\omega t$ 是信号的 n 次谐波；A_i，B_i为第 i 次谐波系数。

傅里叶分析产生的每个频率成分都是由周期性波形的相应谐波产生的。把每个频率成分（每一项）理解为一个独立的信号源，根据叠加原理，则总的响应将等于每一项所产生的响应之和。当信号谐波的阶次增加时，相应的谐波幅值逐渐减小。这表明用信号的前几个频率成分的叠加来代替原信号是对信号的一个很好的近似。傅里叶分析需要设定一个基本频率，使它与交流源的频率相匹配，或者是多个交流源频率的最小公因数。

执行“Simulate”→“Analysis”→“Fourier analysis”命令，弹出“Fourier Analysis”对话框，进行傅里叶分析参数设置，如图 2-10 所示。

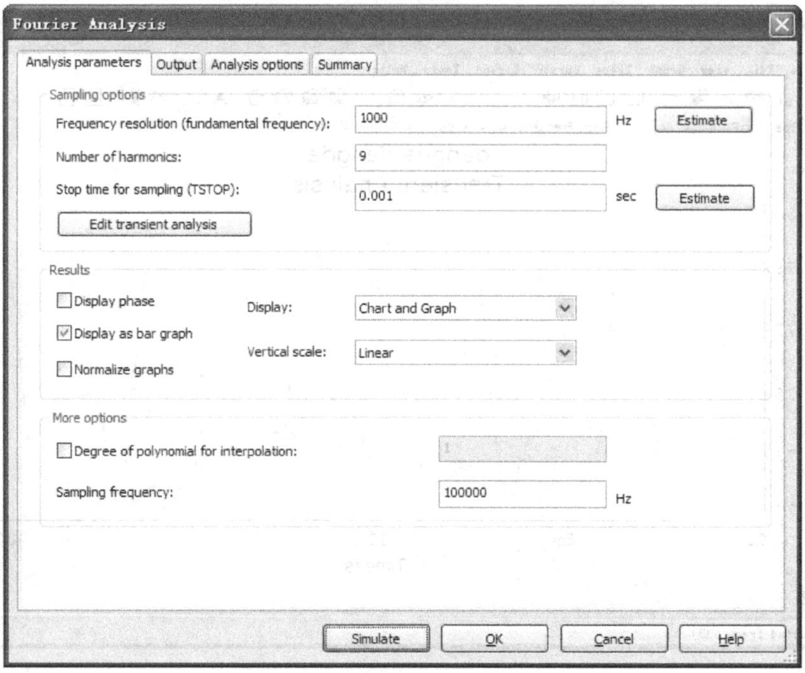

图 2-10 “Fourier Analysis ”对话框

Output、Analysis options 和 Summary 选项卡的设置内容和前述其他分析方法的对话框设置相同。“Analysis Parameters” 选项卡用来设置傅里叶分析的基本参数和显示方式。

1）Sampling options：设置傅里叶分析与采样有关的基本参数，主要包括 3 项内容。其中，“Frequency resolution（fundamental frequency）”文本框用于设置基频。如果电路中有多个交流信号源，则取各信号源频率的最小公倍数。如果不知道如何设置，则可以单击“Estimate”按钮，程序会自动设置。“Number of harmonics” 文本框用于设置希望分析的谐波总数（系统默认值为 9）。“Stop time for sampling（TSTOP）” 文本框用于设置停止取样的时间。如果不知道如何设置，则可以单击“Estimate”按钮，程序会自动预估设置。

单击“Edit transient analysis”按钮，设置瞬时分析选项，具体设置方法与瞬态分析设置方法相同，如图 2-11 所示。

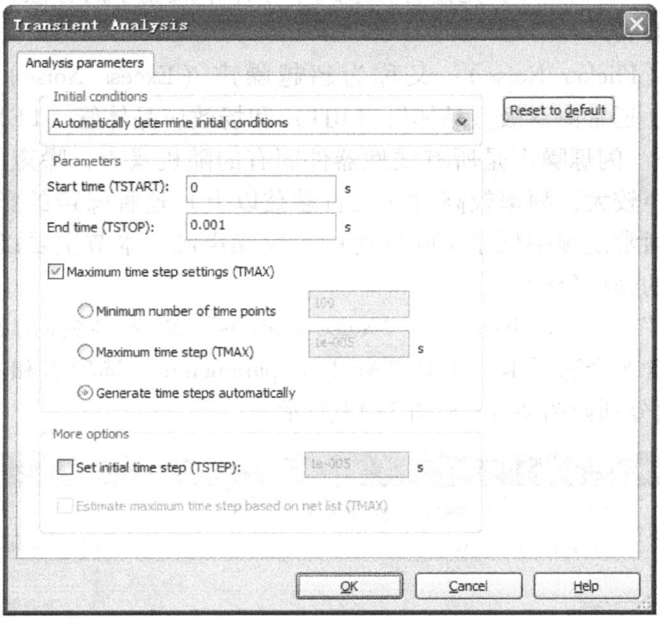

图 2-11　瞬时分析选项

2）Results：选择仿真结果的显示方式。其中“Display phase”用于设置显示幅度频谱和相位频谱，“Display as bar graph”用于设置以线条绘出频谱图，“Normalize graphs”用于设置绘出归一化频谱图。“Display”下拉列表用来设置所要显示的项目，共包含了 3 项内容：Chart（图表）、Graph（曲线）、Chart and Graph（图表和曲线）。“Vertical”下拉列表用来设置频谱的纵轴刻度，其下拉列表中包括 Decibel（分贝刻度）、Octave（八倍刻度）、Linear（线性刻度）、Logarithmic（对数刻度）。

3）More options：该选项区包括两个选项。其中，“Degree of polynomial for interpolation”复选框的功能是设定仿真中用于点间插值的多项式的次数，选中该复选框后，即可在其右边方框中指定多项式次数；“Sampling Frequency”文本框用于指定采样率。

2.6 噪声分析

噪声会对高频电路、小信号的模拟电路及数字电路等带来不同程度的干扰。噪声分析（Noise Analysis）就是分析噪声对电路性能的影响以及噪声的大小。Multisim 12.0 中的噪声模型假定了仿真电路中的每一个元件经过噪声分析后，它们的总噪声输出对仿真电路的输出节点的影响。在 Multisim 12.0 中给出了 3 种噪声模型：热噪声、散粒噪声和闪烁噪声。

1）热噪声（Thermal Noise）：也就是约翰逊噪声（Johnson Noise）或白色噪声（White Noise），这种噪声敏感于温度的变化，由导体中的自由电子和振动粒子之间的热量的相互作用而产生。它的频率在频谱中均匀分布。

2）散粒噪声（Shot Noise）：是由各种形式半导体中载流子的分散特性而产生的，这种噪声为晶体管的主要噪声。

3）闪烁噪声（Flicker Noise）：又称为超越噪声（Excess Noise）、粉红噪声（Pink Noise）或 1/f 噪声，通常由双极型晶体管（BJT）和场效应晶体管（FET）产生，且发生在频率小于 1kHz 以下。闪烁噪声是所有线性器件固有的随机噪声，噪声振幅与频率成反比，频率很低时这种噪声较大，频率较高时（几百赫兹以上）这种噪声的影响较小。在电路的输入端，闪烁噪声通常是频率低于 400Hz 时的主要噪声源。本节主要以闪烁噪声为例来说明晶体管放大电路的噪声分析。

执行“Simulate”→“Analysis”→“Noise analysis”命令，将弹出如图 2-12 所示的对话框。该对话框包含 5 个选项卡，其中“Analysis parameters”选项卡和“Frequency parameters”选项卡的界面分别如图 2-12 和图 2-13 所示。

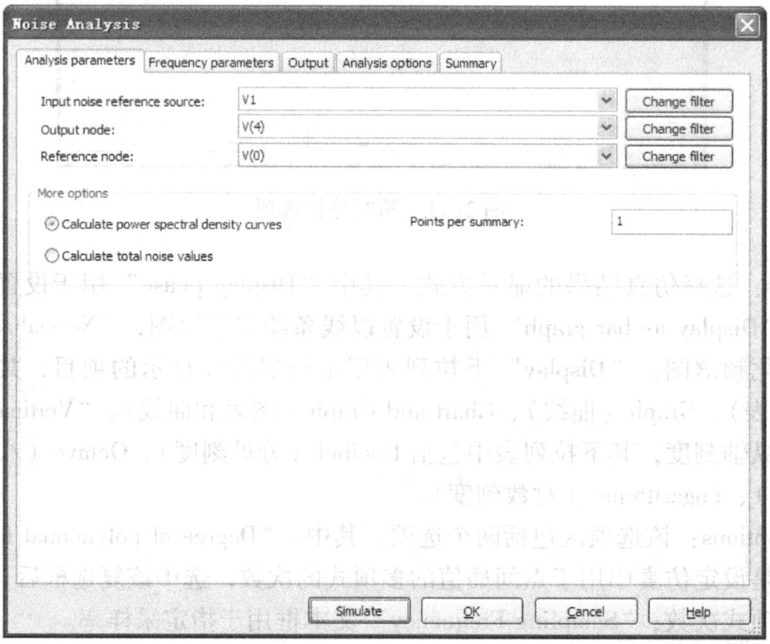

图 2-12 “Noise Analysis”对话框中的“Analysis parameters”选项卡

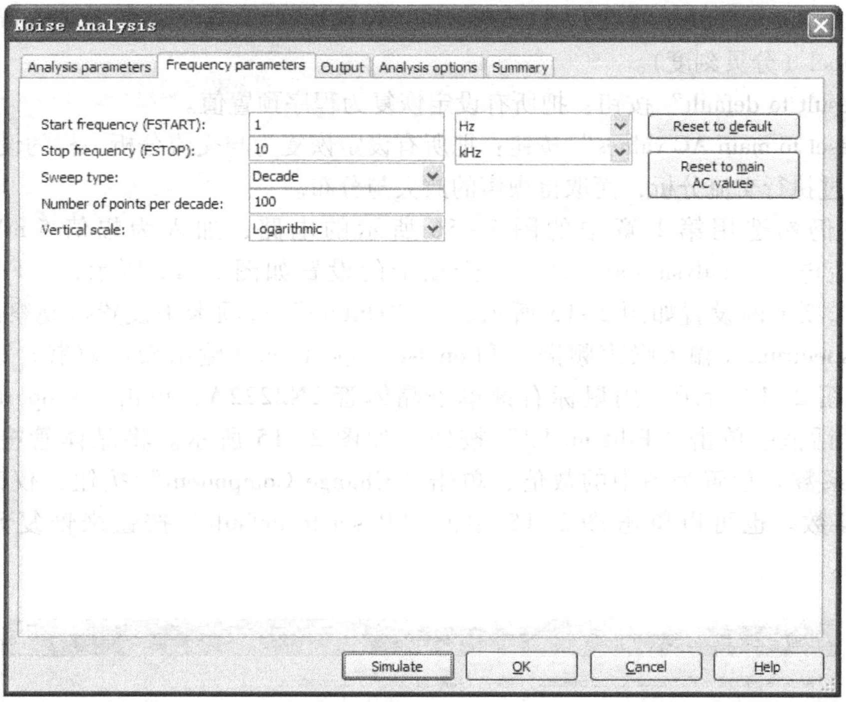

图 2-13 “Noise Analysis”对话框中的“Frequency parameters”选项卡

1. “Analysis parameters”选项卡

“Analysis parameters”选项卡中各个选项的含义如下：

1）Input noise reference source：用于选择交流信号的输入噪声参考源。

2）Output node：选择输出噪声的节点。

3）Reference node：设置参考电压的节点，默认值为接地点。

4）Calculate power spectral density curves：设置每次求和的采样点数。选中该单选按钮后，噪声分析将会以功率频谱密度的方式给出分析结果。“Output”选项卡中将出现“inoise-spectrum”（输入噪声频谱）和“onoise-spectrum”（输出噪声频谱）两个变量。其右边的文本框用于设定每次求和的采样点数。数值越大，频率的步进数越大，图形的分辨率越低。

2. “Frequency parameters”选项卡

“Frequency parameters”选项卡中各个选项的含义如下：

1）“Start frequency（FSTART）”文本框：设定扫描的起始频率。

2）“Stop frequency（FSTOP）”文本框：设定扫描的终止频率。

3）“Sweep type”下拉列表：设定扫描方式，其中包括 Decade（十倍刻度扫描）、Octave（八倍刻度扫描）及 Linear（线性刻度扫描）。

4）“Number of points per decade”文本框：设定每十倍频率的取样点数，点数越多，图的精度越高。

5）“Vertical scale”下拉列表：设定垂直刻度，其中包括 Decibel（分贝刻度）、Octave

(八倍刻度)、Linear(线性刻度)、Logarithmic(对数刻度),通常采用 Logarithmic(对数刻度)或 Decibel(分贝刻度)。

6)"Result to default"按钮:把所有设定恢复为程序预置值。

7)"Reset to main AC values"按钮:把所有设定恢复为与交流分析一样的设定值。噪声分析也是通过执行交流分析,而取得噪声的放大与分布。

本例中仍然选用第 1 章中的图 1-56 所示的电路,加入为幅值 5 mV、频率为 1 kHz 的交流电。"Analysis parameters"选项卡的设置如图 2-12 所示,"Frequency parameters"选项卡的设置如图 2-13 所示。在"Output"选项卡中设置待观察的输出变量为 inoise - spectrum(输入噪声频谱)和 onoise - spectrum(输出噪声频谱)以及 onoise_qq1 等,如图 2-14 所示。用鼠标右键单击晶体管 2N2222A,单击"Properties"按钮,在弹出的对话框中单击"Edit model"按钮,如图 2-15 所示。将晶体管模型中的 KF(闪烁噪声系数)设置为图中的数值,单击"Change Component"按钮,仅改变当前元件的模型参数。也可以单击图 2-15 中的"Reset to default"按钮来恢复元件默认的 SPICE 参数。

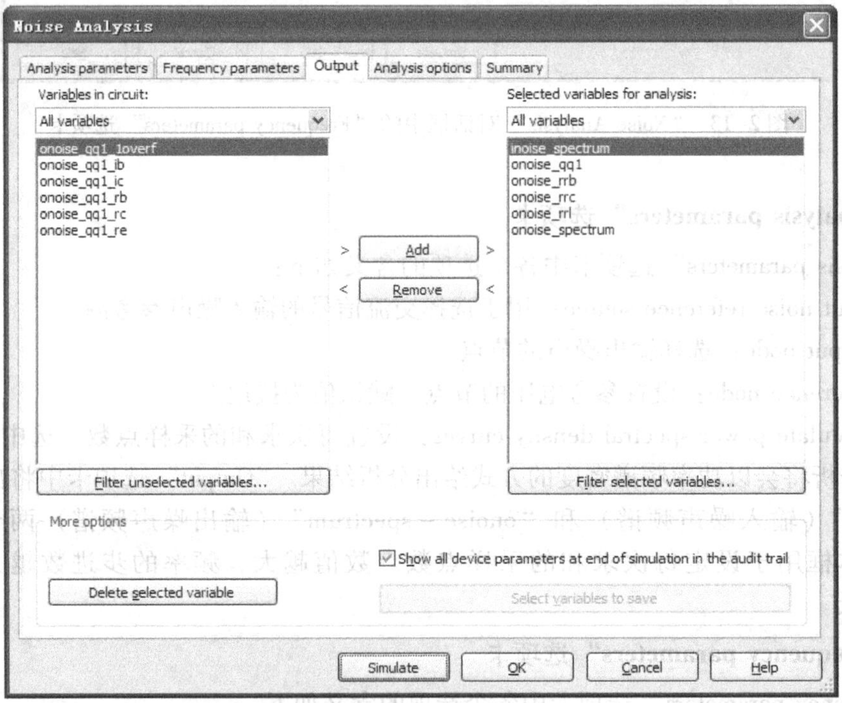

图 2-14 "Noise Analysis"对话框中的"Output"选项卡

改变 KF 的 SPICE 参数值后,单击"Simulate"按钮,启动噪声分析,得到如图 2-16 所示的结果。

从 inoise_spectrum(输入电压噪声频谱)密度曲线中可以知道:频率低于 400 Hz 时,闪烁噪声很大;大于 400 Hz 后,输入电压噪声频谱密度主要由散粒噪声来决定。

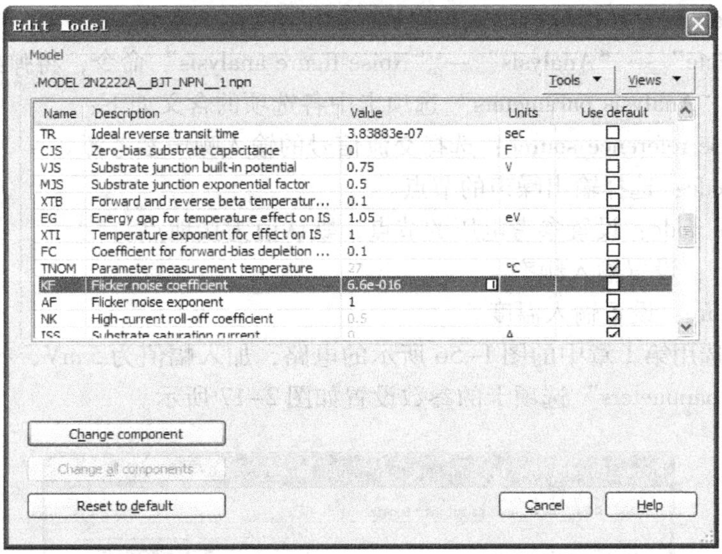

图 2-15　设置闪烁噪声系数 KF 的值

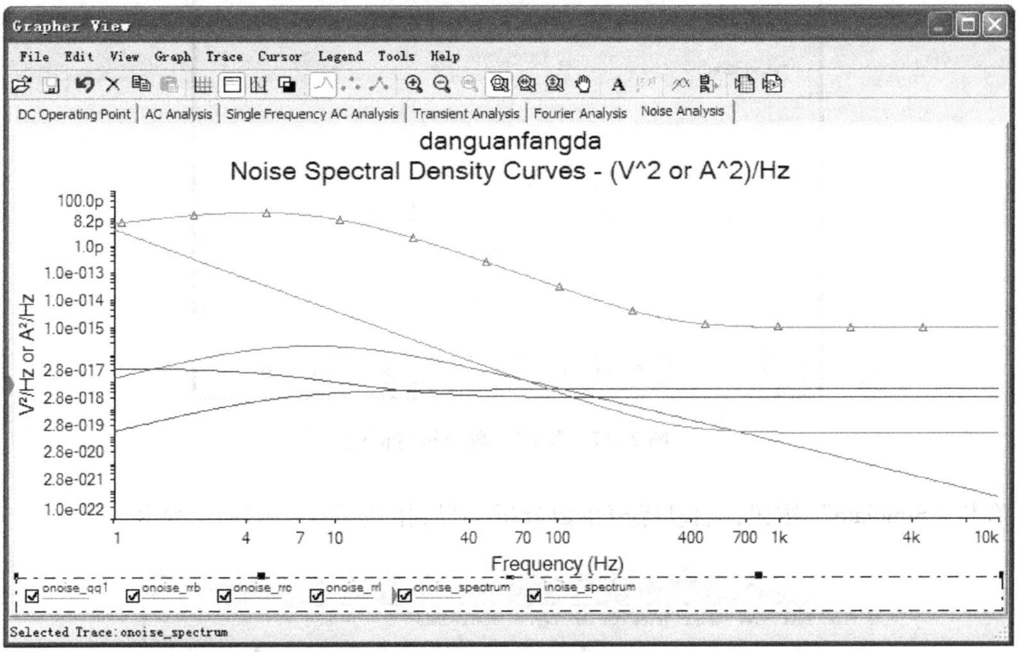

图 2-16　噪声分析的结果

2.7　噪声系数分析

噪声系数分析用来衡量噪声对信号的干扰程度。信噪比是一个衡量电子线路中信号质量的重要参数。降低晶体管噪声的主要途径是提高截止频率和降低基区电阻，或者适当设置晶体管参数 NF（正向电流发射系数，可在图 2-15 中设置）。Multisim 12.0 的噪声系数分析

(Noise Figure Analysis) 是指分析输入信噪比/输出信噪比的变化。

单击 "Simulate" → "Analysis" → "Noise figure analysis" 命令，将弹出如图 2-17 所示的对话框。其中 "Analysis parameters" 选项卡中各选项的含义如下：

1) Input noise reference source：选择交流信号的输入噪声参考源。

2) Output node：选择输出噪声的节点。

3) Reference node：设置参考电压的节点，默认值为接地点。

4) Frequency：设置输入频率。

5) Temperature：设置输入温度。

本例中仍然选用第 1 章中的图 1-56 所示的电路，加入幅值为 5 mV、频率为 1 kHz 的交流电。"Analysis parameters" 选项卡的参数设置如图 2-17 所示。

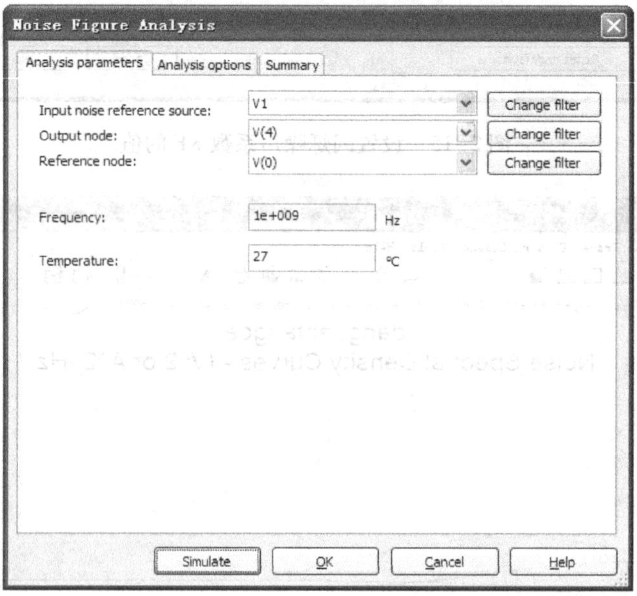

图 2-17　噪声系数分析对话框

单击 "Simulate" 按钮，启动噪声系数分析，得到的结果如图 2-18 所示。

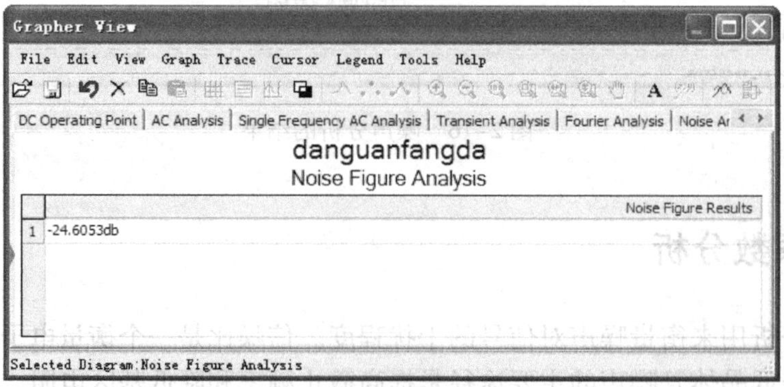

图 2-18　噪声系数分析结果

2.8 失真分析

失真分析（Distortion Analysis）用于分析电子电路中的非线性失真和相位偏移，通常非线性失真会导致谐波失真，而相位偏移会导致互调失真。如果电路中有一个交流信号源，该分析方法会确定电路中的每个节点的二次和三次谐波造成的失真；如果电路中有两个频率（$F1$、$F2$，$F1 > F2$）不同的交流信号源，该分析方法能够确定电路变量在 3 个不同频率上的谐波失真：$(F1 + F2)$、$(F1 - F2)$、$(2F1 - F2)$。

失真分析对于研究电路中的小信号比较有效。采用多维的 Volterra 分析法和多维泰勒（Taylor）技术来描述工作点处的非线性。该分析方法对于瞬态分析中无法观察到的小信号尤其有效。

在进行失真分析之前，必须决定要用什么电源，每个电源失真分析参数的设定都是独立的。可按以下步骤设定交流源的参数，进行谐波分析时，按步骤 1）和 2）进行；进行互调失真分析，按步骤 1）~3）进行。

1）双击信号源。

2）在“Value”下选择失真频率 1 幅值（Distortion Frequency 1 Magnitude），设定输入幅值与相位。

3）在“Value”下选择失真频率 2 幅值（Distortion Frequency 2 Magnitude），设定输入幅值与相位（仅互调失真设定该步）。

执行“Simulate”→“Analysis”→“Distortion analysis”命令，弹出失真分析对话框，如图 2-19 所示。

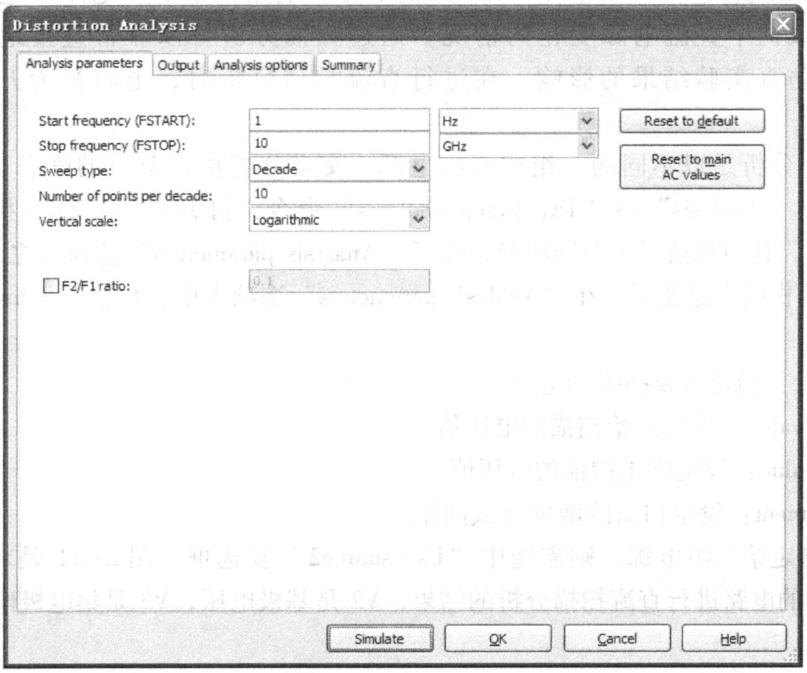

图 2-19　失真分析对话框

“Analysis parameters” 选项卡用来设置频率的参数。

1) Start frequency (FSTART) 文本框：用于设置分析的起始频率。

2) Stop frequency (FSTOP) 文本框：用于设置分析的停止频率。

3) Sweep type 下拉列表：用于设置交流分析的扫描方式。Decade 代表十倍刻度扫描、Octave 代表八倍刻度扫描、Linear 代表线性刻度扫描。

4)“Number of points per decade”文本框：设定每十倍频率的取样点数。

5)“Vertical scale”下拉列表：设定垂直刻度，其中包括 Decibel（分贝刻度）、Octave（八倍刻度）、Linear（线性刻度）、Logarithmic（对数刻度），通常采用 Logarithmic（对数刻度）或 Decibel（分贝刻度）。

6)“F2/F1 ratio”复选框：仅当进行互调失真时选中该复选框。若信号含有两个频率（*F*1 和 *F*2），可由使用者指定 *F*2 与 *F*1 之比，*F*1 频率是在起始频率与终止频率之间扫描的频率，而 *F*2 为 *F*1 的起始值（*FSTART*）与 *F*2/*F*1 的乘积。在选中该复选框后，紧接着在右边的文本框中指定 *F*2/*F*1 之比，它的值必须在 0～1 之间。这个数应该是无理数，但计算机的计算精度是有限的，所以应取一个多位数的浮点数来代替。

7) Reset to default 按钮：把所有设定恢复为程序预置值。

8) Reset to main AC values 按钮：把所有设定恢复为与交流分析一样的设定值。

其余 3 个选项卡的设置内容与其他分析方法的对话框设置相同。

2.9 直流扫描分析

直流扫描分析（DC Sweep Analysis）就是分析电路中某节点电压（电流）随着电路中的一个或两个直流电源变化的情况。通过扫描分析可以非常直接地看到扫描参数的变化对仿真实验结果的影响。在进行直流扫描分析时，电容视为开路，电感视为短路。

直流扫描分析是以不同的一组或两组电源，交互分析指定节点的静态工作点。单击“Simulate”→“Analysis”→“DC Sweep analysis”命令，打开直流扫描分析对话框，如图 2-20 所示。其中包括了 4 个选项卡，除了“Analysis parameters”选项卡之外，其余均与静态工作点分析的设定相同。在“Analysis parameters”选项卡中，包括了 Source1 和 Source2 两个选项区。

1) Source：指定所要扫描的电源。

2) Start value：设定开始扫描的电压值。

3) Stopvalue：设定终止扫描的电压值。

4) Increment：设定扫描的增量（或间距）。

如果要指定第二组电源，则需选中“Use source2”复选框。图 2-21 是对第 1 章中的图 1-56 所示的电路进行直流扫描分析的结果，V2 是基极电压，V3 是集电极电压。

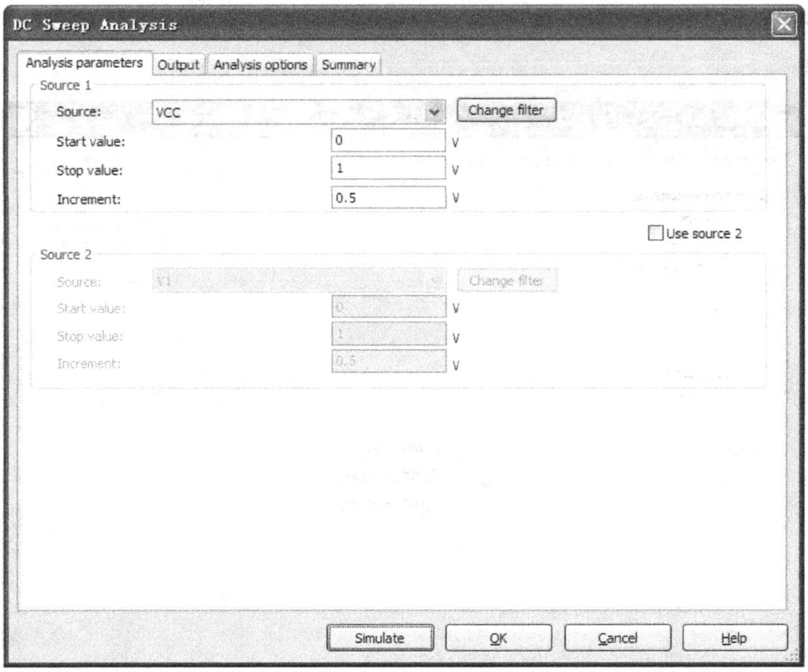

图 2-20 直流扫描分析对话框

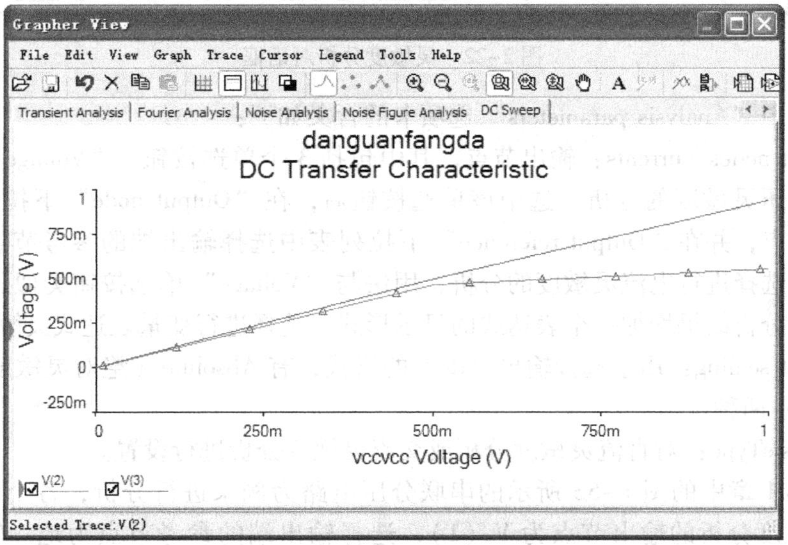

图 2-21 直流扫描分析结果

2.10 灵敏度分析

灵敏度分析（Sensitivity Analysis）是指当电路中某个元件的参数发生变化时，分析它的变化对电路输出的节点电压和支路电流的影响。灵敏度分析包括直流灵敏度分析和交流灵敏度分析。直流灵敏度分析的仿真分析结果以数值的形式显示，交流灵敏度的仿真分析结果可以用曲线的形式显示。执行“Simulate”→“Analysis”→“Sensitivity”命令，弹出如图2-22所示的对话框。

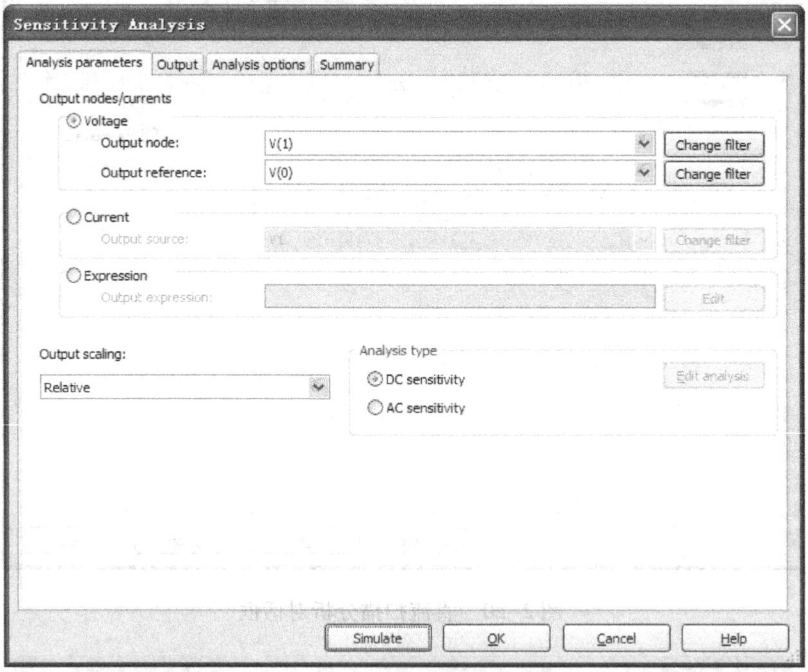

图2-22　灵敏度分析对话框

该对话框中“Analysis parameters”选项卡的含义如下：

1）Output nodes/currents：输出节点，其中包括3个单选按钮。“Voltage”单选按钮用于选择进行电压灵敏度的分析。选中该单选按钮后，在“Output node”下拉列表中选择要分析输出的节点，并在“Output reference”下拉列表中选择输出端的参考节点。“Current”单选按钮用于选择进行电流灵敏度的分析，用法与“Voltage”单选按钮类似。“Expression”单选按钮是为分析结果增加一个表达式的显示形式，选择进行变量表达式灵敏度分析。

2）Output scaling：用于选择输出灵敏度的格式，有Absolute（绝对灵敏度）和Relative（相对灵敏度）两种。

3）AnalysisType：对直流灵敏度分析或交流灵敏度分析进行设置。

本节以第1章中的图1-53所示的串联分压电路为例来进行分析，各个参数选项的设置：电压灵敏度分析的输出节点为V（1），选择输出端的参考节点为地。输出灵敏度的格式是Relative，如图2-22所示。在图2-22的“Output”选项卡中，将所有的变量rr1、rr2、vv1都设置为输出节点。单击“Simulate”按钮，启动灵敏度分析，得到如图2-23所示的结果。

灵敏度与误差的关系密切。如果设Y为电路的理想输出，设X为电路中的某个参数，那么电路的输出信号的偏差$\Delta Y/Y=\Delta X/X\times Z$。这里$Z$为$X$所对应的灵敏度，相当于图2-23中所示的数值。$\Delta X/X$为器件偏离标称值的程度，即参数偏差，可以用百分比表示。在灵敏度分析时，为了方便理解问题，一般视电源的误差可以忽略。在图2-23中，vv1项的灵敏度为1，这是因为vv1就是输出节点的电压。

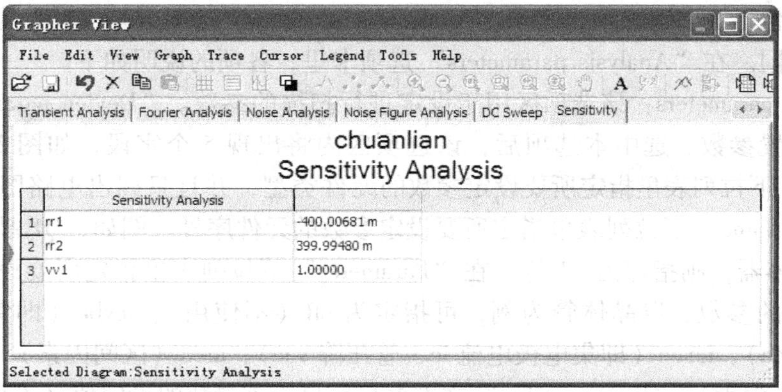

图 2-23　灵敏度分析结果

2.11　参数扫描分析

参数扫描分析（Parameter Sweep Analysis）就是不断变化仿真电路中某个元件的参数值，观察其参数值在一定范围内的变化对电路的直流工作点等性能的影响。参数扫描分析的效果相当于对某个元件的每一个固定的元件参数值进行一次仿真分析，然后改变该参数值后，继续分析的效果。

参数扫描分析是对电路里的元件，分别以不同的参数值进行分析。在 Multisim 12.0 中，进行参数扫描分析时，可以设定为静态工作点分析、瞬态分析或交流分析的参数扫描。执行“Simulate” → “Analysis” → “Parameter Sweep” 命令，弹出如图 2-24 所示的对话框。

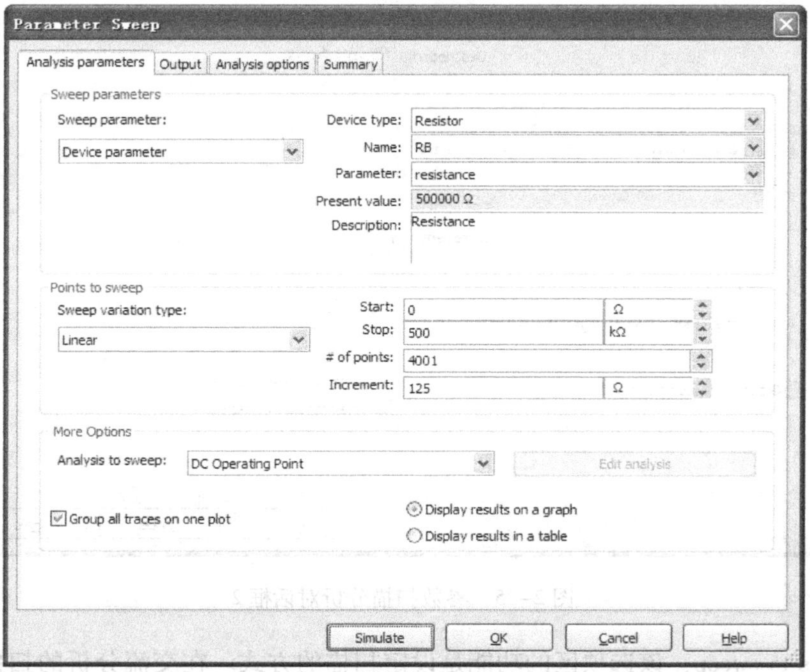

图 2-24　参数扫描分析对话框 1

该对话框包括4个选项卡，除了“Analysis parameters”选项卡外，其余均与静态工作点分析的设定相同。在“Analysis parameters”选项卡里，各项的说明如下。

1）Sweep parameters：该选项区用于设定进行扫描的参数。“Device parameter”选项用于设定元件装置参数。选中本选项后，该选项区内将出现5个字段，如图2-24所示。在“Device type”下拉列表里指定所要设定参数的元件类型，并且只列出电路图里所用到的元件类型。在“Name”下拉列表里指定所要设定参数的元件序号。例如，Q1晶体管，则指定为Q1；C1电容器，则指定为C1等。在“Parameter”下拉列表里指定所要设定的参数。不同元件有不同的参数，以晶体管为例，可指定为off（不使用）、icvbe（即集电极电流ic、b-e间电压vbe）、icvce（即集电极电流ic、管压降vce）、area（区间因素）、sens_area（灵敏度）、temp（温度）。“Present value”文本框显示目前该参数的设定值（不可更改），“Description”文本框中的字段为说明字段（不可更改）。“Model parameter”选项用于设定元件模型参数，选择本项后，该选项区中将出现5个字段，如图2-25所示。在“Device type”下拉列表里指定所要设定参数的元件类型，只包括电路图里所用到的元件类型。在“Name”下拉列表里指定所要设定参数的元件名称。在“Parameter ”下拉列表里指定所要设定的参数。“Present value”中的内容为目前该参数的设定值（不可更改）。“Description”文本框中的字段为说明字段（不可更改）。

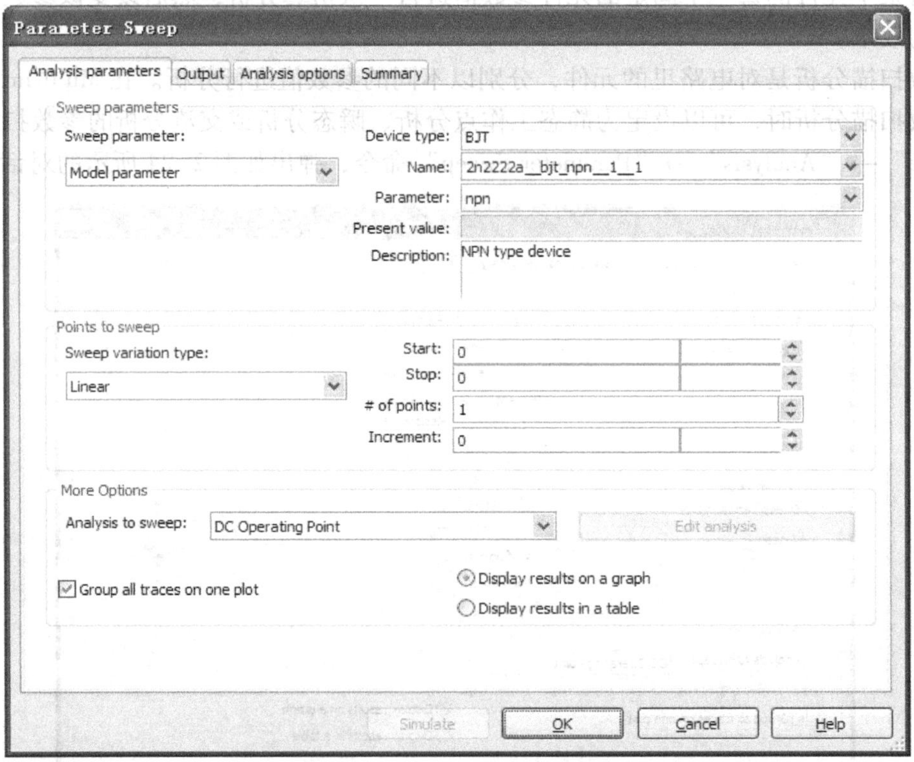

图2-25　参数扫描分析对话框2

2）Points to sweep：该选项区的功能是设定扫描的方式。在交流分析的扫描方式中，包括Decade（十倍频程扫描）、Octave（八倍频程扫描）、Linear（线性扫描）及List等选项。

如果选择 Decade、Octave 或 Linear 选项，则右边将出现 4 个字段，如图 2-25 所示。此时，可以在 “Start” 文本框里指定开始扫描的值，在 “stop” 文本框里指定停止扫描的值，在 “#of points” 文本框里指定扫描点数，在 “Increment” 文本框里指定扫描间距。如果选择 List 选项，则其右边将出现 “Value” 字段。此时，可在 “Value” 字段中指定扫描的参数值，如果要指定多个不同的参数值，则在参数值之间以逗号分隔。

3）Analysis to sweep：该下拉列表的功能是设定分析的种类，包括 DC Operating Point（静态工作点分析）、AC Analysis（交流分析）、Transient Analysis（瞬时分析）及 Nested Sweep（巢状分析）等 4 个选项。如果要设定某种分析，则可以在选择该分析后，单击 “Edit Analysis” 按钮，进入编辑该项分析。

4）Group all traces on one plot：该复选框的功能是设定将所有分析的曲线放置在同一个分析图中。

本节仍以第 1 章中的图 1－56 所示的电路为例，设置节点 3（晶体管的集电极）为扫描输出节点、电阻 Rb 为扫描电阻，观察其变化对直流静态工作点的影响，其他扫描参数分析对话框的设置如图 2-24 所示。启动参数扫描分析，Multisim 12.0 自动改变电阻 *R*b 的数值，得到如图 2-26 所示的结果。

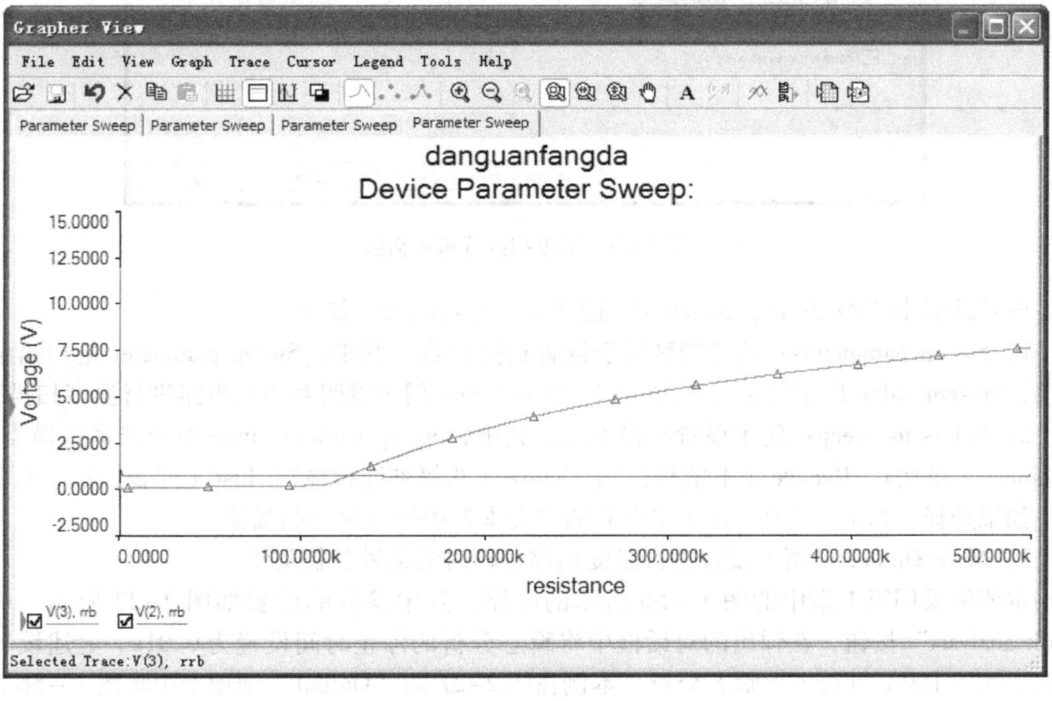

图 2-26　单管共射放大电路参数扫描分析结果

2.12　温度扫描分析

温度扫描分析（Temperature Sweep Analysis）是分析温度的变化对电路性能的影响。在电子线路中，温度对电子器件的影响很大，尤其对于半导体器件，更是不能忽视。例如，温度的变化会使晶体管放大电路发生温漂的现象。

Multisim 12.0 中提供了研究电路性能随温度变化而变化的温度扫描分析，该分析相当于在不同的温度条件下多次进行仿真电路的瞬态性能分析。

执行“Simulate”→“Analysis”→“Temperature Sweep”命令，弹出如图 2-27 所示的对话框。

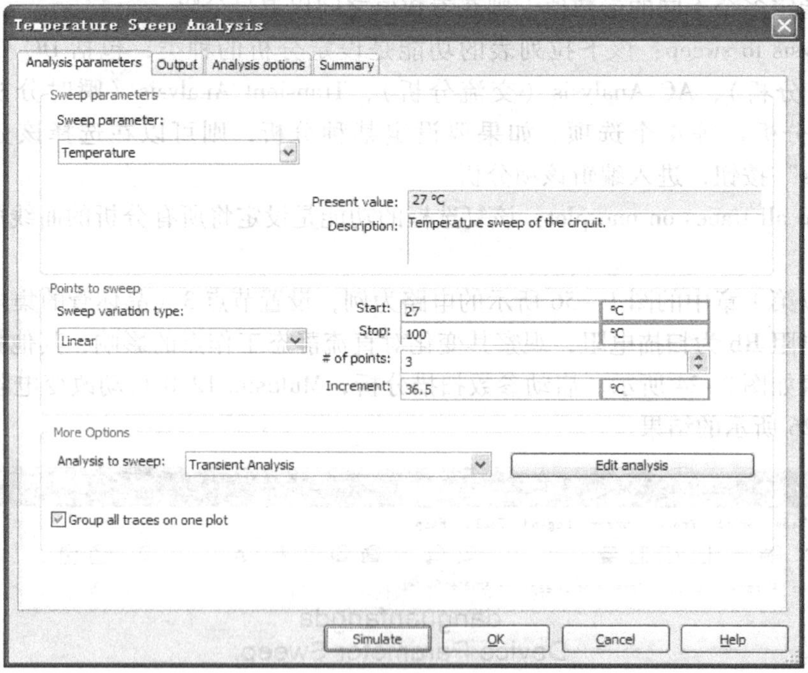

图 2-27　温度扫描分析对话框

该对话框中“Analysis parameters”选项卡中各项的含义如下。

1）Sweep parameters：该选项区用于设置扫描参数。其中，Sweep parameter 是扫描温度选项，Present value 用于显示当前的温度，Description 用于说明对当前电路进行温度扫描。

2）Points to sweep：用于设置扫描方式。其中，Sweep variation type 用于选择扫描类型，有 Linear（线性）、Decade（十倍频程）、Octave（八倍刻度扫描）、List（列表扫描）4 个选项。如果选择“List”选项，则需要在右侧的文本框中输入温度扫描值。

3）More Options：用于设置进行温度扫描分析时的某种分析类型。

本节仍采用第 1 章中的图 1-56 所示的电路，其中参数的设置如图 2-27 所示。单击“Edit analysis”按钮，在弹出的对话框中将瞬态分析的停止时间设置为 0.01s。上述设置表示在 27℃～100℃进行 3 次瞬态分析。本例在图 2-27 的“Output”选项卡中将图 1-56 的 3 号节点设置为输出节点。从图 2-28 中可以看到温度对晶体管放大电路放大倍数的影响。

Multisim 12.0 的主元件库中提供的元件都有一个 SPICE 模型文件，该模型文件指出了该元件的各种内部参数。当元件的 SPICE 模型文件中含有与温度有关的系数时，Multisim 12.0 中提供的温度扫描分析才能起作用。例如：本例中，晶体管 2N222A 的 SPICE 模型文件中含有 TNOM、TRB1、TRC1、TRE1 等多项与温度有关的参数。适当改变这些参数的数值，都将对图 2-28 的温度扫描曲线造成影响。观测 2N222A 的 SPICE 参数的方法可以参考 2.6 节的内容。

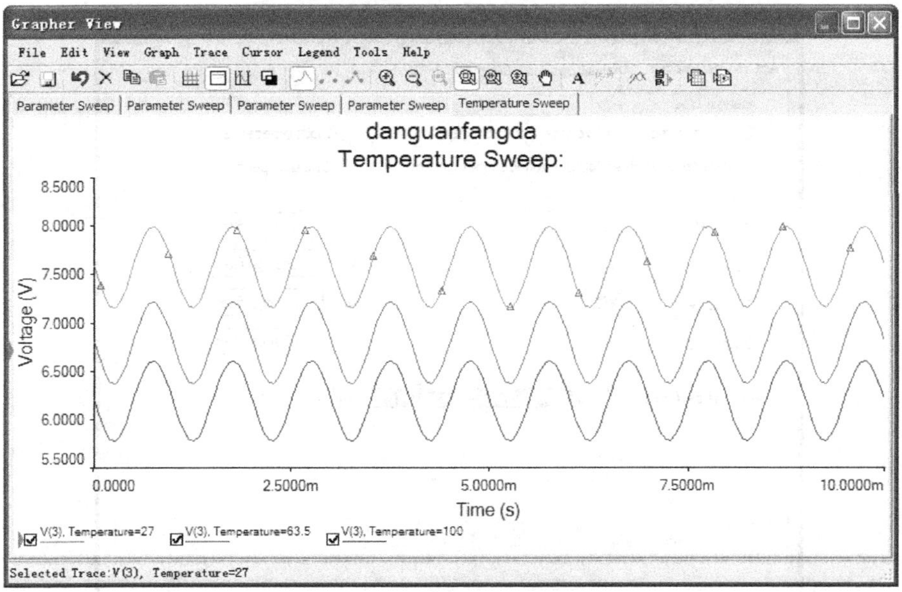

图 2-28 温度扫描分析结果

2.13 零 - 极点分析

系统函数的零点描述的是相位特性，极点描述的是系统的稳定特性。因此，零 - 极点分析（Pole - Zero Analysis）的实质是分析一个系统是否稳定。零 - 极点分析主要用于模拟小信号电路的分析，数字器件将被视为高阻接地。

在进行零点与极点分析时，通常首先计算电路的直流工作点，然后对非线性元器件求取其小信号模型，最后在其基础上再计算出交流小信号传递函数的零点和极点。在设计电路时，总希望在正常的输入信号（Bounded）下，电路的输出是有限度的，且与输入呈现一定的关系。如果是没有限度的输出，则可能伤害到电路。所以，一个稳定的电子电路一定是有限的输入、有限的输出，即 BIBO（Bounded Input Bound output），而 BIBO 的稳定度取决于其传递函数的极点。

执行“Simulate”→“Analysis”→“Polo - zero”命令后，弹出如图 2-29 所示的对话框。

该对话框中“Analysis parameters”选项卡各个参数的含义如下：

1）Analysis type：用于设置零 - 极点分析的分析类型。该选项区共有 4 个选择模式：电压增益分析（Gain analysis），即输出电压/输入电压；电路互阻抗分析（Impedance analysis），即输出电压/输入电流；电路输入阻抗（Input impedance）和电路输出阻抗（Output impedance）。

2）Nodes：用于设置输入/输出的节点（正、负端点）。该选项区包括“Input(+)”下拉列表，即正的输入端点；“Input(-)”下拉列表，即负的输入端点（通常接地，即节点 0）；“Output(+)”下拉列表，即正的输出端点；“Output(-)”下拉列表，即负的输出端点（通常接地，即节点 0）。

3）Analysis performed：用于设置分析的对象，有 Pole Analysis（只求出极点）、Zero

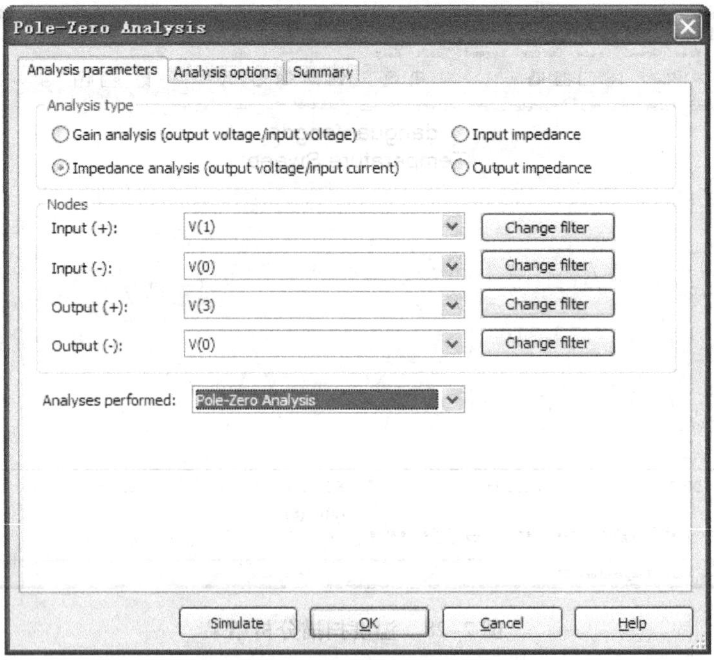

图 2-29　零－极点分析对话框

Analysis（只求出零点）和 Polo－Zero Analysis（同时求出零点和极点）3 种选项。

Analysis options 和 Summary 的设置和其分析方法与 Analysis parameters 相同。

在电路窗口建立如图 2-30 所示的仿真电路。执行“Simulate”→“Analysis”→“Polo－zero”命令，将其中的参数设置成图 2-29 所示的情况。

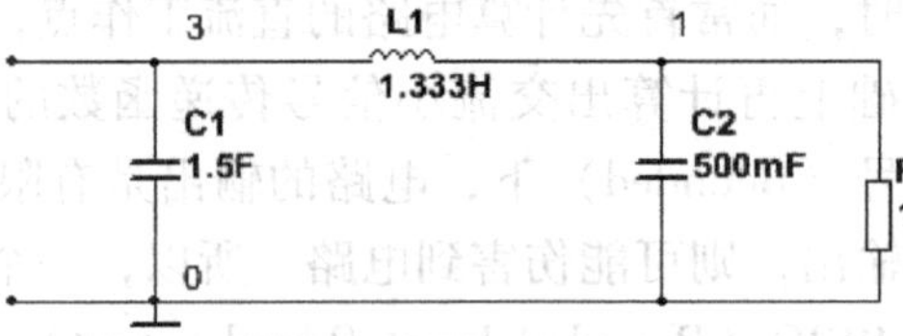

图 2-30　零－极点分析电路图

在图 2-29 中，V(1)表示电感 L1 的 1 端，V(3)表示电感 L1 的 3 端。单击“Simulate”按钮，启动零－极点分析，得到的结果如图 2-31 所示。其中，Real 代表实部，Imaginary 代表虚部。

根据仿真结果可知：系统无零点；有 3 个极点（取近似值），$(-1,0)$、$(-0.5,\mathrm{j}\sqrt{3}/2)$ 和$(-0.5,-\mathrm{j}\sqrt{3}/2)$。所以，系统函数为

$$H(s)=\frac{1}{s^3+2s^2+2s+1}$$

注意：在图 2-30 中的电感的实际值应为 4/3H。因为 Multisim 12.0 中不能取分数，所以用小数代替。但小数位数有一定限制：必须满足仿真软件中的精度要求，否则将产生错误结果。例如，当图 2-30 中的电感的数值取为 1.33333H 时，仿真模式等参数设置与图 2-29 保持一致，将会得到图 2-32 所示的错误结果。

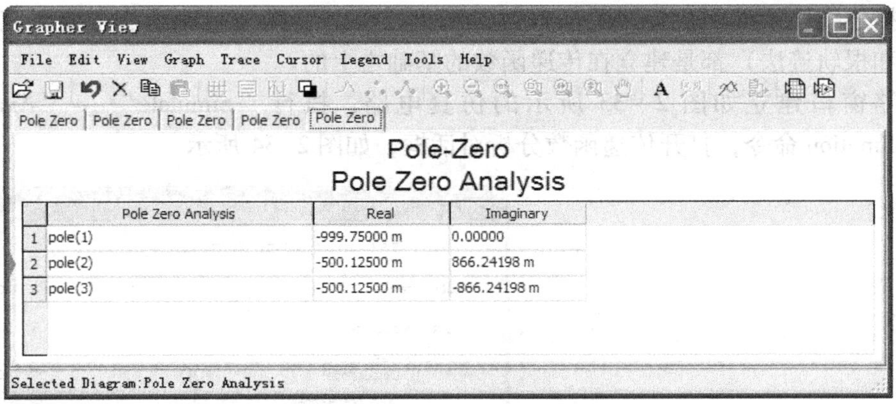

图 2-31　零-极点分析的正确结果

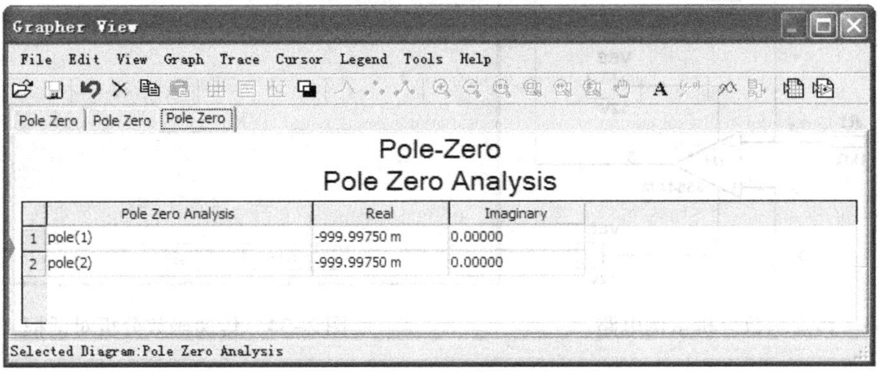

图 2-32　零-极点分析的错误结果

对于图 2-30 而言，“同一个”参数值出现了两种仿真结果，显然图 2-32 的结果是错误的。由此可知，在 Multisim 12.0 中，当参数精度为小数点后 4 位以上时，仿真结果精度并不会提高，并且还会输出错误的结果。

事实上，在设置 Multisim 12.0 的虚拟元件参数数值，精度为小数点后 5 位或者 5 位以上时，Multisim 12.0 自动截除小数点后 5 位以后的数据来作为元器件的数值。例如，当为图 2-30 中的电感取值 1.333333333H 时，对于 Multisim 12.0 而言会自动将其看作 1.33333H。图 2-30 的元件精度对于仿真实际元件已经足够。

2.14　传递函数分析

传递函数分析（Transfer Function Analysis）可用于计算用户指定作为输出变量的任意两个节点之间输出电压或者流过某一个器件的电流与作为输入变量的独立电源之间的比值，也可用于计算输入和输出阻抗值。任何非线性模型首先根据直流工作点线性化，然后进行小信号分析。输出信号可以是任意节点电压，但输入必须是电路中定义的一个独立电源。

传递函数分析方法是一种在交流小信号条件下的分析方法，在系统分析中有重要地位，它与系统结构框图及其相应的频响特性等关系密切。传递函数是指零初始条件下线性系统响应的拉普拉斯变换与激励的拉普拉斯变换之比。如果系统是离散的，则是 Z 变换之比。传递函数是描述线性系统动态特性的基本数学工具之一，经典控制理论的主要研究方法（频率响应法和根轨迹法）都是建立在传递函数的基础之上的。

在电路窗口建立如图 2-33 所示的仿真电路，执行“Simulate”→“Analysis”→“Transfer function 命令，打开传递函数分析对话框，如图 2-34 所示。

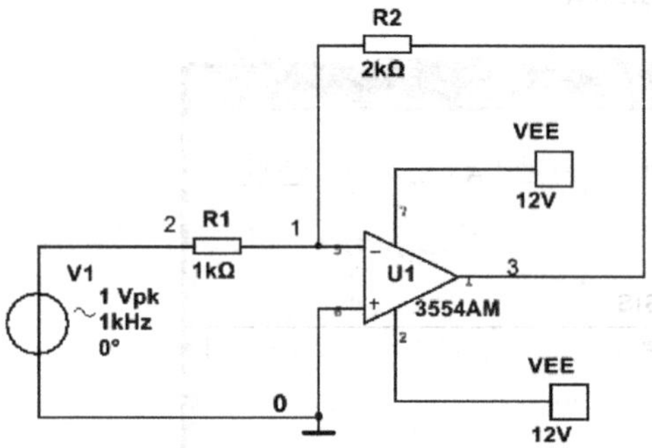

图 2-33　传递函数分析示例电路

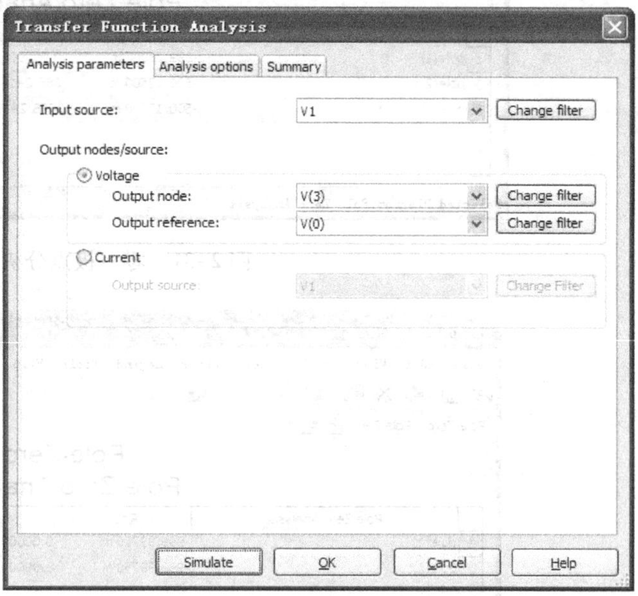

图 2-34　传递函数分析对话框

该对话框中的“Analysis Parameters”选项卡包含以下内容。

1）Input source：选择所要分析的输入电源，本例选择 V1。

2）Output nodes/sources：设置所要分析的对象。“Voltage”选择作为输出电压的变量。“Output node”下拉列表指定输出电压节点，“Output reference”下拉列表指定参考节点，通常为接地端（即 0）。“Current”选择作为输出电流的变量。“Output source”下拉列表指定所要输出的电流。

设置完毕后，单击“Simulate”按钮，便会弹出如图 2-35 所示的仿真分析结果。

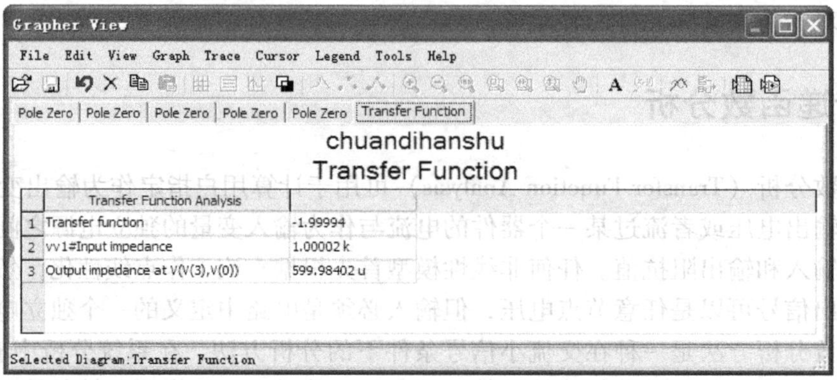

图 2-35　传递函数分析结果

2.15 最坏情况分析

最坏情况分析（Worst Case Analysis）方法是用于分析电路的最坏可能性的一种分析方法。该方法属于一种统计方法，主要通过观察元件参数变化时的电路性能变化来实现。当电路的多个元器件的参数值同时变化时，电路的性能相对于理想状况下的标准数值会发生偏差。但是由于不同器件的数值的变化方向（变大或变小）不同，它们对电路的影响可能会相互抵消。最坏情况是指在已知电路元器件的参数容差时，电路中的元件参数在其容差域边界点上采用某种组合时所引起的电路性能的最大偏差。最坏情况分析就是在给定电路元件参数容差的情况下，估算出电路性能相对于标称值时的最大偏差。

本节采用第 1 章中的图 1 - 53 所示的串联分压仿真电路。执行“Simulate”→“Analysis”→“Worst case”命令，将弹出如图 2-36 所示的对话框。

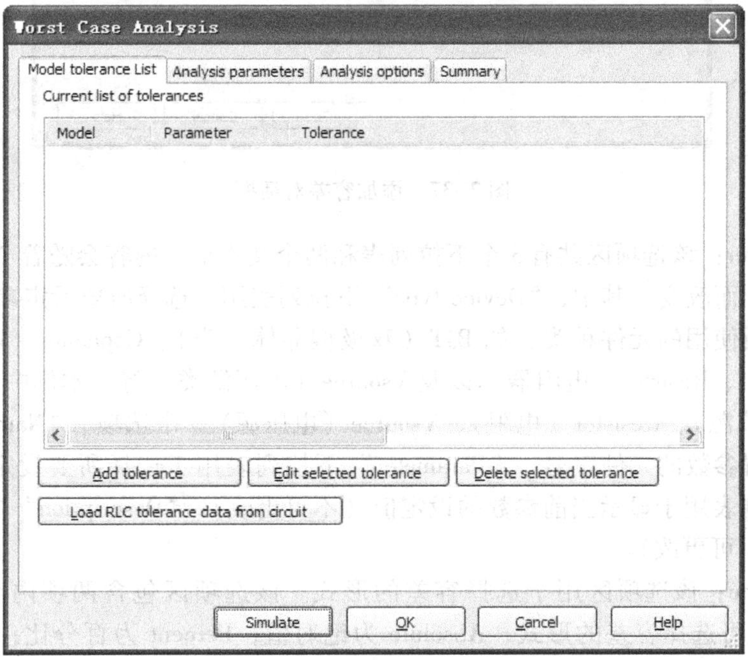

图 2-36　最坏情况分析对话框

该对话框一共有 4 个选项卡，其中，Analysis options 和 Summary 选项卡的内容同前面介绍的分析方法相同，Model tolerance List 和 Analysis parameters 选项卡的内容下面将分别予以介绍。

1. “Model tolerance List” 选项卡

该选项卡用于设置电路元件的容差，如图 2-36 所示。“Current list of tolerances”选项区中列出了目前的元件模型，单击“Add tolerance”按钮，弹出如图 2-37 所示的对话框。该对话框中包含以下内容：

1）Parameter type：该下拉列表用于选择所要设定的元件 Model parameter（模型参数）或者 Device parameter（器件参数）。

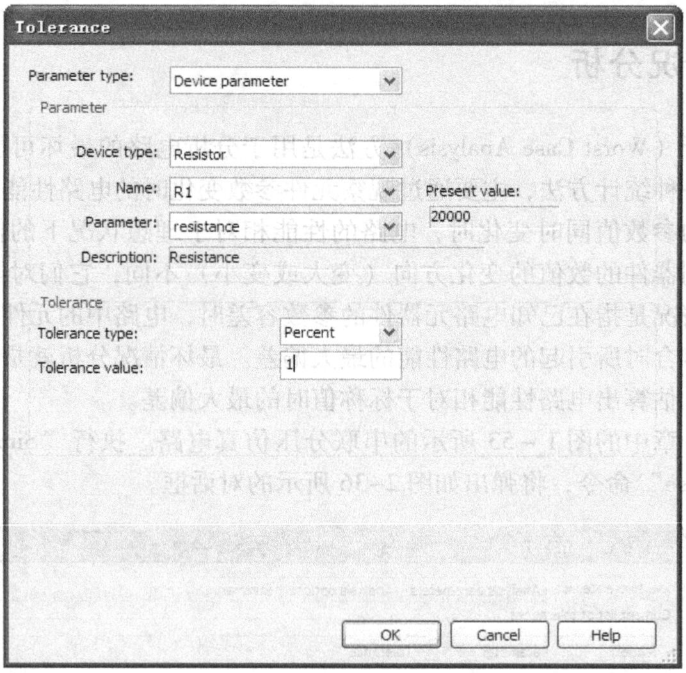

图 2-37　添加容差对话框

2）Parameter：该选项区共有 3 个下拉列表和两个文本框，内容会随着“Parameter type”下拉列表的内容而改变。其中，“Device type”下拉列表用于选择所要设定参数的器件类型，包括电路图中所使用的元件种类，如 BJT（双极型晶体管类）、Capacitor（电容器类）、Diode（二极管类）、Resistor（电阻器）以及 Vsource（电压源类）等。本例中，该下拉列表中有 Isource（电流源）、Resistor（电阻）、Vsource（电压源）3 个选项。“Name”下拉列表用于选择所要设置参数的元件序号。“Parameter”下拉列表用于选择所要设定的参数。“Parameter”下拉列表用于显示当前参数的设定值（不可更改）。“Description”文本框是对所选参数的说明（不可更改）。

3）Tolerance：该选项区用于选择容差的形式。该选项区包含两项内容：“Tolerance type”下拉列表可选择容差的形式，Absolute 为绝对值，Percent 为百分比；“Tolerance value”文本框可根据所选的容差形式设置容差值。

2. “Analysis parameters”选项卡

“Analysis parameters”选项卡如图 2-38 所示。

1）Analysis parameters：用于设置相关参数。其中，“Analysis”下拉列表用于选择分析对象，包括 DC Operating Point Analysis（直流工作点）和 AC Analysis（交流分析）；“Output variable”下拉列表用于选择最坏情况分析的输出节点；“Collating function”下拉列表用于选择核对函数，该下拉列表仅在交流分析（AC analysis）时才是可操作的，直流工作点分析（DC operating point）时选项指定为 MAX。最坏情况分析所得到的数据通过比较函数收集。核对函数其实相当于一个高选择性滤波器，每运行一次只允许收集一个数据。其中，可选项 MAX 的含义是 Y 轴的最大值，MIN 是 Y 轴的最小值，RISE_EDGE 是第一次 Y 轴出现大于用户设定的门限时的 X 值。其右侧“Threshold”文本框用于输入其门限值。FALL_EDGE 是

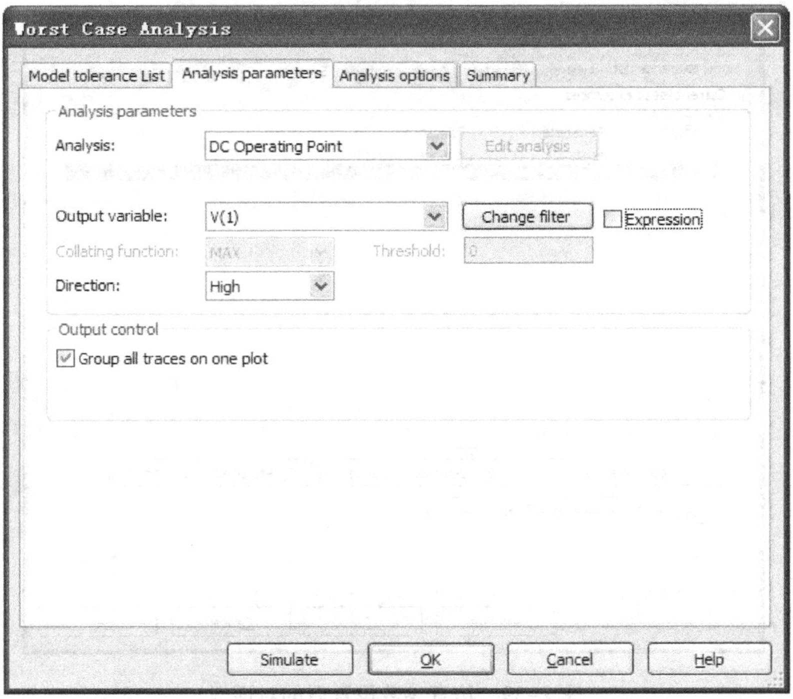

图 2-38　最坏情况分析的 Analysis parameters 选项卡

第一次 Y 轴出现小于用户设定的门限时的 X 值，其右侧的“Threshold”文本框用于输入其门限值。“Direction”下拉列表用于选择容差变化方向，可选项有 Low 和 High 两项。

2）Output control：若选中“Output control”选项区中的“Group all traces on one plot”复选框，则所有仿真分析将被记录并显示在一个图形中。

由 2.10 节灵敏度分析可知，如果电路的理想输出为 Y，设 X 为电路中的某个参数，那么电路的输出信号的偏差 $\Delta Y/Y=\Delta X/X\times Z$，这里 Z 为 X 所对应的灵敏度，$\Delta X/X$ 为器件偏离标称值的程度，即参数偏差，可以用百分比表示。如果电路的输出量 Y 与多个电路的变量 Xi 有关系，那么上述公式可以改写为

$$\Delta Y/Y=\Delta X1/X1\times Z1+\Delta X2/X2\times Z2+\cdots+\Delta Xi/Xi\times Zi$$

这个公式称为多偏差公式，如果考虑最坏情况，即多偏差公式中的每一项均取绝对值时（使参数的变化方向相同），$\Delta Y/Y$ 的数值最大。结合图 1-53 所示的电路中的参数设置，在图 1-53 已经取电阻参数偏差为 1% 的情况下（见图 2-37），最坏情况分析为：$\Delta Y/Y=0.01\times0.400681+0.01\times0.3999948$，其中 0.400681 和 0.3999948 均取自图 2-23，都取绝对值的形式。$\Delta Y/Y$ 的数值近似为 0.008。换算成绝对值来表示，则节点 V(1)的输出电压的数值在最坏情况分析时将由理想的 7.2 V 变为 $7.2+7.2\times0.008=7.2576$ V 左右，即变化了 0.0576 V 左右。

以上即为在忽略电源误差的情况下，灵敏度与最坏情况分析之间的关系以及按照这个关系计算出的理论数值。

本例中按照上述电路和按钮功能完成仿真电路的参数设置后，单击图 2-37 中的“OK”按钮，得到如图 2-39 所示的对话框。

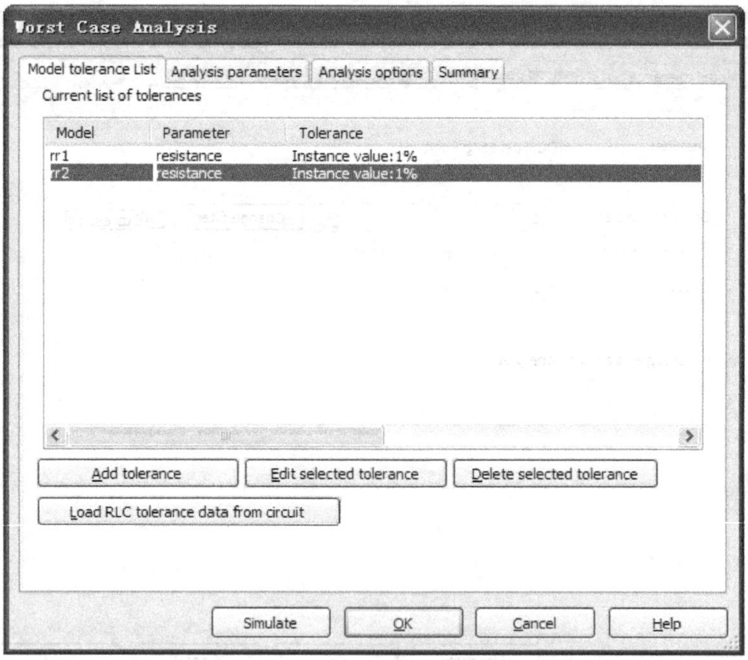

图 2-39　仿真参数设置后的对话框

在 Current list of tolerances 中，给出了元件的模型、参数以及容差值 1%。按照图 2-38 和图 2-39 的设置，单击“Simulate”按钮，得到的仿真结果如图 2-40 所示。

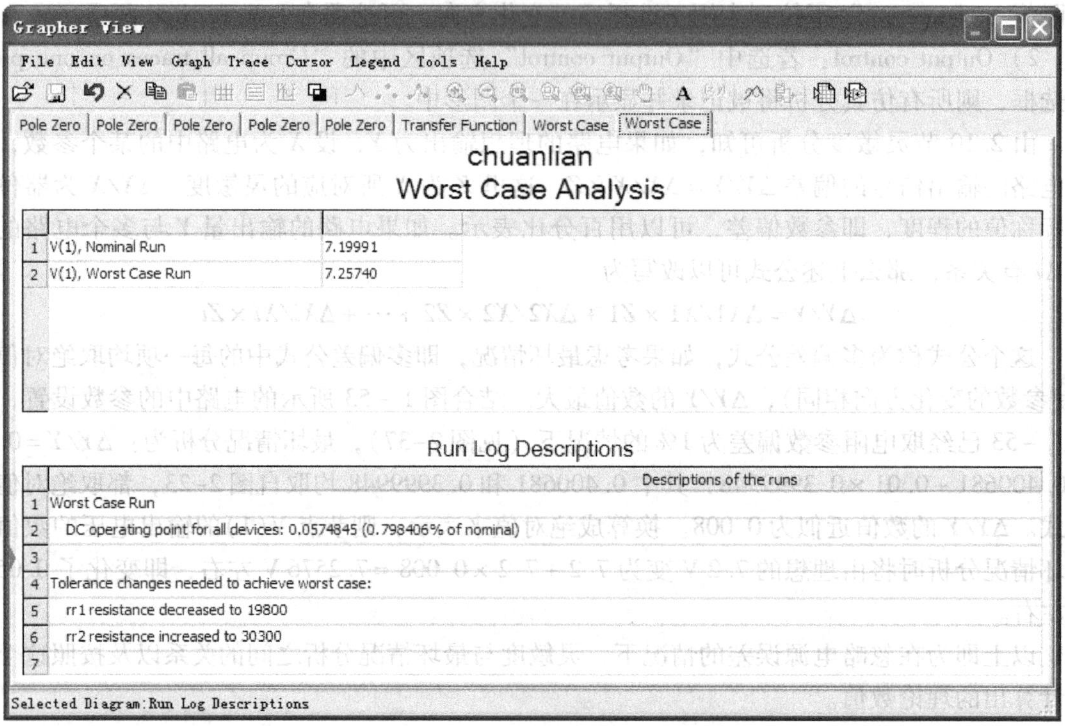

图 2-40　最坏情况分析的仿真结果

本例中只有两个参数，计算比较方便。对于参数较多或者公式比较复杂的计算情况，Multisim12.0 给出了比较方便的形式，在图 2-38 所示的对话框中选中“Expression”复选框，这时左侧的按钮变成了 Edit expression，单击“Edit expression”按钮，弹出如图2-41 所示的对话框。在图 2-41 所示的对话框的“Expression”文本框内，通过 Copy variable to expression 和 Copy function to expression 按钮分别将 Variables 和 Functions 中的变量和运算符输入到文本框内，单击“OK”按钮，仿真后的结果同图 2-40 类似。

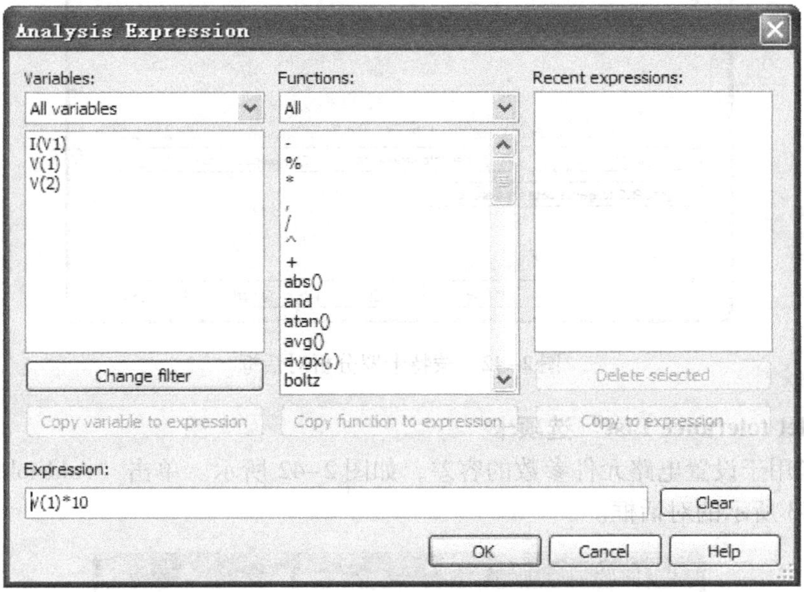

图 2-41　编辑表达式对话框

2.16　蒙特卡罗分析

蒙特卡罗（Monte Carlo Analysis）分析方法是统计模拟方法的一种，即使用统计分析方法来观察电路的元件属性变化对电路特性所产生的影响。设计电子产品总是按照元器件的标准值进行的。而实际产品的参数值与标准值总存在误差，元件实际参数可以看成以标准值（数学期望）为平均值，服从于某种分布方式，分布于一定误差范围内的随机值。应用 Multisim 12.0 中的蒙特卡罗（Monte Carlo Analysis）分析，不但可以预测电路元件批量生产时的合格率和生产成本，还可以研究元件参数值的分散性对电路性能的影响。

蒙特卡罗（Monte Carlo Analysis）分析可进行直流、交流或瞬态分析，可以根据用户指定的分布类型和参数容差，随意地改变元件的属性，并不断里进行仿真实验。通过多次分析结果估计出能够体现电路性能的统计分布规律参数，如电路性能的中心值、方差、电路合格率和成本等。

执行“Simulate”→“Analysis”→“Mote Carlo”命令，将弹出如图 2-42 所示的对话框。该对话框中包括 4 个选项卡，其中，Analysis options 和 Summary 选项卡的内容同前面介绍的分析方法相同，Model tolerance List 和 Analysis parameters 选项卡的内容下面将分别予以介绍。

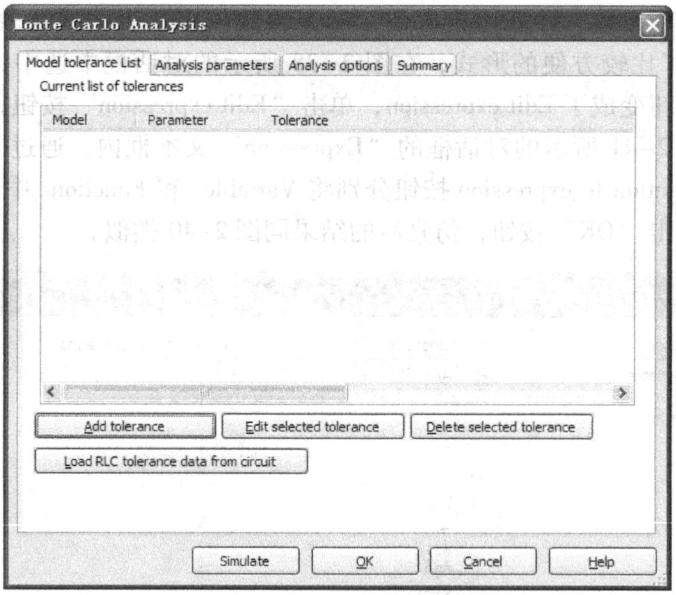

图 2-42　蒙特卡罗分析对话框

1. “Model tolerance List” 选项卡

该选项卡用于设置电路元件参数的容差，如图 2-42 所示。单击 “Add tolerance” 按钮，弹出如图 2-43 所示的对话框。

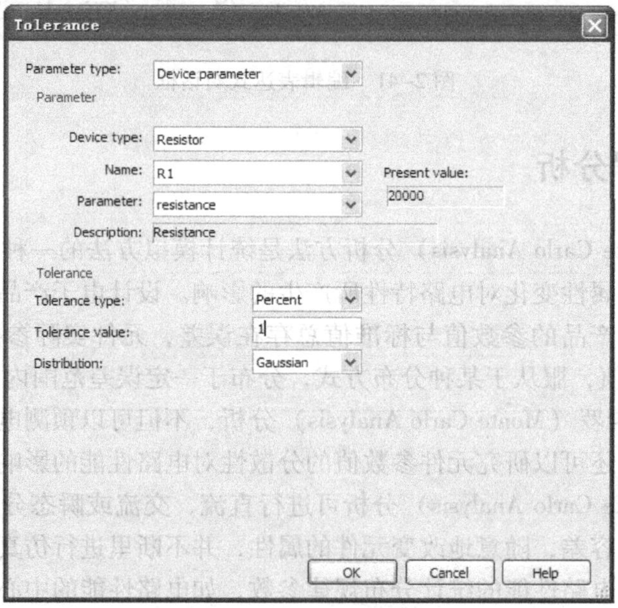

图 2-43　设置容差对话框

该分析方法的 Tolerance 对话框与最坏情况分析的 Tolerance 对话框类似，只是在 “Tolerance” 选项区中多了一个 “Distribution” 下拉列表。该下拉列表用于选择元件参数容差的分布类型，其候选项包括 Gaussian（高斯分布）和 Uniform（均匀分布）两项。均匀分布类型是指元件参数在其误差范围内以相等概率出现；高斯分布类型更符合实际分布情况，元件参数的误差分布状态呈现一种高斯曲线的形式。

2. “Analysis parameters” 选项卡

“Analysis parameters” 选项卡如图 2-44 所示。

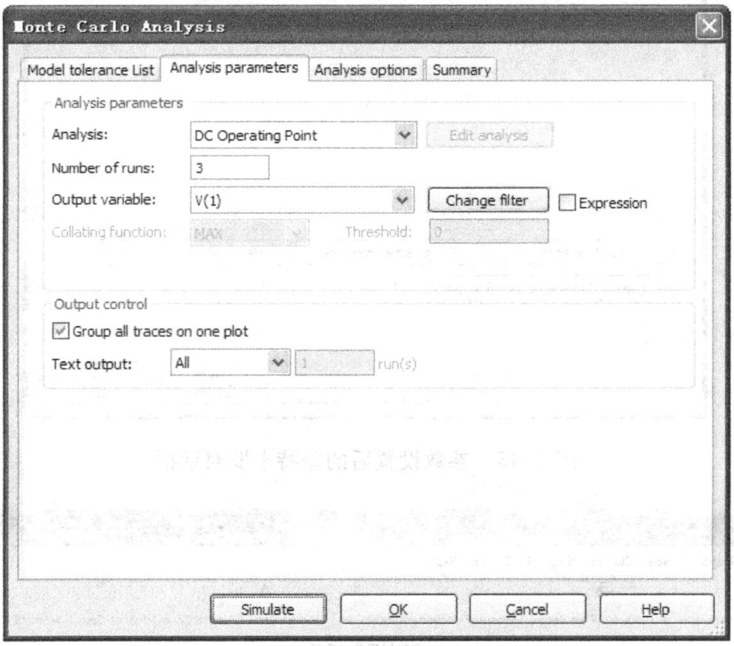

图 2-44　蒙特卡罗分析的 “Analysis parameters” 选项卡

该选项卡主要包括以下两个选项区。

1）Analysis parameters：该选项区用于设置分析参数，在 “Analysis” 下拉表中比最坏情况分析增加了 Transient analysis（瞬态分析）。“Number of runs” 文本框用于设置进行蒙特卡罗分析的次数。其他选项均与最坏情况分析中对应的选项相同。

2）Output control：该选项区比最坏情况分析中增加了 Text Output（设置文字的输出方式）。其余与最坏情况分析中对应的选项相同。

本节中，仍然使用第 1 章中的图 1-53 所示的电路为例，按照图 2-42 ~ 图 2-44 所示的参数完成电路的设置，出现如图 2-45 所示的对话框。

单击 “Simulate” 按钮，启动蒙特卡罗分析，得到如图 2-46 所示的结果。由于图 2-43 中的概率分布（Distribution）设置为高斯分布（正态分布），因此图 2-46 中给出了电路输出节点 V(1)的服从正态分布的两个重要参数：Mean（平均值）为 7.19583，Standard Deviation（标准差）为 0.0119827。即当两个电阻的数值在 1% 的范围内变动时，V(1)的输出服从 Mean（平均值）为 7.19583，Standard Deviation（标准差）为 0.0119827 的正态分布。

对于蒙特卡罗分析，图 2-46 中每次运行所得的数据可看作样本数值。利用数理统计的原理可以近似地计算出样本均值和方差，图 2-46 中可看作有 3 个样本数值。

如果采用第 1 章中的图 1-56 所示的电路来进行蒙特卡罗分析，那么图 2-44 中的 Collating function 项将被激活，如图 2-47 所示。

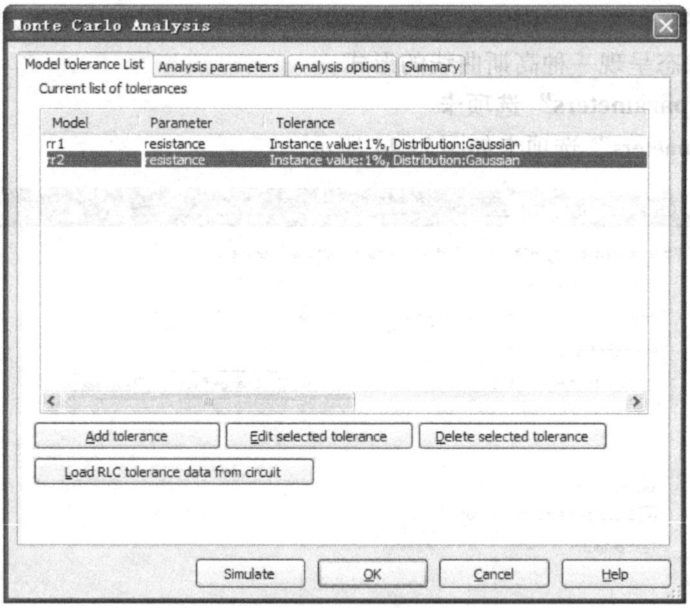

图 2-45　参数设置后的蒙特卡罗对话框

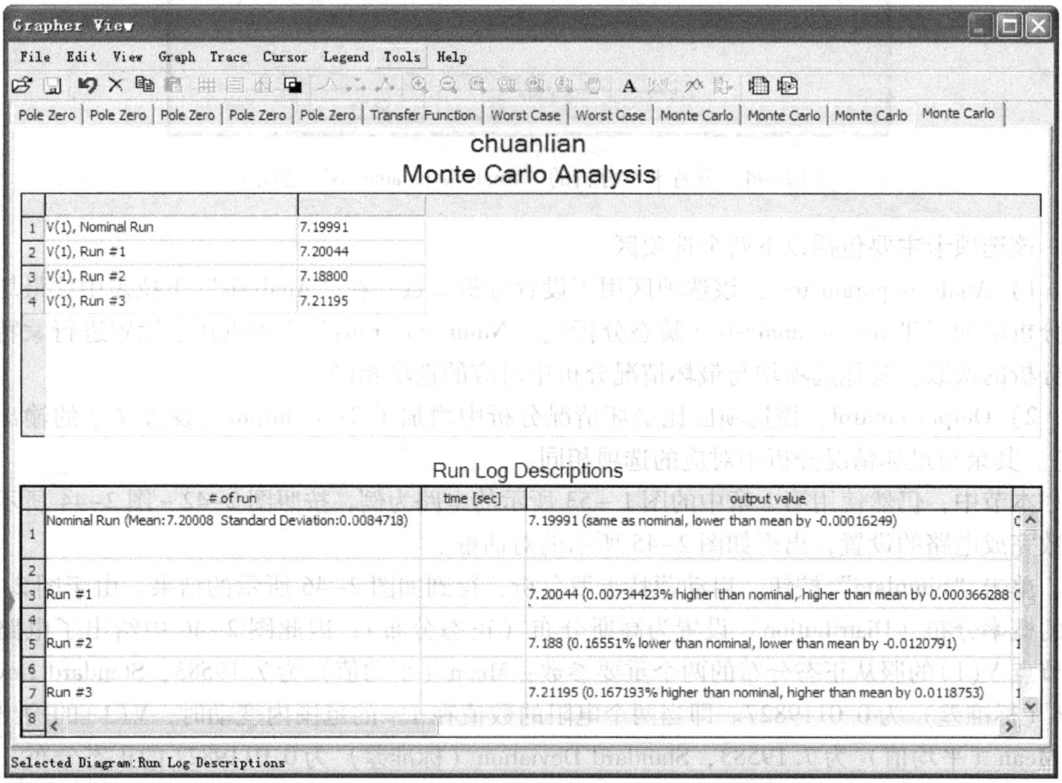

图 2-46　蒙特卡罗分析结果

"Collating function" 下拉列表中有 5 个选项：MAX 为最大值分析，MIN 为最小值分析，RISE_EDGE 为上升沿分析，FALL_EDGE 为下降沿分析，FREQUENCY 为在 AC Analysis 和

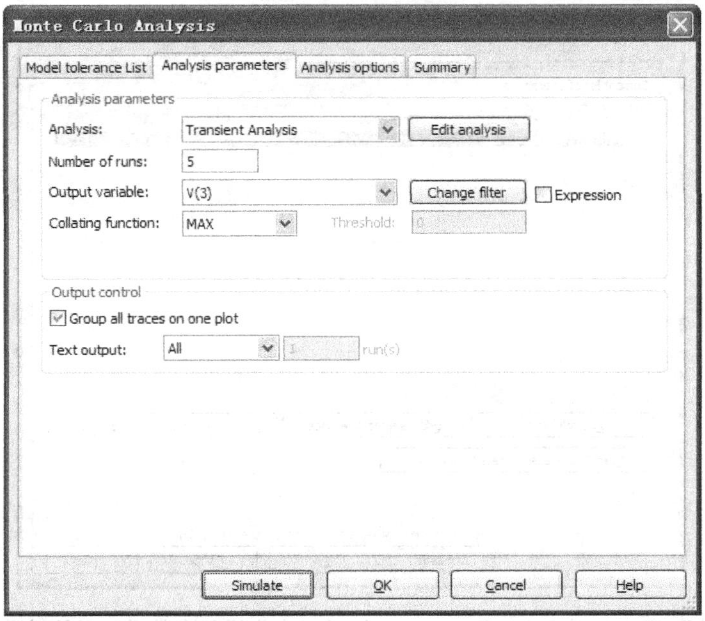

图 2-47　Collating function 的最大值分析

Transient Analysis 时设置频率分析。

本例中采用“Collating function”下拉列表中的最大值分析，按照图 2-47 所示的参数设置来进行瞬时分析，单击“Edit analysis”按钮，如图 2-48 所示。适当地设置其中“End time（TSTOP)”文本框的参数，单击“OK”按钮后返回图 2-47 所示的界面。在图 2-47 中的“Model tolerance List”选项卡中进行如图 2-49 所示的设置。

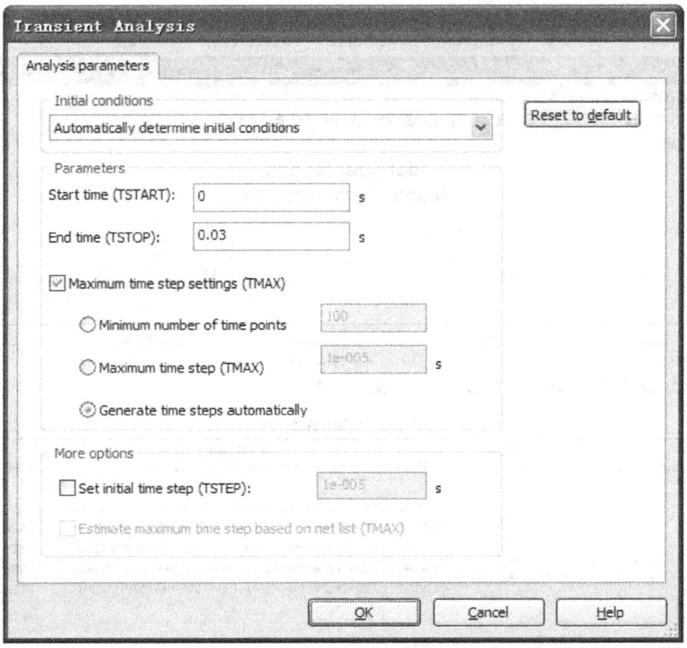

图 2-48　瞬时分析参数设置

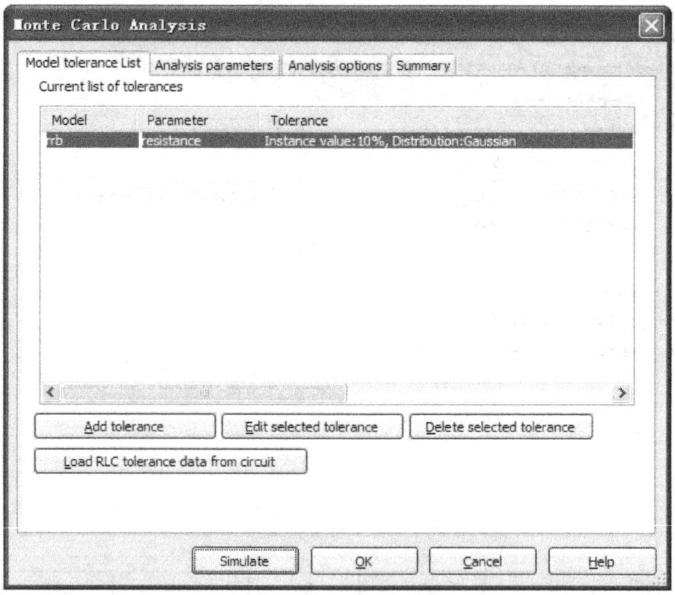

图 2-49　在“Model tolerance List”选项卡中进行参数设置后的对话框

本例中只改变图 1-56 中的电阻 *R*b 的数值来观测对节点 V(3) 的电压数值的影响，进行蒙特卡罗分析后，结果如图 2-50 所示。

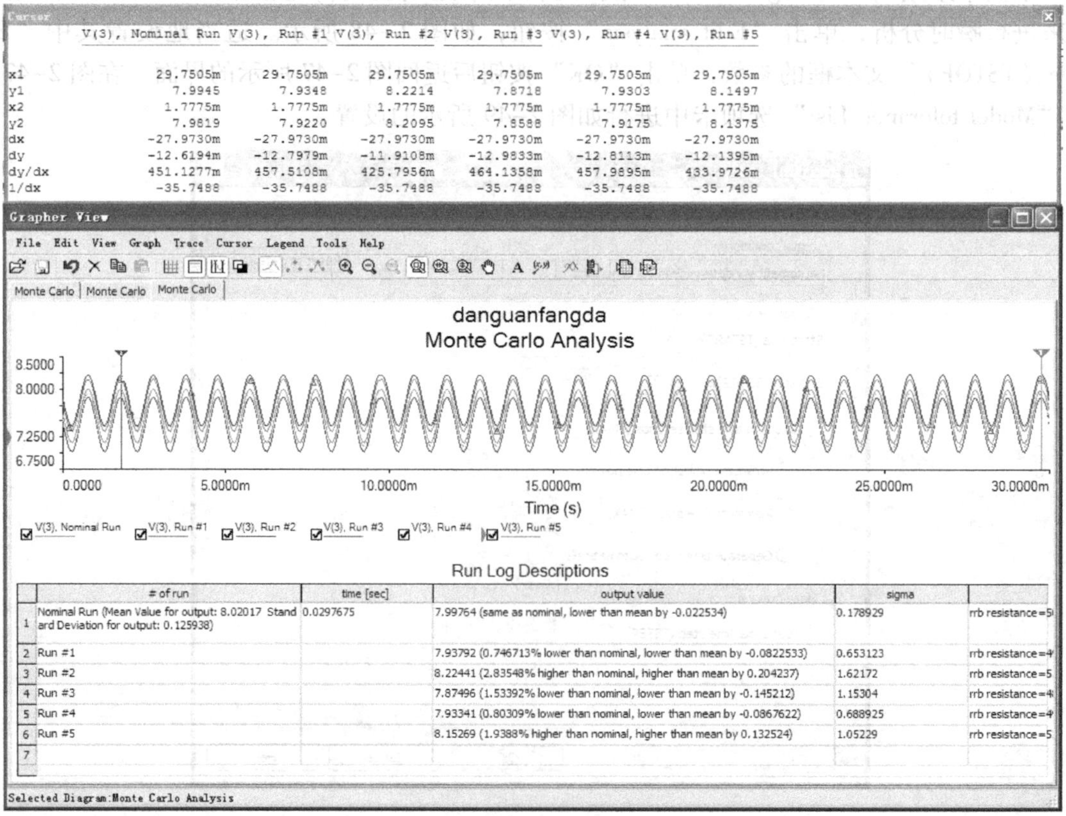

图 2-50　蒙特卡罗分析结果

由于在图 2-47 中选择了最大值分析，单击图 2-50 中的函数曲线来激活图 2-50 工具栏中的“Show cursors”按钮，游标被激活。根据图 2-50 中的 time[sec]栏中的数据 0.0297675，将游标 1 移动到图 2-50 时间轴上大约 0.0297675s 处，图 2-50 中显示数值为 29.7621 ms（毫秒），与 0.0297675 大致相等，在整个时间点上出现函数曲线最大值。利用同样的方法可以在图 2-50 中进行最小值 MIN 的分析。

2.17 线宽分析

当仿真电路在 Multisim 12.0 中完成仿真分析，并达到各项参数要求时，就可以进行设计印制电路板（PCB）的工作了。线宽分析（Trace Width Analysis）就是用来确定在设计印制电路板时所能允许的最小的导线宽度。要充分理解该分析方法的重要性，首先必须要理解当导线上电流增加时，导体或者导线上到底发生了什么变化。

通过导体的电流流过时会引起导体温度的增加。导线所散发的功率不仅与电流有关，还与导线的电阻有关，而导线的电阻又与导向的横截面积有关。功率的计算公式为 $P=I^2R$，因此电流与功率并不是简单的线性关系。单位长度线路的电阻是它横截面积（线路的宽度乘以厚度）的函数。因此，温度和电流的关系是电流、布线宽度和厚度的非线性函数。线路的散热能力是它的表面面积和宽度（单位长度）的函数。

PCB 布线技术限制了走线铺铜的厚度，该厚度和标称重量有关，标称重量以表格的形式给出，单位为 OZ/ft^2。在 PCB 的敷铜厚度限制了导线的厚度的情况下，导线的电阻率则由导线的宽度唯一确定。

热力学中线路上电流的一般模型为 $I=K\times\Delta T^{B1}A^{B2}$，其中，$I$ 为运放电流；ΔT 为环境温度的变化（℃），A 为每平方米的横截面积；K、B1 和 B2 是常数。根据公式 $I=K\times\Delta T^{B1}A^{B2}$，就可以计算出在设计印制电路板时所能允许的最小的导线宽度。

Multisim 12.0 利用线的重量值（OZ/ft^2）即线重来计算布线宽度分析中要求的线的厚度，表 2-1 为各种铜皮重量对应的厚度值。每条走线的电流首先在瞬态分析中进行计算，这些电流值通常在时间上独立的。

表 2-1　布线宽度

厚度/(mil)	1.0/8.0	1.0/4.0	3.0/8.0	1.0/2.0	3.0/4.0	1	2
重量/(02)	0.2	0.36	0.52	0.70	1	1.4	2.8
厚度/(mil)	3	4	5	6	7	10	14
重量/(02)	4.2	5.6	7.0	8.4	9.8	14	19.6

由于瞬态分析是基于离散时间点的，因此最大绝对值的精确度取决于所选时间点数的多少。下面是增加布线宽度分析精确度的一些建议。

1）瞬态分析结束时间应设置到至少包括信号的一个周期，特别是信号具有周期性的情况。否则，必须保证结束时间足够大，以使 Multisim 12.0 获得正确的最大电流值。

2）手动增加点数到 100 或更多。信号的点数越多，最大值越准确。注意，时间点数增加到 1000 以上将增加程序执行时间，并可能使 Multisim12.0 关闭。

3）考虑初始条件的影响，它可能改变开始时信号的最大值。如果稳定状态（如直流工作点）和初始条件相差较远，仿真可能停止。

选择第1章中的图1-53所示的电路，执行“Simulate”→“Analysis”→“Trace width analysis”命令，弹出如图2-51所示的对话框。

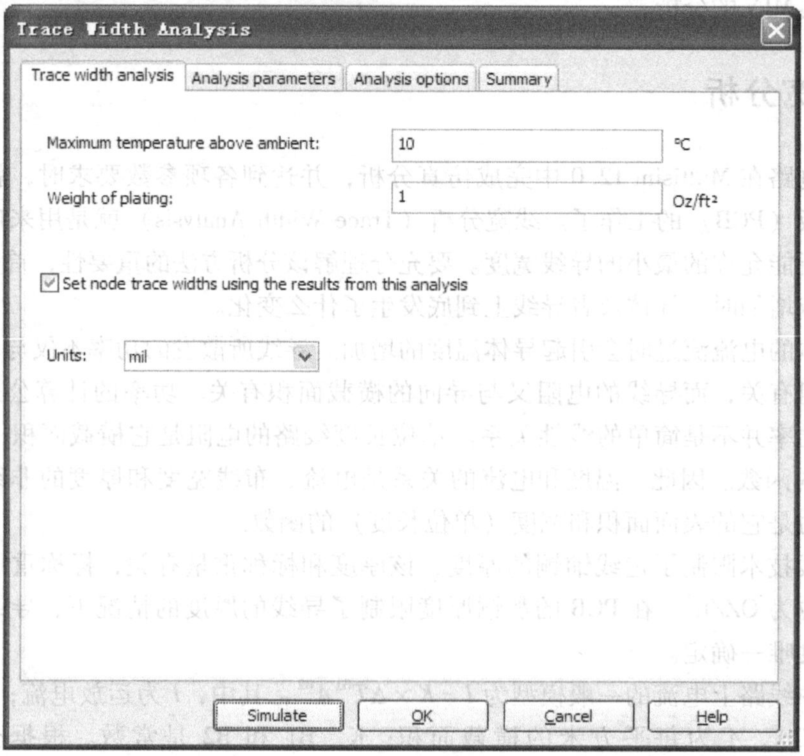

图2-51　线宽分析对话框1

该对话框中除了“Trace width analysis”选项卡之外，其余均与前面介绍的分析方法类似。在“Trace width analysis”选项卡中，各项参数的含义如下：

① Maximum temperature above ambient：用于设置导线的温度超过周围环境温度的最大值，其默认值为10℃。

② Weight of plating：设定每平方英尺的铜膜重量，即铜膜的厚度，默认值为1。

③ Set node trace widths using the results from this analysis：选择是否用本次分析的结果建立导线的宽度。

本例中“Maximum temperature above ambient”设置为10，单位为摄氏度，“Weight of plating”设置为1。在“Analysis parameters”选项卡中，在“Initial conditions”下拉列表中选择“Set to zero”，即初始值为0，如图2-52所示。

单击“Simulate”按钮，启动线宽分析，得到如图2-53所示的结果。在图1-53所示电路的情况下，以该电路图中的元件R1的引脚（Pin 1）为例，其流过的电流值为0.000240004的情况下，为保证电路正常运行，引脚1的最小布线宽度为0.000307869。

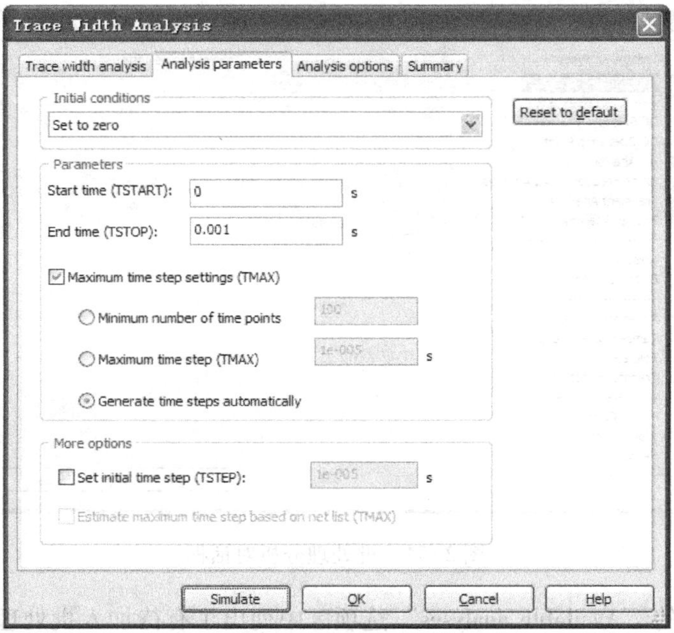

图 2-52　线宽分析对话框 2

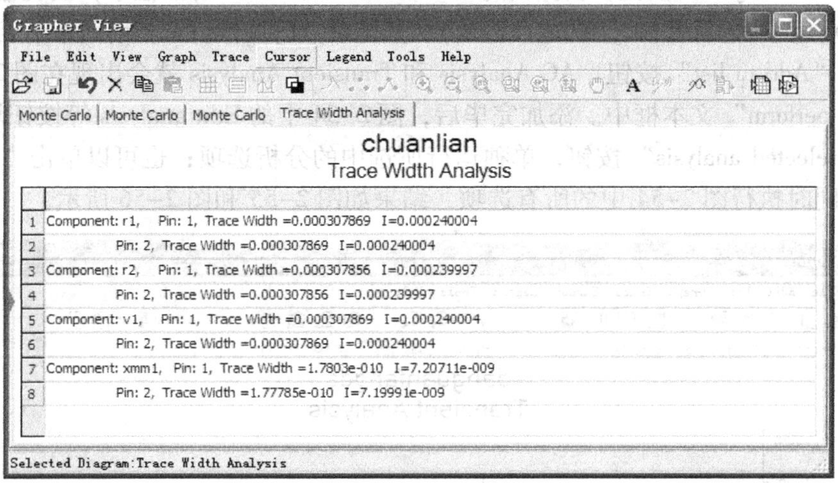

图 2-53　线宽分析结果

2.18　批处理分析

在实际电路分析中，可能会遇到需要对同一个电路进行多种分析，或者对多个示例进行同一种分析的情况。如果想更方便地解决这个问题，那么批处理分析（Batched Analysis）的使用将是很好的选择。

批处理分析可以将同一个仿真电路的不同分析组合在一起执行。以第 1 章的图 1 - 56 为例，同时进行该电路的 AC 分析和瞬态分析。执行“Simulate”→“Analysis”→“Batched analysis”命令，弹出如图 2-54 所示的对话框。

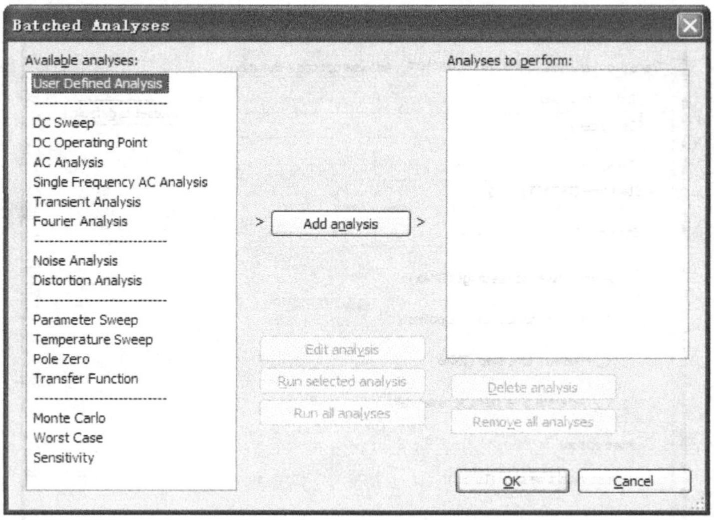

图 2-54 批处理分析对话框

该对话框左侧的“Available analyses”选项区中列出了有待加入批处理分析的各种分析方式。本例中，在“Available analyses”选项区中选择“AC Analysis”和“Transient Analysis”选项。单击“Add analysis”按钮，在弹出的“Transient Analysis”对话框中，设置输出节点为电压节点 V(4)（负载电阻上 RL 上的电压输出），其他参数的操作设置与前面章节相同。设置完毕后，单击“Add to list”按钮，AC Analysis 和 Transient Analysis 就会出现在图 2-54 右侧的“Analyses to perform”文本框中。添加完毕后，图 2-54 中的 Edit analysis 等按钮均已被激活，单击“Run selected analysis”按钮，单独运行所选中的分析选项；也可以单击“Run all analyses”按钮同时执行图 2-54 中的所有选项，结果如图 2-55 和图 2-56 所示。

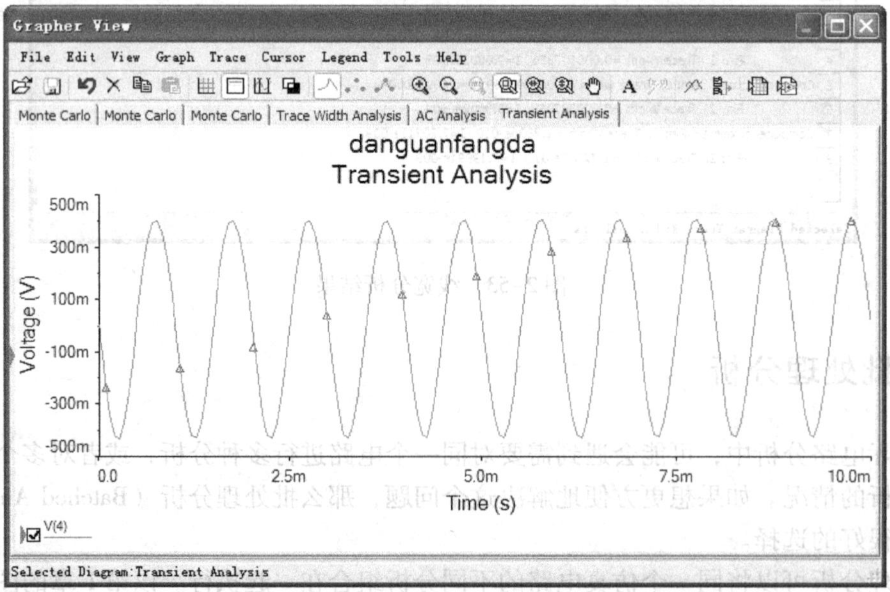

图 2-55 批处理之瞬态分析的结果

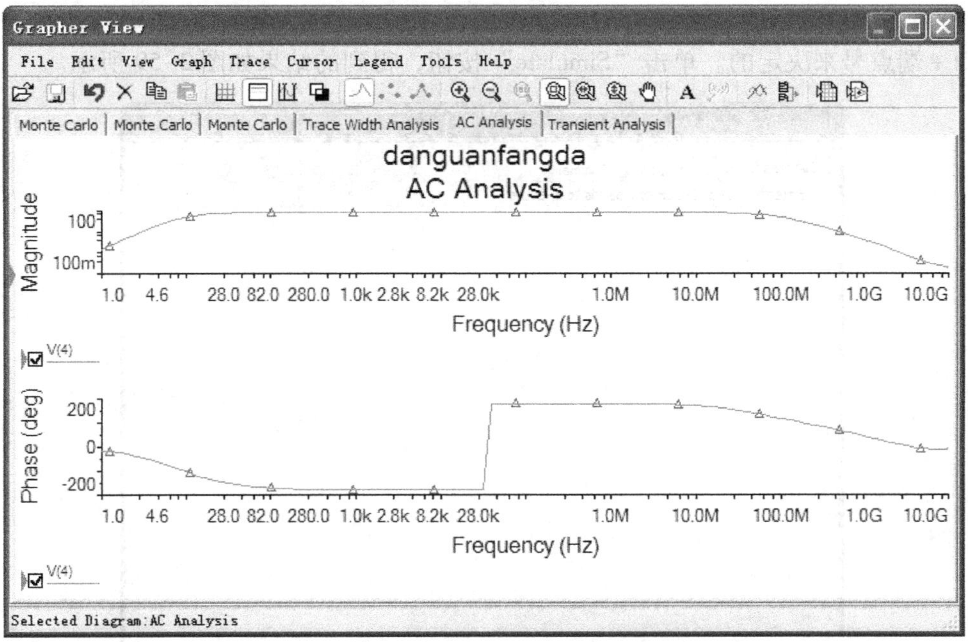

图 2-56　批处理之交流分析的结果

2.19　用户自定义分析

用户自定义分析（User Defined Analysis）就是由用户通过执行“SPICE”→“XSPICE”命令来定义某些仿真分析的功能，以达到扩充仿真分析的目的。

SPICE 是一个著名的电路模拟软件，XSPICE、PSPICE、PROTEL、Multisim 等仿真软件都是在 SPICE 软件的基础上发展起来的。

XSPICE 或 SPICE 是 Multisim 的仿真本质，而 Multisim 以图形界面方式与用户接口。可以简单地这样理解，XSPICE 或 SPICE 是 Multisim 的仿真内核，但 XSPICE 以命令行的方式与用户接口，为了能更好地推广与应用，在内核的外部增加了一个类似于 Windows 操作系统的图形化用户界面来使仿真内核与用户接口，这样就形成了 Multisim 的系列产品。Multisim 的仿真内核除了 XSPICE 之外还有 SPICE3F5，XSPICE 命令语句的语法与 SPICE 及其类似。

在图 2-56 所示的电路中，执行“Simulate”→“Analysis”→“User defined analysis”命令，将弹出如图 2-57 所示的对话框。

在图 2-57 所示对话框的“Commands”选项卡中，用户可以输入由 XSPICE 的分析命令组成的命令列表来执行前面介绍的某种仿真分析。

Multisim 12.0 中的 XSPICE 分析指令的语法与原来的 SPICE 命令有所差别，以 AC 分析为例，在图 2-57 中输入一系列语句行，如图 2-58 所示。

下面参考图 2-58 简要介绍 Multisim12.0 中的 XSPICE 分析指令的语法。

语句 ac dec 10 100 500000k 中，ac 表示进行 AC 分析；dec 表示设置扫描方式，可以参考图 2-4 中“Sweep type”下拉列表的设定；10 表示频率的步进幅度；100 表示扫描的起始频率；500000k 表示扫描的截止频率，与标准的 SPICE 分析命令基本一致，但稍有差异。

plot v(4)表示输出电压的节点为 v(4)。v(4)的设定是由图 1－56 对应的 SPICE 网表中电阻 RL 的 N＋端点号来决定的。单击“Simulate”按钮，得到的结果如图 2-59 所示。

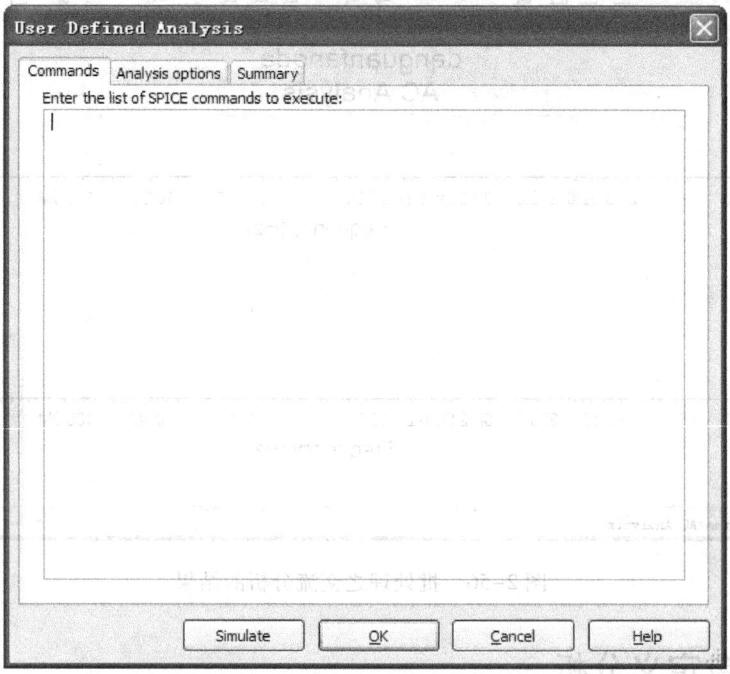

图 2-57　用户自定义分析对话框

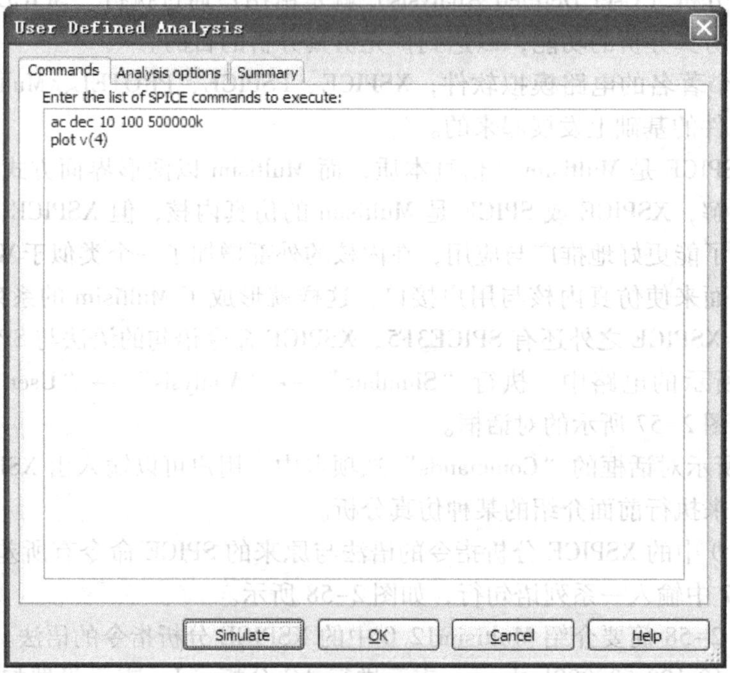

图 2-58　用户自定义命令

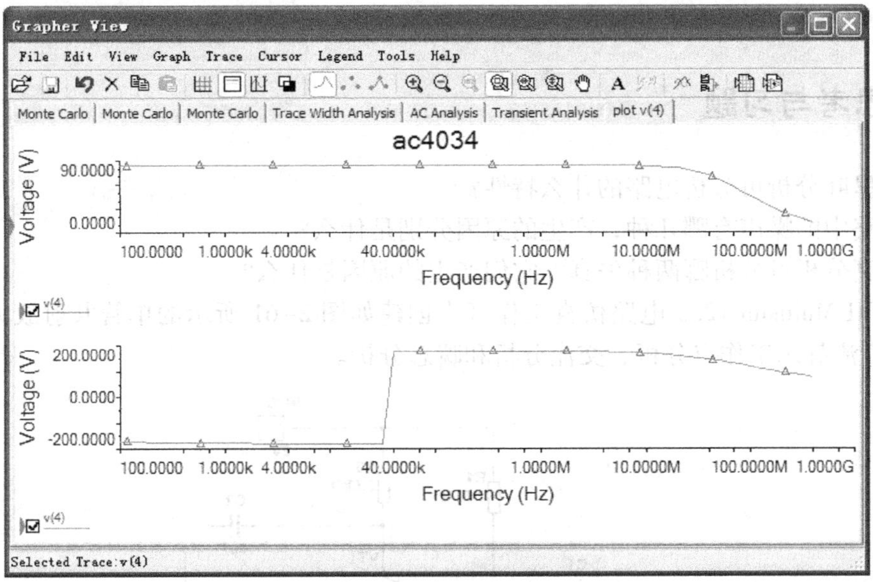

图 2-59　用户自定义分析的仿真结果

Multisim 12.0 的 XSPICE 分析指令中关于其他分析指令的语法，可以参考相关的 SPICE 书籍。单击“Simulate”按钮后，Multisim 12.0 的界面没有响应，可以通过执行“Simulate”→“XSPICE command line interface”命令，弹出的对话框来定位错误原因。

图 2-60 是正确执行 XSPICE 分析指令后仿真器输出的编译结果。如果用户在图 2-58 中输入的 XSPICE 分析指令的语法不符合仿真器的要求，则仿真器会以文本方式在图 2-60 中给出用户所出现错误的提示。

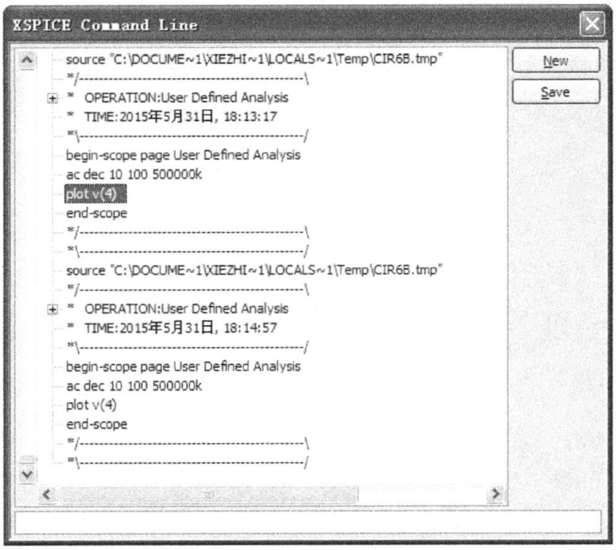

图 2-60　编译结果

用户还可以把相关的 SPICE 书籍中的 SPICE 命令输入图 2-58 中，并结合“Simulate”→“XSPICE command line interface”命令弹出的对话框来分析错误原因，反复实验后，即可以从 SPICE 分析指令摸索出 Multisim 12. 0 中的 XSPICE 分析指令。

2. 20 思考与习题

1. 傅里叶分析可分析电路的什么特性?

2. 电路中的噪声有哪几种，产生的原因分别是什么?

3. 失真分析可分析哪两种失真? 它们产生的原因是什么?

4. 在 NI Multisim 12. 0 电路仿真工作区中创建如图 2-61 所示的单管共射放大电路，并对其进行直流静态工作点分析、交流分析和瞬态分析。

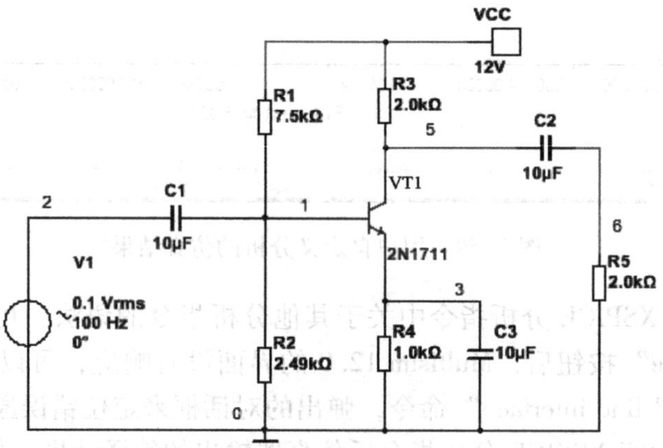

图 2-61 静态工作点稳定的单管共射放大电路

第3章　Multisim 12.0 的虚拟仪器使用方法

本章详细介绍了 Multisim 12.0 常用虚拟仪器的功能和使用方法，并通过虚拟仪器典型应用案例，提高读者虚拟仪器的应用技能。

3.1　Multisim 12.0 常用虚拟仪器

Multisim 12.0 提供了类型丰富的虚拟仪器，用户通过虚拟仪器可以分析运行结果，判断设计是否正确合理。

3.1.1　数字万用表

NI Multisim 12.0 中数字万用表有两种：普通虚拟数字万用表和仿真 Agilent（安捷伦）34401A 型数字万用表。Multisim 12.0 提供的万用表外观和操作与实际的万用表相似，但测量起来比实际的万用表功能更加强大，操作起来更加方便，可以测电流 A、电压 V、电阻 Ω 和分贝值 dB 等电参量，还可以对直流信号或交流信号进行测量。

在仪器栏选中数字万用表后，双击数字万用表图标，弹出如图 3-1 所示的数字万用表面板。理想的数字万用表在进行电路测量时，对电路不会产生任何影响，即电压表不会分流，电流表不会分压，但在实际中都达不到这种理想要求，总会有测量误差。虚拟仪器为了仿真这种实际存在的误差，引入了内部设置。在 NI Multisim 12.0 仿真软件中，可以通过设置虚拟数字万用表的内部参数来真实地模拟实际仪表的测量结果。在功能设置区有 4 个按钮，当需要选择某项功能时，只需单击相应的按钮即可。

图 3-1　万用表面板

1）A（电流挡）：测量电路中某支路的电流。测量时，数字万用表应串联在待测支路中。用作电流表时，数字万用表的内阻非常小（1 nΩ）。

2）V（电压挡）：测量电路两节点之间的电压。测量时，数字万用表应与两节点并联。用作电压表时，数字万用表的内阻非常高，可以达到 1 GΩ。

3）Ω（欧姆挡）：测量电路两节点之间的电阻。被测节点与节点之间的所有元件当作一个“元件网络”。测量时，数字万用表应与“元件网络”并联。

4）dB（分贝挡）：测量电路两节点之间电压降的分贝值。

单击“Set”按钮，弹出如图 3-2 所示的 Multimeter Settings（万用表设置）对话框，从中可以对数字万用表的内部参数进行设置。

1）“Electronic setting（电气特性设置）”选项区

① Ammeter resistance（R）：设置测试电流时表头的内阻，其大小影响电流的测量精度。

② Voltmeter resistance（R）：设置测试电压时表头的内阻。

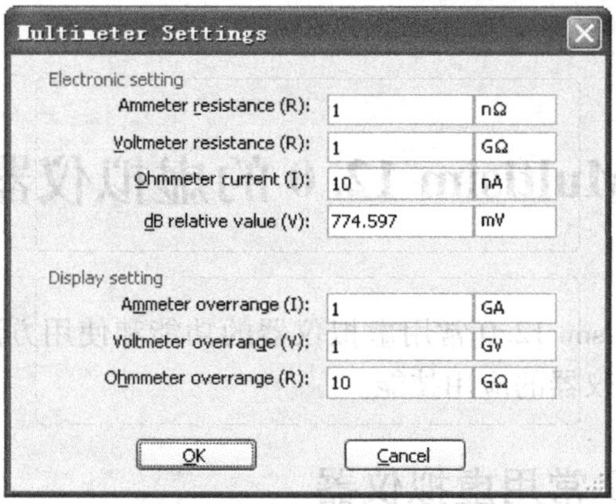

图 3-2　万用表设置对话框

③ Ohmmeter current（I）：设置测试电阻时流过表头的电流值。

④ dB relative value（V）：用于设置分贝相对值，预先设置为 774.597 mV。

2）"Display setting（显示特性设置）"选项区

① Ammeter overrange（I）：设置电流表的测量范围。

② Voltmeter overrange（V）：设置电压表的测量范围。

③ Ohmmeter overrange（R）：设置欧姆表的测量范围。

设置完成后，单击"OK"按钮保存设置，单击"Cancel"按钮取消本次设置。

3.1.2　函数信号发生器

函数信号发生器可以模拟在实际工作中使用的待测设备的激励信号，在电路实验、信号测试、调试电子电路及设备时具有十分广泛的用途。Multisim 12.0 提供的函数发生器可以产生正弦波、三角波和方波，信号频率可在 1 Hz～999 MHz 范围内调整。信号的幅值以及占空比等参数也可以根据需要进行调节。信号发生器有 3 个引线端口：负极、正极和公共端。

NI Multisim 12.0 仿真软件中提供的虚拟函数信号发生器的外观和操作与实际函数信号发生器相似。双击函数信号发生器图标，弹出函数信号发生器的参数设置控制面板，如图 3-3 所示。

1）Waveforms：波形选择区，用于选择输出波形，分别为正弦波、三角波、方波。

2）Frequency：频率设置，用于设置输出信号的频率，可选范围为 1 fHz～1000 THz。

3）Duty cycle：占空比设置，用于设置输出的三角波和方波电压信号的占空比，设定范围为 1%～99%。

4）Amplitude：振幅设置，用于设置输出信号的峰值，可选范围为 1 fVp～1000 TVp。

5）Offset：偏移设置，用于设置输出信号的偏置电压，即设置输出信号中直流成分的大小。

6）Set rise/Fall time：设置方波的上升沿与下降沿的时间。

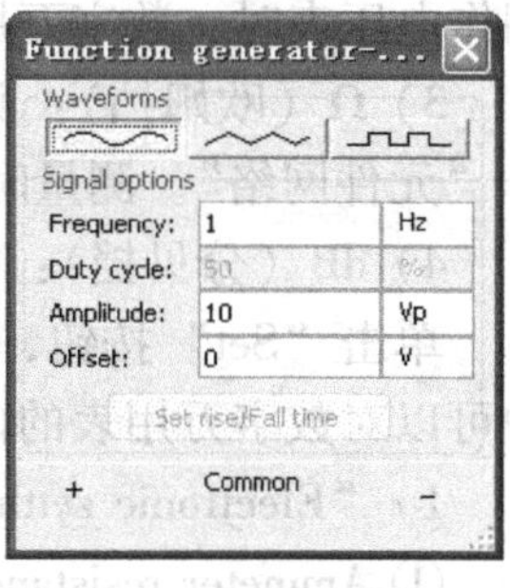

图 3-3　函数信号发生器

7）+，-，Common：分别表示波形电压信号的正极性输出端、负极性输出端、公共端。从"+，公共"端子输出的正极性信号；从“-，公共”端子输出的负极性信号；从“+，-”端子输出信号幅值是单极性信号幅值的两倍；同时连接“+，公共，-”端子，“公共”端子作为公共地端，此时输出两个幅值相等、极性相反的信号。在仿真过程中，要改变输出波形的类型、大小、占空比或偏置电压时，必须先暂时关闭工作界面上的仿真开关，在对上述内容改变后，再启动仿真开关，函数信号发生器才能按新设置的数据输出信号波形。

按照图 3-4 连接电路，XFG1 为函数信号发生器，输出频率为 1 kHz 的正弦交流电压信号，电压幅值为 10 V；XMM1 是虚拟万用表，选择测量正弦交流电压，测量结果是被测电压的有效值；XSC1 是双通道示波器。运行仿真并分别双击 XMM1、XSC1 的图标，可以观察到 XMM1 的读数分别是 7.071 V，示波器的波形如图 3-5 所示。

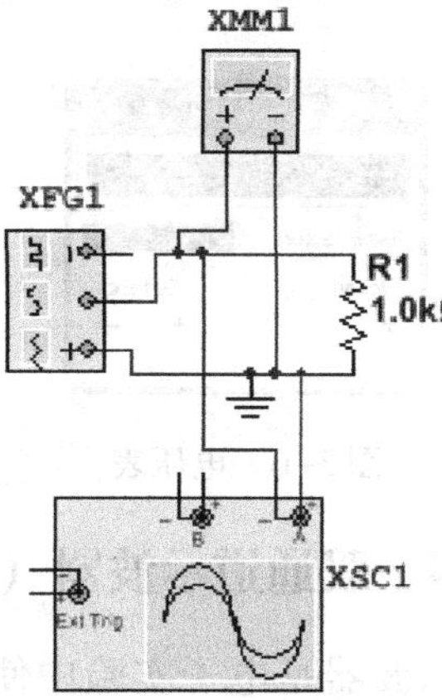

图 3-4　函数信号发生器测试电路

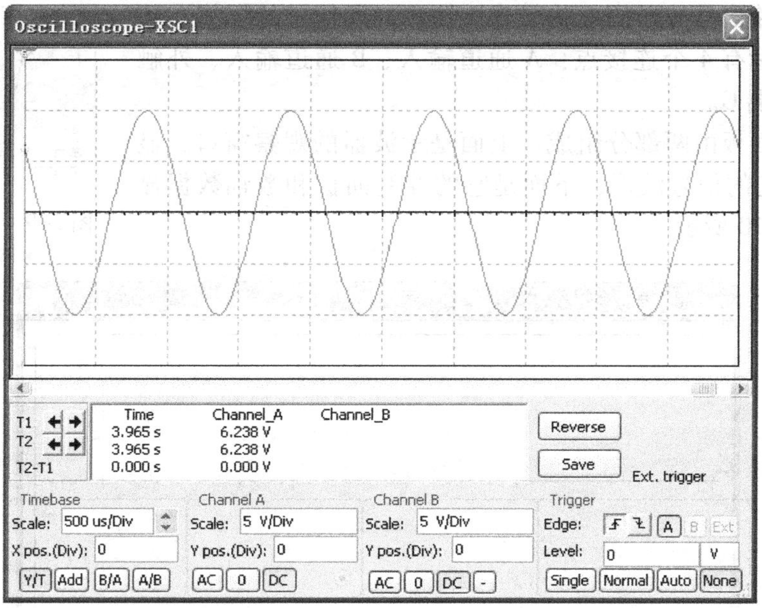

图 3-5　示波器波形图

3.1.3　电压表（Wattmeter）

Multisim 12.0 提供的电压表用来测量电路的交流或直流功率。电压表有 4 个引线端口：电压正极和负极、电流正极和负极，如图 3-6 所示。功率表的操作界面由显示文本框和接线端子组成。

1）显示文本框：上面的文本框显示测量的有功功率，Power factor 显示功率因素。

2）接线端子：Voltage 接线端子和被测支路并联，Current 接线端子和被测支路串联。

测试实例：按照图 3-7 连接电路，XWM1 是电压表，电压表的测试结果如图 3-8 所示。

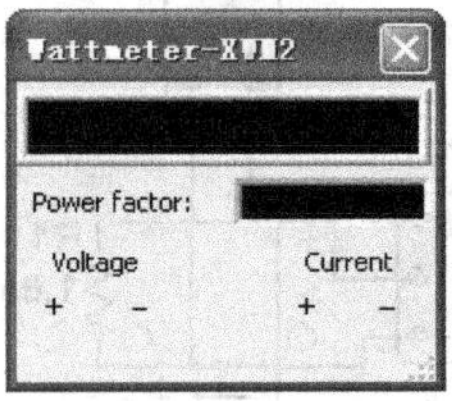

图 3-6 电压表

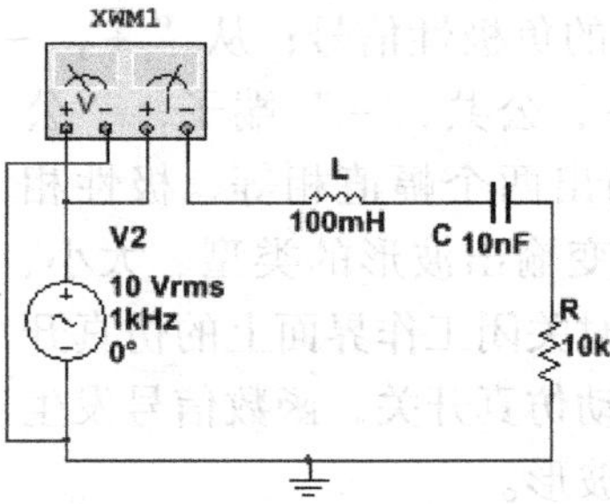

图 3-7 电压表测试电路

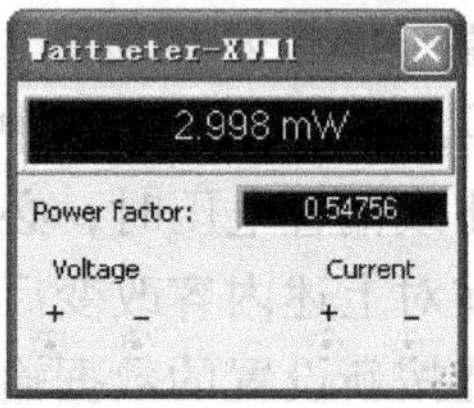

图 3-8 测试结果

3.1.4 双通道示波器（Oscilloscope）

示波器是电子实验中使用最为频繁的仪器之一。它可以用来显示电信号波形的形状、幅度、频率等参数。Multisim 12.0 提供的双通道示波器与实际的示波器外观和基本操作基本相同，如图 3-9 所示。该示波器可以观察一路或两路信号波形的形状，分析被测周期信号的幅值和频率。示波器图标有 4 个连接点：A 通道输入、B 通道输入、外触发端 T 和接地端 G。

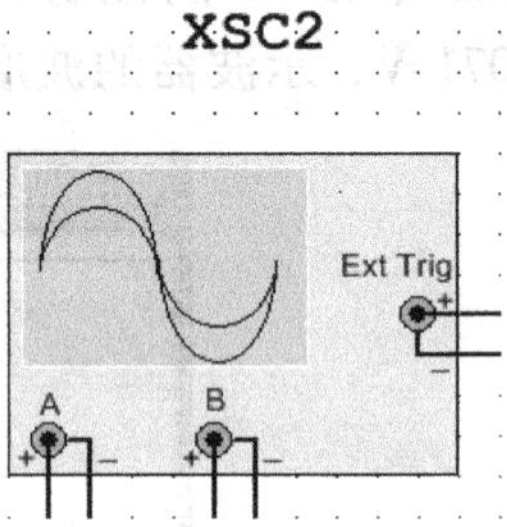

图 3-9 双通道示波器

示波器的面板由两部分组成：上面是示波器的观察窗口，显示 A、B 两通道的信号波形；下面是它的控制面板和数轴数据显示区，如图 3-10 所示。

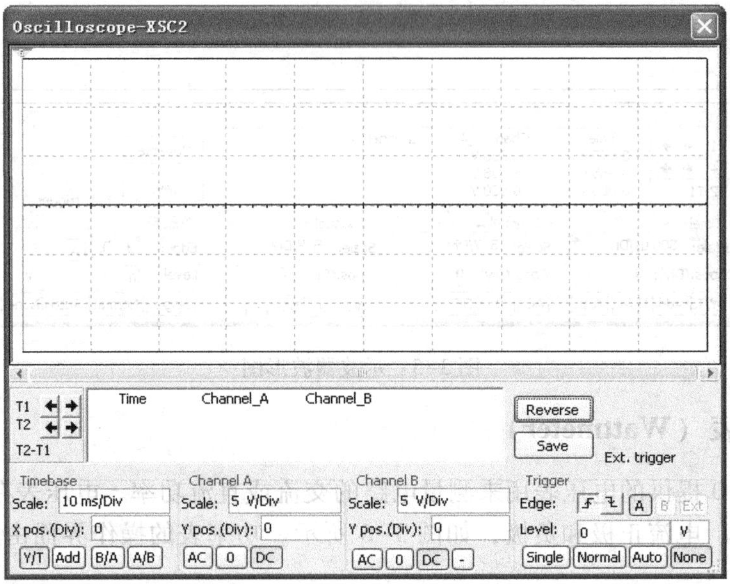

图 3-10 双通道示波器面板

示波器的控制面板分为以下 4 个部分：

1. Time base（时间基准）

Scale（量程）：设置显示波形的 X 轴时间基准。

X pos（*X* 轴位置）：设置 *X* 轴的起始位置。

显示方式设置如下：

1）Y/T：选中表示水平扫描信号为时间基线，垂直扫描信号为 A 或 B 通道输入信号。

2）Add：选中表示水平扫描信号为时间基线，垂直扫描信号为 A 与 B 通道输入信号之和。

3）B/A：选中表示水平扫描信号为 A 通道输入信号，垂直扫描信号为 B 通道输入信号。

4）A/B：选中表示水平扫描信号为 B 通道输入信号，垂直扫描信号为 A 通道输入信号。

2. Channel A（通道 A）

Scale（量程）：通道 A 的 *Y* 轴电压刻度设置。

Y pos（Y 轴位置）：设置 *Y* 轴的起始点位置，起始点为 0，表明 *Y* 轴和 *X* 轴重合；起始点为正值，表明 Y 轴原点位置向上移，否则向下移。

AC：设置测量交流信号，以电容耦合方式输入 A 通道信号。

0：设置输入端接地。

DC：设置测量交直流信号，以直流耦合方式输入 A 通道信号。

3. Channel B（通道 B）

通道 B 的 Y 轴量程、起始点、耦合方式等项内容的设置与通道 A 相同。

4. Trigger（触发）

设置示波器触发方式，触发方式主要用来设置 X 轴的触发信号、触发电平及边沿等。

1）Edge（边沿）：设置被测信号开始的方式，包括上升沿触发、下降沿触发、A 通道信号作为触发信号、B 通道信号作为触发信号、Ext 为外触发信号。

2）Level（电平）：设置触发信号的电平，使触发信号在某一电平时启动扫描。

3）Single：单脉冲触发。

4）Normal：一般脉冲触发。

5）Auto：自动脉冲触发。

6）None：无脉冲触发。

在示波器的观察窗口中有两条可以左右移动的读数指针，指针上方有三角形标志，通过鼠标左键可拖动读数指针左右移动，在数据显示区会显示出相应的数据。该选项区有 3 个区：T1 区、T2 区和 T2-T1 区。

1）T1 区：显示移动 T1 数轴（红色）读取的数据。

① T1：T1 数轴对应的 *X* 轴的值。

② VAl：T1 数轴与 A 通道波形相交位置的 *Y* 轴的值。

③ VBl：Tl 数轴与 B 通道波形相交位置的 *Y* 轴的值。

2）T2 区：显示移动 T2 数轴（蓝色）读取的数据，与 T1 区类似。

3）T2-Tl 区：显示 T2 与 T1 数轴之间差值的有关数据。

① T2-T1：T2 和 T1 数轴间的 X 轴方向的差值。

② VAl - VA2：T2 和 T1 数轴间的 A 通道波形 *Y* 轴方向的差值。

③ VBl - VB2：T2 和 T1 数轴间的 B 通道波形 *Y* 轴方向的差值。

使用示波器时，为了区分 A、B 两通道的波形，可以将两路波形以不同的颜色来显示。方法是：将鼠标指向连接 A、B 通道的导线，用鼠标右键单击，在弹出的快捷菜单中选择“Segment Color”，在弹出的对话框中选择不同的颜色。

按照图 3-11 建立共射级放大电路，XSC1 是双通道示波器。示波器的输出波形如图 3-12 所示。

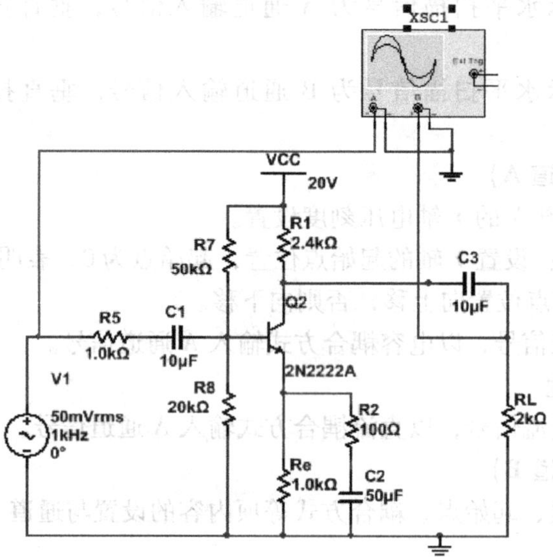

图 3-11　示波器测试电路图

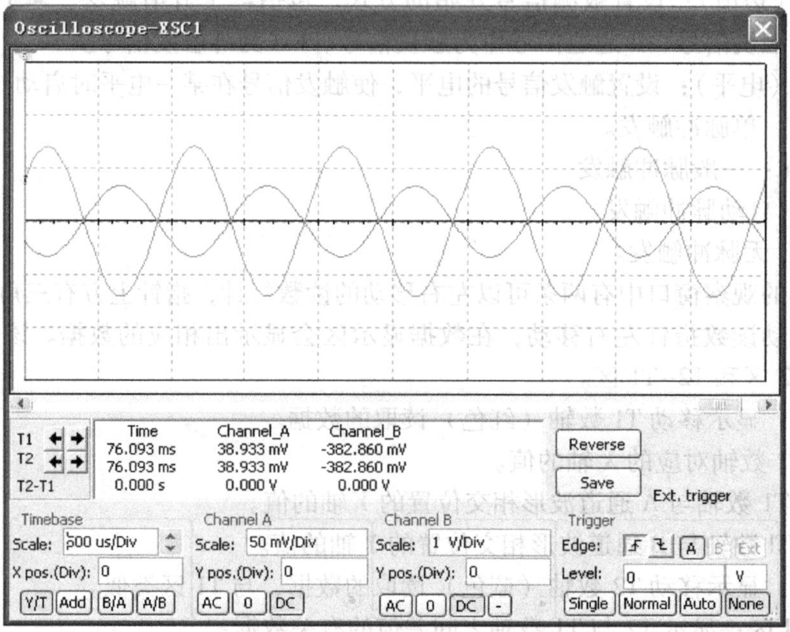

图 3-12　示波器输出波形

3.1.5 四通道示波器（4 Channel Oscilloscope）

四通道示波器与双通道示波器的使用方法和参数调整方式完全一样，只是多了一个“通道控制器”旋钮，当旋钮拨到某个通道位置时，才能对该通道的 Y 轴进行调整。

四通道示波器测试实例：按照图 3-13 连接电路图，观察 D 触发器的输入和输出及时钟信号的波形，如图 3-14 所示。

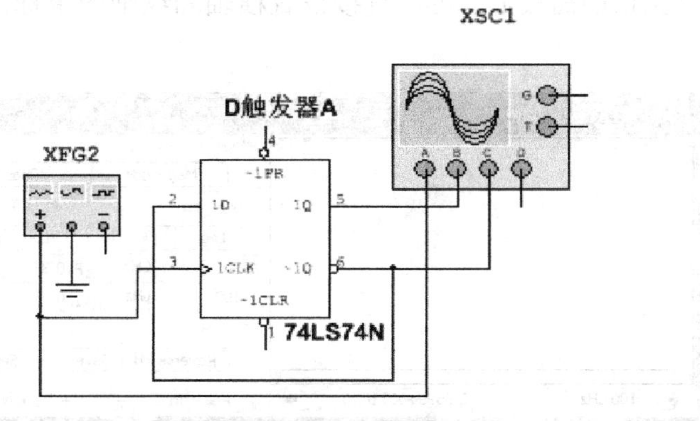

图 3-13　四通道示波器测试电路

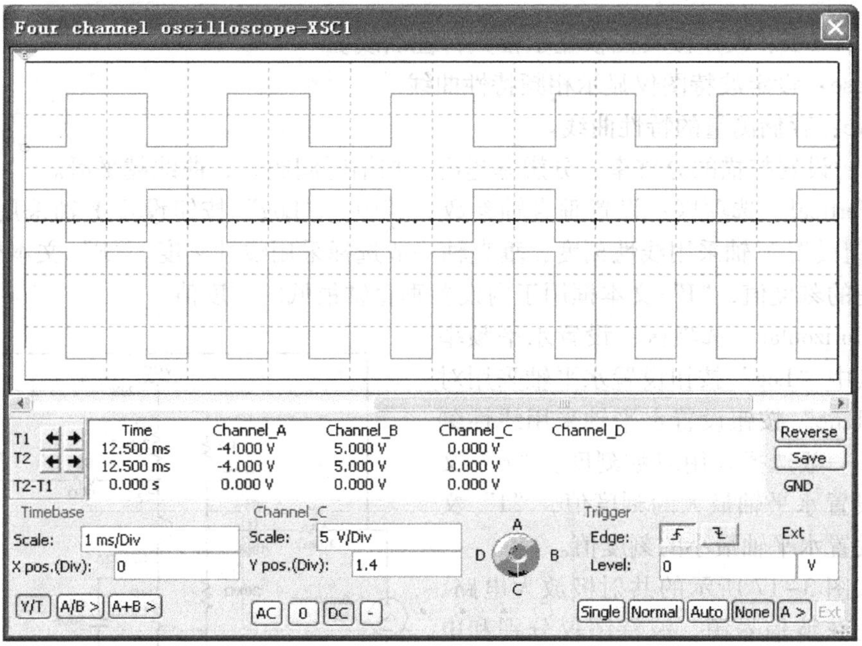

图 3-14　四通道示波器波形图

3.1.6 波特图仪（Bode Plotter）

波特图仪是一种用来测量和显示一个电路系统或放大器幅频特性和相频特性的仪器，是交流分析的重要工具，类似于实际电路测量中常用的扫频仪。其图标如图 3-15 所示。图标上有 IN +、IN -、OUT +、OUT -4 个端子，其中 IN 两个端子连接系统信号输入端，OUT

两个端子连接系统信号输出端。需要注意，在使用波特图仪时，必须在系统的信号输入端连接一个交流信号源或函数信号发生器，该信号源由波特图仪自行控制，不需设置。波特图仪可以方便地测量和显示电路的频率响应，适合于分析滤波电路或电路的频率特性，特别易于观察截止频率。

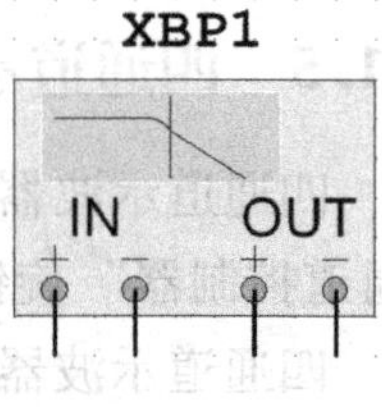

图 3-15　波特图仪

波特图仪控制面板如图 3-16 所示，面板中的 F 指的是终值，I 指的是初值。在波特图仪的面板上，可以直接设置横轴和纵轴的坐标及其参数。

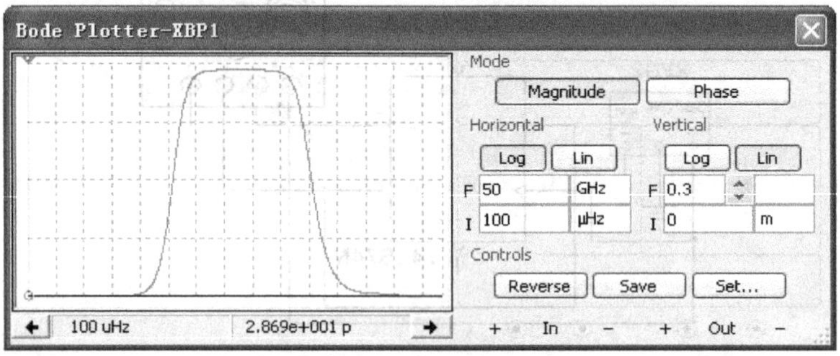

图 3-16　波特图仪控制面板

1）Magnitude：设定波特图仪显示幅频特性曲线。

2）Phase：设定波特图仪显示相频特性曲线。

3）Save：存储测量的特性曲线。

4）Set：设置扫描的分辨率，分辨率越高，扫描时间越长，曲线越平滑。

5）“Vertical” 选项区：设置垂直轴参数。其中，“Log” 按钮设置 *Y* 轴采用对数刻度，“Line” 按钮设置 Y 轴采用线性刻度，垂直轴一般选择采用线性刻度。“F” 文本框用于设置垂直轴最高的刻度值，“I” 文本框用于内设置垂直轴最低的刻度值。

6）“Horizontal” 选项区：设置水平频率轴参数。其中 “Log” 按钮设置水平轴采用对数刻度，“Line” 按钮设置水平轴采用线性刻度，水平轴一般选择采用对数刻度。“F” 文本框用于设置水平轴最大的刻度值，“I” 文本框用于设置水平轴最小的刻度值。

构造如图 3-17 所示的共射极放大电路，输入端加正弦波信号源，波特图仪分别和电路的输入/输出端相连，观察电路的幅频特性和相频特性。

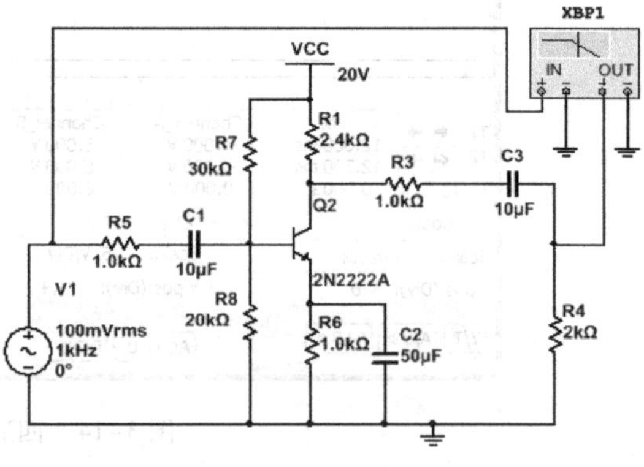

图 3-17　波特图仪测试电路图

调整纵轴幅值测试范围的初值 I 和终值 F，调整相频特性纵轴相位范围的初值 I 和终值 F。打开仿真开关，单击幅频特性，在波特图观察窗口可以看到幅频特性曲线，如图 3-16 所示；单击相频特性，可以在波特图观察窗口显示相频特性曲线，如图 3-18 所示。

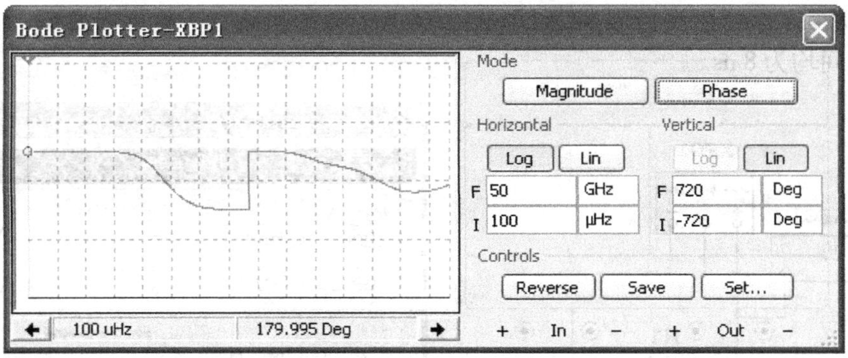

图 3-18　相频特性图

3.1.7　频率计（Frequency couter）

频率计主要用来测量信号的频率、周期、相位，脉冲信号的上升沿和下降沿。频率计的参数设置面板如图 3-19 所示。该控制面板分为 5 个部分，包括测量结果显示文本框、“Measurement” 选项区、“Coupling” 选项区、“Sensitivity” 选项区和 “Trigger level” 选项区。

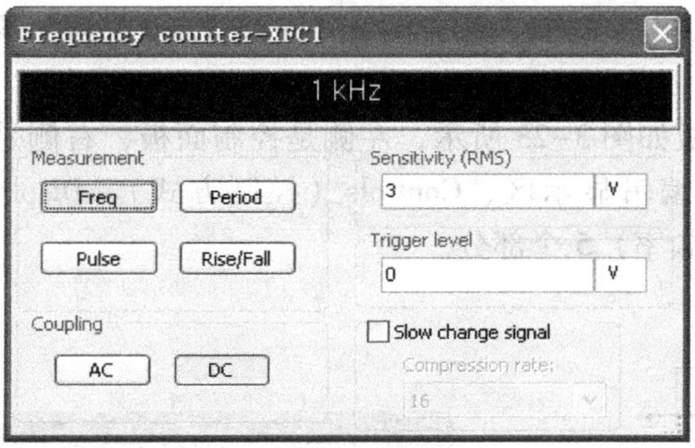

图 3-19　频率计设置面板

1）“Measurement” 选项区：包括 “Freq” 按钮、“Period” 按钮、“Pulse” 按钮和 “Rise/Fall” 按钮。

①“Freq” 按钮：单击该按钮，则输出结果为信号频率。

②“Period” 按钮：单击该按钮，则输出结果为信号周期。

③“Pulse” 按钮：单击该按钮，则输出结果为高、低电平脉宽。

④“Rise/Fall” 按钮：单击该按钮，则输出结果显示数字信号的上升沿和下降沿时间。

2）“Coupling” 选项区：选择信号的耦合方式，AC 表示交流耦合方式，DC 表示直流耦合方式。

3）“Sensitivity” 选项区：主要用于设置频率计的灵敏度。若频率计的灵敏度设为 3 V，则被测信号（如正弦量）的幅值应不低于 3，否则不能显示测量结果。

4）“Trigger level” 选项区：设置数字信号的触发电平大小。

建立如图 3-20 所示的电路图，设置信号发生器输出频率为 8 kHz，幅值为 5 V，仿真结果如图 3-21 所示。可以测得周期为 125 μs，高电平脉宽和低电平脉宽均为 62.5 μs，上升沿和下降沿时间均为 8 ns。

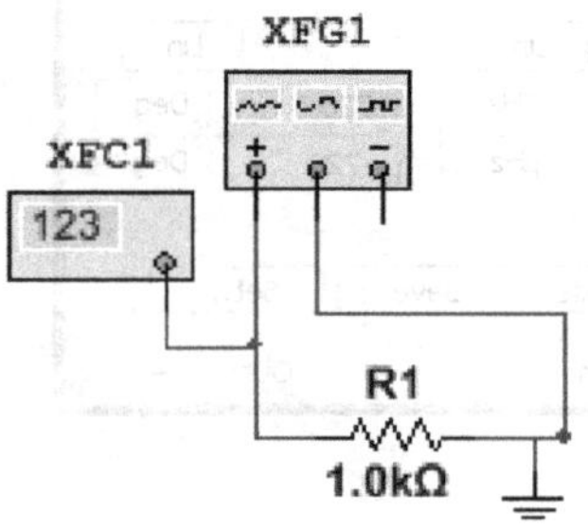

图 3-20　频率计测试电路

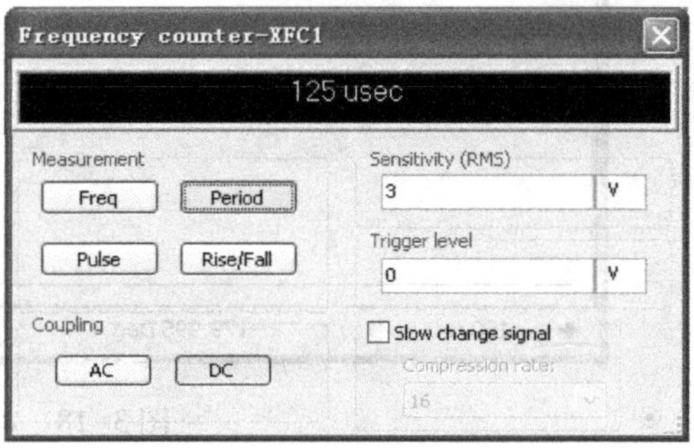

图 3-21　频率计结果

3.1.8　字信号发生器（Word Generator）

字信号发生器是一个通用的数字激励源编辑器，内有一个最大可达 0400H 的可编程 32 位数据区，数据区中的数据按一定的触发方式、速度、循环方式产生 32 位同步逻辑信号。字信号发生器的图标如图 3-22 所示，左右各 16 个端子，分别为 0～15 和 16～31 的逻辑信号输出端，可连接至测试电路的输入端。图标下面有 R 和 T 两个端子，R 为数据备用信号端，T 为外触发信号端。

字信号发生器的面板如图 3-23 所示，左侧是控制面板，右侧是字信号发生器的字符窗口。控制面板分为字符编辑显示区、Controls（控制方式）、Display（显示方式）、Trigger（触发）和 Frequency（频率）5 个部分。

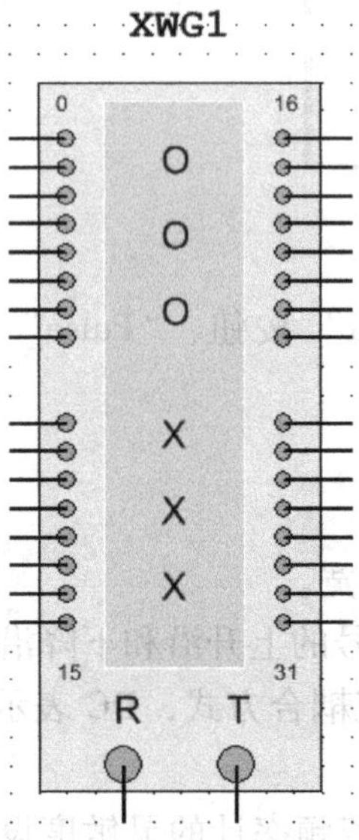

图 3-22　数字信号发生器

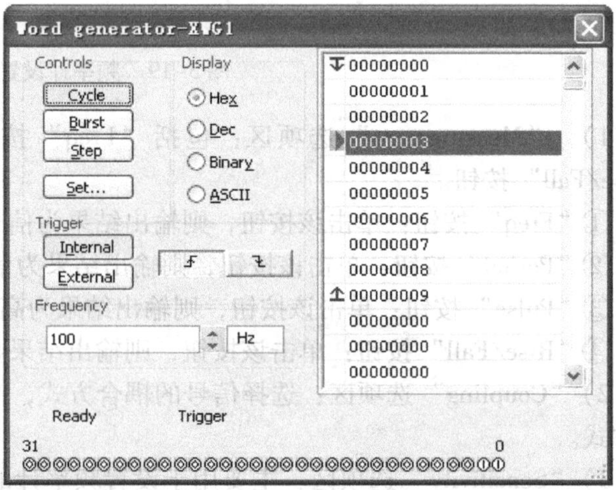

图 3-23　数字信号发生器设置面板

（1）字符编辑显示区

字符编辑显示区按顺序显示待输出的字信号，字信号可直接编辑修改。

（2）“Controls”选项区

“Controls”选项区为字信号输出控制，用来设置右侧的字符编辑显示区中字符信号的输出方式。

1）Cycle：从起始地址开始循环输出一定数量的字信号（字信号的数量通过“Settings”对话框设定）。

2）Burst：输出从起始地址至终止地址的全部字信号。

3）Step：单步输出字信号。

4）Set：用来设置字信号的类型和数量。单击“Set”按钮，弹出“Settings”对话框，如图3-24所示。“Settings”对话框包括“Preset patterns”选项区、“Display type”选项区、“Buffer size”文本框和“Initial pattern”文本框，主要用来设置字符信号的变化规律。“Preset patterns”选项区由8个单选按钮组成，各参数的含义如下：

① No change：不改变字信号编辑区中的字信号。

② Load：载入字信号文件 *. dp。

③ Save：存储字信号。

④ Clear buffer：将字信号编辑区中的字信号全部清零。

⑤ Up counter：字信号从初始地址至终止地址输出。

⑥ Down counter：字信号从终止地址至初始地址输出。

⑦ Shift right：字信号的初始值默认为80000000，按字信号右移的方式输出。

⑧ Shift left：字信号的初始值默认为00000001，按字信号左移的方式输出。

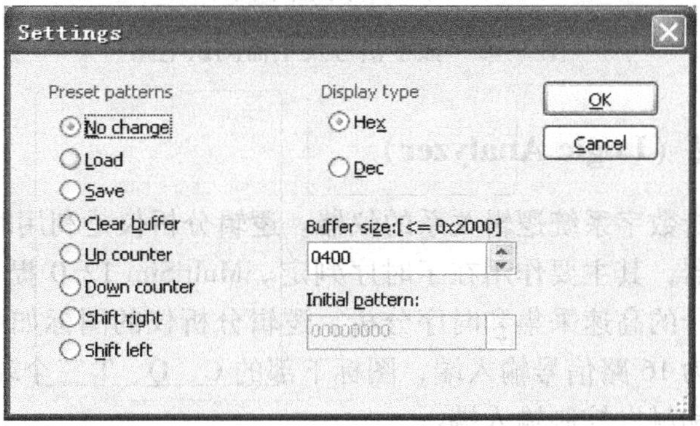

图3-24 “Settings”对话框

Display Type：用来设置字信号为16进制或10进制。

Buffer size：用来设置字信号的数量。

Initial pattern：用来设置字信号的初始值（只在Pre - set Patterns为Shift Right或Shift Left选项时起作用）。

（3）“Display”选项区

“Display”选项区为字信号的类型选择，可选择16进制、10进制、二进制及ASCII代码方式。

（4）“Trigger”选项区

“Trigger”选项区可选择Internal（内触发）或External（外触发）方式，触发方式可选择上升沿触发或下降沿触发。

(5)“Frequency”选项区

“Frequency”选项区用来选择输出字信号的频率。

按图 3-25 所示连接电路，双击字信号发生器打开其面板，在面板中设置起始地址，地址为 8 位 16 进制数据，分别为 0000H 和 0009H。单击“Pattern”按钮进入“Pattern”对话框，选中 Down Counter 并单击“Setting”按钮，设置缓冲区大小为 0009H，设置数据区数据按递增编码。打开仿真开关可以看到数码管循环显示数字 0～9。面板设置和显示如图 3-23 和图 3-24 所示。

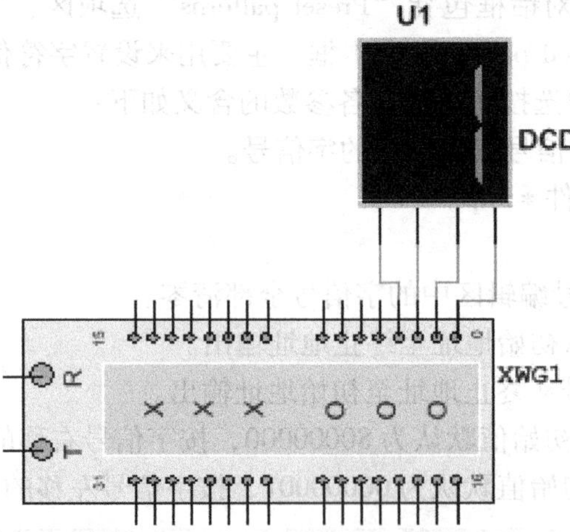

图 3-25　数字信号发生器测试电路

3.1.9　逻辑分析仪（Logic Analyzer）

逻辑分析仪是分析数字系统逻辑关系的仪器。逻辑分析仪是利用时钟从测试设备上采集和显示数字信号的仪器，其主要作用在于时序判定。MultiSim 12.0 提供了 16 路的逻辑分析仪，用来进行数字信号的高速采集和时序分析。逻辑分析仪的图标如图 3-26 所示。逻辑分析仪的连接端口左边为 16 路信号输入端，图标下部的 C、Q、T 三个端子分别为外时钟输入端、时钟控制输入端和触发控制输入端。

逻辑分析仪的面板分上下两个部分（如图 3-27 所示），上半部分是 16 路测试信号的波形显示区，如果某路连接有被测信号，则该路小圆圈内出现一个黑圆点。当改变连接导线的颜色时，显示波形的颜色随之改变。波形显示区有两根数轴，拖动数轴上方的三角形，可以左右移动数轴。下半部分是逻辑分析仪的控制窗口，控制信号有 Stop（停止）、Reset（复位）、Reverse（反相显示）、Clock（时钟）设置和 Trigger（触发）设置。

Clock Setup（时钟设置）对话框包括以下几个部分，如图 3-28 所示。

1）Clock source：选择时钟源为外触发或内触发。

2）Clock rate：时钟频率，在 1 Hz～100 MHz 范围内选择。

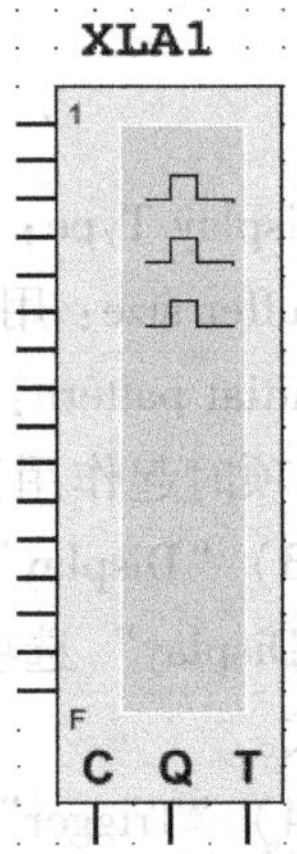

图 3-26　逻辑分析仪

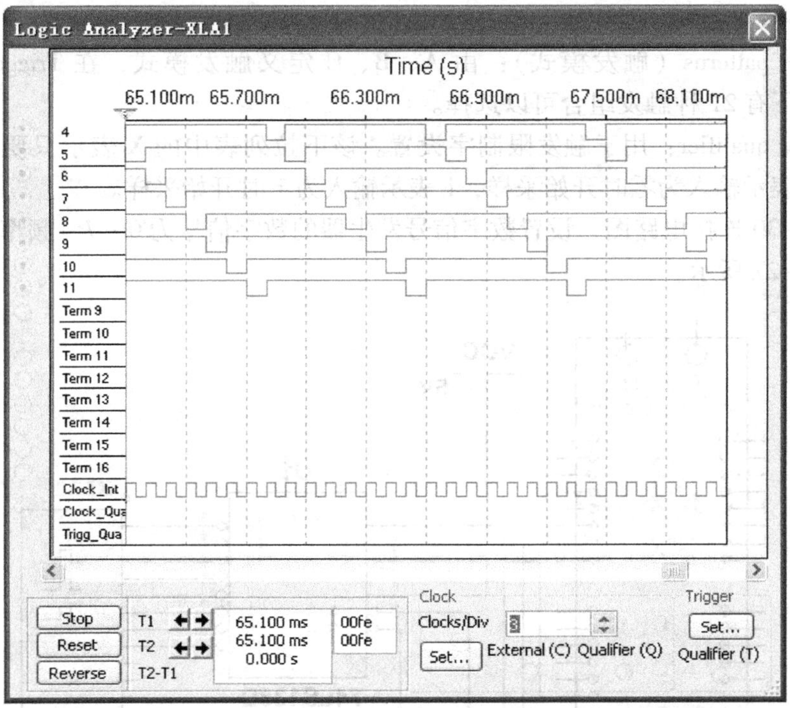

图 3-27　逻辑分析仪面板

3）Sampling setting：取样点设置。

① Pre-trigger samples：触发前取样点。

② Post-trigger samples：触发后取样点。

③ Threshold volt(V)：开启电压设置。

单击“Set（设置）”按钮，弹出“Trigger Settings（触发设置）”对话框，如图 3-29 所示。

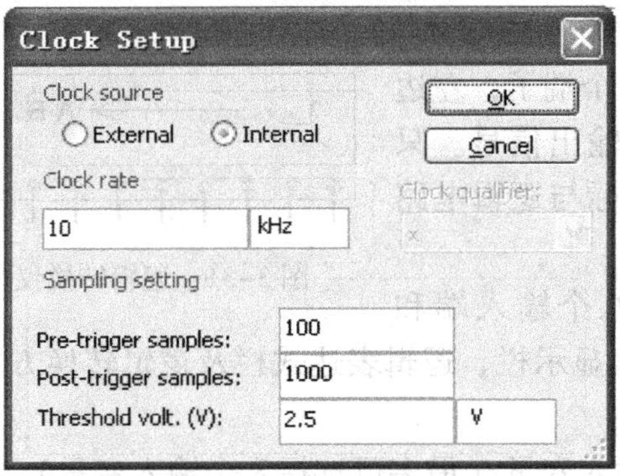

图 3-28　“Clock Setup”对话框

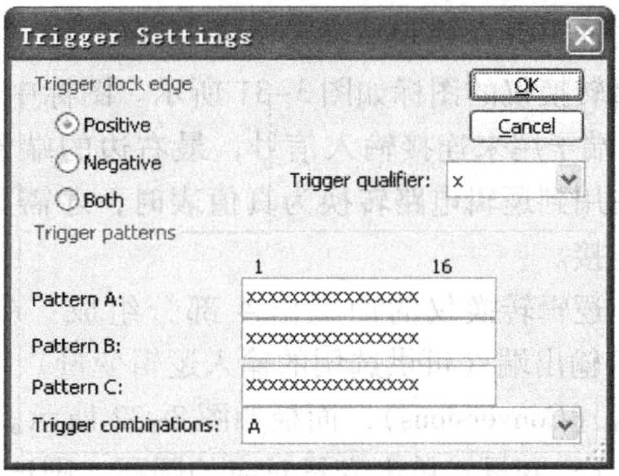

图 3-29　“Trigger Settings”对话框

1）Trigger clock edge：触发边沿，可以进行以下选择。

① Positive：上升沿。

② Negative：下降沿。

③ Both：双向触发。

2）Trigger patterns（触发模式）：由 A、B、C 定义触发模式，在 Trigger combinations（触发组合）下有 21 种触发组合可以选择。

3）Trigger qualifier：用于触发限制字设置。该下拉列表中的 X 表示只要有信号，分析仪就采样。0 表示输入为零时开始采样，1 表示输入为 1 时开始采样。

按照图 3-30 连接电路图，设置数字信号发生器的数字信号为 0 ~ 7，频率为 10 kHz。仿真结果如图 3-27 所示。

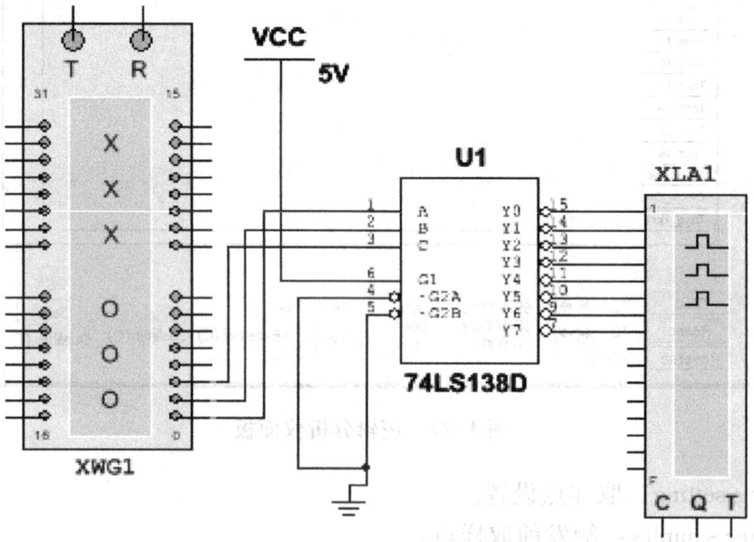

图 3-30　逻辑分析仪测试电路

3.1.10　逻辑转换器（Logic Converter）

Multisim 12.0 提供了一种独特的虚拟仪器——逻辑转换器。实际上没有这种仪器，逻辑转换器可以在逻辑电路、真值表和逻辑表达式之间进行转换。逻辑转换仪的图标如图 3-31 所示。图标中包括 9 个端子，左边 8 个端子用来连接输入信号，最右边的端子连接输出信号。只有在用到逻辑电路转换为真值表时，才需要将图标与逻辑电路相连接。

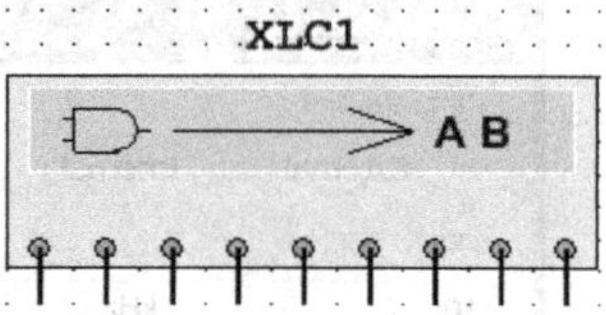

图 3-31　逻辑转换仪

逻辑转换仪的面板由 4 部分组成：A ~ H 八个输入端和 OUT 输出端（可供选用的输入逻辑变量）、真值表显示栏、逻辑表达式栏及逻辑转换方式选项区（Conversions），面板如图 3-32 所示。

1）变量：单击变量对应的圆圈，则选择了输入变量（最多可选择 8 个输入变量）。

2）真值表：真值表列出了输入变量的所有组合以及对应的函数值。函数值可以选择 0、1 和 ×，初始函数值的显示为“?”，用鼠标单击相应的函数值，可将其改变为 0、1 或 ×。

3）函数表达式显示文本框：显示真值表对应的函数表达式。

4）“Conversions”选项区：实现数字电路各种表示方法的相互转换，如图 3-33 所示。图 3-33 中的按钮由上向下所表示的功能依次为逻辑图转换为真值表；真值表转换为最小项之和表达式；真值表转换为最简与或表达式；表达式转换为真值表；表达式转换为逻辑图；表达式转换为与非 - 与非形式的逻辑图。

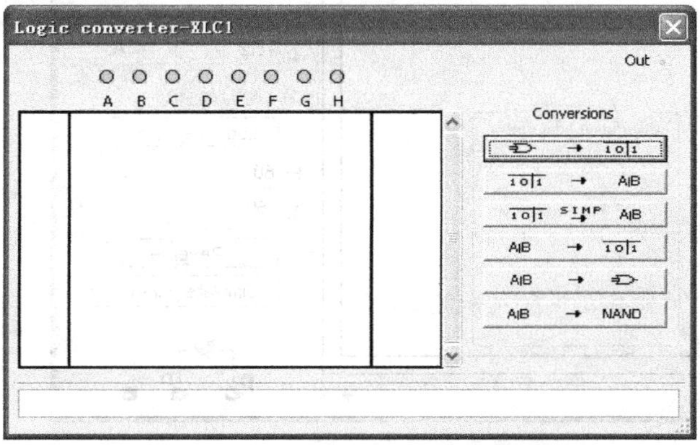

图 3-32　逻辑转换仪控制面板

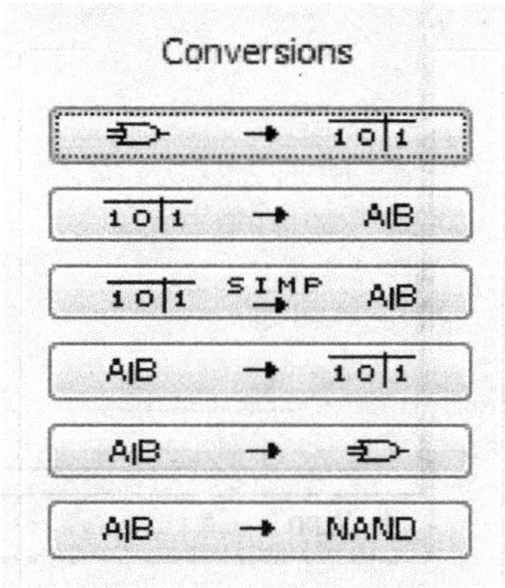

图 3-33　转换按钮

建立如图 3-34 所示的电路图，打开逻辑转换仪控制面板，单击“Conversions”选项区中第一个按钮，可以得到如图 3-35 所示的真值表。

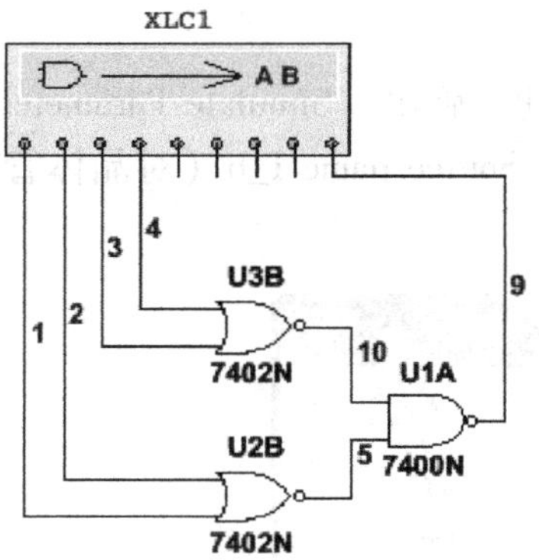

图 3-34　逻辑转换仪测试电路

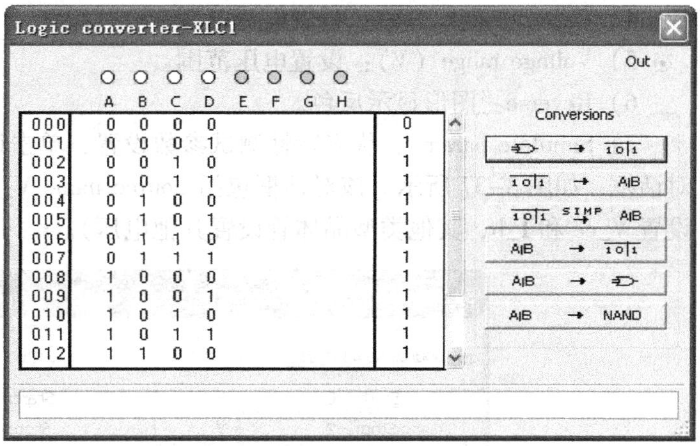

	A	B	C	D	Out
000	0	0	0	0	0
001	0	0	0	1	1
002	0	0	1	0	1
003	0	0	1	1	1
004	0	1	0	0	1
005	0	1	0	1	1
006	0	1	1	0	1
007	0	1	1	1	1
008	1	0	0	0	1
009	1	0	0	1	1
010	1	0	1	0	1
011	1	0	1	1	1
012	1	1	0	0	1

图 3-35　真值表

3.1.11　IV 分析仪（IV Analyzer）

IV 分析仪专门用来分析晶体管的伏安特性曲线，如二极管、NPN 管、PNP 管、NMOS 管、PMOS 管等器件。IV 分析仪相当于实验室的晶体管图示仪，需要将晶体管与连接电路完全断开，才能进行 IV 分析仪的连接和测试。IV 分析仪有 3 个连接点，实现与晶体管的连接。IV 分析仪面板左侧是伏安特性曲线显示窗口，右侧是功能选择区，如图 3-36 所示。

1）图形显示窗：显示元器件（二极管或晶体管）的伏安特性曲线。

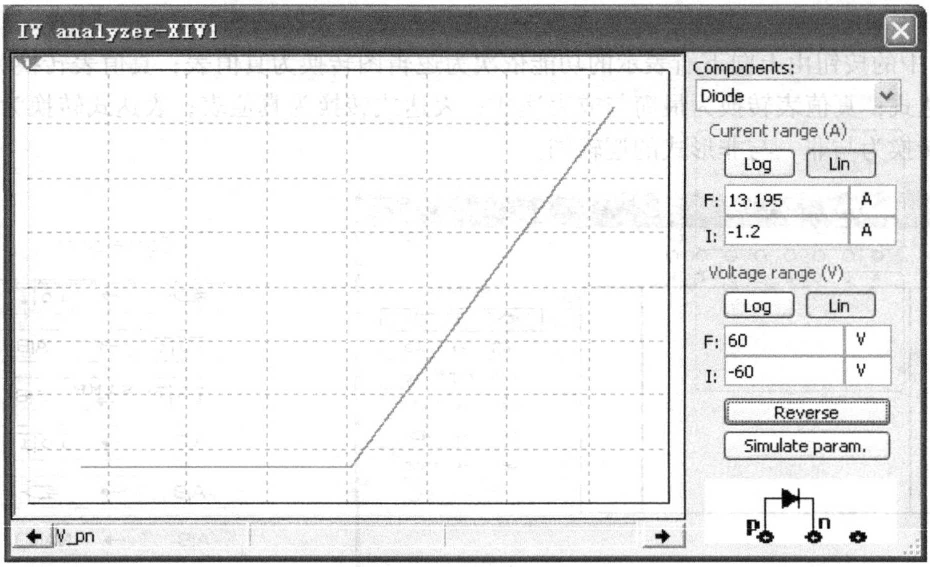

图 3-36　IV 分析仪面板

2）器件状态栏：显示元器件的电压和电流（如 NMOS 管的 d、s 间的电压，漏极电流）。

3）Components：选择元器件类型，包括 Diode、BJT NPN、BJT PNP、NMOS 和 PMOS 五种类型。

4）Current range（A）：设置电流范围。

5）Voltage range（V）：设置电压范围。

6）Reverse：图形显示反色。

7）Simulate param.：伏安特性测试参数设置，单击该按钮，弹出“Simulate Parameters”对话框，如图 3-37 所示。该对话框包括 Source name V_ce 和 Source name I_b（对晶体管可设置 V_ce 和 I_b，其他类型晶体管设置其他电压）。

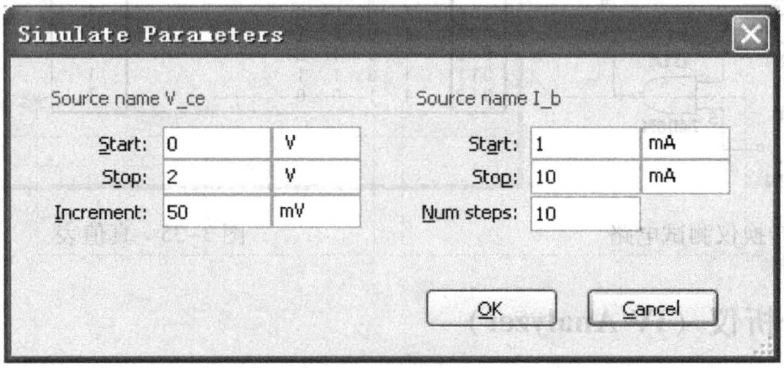

图 3-37　“Simulate Parameters”对话框

① Source name V_ce：“Start”和“Stop”文本框分别设置起始和终止电压，“Increment”文本框用来设置电压增量步长。

② Source name I_b：“Num steps”文本框用来设置 I_b 的数量，图中设置为 10 即显示 10 条输出特性曲线。

如图 3-38 所示，当在“Components”下拉列表框中选择了元器件以后，则在该指示窗显示对应元器件的引脚（如晶体管的 b、c 和 e），用来指示元器件和伏安特性测试仪的图标连接。

建立如图 3-39 所示的仿真电路图，用 IV 分析仪来分析晶体管的伏安特性曲线。参数设置如图 3-40 所示，单击“运行”按钮，可以得到图 3-40 所示的曲线图。

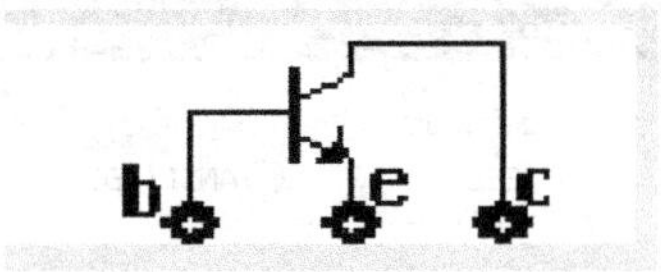

图 3-38　元器件的管脚

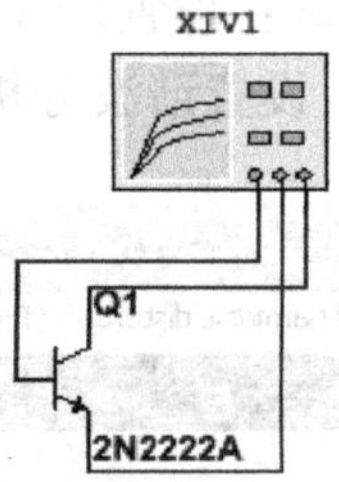

图 3-39　晶体管的伏安特性测试电路

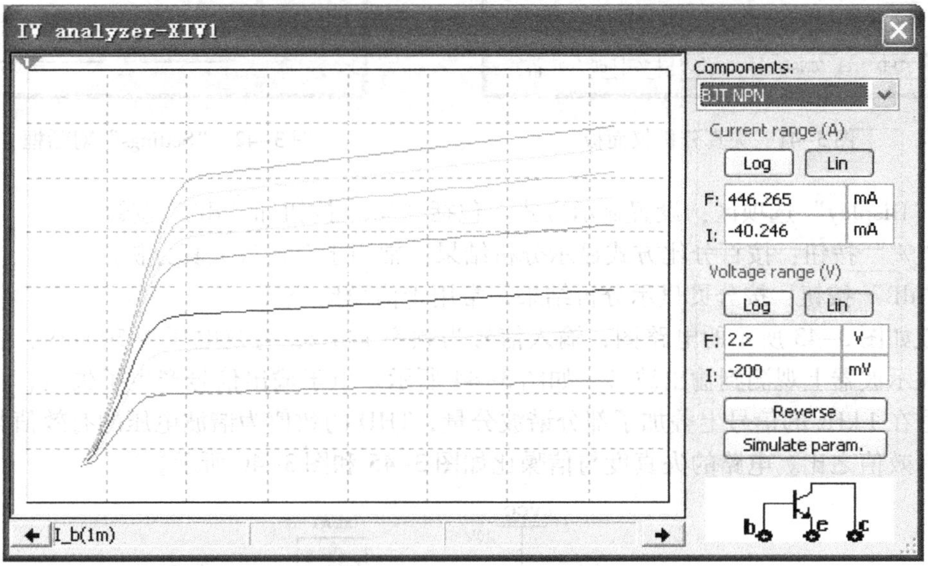

图 3-40　晶体管伏安特性曲线

3.1.12　失真分析仪（Distortion Analyzer）

失真分析仪可用于测量电路的信号失真度以及信噪比等参数，经常用于测量存在较小失真度的低频信号。失真分析仪提供的频率范围为 20 Hz～100 kHz，仅有 1 个接线端。失真分析仪内部参数设置面板如图 3-41 所示，其主要功能如下：

1）Total harmanic Distortion（THD）：显示测量电路的失真度。

2）Start：启动分析。

3）Stop：停止分析。

4）Fundamental freq.：设置基频。

5）Resolution freq：设置频率分辨率。

6）THD：表示分析电路的总谐波失真。

7）SINAD：表示分析电路的信噪比。

8）Set：单击该按钮，弹出“Settings”对话框，如图3-42所示。“Settings”对话框中有以下选项。

① THD definition：用来设置THD定义标准，可以选择IEEE或ANSI/IEC标准。

② Harmonic num：设置谐波分析的次数。

③ FFT points：设置谐波分析的取样点数。

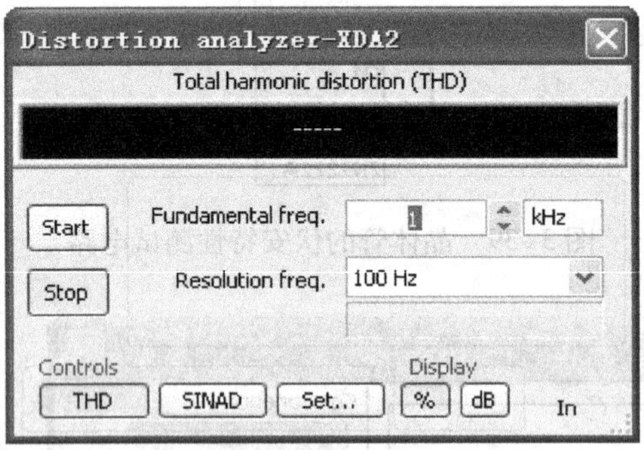

图3-41　失真分析仪面板

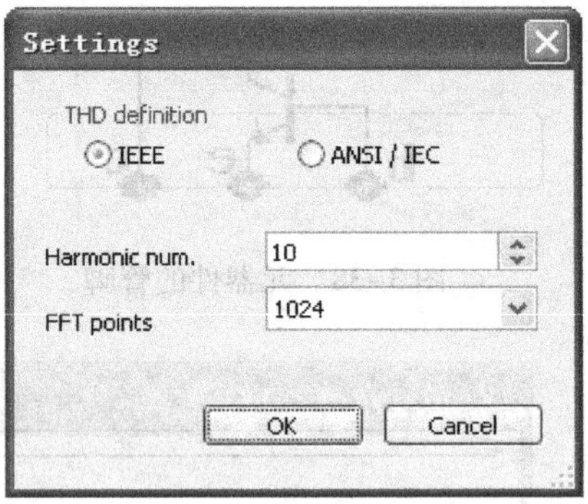

图3-42　“Settings”对话框

9）“Display”选项区：设置显示方式，包括“%”按钮和“dB”按钮。

①“%”按钮：按百分比方式显示分析结果，常用于总谐波失真分析。

②“dB”按钮：按分贝显示分析结果，常用于信噪比分析。

建立如图3-43所示的电路图，输入信号为频率1 kHz，有效电压为500 mV，启动仿真后，可在示波器上观测到输出波形，如图3-44所示。由于输出信号产生了失真，可以认为输出信号在1 kHz的信号上叠加了部分谐波分量，THD的数值为谐波电压的有效值与总信号的电压有效值之比。电路的失真度与信噪比如图3-45和图3-46所示。

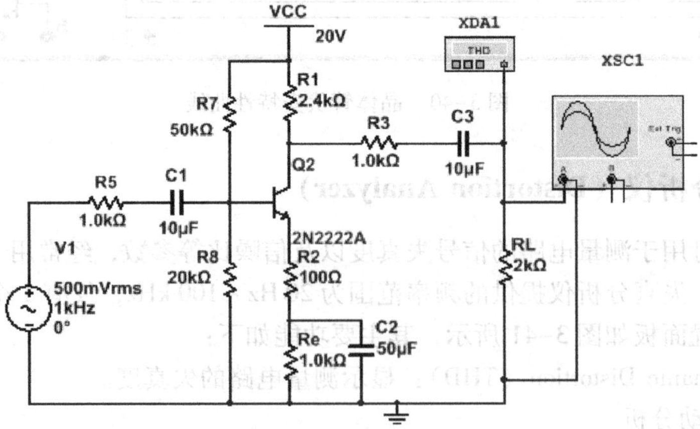

图3-43　失真分析仪测试电路

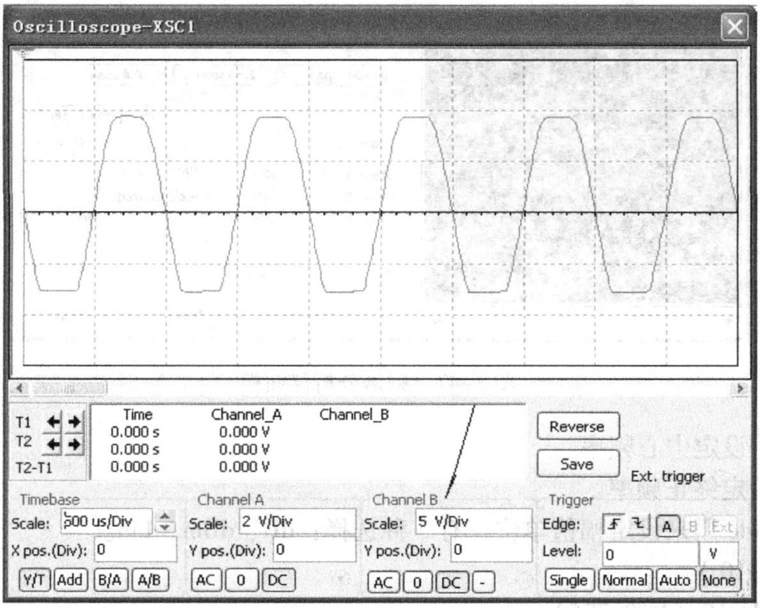

图 3-44　输出波形

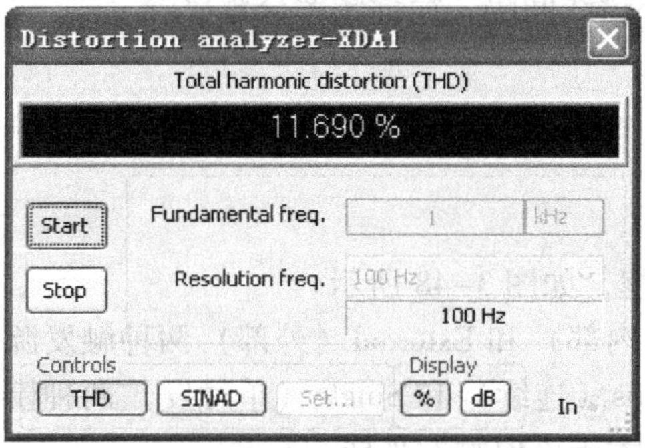

图 3-45　失真度

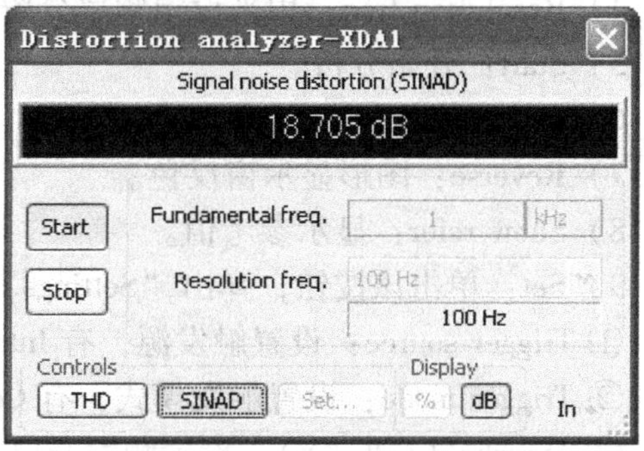

图 3-46　信噪比

3.1.13　频谱分析仪（Spectrum Analyzer）

频谱分析仪用来分析信号的频域特性，其频域分析范围的上限为4GHz。共有两个接线端，用于连接被测电路的被测端点和外部触发端。图 3-47 为频谱分析仪内部参数设置面板，左侧为图形显示窗，显示窗下侧为状态栏，显示光标指针处对应的频率和幅值。

1）Span control：用来控制频率范围。

① Set span：手动设置频率范围，频率范围由“Frequency”选项区决定。

② Zero span：设置以中心值定义的频率，频率范围由“Frequency”选项区设定的中心频率决定。

③ Full span：设置全频段为频率范围，频率范围为 1 kHz ~ 4 GHz。

2）Frequency：用来设定测试频率的范围。

① Span：设定频率范围。

② Start：设定起始频率。

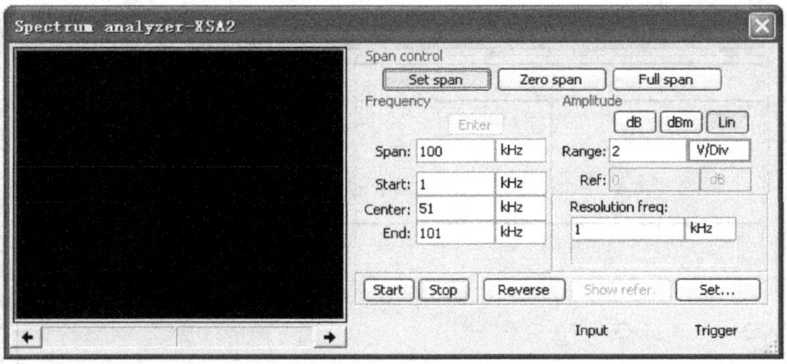

图 3-47 频谱分析仪面板

③ Center：设定中心频率。

④ End：设定终止频率。

3） Amplitude 用来设定幅值单位，有 3 种选择：dB、dBm、Lin。

Db = 10log10 V。

dBm = 20log10（V/0.775）。

Lin 为线性表示。

4） Resolution freq：用来设定频率分辨的最小谱线间隔，简称频率分辨率。

5） Start：开始分析。

6） Stop：停止分析。

7） Reverse：图形显示窗反色。

8） Show refer：显示参考值。

9） Set：单击该按钮，弹出“Settings”对话框，如图 3-48 所示。

① Trigger source：设置触发源，有 Internal（内部）和 External（外部）两种触发源。

② Trigger mode：设置触发模式，有 Continuous（连续）和 Single（单触发）两种模式。

③ Threshold volt.（V）：设置触发开启电压，大于该值触发采样。

④ FFT points：设置傅里叶计算的采样点数，默认为 1024 点。

建立如图 3-49 所示的仿真电路，函数信号发生器输出频率为 10 kHz、幅值为 10 V 的方波。频谱分析仪的设置如图 3-50 所示。

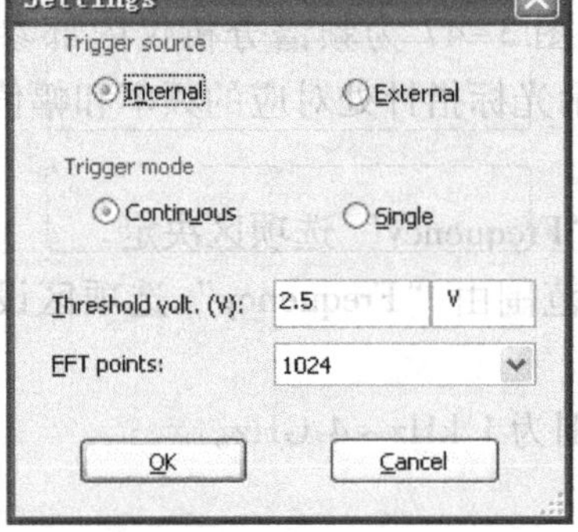

图 3-48 “Settings”对话框

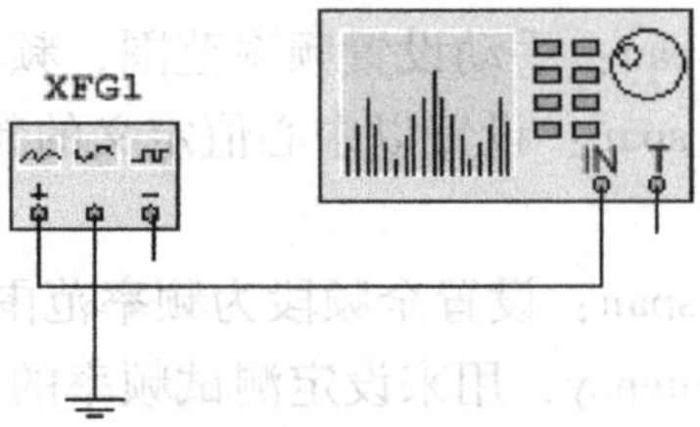

图 3-49 频谱分析仪仿真电路

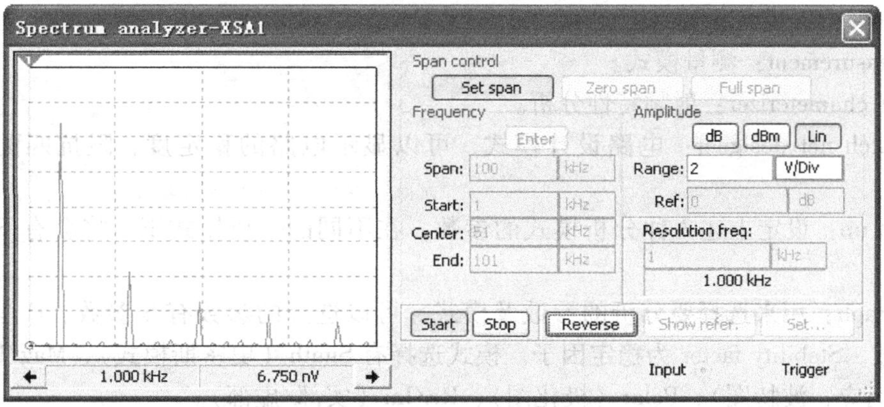

图 3-50　频谱分析仪的设置

3.1.14　网络分析仪（Network Analyzer）

网络分析仪主要用来测量双端口网络的特性，如衰减器、放大器、混频器、功率分配器等。Multisim 12.0 提供的网络分析仪可以测量电路的 S 参数、并计算出 H、Y、Z 参数。网络分析仪的图标如图 3-51 所示，共有两个接线端，用于连接被测电路的被测端点。对 RF 电路的功率增益、电压增益和输入/输出阻抗等参数进行分析。整个分析过程由网络分析仪自动完成，解决了传统方法中的复杂计算等问题。

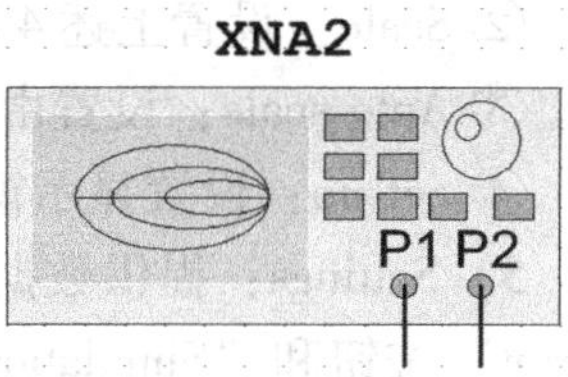

图 3-51　网络分析仪

网络分析仪的内部参数设置面板如图 3-52 所示，左侧为图形显示窗，用来显示图表、测量曲线以及标注电路信息的文字。

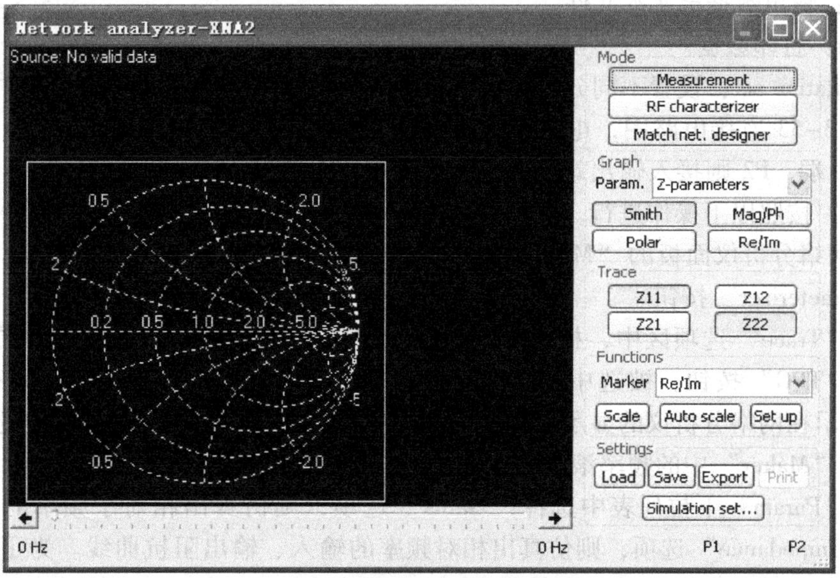

图 3-52　网络分析仪参数设置面板

1）Mode：提供分析模式。

① Measurement：测量模式。

② RF characterizer：射频特性分析。

③ Match net designer：电路设计模式，可以显示电路的稳定度、阻抗匹配、增益等数据。

④ Set up：设定上述3种分析模式的参数，在不同的分析模式下，将会有不同的参数设置。

2）Graph：用来选择要分析的参数及模式，可以选择的参数有S参数、H参数、Y参数、Z参数，Stability factor为稳定因子。模式选择有Smith（史密斯模式）、Mag/Ph（增益/相位频率响应，波特图）、Polar（极化图）、Re/Im（实部/虚部）。

3）Trace：轨迹控制，显示或隐藏单个轨迹。

4）Functions：功能选择，包括“Marker”下拉列表框、“Scale”按钮、“Auto scale”按钮和“Set up”按钮。

① Marker用来提供数据显示窗口的3种显示模式：Re/Im为直角坐标模式，Mag/Ph（Degs）为极坐标模式，dB Mag/Ph（Deg）为分贝极坐标模式。

② Scale：设置上述4种显示模式的刻度参数。

③ Auto scale：设置由程序自动调制刻度参数。

④ Set up：设置显示窗口的显示参数，如线宽、颜色等。

5）Settings：提供数据管理功能，包括“Load”按钮、“Save”按钮、“Export”按钮、“Print”按钮和“Simulation set”按钮。

① Load：读取专用格式数据文件。

② Save：存储专用格式数据文件。

③ Exp：输出数据至文本文件。

④ Print：打印数据。

⑤ Simulation set：设置不同分析模式下的参数。

按照图3-53连接电路图，电路输入端接入网络分析仪的P1端，P2则接入输出端。打开网络分析仪的设置面板，按照以下操作进行。

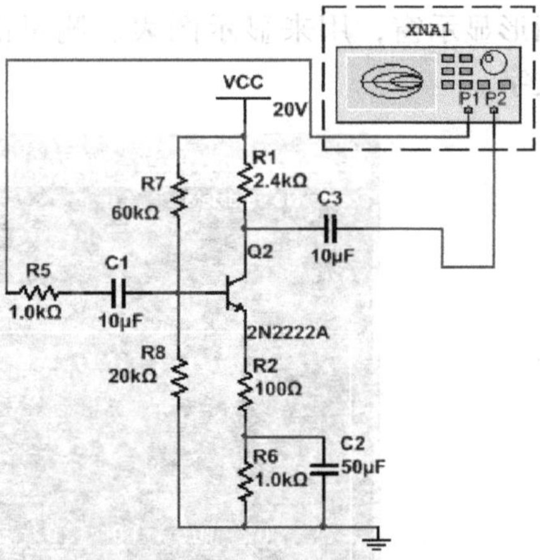

图3-53　网络分析仪测试电路图

1）在网络分析仪面板的“Mode”选项区中，单击“RF characterizer”按钮。

2）在“Trace”选项区中，根据需要单击“PG”“APG”或“TPG”按钮，被选中的变量随频率变化的曲线将显示在网络分析仪的显示窗口中，曲线上方还同时显示某频率所对应的数值，该频率可以拖动“Maker”中的频率滚动条来选取。

3）从“Param”下拉列表中选择“Gains”选项，则仿真出相对于频率的电压增益曲线。选择“Impedance”选项，则仿真出相对频率的输入、输出阻抗曲线。为了较好地观察这些曲线，每次设置完毕后，应单击“Auto scale”按钮。

4）完成上述创建RF仿真电路图及各种参数设置后，单击“Run”按钮网络分析仪开始运行，S参数史密特格式分析结果如图3-54所示，仿真电路的功率增益如图3-55所示，电压增益如图 3-56 所示，输入、输出阻抗如图 3-57 所示。

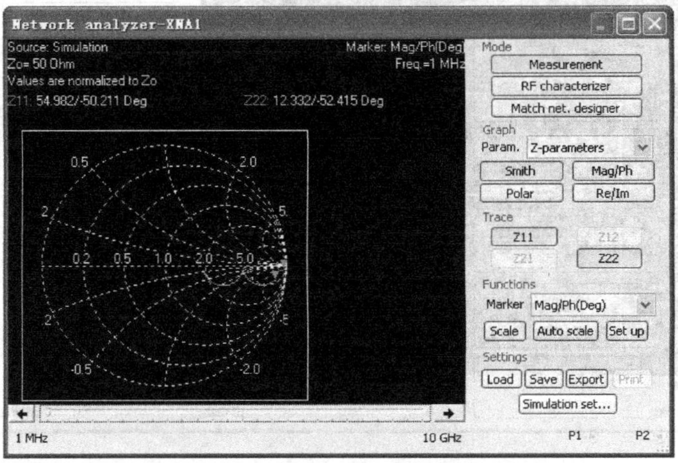

图 3-54　S 参数史密特格式分析结果

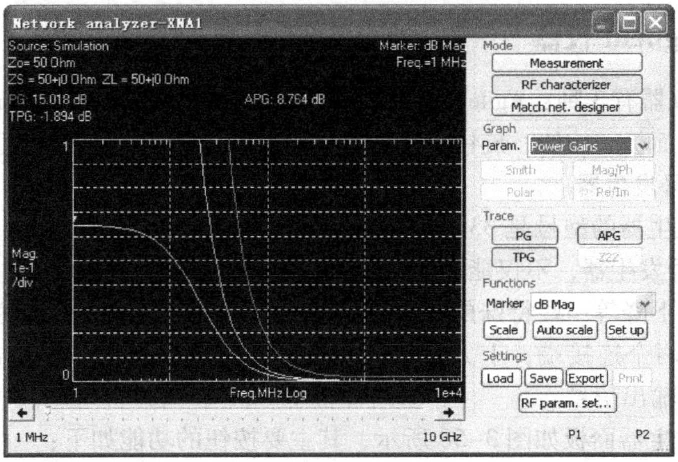

图 3-55　功率增益

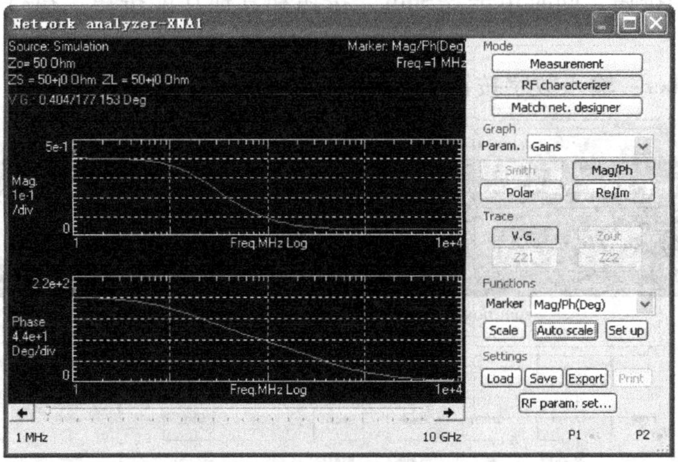

图 3-56　电压增益

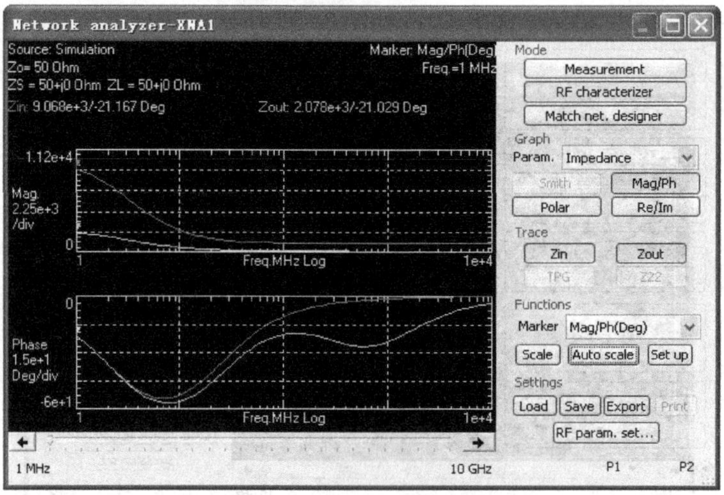

图 3-57 输入、输出阻抗

3.1.15 仿真 Agilent 仪器

仿真 Agilent 仪器有 3 种：Agilent 信号发生器、Agilent 万用表、Agilent 示波器。这 3 种仪器与真实仪器的面板、按钮、旋钮操作方式完全相同，使用起来更加真实。

1. Agilent 信号发生器

Agilent 信号发生器的型号是 33120A，其图标和面板如图 3-58 所示，这是一个高性能 15 MHz 的综合信号发生器，不仅能产生一般的正弦波、方波、三角波和锯齿波，而且还能产生按指数上升或下降等一些特殊的波形，并且还可以由 8 ~ 256 点描述的任意波形。Agilent 信号发生器有两个连接端，上方是信号输出端，下方是接地端。单击最左侧的电源按钮，即可按照要求输出信号。

Agilent 信号发生器面板如图 3-58 所示，其主要按钮的功能如下：

1）Power：电源开关按钮。单击它可以接通电源，再次单击它则切断电源。

2）Shift：换档按钮，同时单击“Shift”按钮和其他功能按钮，执行的是该功能按钮上方的功能。

3）Enter Number：输入数字按钮。

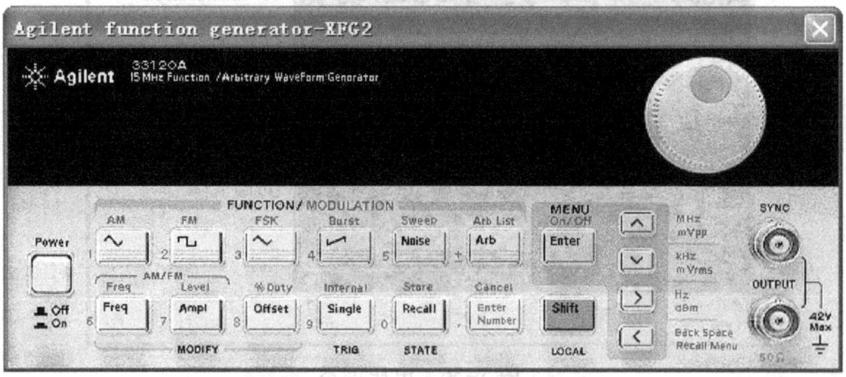

图 3-58 Agilent 信号发生器

4）输出信号类型选择按钮：FUNCTION/MODULATION 下的 6 个按钮是输出信号类型选择按钮，单击某个按钮即可选择相应的输出波形，自左向右分别为“正弦波”按钮、“方波”按钮、“三角波”按钮、“锯齿波”按钮、“噪声源”按钮和“Arb”按钮。

5）频率和幅度按钮：AM/FM 下的两个按钮分别用于 AM/FM 信号参数的调整。

6）菜单操作按钮：单击“Shift”按钮后，再单击“Enter”按钮，就可以对相应的菜单进行操作，若单击“∨”按钮则进入下一级菜单；若单击“∧”按钮则返回上一级菜单；若单击“>”按钮则在同一级菜单右移；若单击“<”按钮则在同一级菜单左移。

7）Offset：偏置设置按钮。

8）Single：触发模式选择按钮。

9）Recall：状态选择按钮。

10）输入旋钮、外同步输入和信号输出端：面板上显示屏右侧的圆形旋钮是信号源的输入旋钮，旋转输入旋钮可以改变输出信号的参数值。

Agilent 信号发生器可以产生多种不同形状的波形。

1）正弦波：单击“正弦波”按钮，选择输出的信号为正弦波。

2）方波、三角波和锯齿波：分别单击“方波”按钮、“三角波”按钮或“锯齿波”按钮，函数发生器能分别产生方波、三角波或锯齿波。

3）噪声源：单击“Noise”按钮，则 Agilent 33120A 函数发生器可以输出一个模拟的噪声。

4）直流电压：Agilent 33120A 函数发生器能产生一个直流电压，范围是 $-5 \sim 5$ V。

5）AM（调幅）和 FM（调频）信号：单击“Shift”按钮后，再单击“正弦波”按钮，可以选择输出 AM 信号（或单击“方波”按钮，可以选择输出 FM 信号）。

6）用 Agilent 33120A 产生特殊函数波形：Agilent 33120A 函数发生器能产生 5 种内置的特殊函数波形，即 Sinc 函数、负斜波函数、按指数上升的波形、按指数下降的波形及 Cardiac 函数（心律波函数）。

Sinc 函数：Sinc 函数是一种常用的 Sa 函数，其数学表达式为 $\mathrm{Sinc}(x)=\sin(x)/x$。单击“Shift”按钮，再单击“Arb”按钮，显示屏显示“SINC~”。再次单击“Arb”按钮，显示屏显示“S1N^Arb”，选择 Sinc 函数。单击“Freq”按钮，通过输入旋钮将输出波形的频率设置为 30 kHz；单击“Ampl”按钮，通过输入旋钮将输出波形的幅度设置为 5. 000 V。单击运行开关，通过示波器观察波形。单击“Shift”按钮，再单击“Arb”按钮，通过左右移按钮选择输入波形的类型，可将波形设置为 NEG_RAMP（负斜波函数）、EXP_RISE（按指数上升的波形）、EXP_FALL（按指数下降的波形）、CARDIAC 波形（心律波函数）。

2. Agilent 万用表

Agilent 万用表的型号是 34401A，其图标如图 3-59 所示，面板如图 3-60 所示，这是一个高性能 6 位半的数字万用表。Agilent 万用表有 5 个连接端，单击最左侧的电源按钮，即可使用万用表，实现对各种电类参数的测量。

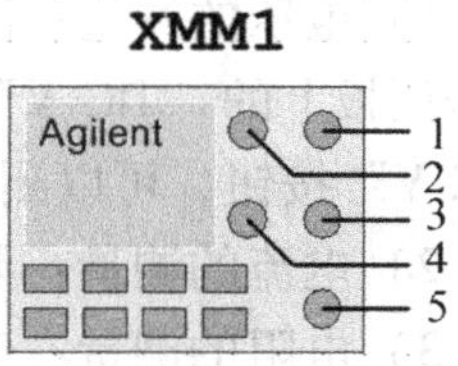

图 3-59 Agilent 万用表

Agilent 万用表有 5 个接线端，上侧的 4 个为两对测量输入端，左侧上下两个输入端（2 和 4 端口）红色为正极，黑为负极，最高电压范围为 1000 V；右侧上下两个输入端（1 和 3 端

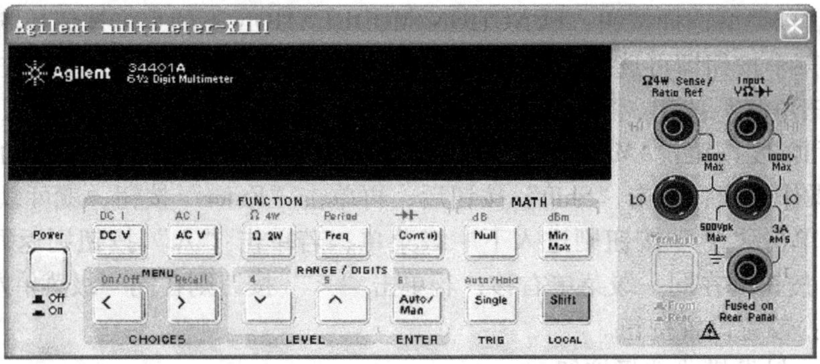

图 3-60　Agilent 万用表面板

口）最高电压范围为 200 V；最下面的一个端子（5 端口）为电流测试输入端。

（1）功能选择（FUNCTION）

1）DC V：测量直流电压/电流。

2）AC V：测量交流电压/电流。

3）Ω 2W：测量电阻。

4）Freq：测量信号的频率或周期。

5）Cont（b）：连续模式下测量电阻的阻值，也可测量二极管的正负极。

（2）数学运算（MATH）

1）Null：表示相对的测量方式，将相邻的两次测量值的差值显示出来。

2）Min Max：已经存储的测量值中最大值和最小值。

（3）菜单（MENU）

“<”和“>”可以进行不同菜单的切换。在 Agilent 万用表 34401A 中，有 4 种工作菜单，包括测量菜单（MEAS MENU）、数学菜单（MATH MENUS）、触发菜单（TRIG MENU）、系统菜单（SYS MENU）。

（4）量程选择（RANGE/DIGITS）

“∧”和“∨”：调整万用表的量程。

Auto/Man：自动测量和人工测量的转换，人工测量需要手动设置。

（5）触发模式（Auto/Hold）

单触发模式（Single）：万用表默认的触发模式为自动触发模式，单击“Single”按钮，可以设置为单触发状态。

（6）Shift

Shift 为功能切换键，用于打开不同的菜单及在不同的状态模式之间的切换。

Agilent 万用表部分操作如下：

1）电压的测量：测电压时，安捷伦数字万用表的 2、4 端应与被测试电路的端点并联；单击面板上的“DC V”按钮，可以测量直流电压，在显示屏上显示的单位为 VDC；单击“AC V”按钮，可以测量交流电压，在显示屏上显示的单位为 VAC。

2）电流的测量：测电流时，应将图标中的 5、3 端串联到被测试的支路中。

3）电阻的测量：安捷伦数字万用表提供二线测量法和四线测量法两种方法测量电阻。

4）二极管极性的判断：测量时，将安捷伦数字万用表的 1 端和 3 端分别接在二极管的两端，先单击面板上的“Shift”按钮，显示屏上显示“Shift”后，再单击“Cont（b）”按钮，即可测试二极管的极性。

3. Agilent 示波器

Agilent 示波器的型号是 54622D，图标如图 3-61 所示，面板如图 3-62 所示，这是一个 2 模拟通道、16 个逻辑通道、100 MHz 的宽带示波器。Agilent 示波器下方的 18 个连接端是信号输入端，右侧是外接触发信号端、接地端。单击电源按钮，即可使用示波器实现各种波形的测量。

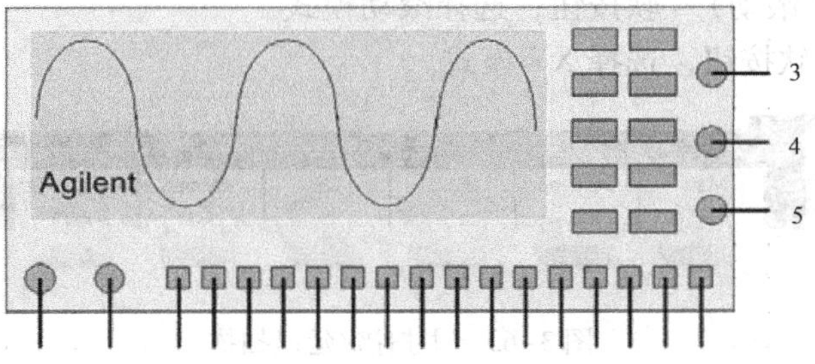

图 3-61　Agilent 示波器

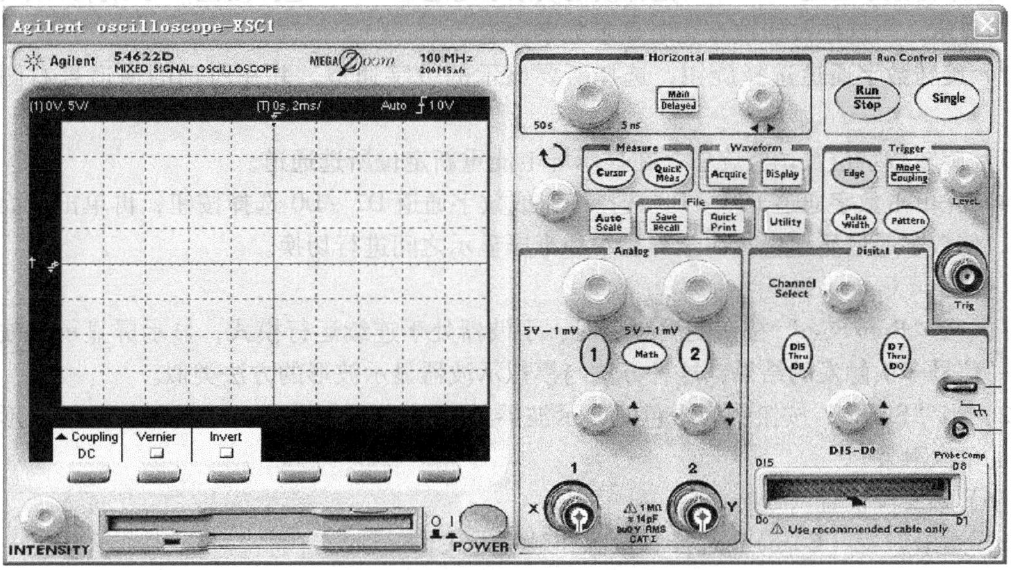

图 3-62　Agilent 示波器操作面板

Agilent 示波器有 21 个接线端，端口 1 和 2 为模拟信号输入端，端口 D0 ~ D15 为数字信号输入端口，端口 3 为触发源，端口 4 为数字地，端口 5 为探针。示波器的具体操作如下。

（1）模拟通道的垂直校正（Analog）

“Analog”选项区是模拟通道垂直调整区。单击模拟通道 1 选择按钮，选择模拟通道 1，模拟通道 1 按钮变为绿色。

波形位置调整旋钮位于“Analog”选项区中间位置，用来垂直移动信号。

通过幅度衰减旋钮可以改变垂直灵敏度，两个幅度衰减旋钮位于“Analog”选项区上部。

（2）时基调整区（Horizontal）

1）时间衰减旋钮旋转调整的时间单位为 s/Div，调整中以 1－2－5 的步进序列在 5 ns/Div 范围内变化，选择适当的扫描速度，使测试波形能完善、清晰地显示在显示屏上。

2）水平位置旋钮：用于水平移动信号波形。

3）单击主扫描/延迟扫描测试（Main/Delayed）功能按钮，在显示区显示如图 3-63 所示的图形，再单击“Main（主扫描）”软按钮，可以在显示屏上观察被测波形。

4）单击“Delayed（延迟）”软按钮，在显示屏上观察测试波形的延迟显示。

5）单击“Roll（滚动）”软按钮，选择滚动模式。

6）单击“XY”软按钮，选择 XY 模式。

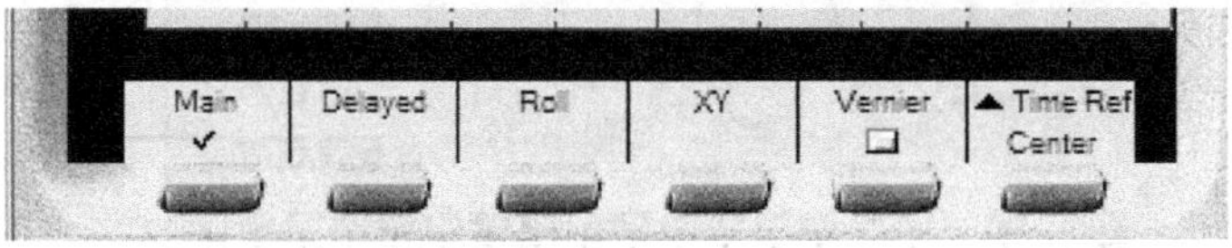

图 3-63　主扫描/延迟扫描

（3）数字通道调整区（Digital）

1）单击数字通道 D15～D8 选择按钮或数字通道 D7～D0 选择按钮，可以打开或关闭数字通道显示，当这些按钮被点亮时显示数字通道。

2）旋转数字通道选择旋钮，选择所要显示的数字通道，并在所选的通道号右侧显示“>”。

3）旋转数字位置调整旋钮，在显示屏上能重新定位所选通道。

4）先单击数字通道 D15～D8 选择按钮或数字通道 D7～D0 选择按钮，再单击下面的软按钮，使数字通道显示格式在全屏显示和半屏显示之间进行切换。

（4）Run Control

1）当“Run/Stop”按钮变为绿色时，示波器处于连续运行模式，显示屏显示的波形是对同一信号多次触发的结果，这种方法与模拟示波器显示波形的方法类似。

2）当“Single”按钮变为绿色时，示波器处于单次运行模式，显示屏显示的波形是对信号的单次触发。

（5）触发源设置（Trigger）

1）边沿触发（Edge）：选择触发源和触发方式。

2）脉冲宽度触发（Pulse Width）：选择脉冲宽度触发并显示脉冲宽度触发菜单。

3）码型触发（Pattern）：码型是各通道数字逻辑组合的序列。

4）选择模式（Mode/Coupling）：单击“Mode/Coupling”按钮，显示屏的下部出现 Mode、Hold off 软按钮。Mode 包括以下 3 种模式。

1）Normal 模式显示符合触发条件时的波形，否则示波器既不触发扫描，显示屏也不更新。

2）Auto 模式自动进行扫描信号，即使没有输入信号或输入信号没有触发同步时，仍可以显示扫描基线。

3）Auto Level 模式适用于边沿触发或外部触发。

（6）测量控制区（Measure）

Cursor：单击“Cursor”按钮，在显示屏下面将出现图3-64所示的选择菜单，通过改变菜单中的参数，可以选择测量源和设置测量轴的刻度。

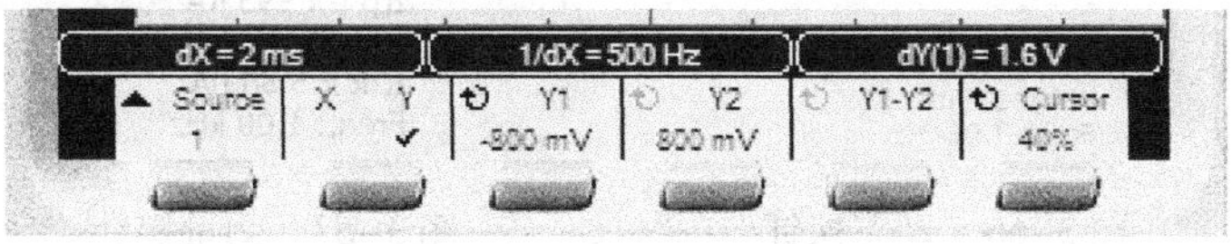

图3-64 “Cursor”菜单

单击“Quick meas”按钮，在显示屏下方将出现“Quick meas”菜单，通过改变菜单中的参数可以设置相关测量参数。

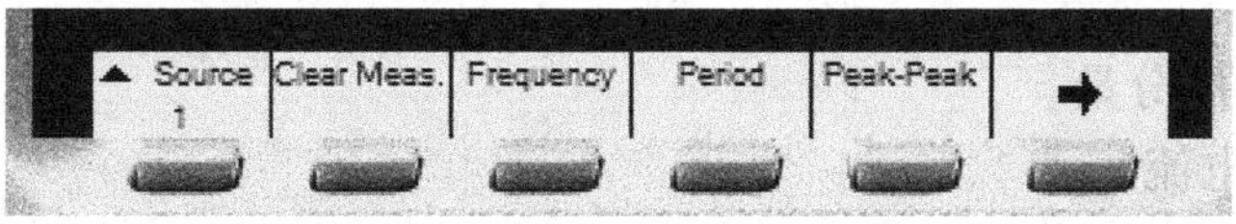

图3-65 “Quick mear”菜单

1）单击“Source”软按钮，可从模拟通道1、模拟通道2或“Math”菜单中选择测量源。

2）单击“Clear Meas”软按钮，停止测量。从软按钮上方显示行中擦除测量结果。

3）分别单击“Frequency”“Period”“Peak - Peak”等软按钮，可以测量波形的频率、周期、峰-峰值等性能指标，并显示在软按钮上方显示行中。

4）单击最右边的向右箭头，弹出新的选项设置，分别是测量正脉冲宽度和负脉冲宽度。

5）打印显示（Quick Print）：单击“Quick Print（快速打印）”按钮，可以把包括状态行和软按钮在内的显示内容通过打印机打印。

6）网格的亮度（Display）：单击“Display”按钮，然后旋转输入旋钮可以改变显示的网格亮度。

7）调节波形显示亮度：可以通过面板左下角的INTENSITY旋钮进行波形显示亮度的调节。

3.1.16 测量探针

测量探针是一种实时快速测量参数的虚拟仪器，为静态探针和动态探针两种使用方法。

动态探针是指在电路仿真的过程中，在仪表栏选择“Measurement Probe”，将探针放置在电路中导线的任意一点，黄色窗口可以立即显示此处电路的电压值，如图3-66所示。动态探针的属性可以执行“Simulate”→“dynamic probe properties”命令进行设置。

静态探针是指将探针拖至任意导线上，并将探针放置在导线上，探针下侧会弹出黄色的小窗口，可以读出探测值，如图3-67所示。测量探针的测量结果根据电路理论计算得出，不对电路产生任何影响。测量探针的测量参数如下：

V：支路上此点对地的瞬时电压。

V(p - p)：电压的峰-峰值。

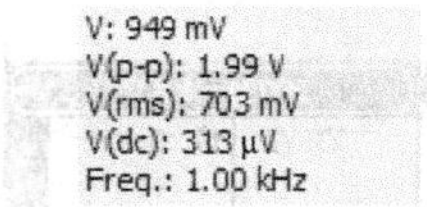

图 3-66　动态探针

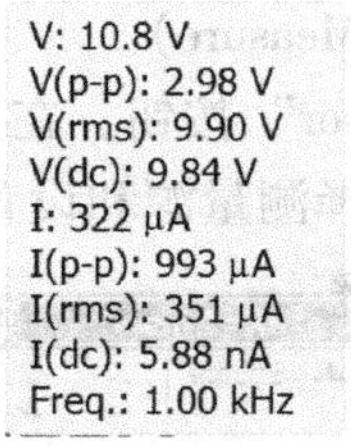

图 3-67　测量探针

V(rms)：包含了直流分量的电压有效值。

$$V_{\text{rms}} = \sqrt{V_{\text{dc}}^2 + \frac{V_{\text{p-p}}^2}{2}}$$

V(dc)：直流电压分量。

I：支路的瞬时电流。

I(p－p)：电流的峰－峰值。

I(rms)：有效电流。

I(dc)：电流的直流分量。

Freq：电路中电信号的频率。

双击探针可以对探针属性参数进行修改，选择“Display”选项卡，可以用来设置背景、文本颜色以及信息显示框的大小，如图 3-68 所示。选中“Auto－Resize”复选框，自动将信息框的大小调整到适合显示所有内容的大小。在“Parameters”选项卡中，通过修改 Show 下面的属性，可以选择在探针显示的参数，如图 3-69 所示。

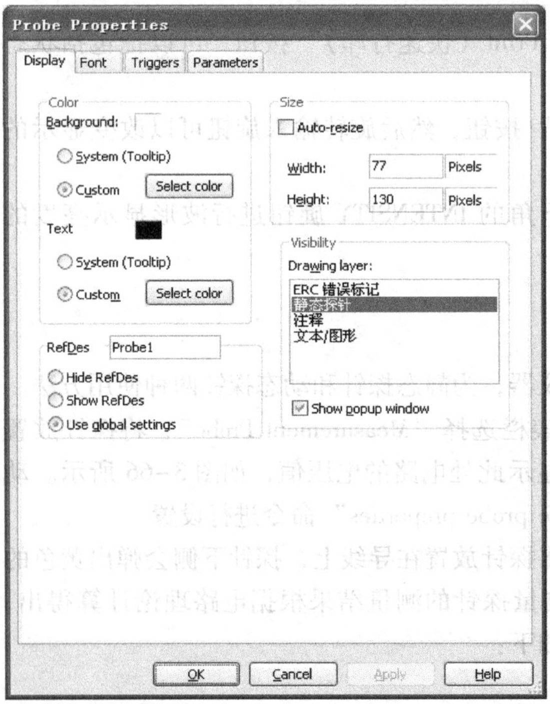

图 3-68　“Display”选项卡

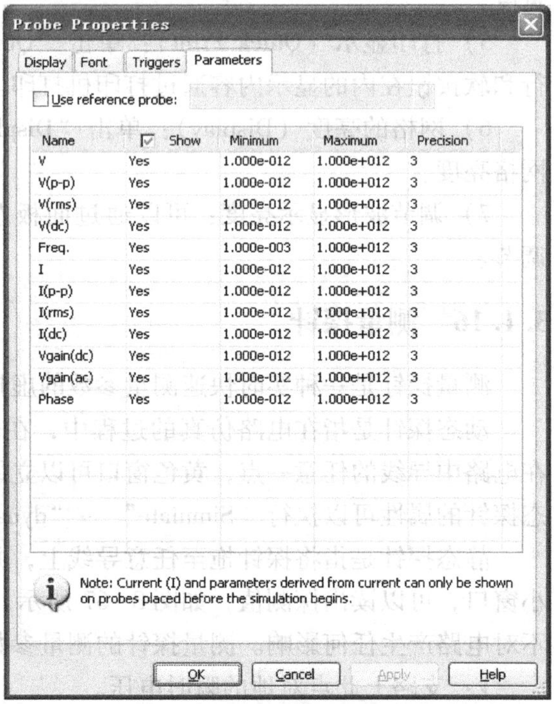

图 3-69　“Parameters”选项卡

电路可加入多个测量探针，如图 3–70 所示（这里该探针测量显示图覆盖了图中部分元器件及参数标识）。需要注意的是，测量探针在电路运行的过程中加入时不能显示电流，这是因为为了测量电流，必须修改 SPICE 列表，而只有当重新开始仿真的时间才会修改。

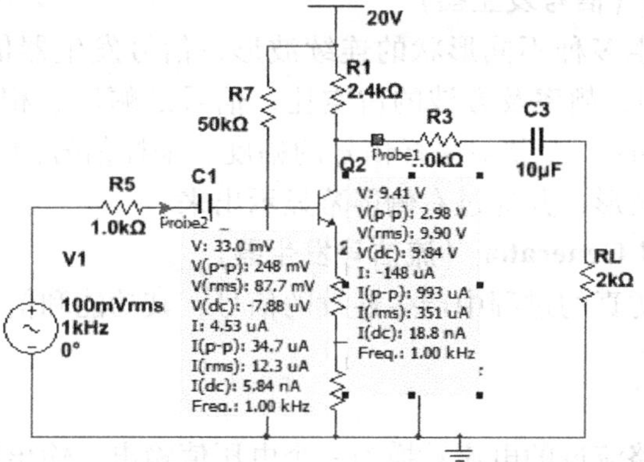

图 3–70　测量探针测试电路图

3. 1. 17　LabVIEW 仪器

LabVIEW 技术是一种图形化的编程语言和开发环境，使用这种语言编程可以绘制虚拟仪器流程图，可以利用 Multisim 12. 0 中的虚拟采样仪器，也可以设计和自造虚拟仪器。

Multisim 12 中有 7 种虚拟采样仪器，分别是 BJT Analyzer（晶体管特性分析仪）、Impedance Meter（阻抗计）、Microphone（麦克风）、Speaker（播放器）、Sgnal Anatyzer（信号分析仪）、Sgnal Generator（信号发生器）、Streaming Signal Generator（流信号发生器）。

1. 晶体管分析仪（BJT Analyzer）

晶体管分析仪用于分析晶体管输出电压 U_{CE}和输入电流 I_B之间的关系曲线图。

1）V_CE Sweep 表示晶体管发射极和集电极之间电压的变化范围，“Increment”文本框用来设置电压增量步长。

2）I_B Sweep 表示晶体管基极电流的变化范围，“Increment”文本框用来设置电流增量步长。

2. 阻抗计（Impedance Meter）

阻抗计可以测量一个无源电路的等效阻抗，包括电路中的纯电阻大小、感抗大小及容抗大小。

3. 传声器（Microphone）

传声器用来记录声音信号，记录的声音信号数据可以作为信号源来用。注：实际使用时，传声器通过计算机的声卡输入声音信号，计算机声卡的型号能被虚拟仪器传声器识别。设置完成后即可通过计算机的声卡进行录音。录音完成后，单击仿真开关按钮开始仿真，此时传声器会把刚才录制的音频信号作为电压信号输出，为其他设备提供信号源。

4. 扬声器（Speaker）

当扬声器和信号源连接时，可以发出声音。扬声器也可同传声器直接相连（扬声器的采样频率和传声器的采样频率应一致）。打开扬声器设置对话框，单击“Play Sound”按钮后，扬声器开始播放刚才存储的声音信号。

5. Signal Analyzer（信号分析仪）

信号分析仪可以分析信号的时域波形、信号的自动功率谱和信号的平均值。对分析的波形还可以进行区域放大、缩小和拉伸等处理。

6. Signal Generator（信号发生器）

信号发生器可以产生多种不同形状的连续波形，信号发生器信号信息栏（Signal Information）主要对信号类型、频率及方波的占空比、信号的幅度、相位及偏移量等进行设置。采样信息栏（Sampling Info）主要对采样信号的幅度、采样信号的数量等进行设置，并且还可以选择反复重现分析波形，并通过右侧屏幕显示出来。

7. Streaming Signal Generator（流信号发生器）

流信号发生器是在仿真的过程中产生连续的信号，其功能和信号发生器类似。

3.1.18 电流探头

电流探头可以将电路流过的电流转换为一个电压值输出，输出端可以和示波器相连，示波器上显示的波形与电流的波形等比例。电流和电压之间的比率设置如图 3-71 所示。具体使用步骤如下：

1）在仪器工具栏中选择电流探针，并将电流探针放置在目标位置（注意，不能放置在节点上）。

2）放置示波器在工作区中，并将电流探针的输出端口连接至示波器。

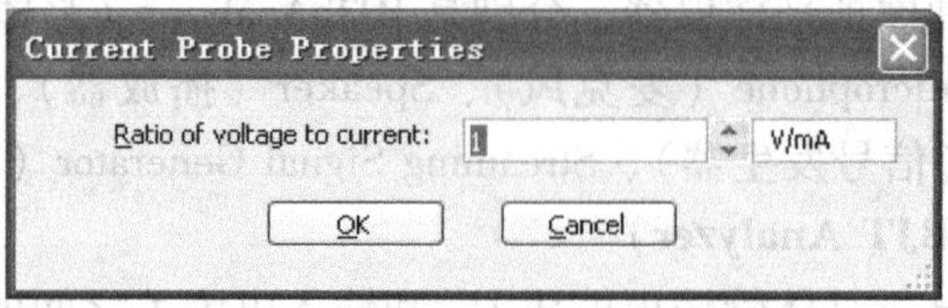

图 3-71　电流和电压之间的比率

3.2　Multisim 12.0 虚拟仪器应用案例

LabVIEW（Laboratory Virtual Instrument Engineering Workbench）是由美国 NI 公司开发的一款功能十分强大的应用软件，用户可以在该软件环境下根据需要编程实现各种功能的仪器仪表。由 LabVIEW 开发的程序称为 VI（Virtual Instrument，虚拟仪器）。Multisim 12.0 中提供了 7 种由 LabVIEW 开发的虚拟仪器。

在 Multisim 12.0 环境下执行“View”→“Toolbars”→“LabVIEW Instruments”命令，或者用鼠标单击仪器仪表区的按钮，可以在 Multisim 12.0 工作界面上显示/隐藏 7 种虚拟仪器，如图 3-72 所示。从上至下依次是“BJT Analyzer”（晶体管分析仪）“Impedance Meter”（阻抗计）“Microphone”（传声器）“Speaker”（扬声器）“Signal Analyzer”（信号分析仪）“Signal Generator”（信号发生器）“Streaming Signal Generator”（流信号发生器）。

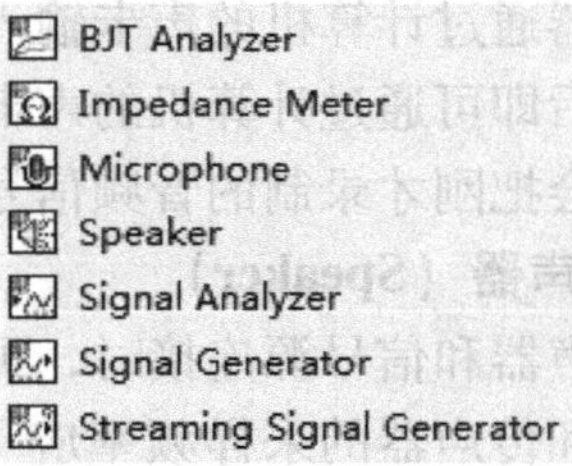

图 3-72　Multisim 提供的 7 种虚拟仪器

3.2.1 实例一：晶体管分析仪和阻抗计的使用

1. 晶体管分析仪

用鼠标单击按钮，在工作区放置 1 个晶体管分析仪图标，如图 3-73a 所示。在晶体管分析仪图标上双击鼠标可以打开其设置窗口，如图 3-73b 所示。

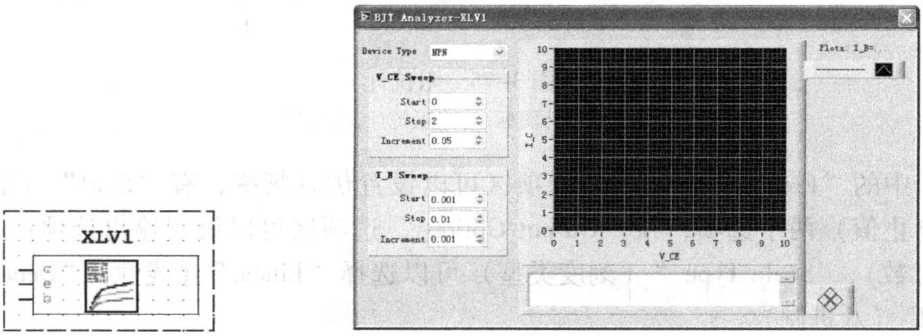

a)　　　　b)

图 3-73　晶体管分析仪

a）晶体管分析仪图标　b）晶体管分析仪设置窗口

在设置窗口中的“Device Type”选项区可以选择器件类型：“NPN”“PNP”；在“V_CE Sweep”选项区可以设置集电极与发射极之间的仿真电压，单位为 V，有“Start（起始值）”“Stop（终止值）”和“Increment（间隔）”3 个选项；在“I_B Sweep”选项区可以设置基极仿真电流，单位为 mA，有“Start（起始值）”“Stop（终止值）”和“Increment（间隔）”3 个选项；右侧区域为晶体管特性曲线显示区域。用户也可以根据需要设置曲线的类型、颜色、粗细等。

例如，把晶体管 2N1711 接入晶体管分析仪，基极接 b，集电极接 c，发射极接 e，设置好晶体管分析仪参数，打开仿真开关，可以观察晶体管分析仪显示晶体管伏安特性曲线，如图 3-74 所示。

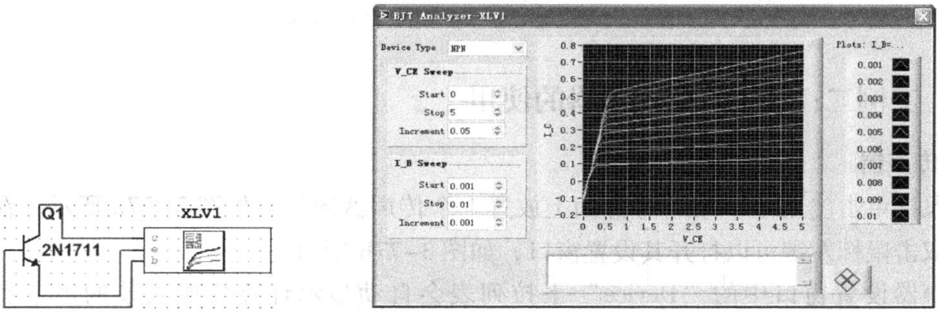

图 3-74　晶体管 2N1711 的伏安特性曲线

2. 阻抗计

用鼠标单击按钮，在工作区放置 1 个阻抗计图标，如图 3-75a 所示。在阻抗计图标上双击鼠标可以打开其设置窗口，如图 3-75b 所示。

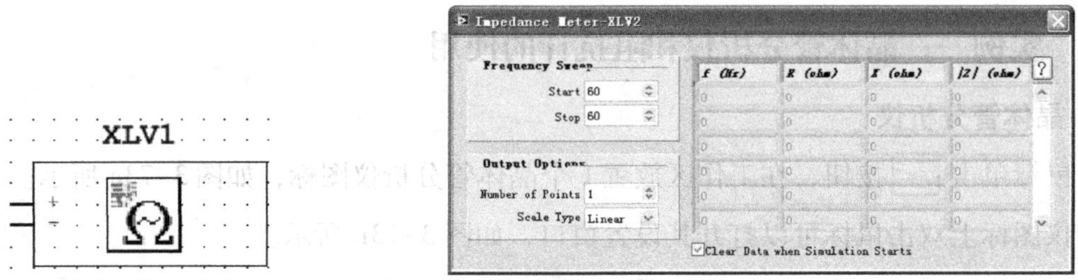

a)　　　　　　　　　　b)

图 3-75　阻抗计

a）阻抗计图标　b）阻抗计设置窗口

在窗口中的“Frequency Sweep”选项区可以设置仿真频率，有“Start”（起始值）和“Stop”（终止值）两个选项；在“Output Options”选项区可以设置输出选项：“Number of Points”（点数），“Scale Type“（刻度类型）可以选择“Linear”（线性）“Decade”（十进制）“Octal”（八进制）。

在工作区放置两个电阻、1 个电感和 1 个电容，连线完毕，把相应端口与阻抗计连接，如图 3-76a 所示。阻抗计参数设置好，打开仿真开关，阻抗计仿真结果如图 3-76b 所示。可见，在 50 ~ 100 Hz 范围内，阻抗计测了 5 个阻抗值，每个频率对应的阻抗实部、虚部及阻抗的模都显示出来了。

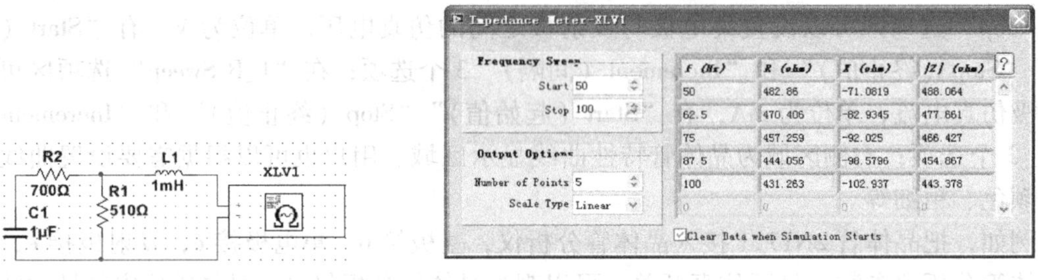

a)　　　　　　　　　　b)

图 3-76　阻抗计的使用

a）待测阻抗电路　b）阻抗计仿真结果

3.2.2　实例二：传声器和扬声器的使用

1. 传声器

用鼠标单击按钮，在工作界面上放置 1 个传声器图标，如图 3-77a 所示。在麦克风图标上双击鼠标左键可以打开其设置窗口，如图 3-77b 所示。

传声器设置窗口中的“Device”下拉列表会自动显示计算机所安装的声卡类型；在“Recording Duration”文本框中可以输入录制时间；在“Sample Rate”下拉列表中可以选择采样频率；选中“Repeat Recorded Sound”复选框可以重复录音。参数设置完毕，单击“Record Sound”按钮，即可通过计算机的声卡录音。录音完成后，打开仿真开关，可以把刚才录制好的声音信号作为电压信号输出，为其他设备提供信号源。

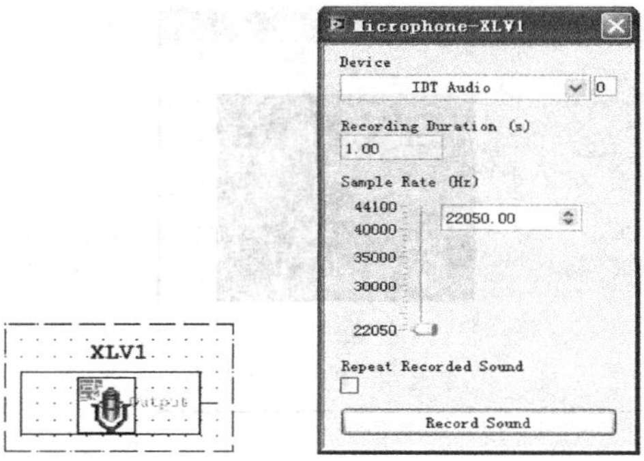

a) b)

图 3-77　传声器

a）传声器图标　b）传声器设置窗口

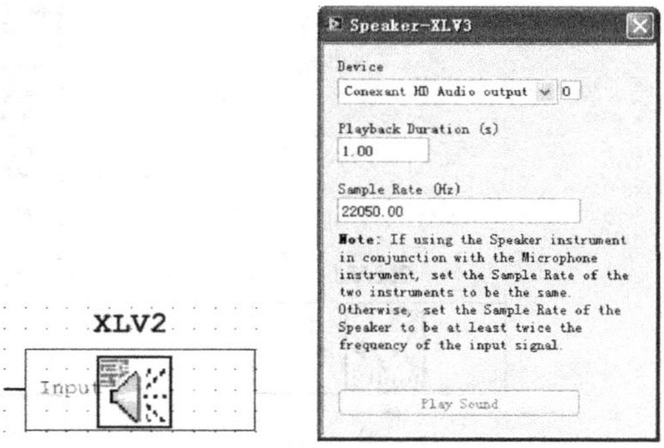

a) b)

图 3-78　扬声器

a）扬声器图标　b）扬声器设置窗口

2. 扬声器

用鼠标单击按钮，在工作区放置 1 个扬声器图标，如图 3-78a 所示。在扬声器图标上双击鼠标可打开其设置窗口，如图 3-78b 所示。在扬声器设置窗口的“Device”下拉列表中会自动显示计算机所安装的声卡类型；在“Playback Duration”文本框中可以输入回放时间；在“Sample Rate”中选择采样频率；“Note:”中提示若把虚拟扬声器与虚拟传声器连接，则应把两个仪器的采样频率设置一致，同时采样频率至少为被采样信号频率的 2 倍。

把虚拟传声器与虚拟扬声器直接相连，如图 3-79 所示。可以用虚拟扬声器播放虚拟传声器采集的声音信号。先用扬声器录制一段声音信号，再打开仿真开关，仿真过程中扬声器存储传声器输入的声音数据，直至达到预设的仿真时间停止。关闭仿真开关后，单击扬声器设置窗口中的“Play Sound”按钮即可回放刚才通过传声器录制的声音。

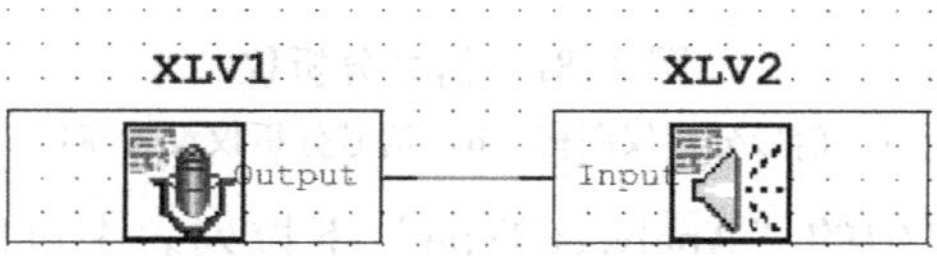

图 3-79　用虚拟扬声器播放虚拟传声器采集的声音信号

3.2.3　实例三：信号发生器和信号分析仪的使用

1. 信号发生器

用鼠标单击按钮，在工作区放置 1 个虚拟信号发生器图标，如图 3-80a 所示。在信号发生器图标上双击鼠标可以打开其设置窗口，如图 3-80b 所示。

在信号发生器设置窗口中的“Signal Information”选项区可以设置信号信息：在“signal type”中可以选择波形类型，如正弦波、锯齿波、三角波、方波；在“frequency”中可以设置信号频率，在“square wave duty cycle”中可以设置方波占空比；在“amplitude”中设置信号幅值；在“phase”中设置波形相位；在“offset”中设置偏离横轴的值。在“Sampling Info”选项区可以设置波形采样信息：在“Sampling Rate”中设置采样频率，应注意采样频率至少为信号频率的 2 倍，否则会出现失真现象；在“Number of Samples”中设置采样点

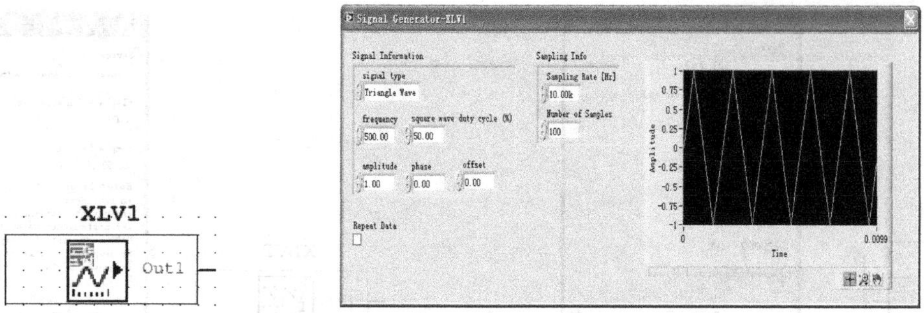

a) b)

图 3-80 信号发生器

a）信号发生器图标 b）信号发生器设置窗口

数。若采样频率为 10 kHz，信号频率为 500 Hz，则一个周期信号波形由 10 000/500 = 20 个采样点构成。若采样点数设为 100，则可在波形显示区显示 5 个周期的波形，如图 3-80b 所示。

2. 信号分析仪

用鼠标单击按钮，在工作区放置 1 个虚拟信号分析仪图标，如图 3-81a 所示。在信号分析仪图标上双击鼠标可以打开其设置窗口，如图 3-81b 所示。

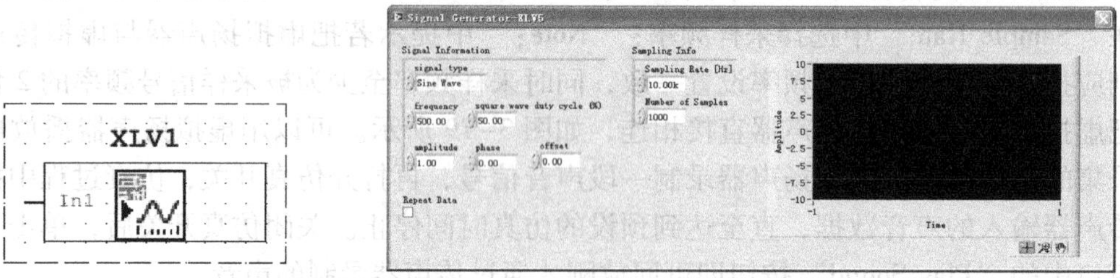

a) b)

图 3-81 信号分析仪

a）信号分析仪图标 b）信号分析仪设置窗口

在信号分析仪设置窗口中的“Analysis Type”下拉列表中可以设置分析类型：“time domain signal”（时域分析）“auto power spectrum”（自功率谱分析）“running average”（均值分析）；在“Sampling Rate”文本框中可以设置采样频率，应注意采样频率至少为信号频率的 2 倍，否则会出现失真现象；在“Interpolation Method”文本框中可以设置插值分析方法：“Coerce”（强迫）“Linear”（线性）“Spline”（最小二乘法）；在“Processed Signal”选项区显示分析信号的波形。

若把信号发生器与信号分析仪直接相连，则可以直接用信号分析仪分析信号发生器输出的信号，如图 3-82 所示。信号发生器设置如图 3-80b 所示，开始电路仿真，观察到的信号分析仪仿真结果如图 3-83 所示。由图 3-83 可知，信号发生器产生的信号只有 0 ~ 0.01（s）的 5 个周期波形，0.01（s）后的信号为 0。

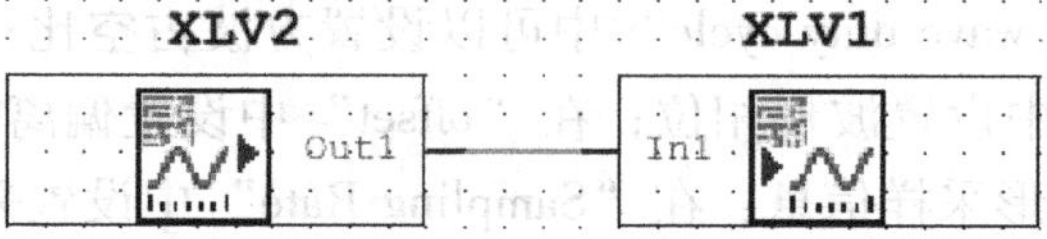

图 3-82 用信号分析仪分析信号

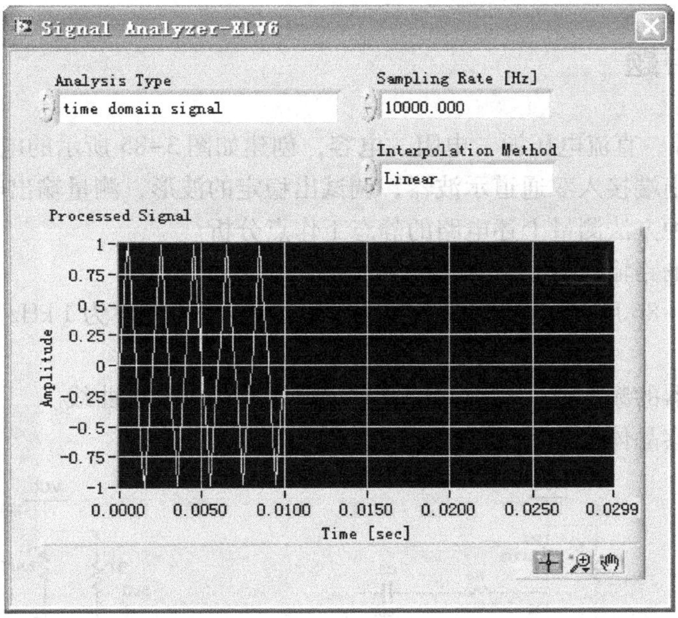

图 3-83　信号分析仪仿真结果

3. 流信号发生器

用鼠标单击按钮，在工作区放置 1 个流信号发生器图标，在流信号发生器图标上双击鼠标可以打开其设置窗口，如图 3-84 所示。可见，“流信号发生器”与“信号发生器”设置窗口类似，只是少了一项“采样点数”设置。

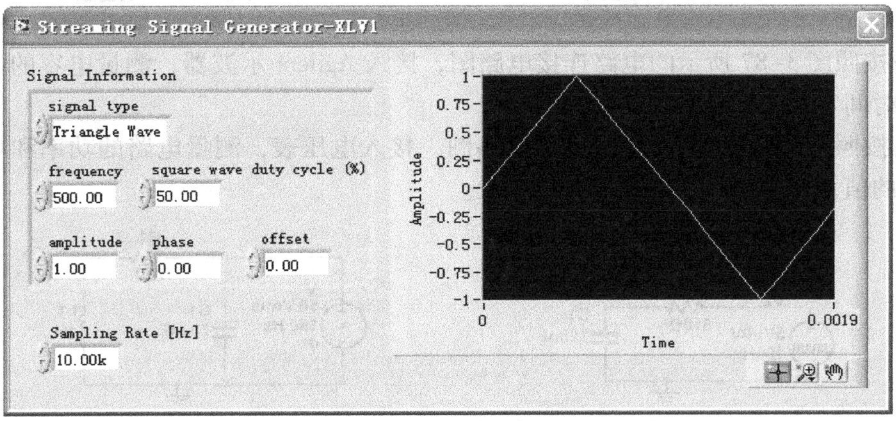

图 3-84　流信号发生器设置窗口

由以上实例可以看出，Multisim 12.0 中的虚拟仪器可以实现自动测量、自动记录、自动数据处理，与传统仪器相比具有很大的优越性，有效地提高了电路设计与实验的效率和水平。

3.3 思考与习题

1. 选择信号源、直流电压源、电阻、电容，创建如图 3-85 所示的电路。

1）电路的输出端接入双通道示波器，调试出稳定的波形，测量输出电压。

2）请设计 3 种方法测量上述电路的静态工作点分析。

3）测量放大电路输入电阻 Ri。

2. 创建如图 3-86 所示的电路，用函数信号发生器输出频率为 1 kHz、幅值为 5 mv 的正弦信号。

1）测量放大器的频率特性：用波特仪显示幅频和相频特性曲线。

2）用探针观察晶体管 3 个电极的瞬时电压电流。

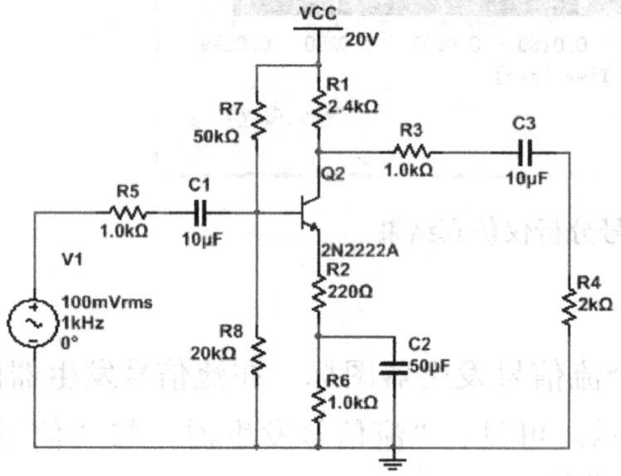

图 3-85　习题图 1

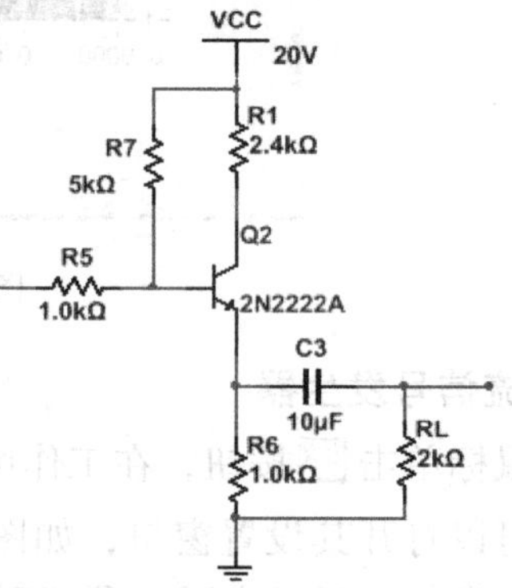

图 3-86　习题图 2

3. 请按照图 3-87 所示的电路连接电路图，接入 Agilent 示波器，测量电容的电压波形，并测量出时间常数 τ。

4. 请按照图 3-88 所示的电路连接电路图，接入电压表，测量电路的功率和功率因数。改变电容的值，使电路的功率因数达到最大。

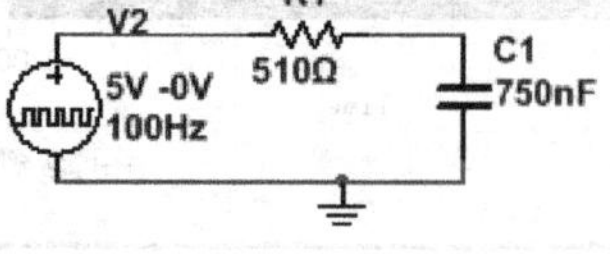

图 3-87　习题图 3

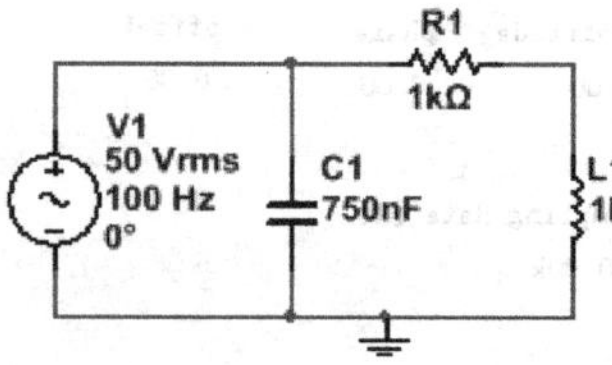

图 3-88　习题图 4

第 4 章　Multisim 12.0 在电路分析中的应用和仿真

电路分析是电路理论研究的核心问题之一，其主要任务是根据已知电路的结构和元件参数，求解电路的特性。根据前几章的介绍，Multisim 12.0 提供了丰富的虚拟仪表以及多种分析方法，在进行电路分析时，合理利用上述资源，用户能够方便快捷地进行电路设计、仿真及分析。

本章从电路分析方法入手，结合常用电路定理，分别实现了动态电路、谐振电路、正弦电路、电路网络函数、二端口网络以及含耦合电感电路的分析与仿真，并且给出了典型案例的仿真方法。

4.1　电路分析方法的仿真

在电路分析中，为了求解出已知电路的某个节点电压或某条支路的电流，通常采用的方法有支路电流法、网孔电流法、回路电流法、节点电压法等。当电路结构较为复杂时，无论采用哪种方法进行电路求解，通常都是比较困难的。应用 Multisim 12.0 的直流/交流工作点分析功能，可以方便地解决这一问题。

在 Multisim 12.0 环境中建立如图 4-1 所示的电路。为了方便区分节点，在此建议用户打开网络名称显示功能，具体方法如下：依次执行“Options”→“Sheet Properties”命令，选择“Sheet visibility”选项卡“Net names”中的“Show all”，此时系统会自动为当前电路分配并显示网络编号。

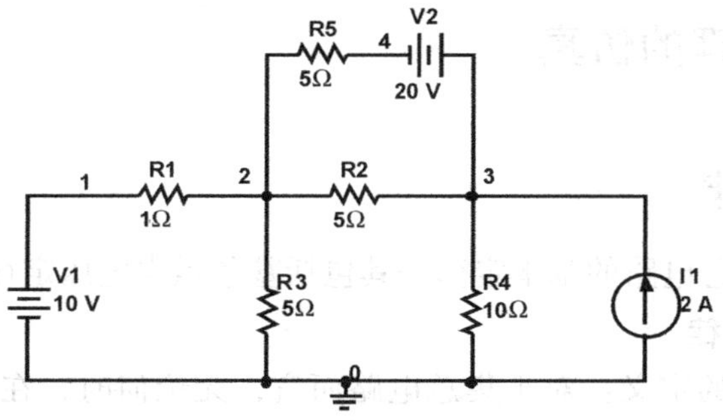

图 4-1　电路分析方法仿真

若希望得到某个节点电压或某个回路电流，只需在对应节点或回路中添加电压表或电流表即可。当电路复杂、未知参数较多时，可以采用 Multisim 12.0 提供的直流/交流工作点分析功能来完成电路求解。其方法如下：

依次执行“Simulate”→“Analyses”→“DC Operating Point Analysis”命令，在弹出的对话框中单击“Output”选项卡，在“Variables in circuit”下拉列表中选择“All variables”，此

时可将希望求得的电流、电压、功率通过“Add”按钮添加至右侧的输出列表中，然后单击“Simulate”按钮进行仿真，仿真结果包含了任意节点和回路的电流、电压值，如图4-2所示。

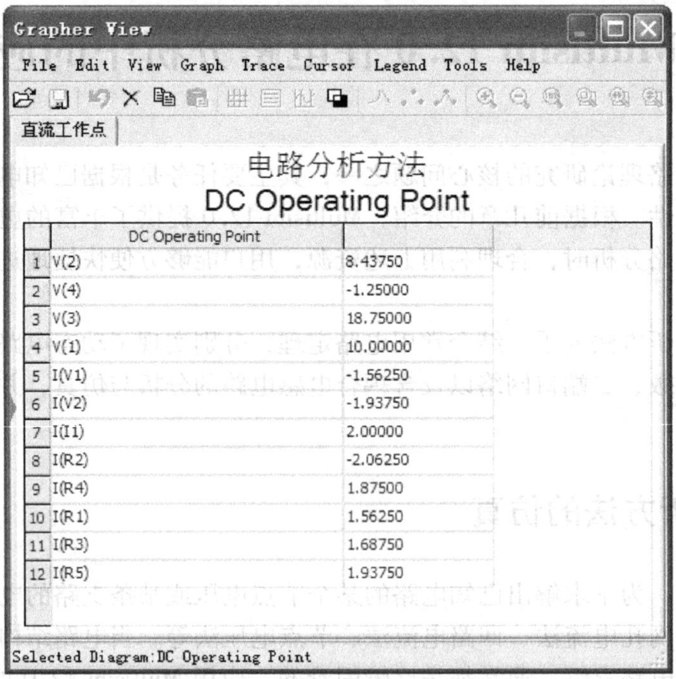

	DC Operating Point	
1	V(2)	8.43750
2	V(4)	-1.25000
3	V(3)	18.75000
4	V(1)	10.00000
5	I(V1)	-1.56250
6	I(V2)	-1.93750
7	I(I1)	2.00000
8	I(R2)	-2.06250
9	I(R4)	1.87500
10	I(R1)	1.56250
11	I(R3)	1.68750
12	I(R5)	1.93750

图4-2　直流工作点分析仿真结果

从以上的分析中不难看出，Multisim 12.0 提供了两种电路分析方法，即仪表测量法和直流/交流工作点分析法，两种方法得到的最终结果是等同的，而后者在进行复杂电路分析中更具优势。

4.2　常用电路定理的仿真

4.2.1　基尔霍夫定律

基尔霍夫定律是集总电路的基本定律，其包括基尔霍夫电压定律和基尔霍夫电流定律。

1. 基尔霍夫电压定律

基尔霍夫电压定律的定义：对于集总电路而言，无论何时，在集总电路中的任意回路中，其回路所有支路的电压代数和恒等于零。需要注意的是，在基尔霍夫电压定律中，需要指定回路的环形方向作为参考方向。

根据基尔霍夫电压定律，在 Multisim 12.0 中建立如图4-3所示的串联仿真电路，其中U1～U4为4个直流电压表，放置方法如下：依次执行“Place”→“Component”→“Voltmeter”命令，在其中选择合适的仪表，也可选择“Instruments”下拉列表中的万用表“Multimeter”。在图4-3中指定顺时针回路为正方向，此时可以得出4个支路的电压代数和为零。

2. **基尔霍夫电流定律**

基尔霍夫电流定律的定义：在集总电路中，无论何时，对于集总电路中的任意节点，流入该节点的电流和流出该节点的电流代数和恒等于零。在基尔霍夫电流定律中，流入或流出某节点的电流方向由参考方向确定。

根据基尔霍夫电流定律在 Multisim 12.0 中建立如图 4-4 所示的电阻并联电路仿真，其中直流电流表的放置方法如下：依次执行 “Place” → “Component” → “Ammeter” 命令，在其中选择合适的器件，也可选择 “Instrument” 下拉列表中的万用表 “Multimeter”。

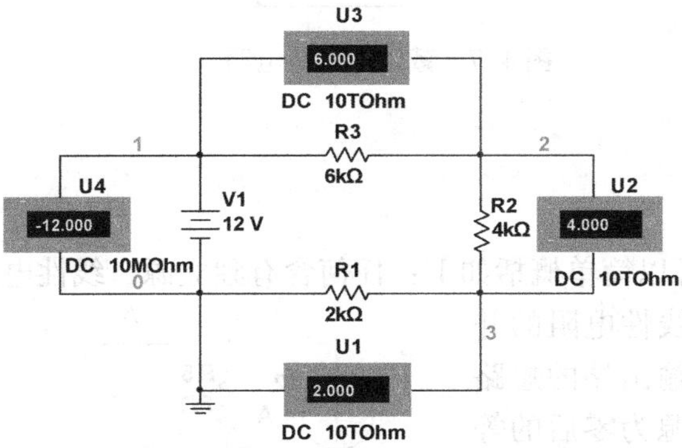

图 4-3 基尔霍夫电压定律仿真电路

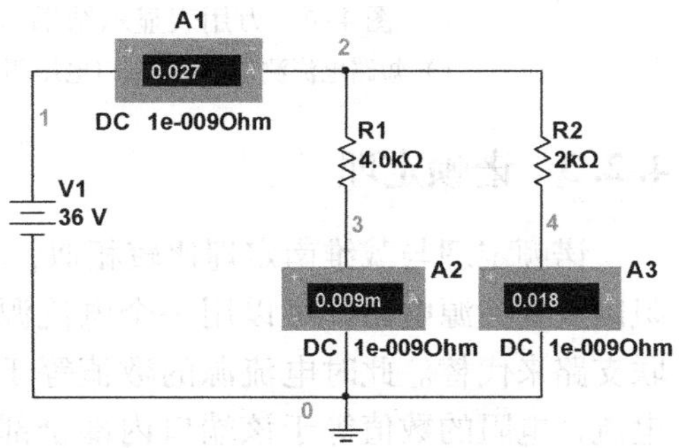

图 4-4 基尔霍夫电流定律仿真电路

从图 4-4 中可以得出，位于干路的电流表 A1 示数为 0.027 A，位于支路的两个电流表示数为 0.009 A 和 0.018 A，显然，流入两节点的电流等于流出该点的电流，基尔霍夫电流定律得以验证。

4.2.2 戴维南定理

在电路分析中，戴维南定理是处理端口电路的常用方法，其主要内容可以概括如下：任何含有独立源、线性电阻以及受端口内部参量控制的受控源都可以用一个电压源和一个线性电阻的串联支路来代替。此时，电压源的数值等于该端口负载开路时的电压，电阻的数值等于该端口内部全部独立电源为零后的等效电阻。在 Multisim 12.0 中，运用万用表分别测量电路的端口电压和端口短路电流，就可以轻松求得线性电路的戴维南等效电路。

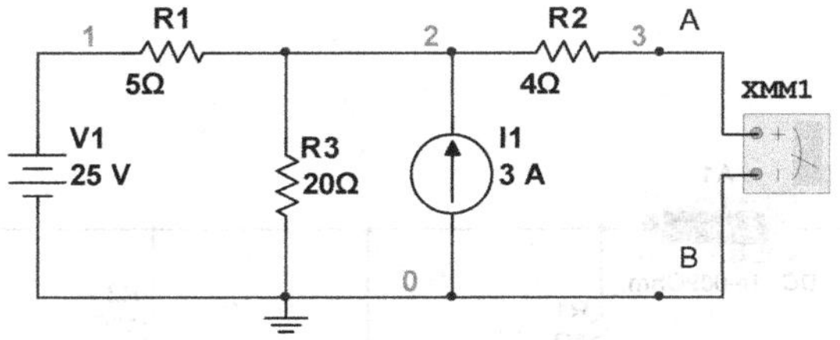

图 4-5 戴维南定理仿真电路

图 4-5 所示电路含有一端口网络，从 A－B 两点看入的戴维南等效电路可以通过分别测量端口电压和短路电流的方法获得，其中 XMM1 为万用表，可以单击 “Instruments” 下拉列表中的 “Multimeter” 获得，同时通过双击 XMM1 图标，改变万用表 “档位”，启动电路仿

真，测量到的端口电压和短路电流分别为 32 V 和 4 A，如图 4–6 所示。据此可得戴维南等效电阻为 8 Ω，戴维南等效电路如图 4–7 所示。

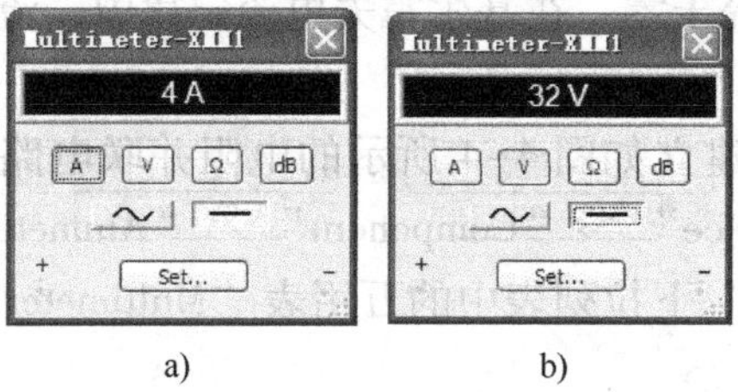

图 4–6　万用表显示结果
a）短路电流测量　b）端口电压测量

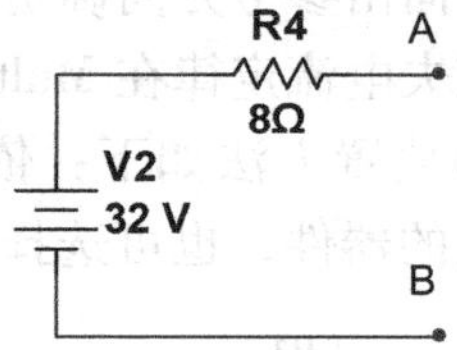

图 4–7　戴维南等效电路

4.2.3　诺顿定理

诺顿定理与戴维南定理比较相似，其内容可以简单概括如下：任何含有独立源、线性电阻以及受控源电路都可以用一个电流源和一个线性电阻的并联支路来代替。此时电流源的数值等于该端口输出端的短路电流，电阻的数值等于该端口内部全部独立电源为零后的等效电阻。运用 Multisim 12.0 获得诺顿等效电路的方法与戴维南等效电路相同，在此不做赘述。图 4–5 的诺顿等效电路如图 4–8 所示。

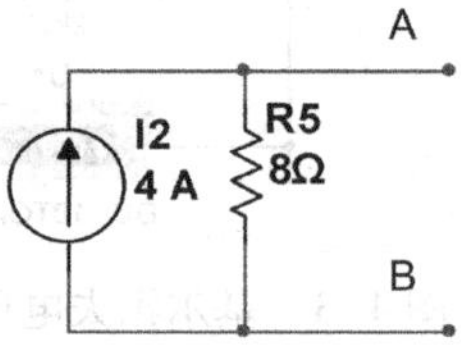

图 4–8　诺顿等效电路

4.2.4　特勒根定理

特勒根定理和基尔霍夫定律一样，也是对于集总电路普遍适用的基本定律，其内容可以简单概括如下：对于一个具有 n 个节点和 b 条支路的电路，假设各支路电流和支路电压取关联参考方向，则任意时刻每 b 条支路电流和节点电压满足：

$$\sum_{k=1}^{b} u_k i_k = 0$$

建立图 4–9 所示电路，根据仿真结果可得：

$$\sum_{k=1}^{b} u_k i_k = 12 \times (-2.769) + (12 - 9.231) \times 2.769 + 9.231 \times 1.846 + 9.231 \times 0.923 = 0$$

验证了特勒根定理。

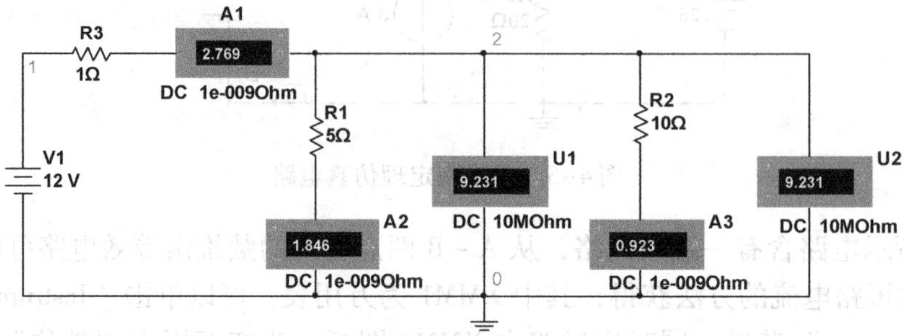

图 4–9　特勒根定理仿真

4.3 动态电路分析仿真

动态电路是指至少包含一个储能元件（电感或电容）的集中参数电路。当动态电路的结构或参数发生变化时，会产生过渡过程，使电路改变原来的工作状态，转变到另一种工作状态。动态电路在任意时刻的响应与激励的全部过去状态有关。

在一般情况下，当电路中含有 n 个动态元件时，通常将动态元件以外的线性电阻电路运用戴维南或诺顿定理置换为电压源和电阻的串联组合，或电流源和电阻的并联组合，据此建立 n 阶微分方程，这样的电路被称为 n 阶电路。本节主要讨论运用 Multisim 12.0 进行一阶、二阶电路仿真以及时域分析的方法。

4.3.1 一阶动态电路仿真

一阶电路的零输入响应与零状态响应可以由典型的 *RC* 电路输出波形直观地分析。建立 *RC* 电路如图 4-10 所示。为了方便观测，选用频率为 100 Hz、占空比为 50% 的方波信号作为激励源，在电路中添加示波器 XSC1，并通过其 A、B 两个通道分别测量电容 *C*1 和电阻 *R*1 的波形。为了便于观测曲线，可将 B 通道连线改为蓝色，具体方法如下：用鼠标右键单击对应的导线，选择“Segment Color”，在弹出的对话框中选择相应颜色即可。

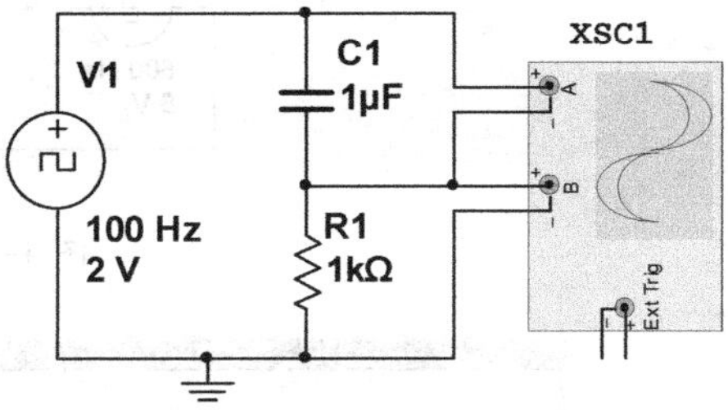

图 4-10 一阶动态电路仿真

电路搭建完成后单击“仿真”按钮，此时双击示波器，在弹出的对话框中分别修改显示时基“Timebase”及通道数据，直至曲线显示清晰、便于观察，如图 4-11 所示。

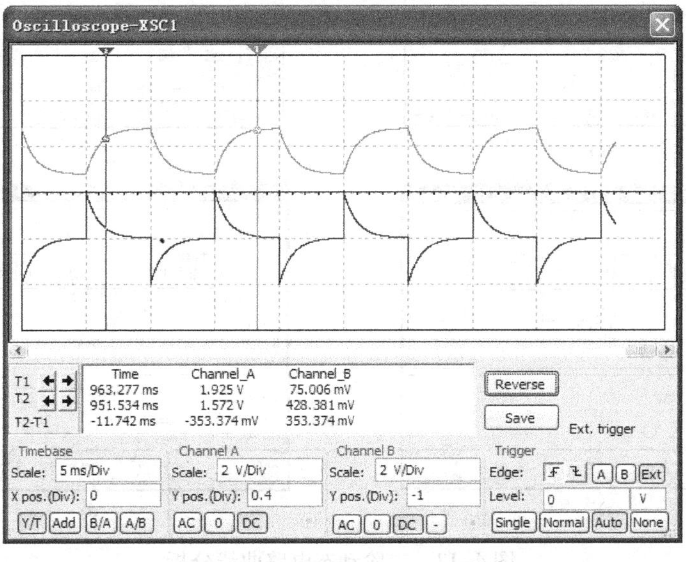

图 4-11 示波器波形显示

4.3.2 二阶动态电路仿真

用二阶微分方程描述的动态电路称为二阶电路。在二阶电路中，给定的初始条件应有两个，它们由储能元件的初始值决定。RLC 串联电路和 GLC 并联电路是最简单的二阶电路，下面以 RLC 振荡电路的 Multisim 12.0 仿真为例，介绍其动态响应分析方法。

建立图 4-12 所示的 RLC 串联电路，为了方便观测，选用频率为 500 Hz、占空比为 50%的方波信号作为激励源，选用满量程为 10 kΩ 的电位器 $R1$，并将其属性对话框中“Value”选项卡的“Increment”值改为 1。单击“仿真”按钮，通过自定义按键“A”小幅调节电位器阻值，可观察过阻尼、临界阻尼、欠阻尼以及无阻尼时的 U1、U3 曲线，如图 4-13 所示。

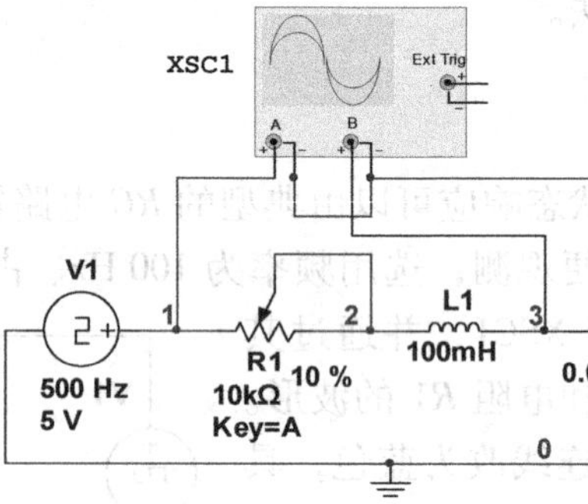

图 4-12　RLC 串联仿真电路

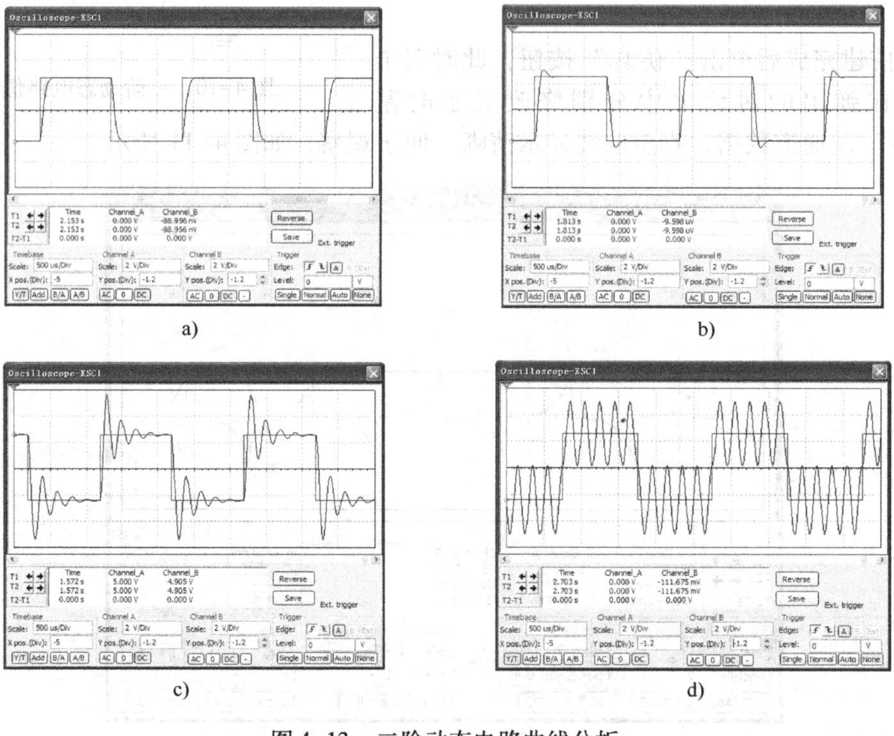

a)　b)　c)　d)

图 4-13　二阶动态电路曲线分析

a）过阻尼曲线　b）临界阻尼曲线　c）欠阻尼曲线　d）无阻尼曲线

4.4 谐振电路分析仿真

在电路分析中，谐振电路一般分为串联谐振和并联谐振，本节分别介绍二者基于 Multisim 12.0 的仿真方法。

4.4.1 串联谐振电路仿真

在电路窗口中建立图 4-14 所示的电路。该电路由电阻、电容、电感串联而成，由于电感和电容的阻抗随着信号频率的变化而变化，因此串联回路的总阻抗为 $z(\omega)=r+j(\omega_l-1/\omega_c)$。当使串联电路的总阻抗表达式中虚部为零时，称所对应的阻抗值为串联谐振频率，根据计算得出图 4-14 电路电位器阻值为 1 kΩ，串联振荡频率为 159 Hz。为了便于观察，这里使用 Multisim12.0 中的波特图仪来观测仿真结果。

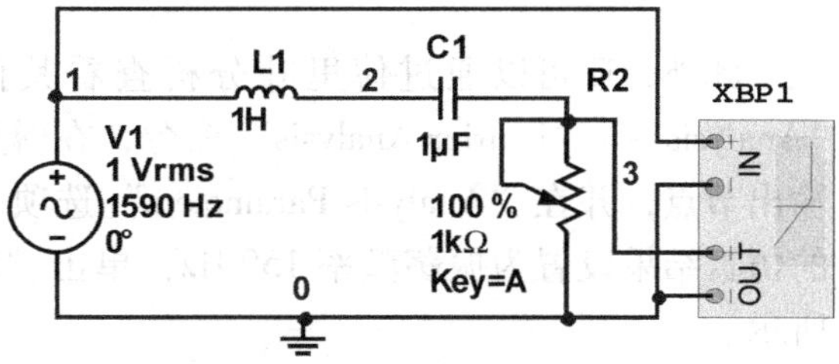

图 4-14 串联谐振电路仿真

单击“仿真”按钮进行仿真，可以得到图 4-15 所示的幅频特性曲线和相频特性曲线。

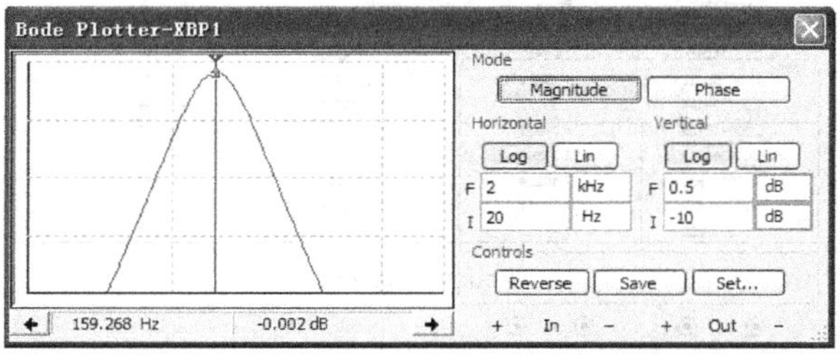

a)

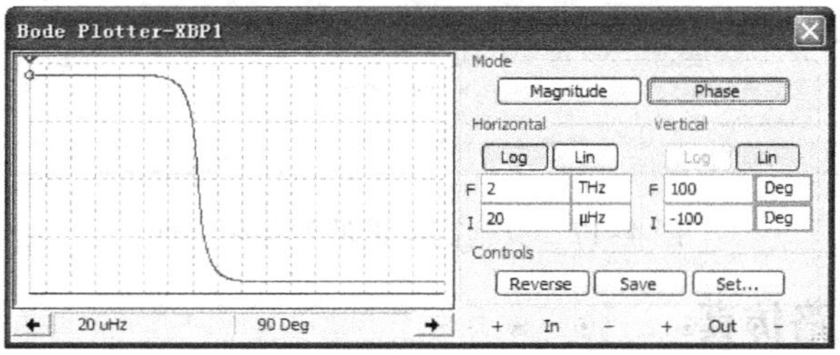

b)

图 4-15 串联谐振电路的特性曲线

a）幅频特性曲线 b）相频特性曲线

在 Multisim 12.0 中，可以方便地对电路分析中的常见现象加以观测和分析。在图 4-14 所示电路中，当串联电路发生谐振时，该电路呈现纯阻性，此时若改变电阻阻值，可以观察电路的选频性能。将电位器阻值调整为 100Ω，可以得出图 4-16 所示的幅频特性曲线。

在图 4-16 中，由于谐振电阻的减小，串联电路的品质因数增大，故此时振荡电路的选频作用更加明显。

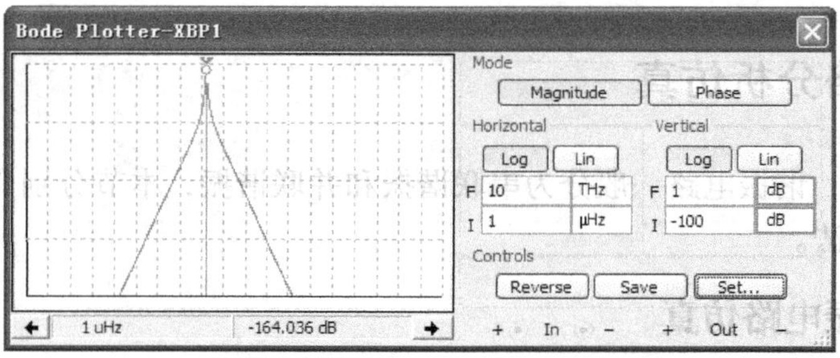

图 4-16　电路的选频特性观测

此外，还可以通过傅里叶分析查看其他谐波的幅频响应特性。执行“Simulate”→“Analysis”→“Fourier Analysis”命令，在傅里叶分析对话框中将图 4-14 中的 3 号节点作为输出节点，并在“Analysis Parameters”选项卡中，将“Frequency resolution”根据波特图仪的仿真结果设置为振荡频率 159 Hz，单击“Simulate”按钮进行仿真，仿真结果如图 4-17 所示。

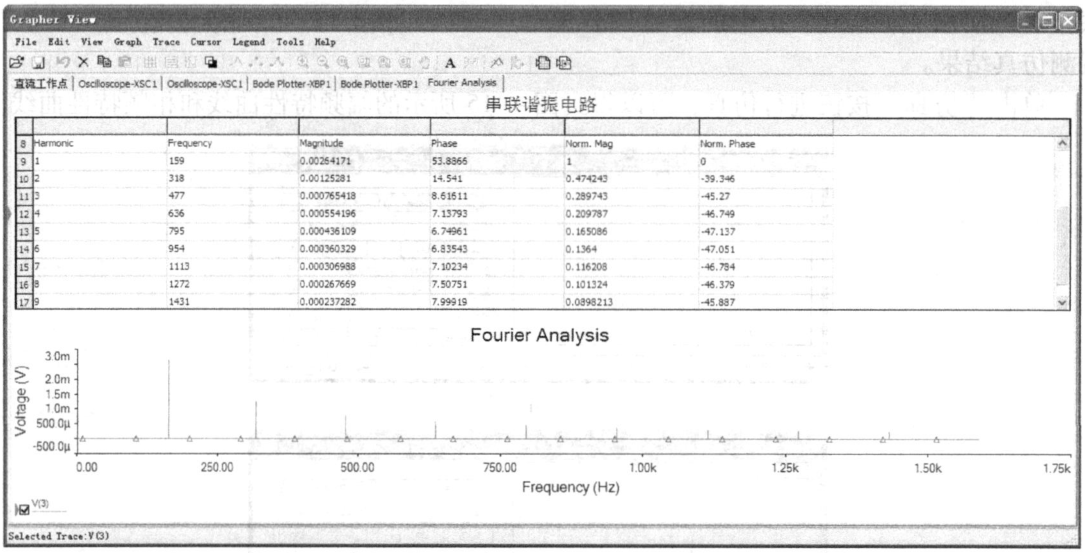

8	Harmonic	Frequency	Magnitude	Phase	Norm. Mag	Norm. Phase
9	1	159	0.00264171	53.8866	1	0
10	2	318	0.00125281	14.541	0.474243	-39.346
11	3	477	0.000765418	8.61611	0.289743	-45.27
12	4	636	0.000554196	7.13793	0.209787	-46.749
13	5	795	0.000436109	6.74961	0.165086	-47.137
14	6	954	0.000360329	6.83543	0.1364	-47.051
15	7	1113	0.000306988	7.10234	0.116208	-46.784
16	8	1272	0.000267669	7.50751	0.101324	-46.379
17	9	1431	0.000237282	7.99919	0.0898213	-45.887

图 4-17　其他高次谐波的幅频特性

4.4.2　并联谐振电路仿真

并联谐振的定义与串联谐振的定义相同，即端口上的电压与输入电流同相时的工作状况称为谐振，由于发生在并联 RLC 振荡电路中，故称为并联谐振。分析方法与 RLC 串联谐振相同，且并联谐振的条件为 $\mathrm{Im}[y(j\omega_0)]=0$。

建立图 4-18 所示的 Multisim 12.0 仿真电路，其中交流电源频率为 50 Hz，电感为 2 mH，电容为 5066 μF，由于谐振时的角频率和频率满足：

$$\omega_0=\frac{1}{\sqrt{LC}},\ f_0=\frac{1}{2\pi\sqrt{LC}}$$

可以得出此时的电源频率恰等于谐振频率，该电路为并联谐振电路。由于发生谐振，该电路的电容和电感可视为断路，此时计算可得主回路电流为 1 A。单击“仿真”按钮，通过电流表及电压表的示数可以验证该理论计算值。

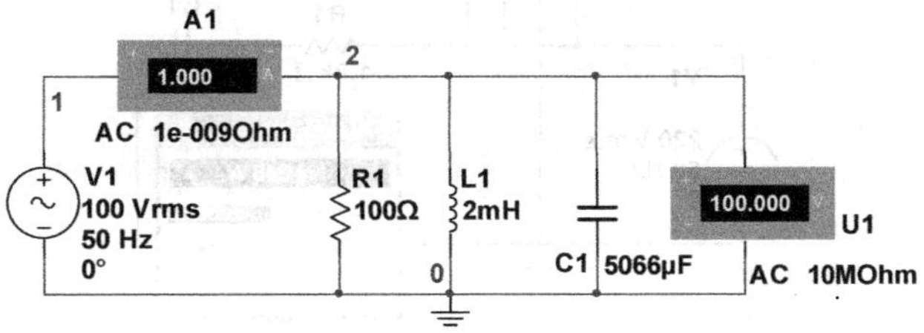

图 4-18 RLC 并联谐振电路

4.5 正弦电路功率分析的仿真

功率表征了电路中电能的传输和分配能力，是实际电路应用的主要目的之一，因此功率的计算和分析有着较为重要的意义。在正弦电路中，由于储能元件的存在，能量在电源和电路中往返交换，因此正弦电路的功率分析有一定难度。

为了合理分析正弦电路的功率，在电路分析中通常引入有功功率、无功功率、视在功率、复功率以及功率因数等参数对其进行分析，其公式表述见表 4-1。

表 4-1 正弦电路的功率参数

负载类型	功率参数	计算公式
阻性元件的功率	—	$P=UI=I^2R=\frac{U^2}{R}$
容性元件	视在功率	$S=UI=I^2\sqrt{R^2+X_C^2}=\frac{U^2}{\sqrt{R^2+{}^2X_C}}$
	有功功率	$P=\lambda S$
	功率因数	$\lambda=\cos\varphi$
	容抗	$X_C=\frac{1}{2\pi fC}$
感性元件	视在功率	$S=UI=I^2\sqrt{R^2+X_L^2}=\frac{U^2}{\sqrt{R^2+X_L^2}}$
	有功功率	$P=\lambda S$
	功率因数	$\lambda=\cos\varphi$
	感抗	$X_L=2\pi fL$

在 Multisim 12.0 中，使用功率表可以直接测量出实际的有功功率以及功率因数，并通过表 4-1 公式可以计算出其他无功功率和视在功率。本节以正弦电压源 *RC* 串联电路为例，介绍 Multisim12.0 功率表的应用以及正弦电路的功率分析方法。

建立图 4-19 所示的电路，在电路中运用功率表对有功功率及功率因数进行测量。功率表左侧接口为电压接口、右侧为电流接口。用户还可以通过调节电路中电阻阻值以及电容容量的方法分析不同参数下的电路功率因数。此外，用户还可以通过串联电流表、并联电压表的方式进行有功功率的计算。

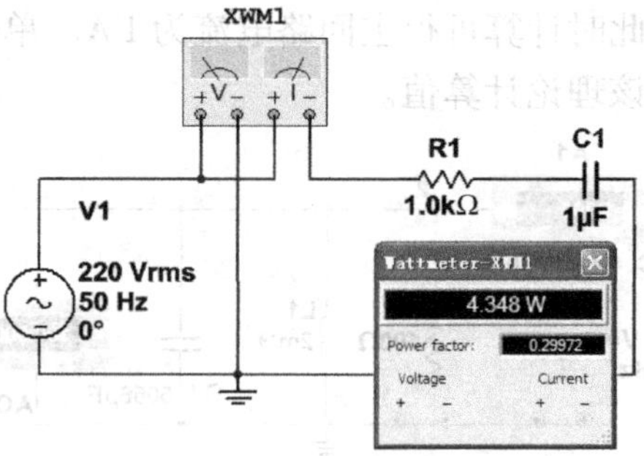

图 4-19　容抗功率测试电路

4.6　电路网络函数分析的仿真

线性无源网络 N 在单一激励下，其零状态响应的象函数与激励的象函数之比定义为该网络 N 的网络函数。网络函数一定是 s 的实系数有理函数，其分子、分母多项式的根或为实数或为共轭复数，$H(s)$ 仅取决于网络的参数与结构，与输入 $E(s)$ 无关，因此网络函数反映了网络中响应的基本特性。

网络函数 $H(s)$ 一般为有理分式，若其为真分式且分母 $D(s)$ 具有单根，则有冲激响应的时域形式。网络函数 $H(s)$ 的零点极点分布与冲激响应之间具有以下特性：

（1）极点 P_i 为负实根，$e^{P_i t}$ 为指数衰减，P_i 越大，衰减越快，有 $\lim\limits_{x \to \infty} h(x) = 0$，电路处于稳定状态。

（2）极点 P_i 为正实根，$e^{P_i t}$ 为指数增长，P_i 越大，增长越快，有 $\lim\limits_{x \to \infty} h(x) = 0$，电路处于不稳定状态。

（3）极点 $P_i = \sigma \pm j\omega_i$ 为共轭复根，$h(t)$ 为以 $e^{P_i t}$ 为包络线、以 ω 为频率的振荡型函数。

建立图 4-20 所示的低通无源滤波器，其中电感 L1 和 L2 均为 1 mH，电容为 1 μF，电阻为 1 Ω，用信号发生器作为信号源、示波器观测电路网络的输入/输出波形，改变信号发生器频率为 100 kHz 左右，即可观测到电路的滤波性能，如图 4-21 所示。

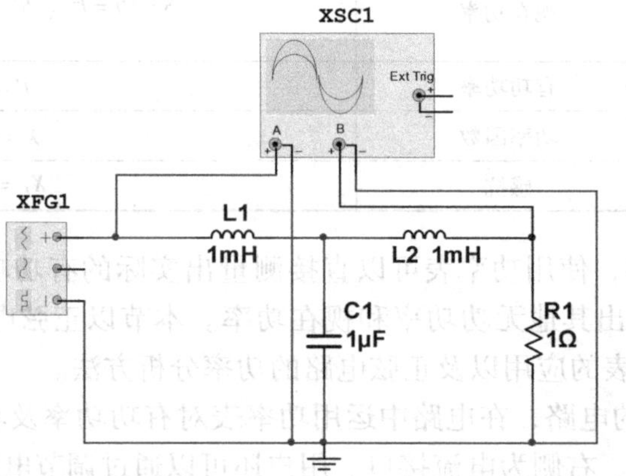

图 4-20　网络函数分析仿真

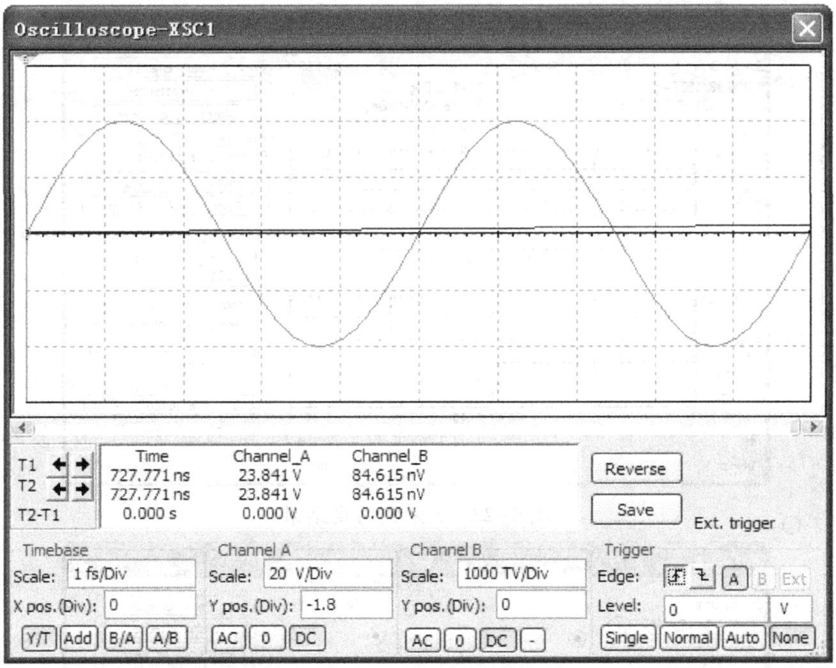

图 4-21　示波器仿真结果

4.7　二端口网络分析的仿真

二端口网络就是把电路中两对端口间的电路包含在一起，当作一个电路进行分析。在分析二端口网络时，通常只关心两对端口处的电压和电流关系，这些参数可以由 Z 参数、H 参数、Y 参数和 S 参数进行表示，这些参数都可以通过不同方面表示两对端口处的电压和电流的关系。

在 Multisim 12.0 中，可以采用网络分析仪来分别对上述参数进行测试。下面以多端口网络的负载条件分析方法为例，来描述案例电路的工作特性，此时需要用到 S 函数。它用来描述接在一个端口上的含有内阻的激励源向其他端口的负载传送功率时所使用的电路参数。

建立图 4-22 所示的电流控制电流源电路，并添加网络分析仪，单击“仿真”按钮进行电路仿真，双击网络分析仪，在弹出的“Network Analyzer”对话框中的“Graph”内选择观测对象“S - parameters”，即可得到 S 函数的具体参数和曲线，如图 4-23 所示。其对角线上的元素 S11 表示当端口 2 上的电阻匹配时，端口 1 的反射系数；非对角线的元素代表传输系数，即接负载的端口从电源上获得的可用功率之比。

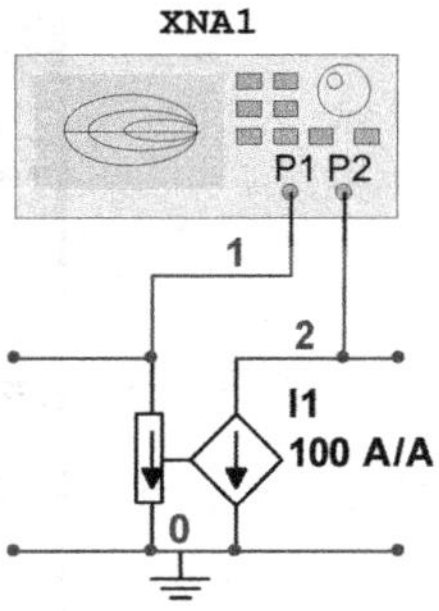

图 4-22　二端口网络仿真电路

对于图 4-22 所示的电路，还可以方便地得到其他参数矩阵，图 4-24 和图 4-25 分别为 Z 函数和 H 函数的仿真结果。

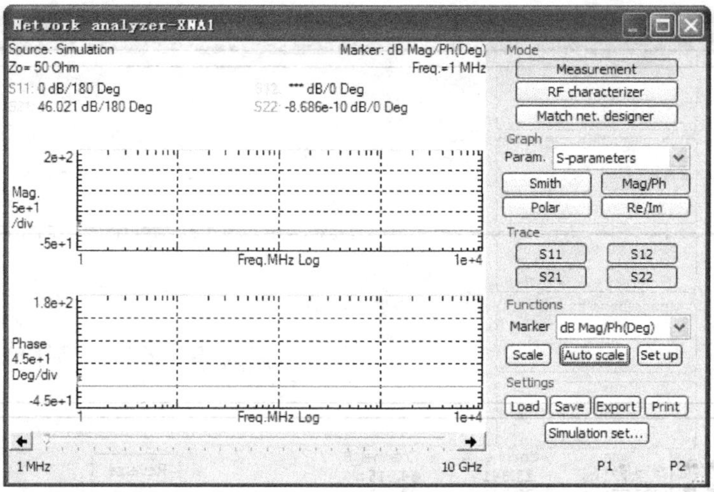

图 4-23　S 函数仿真结果

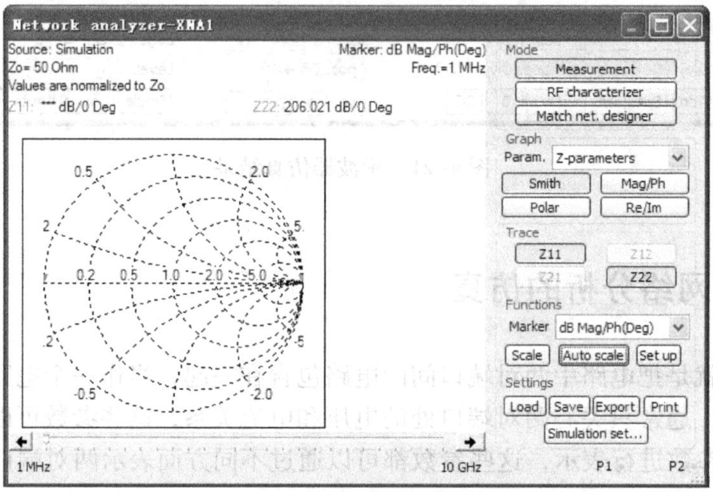

图 4-24　Z 函数仿真结果

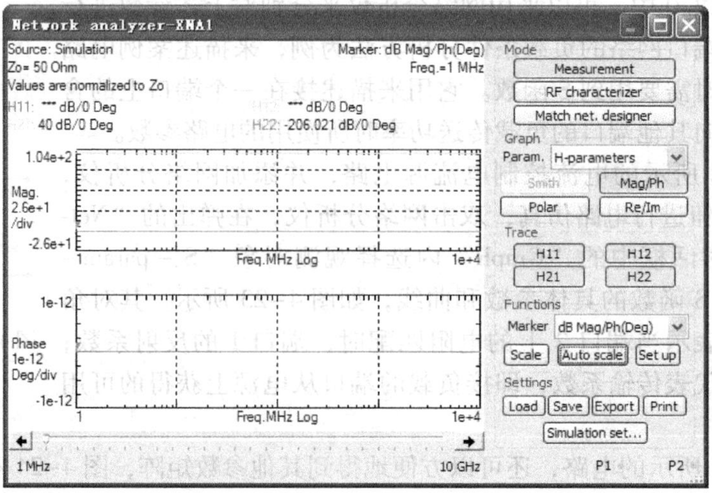

图 4-25　H 函数仿真结果

4.8 含耦合电感电路的仿真

耦合电感是线性电路中一种重要的多端元件。分析含有耦合电感元件的电路问题，重点是掌握这类多端元件的特性，即耦合电感的电压不仅与本电感的电流有关，还与其他耦合电感的电流有关，这种情况类似于含有电流控制电压源的情况。分析含有耦合电感的电路一般采用的方法有列方程分析和应用等效电路分析两类。考虑到耦合电感的特性，在分析中要注意其以下特殊性。

1）耦合电感上的电压、电流关系（VCR）式与其同名端位置有关，与其上电压、电流参考方向有关。认识这一点是正确列方程及正确进行去耦等效的关键。

2）由于耦合电感上的电压是自感电压和互感电压之和，因此列方程分析这类电路时，如不做去耦等效，则多采用网孔法和回路法，不宜直接应用节点电压法。

3）应用戴维南定理（或诺顿定理）分析时，等效内阻抗应按含受控源电路的内阻抗求解法。但当负载与有源两端网络内部有耦合电感存在时，戴维南定理或诺顿定理不宜使用。

在 Multisim 12.0 中，可以运用耦合电感“Coupled Inductors”器件建立含耦合电感的电路。需要注意的是，在 Multisim 10.0 以前的版本中是没有该器件的。此外，Multisim 12.0 中的耦合电感同名端在元件上并未标明，但可以通过测试的方式进行确定。

创建图 4-26 所示的仿真电路，单击“仿真”按钮，通过仿真结果不难看出，图中网络标号 2 和 4 为同名端，在运用耦合电感进行电路仿真时，需注意该细节。

建立图 4-27 所示的仿真电路，其中 T1 为耦合电感，电感值分别为 10 mH、8 mH，耦合系数为 0.8。为了得到电路的等效阻抗，可在干路处放置一个探针，并进行交流电路分析，而后得出幅频、相频特性曲线的方法实现。具体步骤如下：

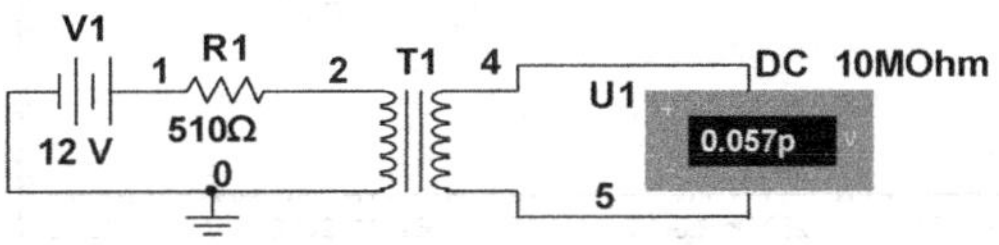

图 4-26　耦合电感器件同名端测试

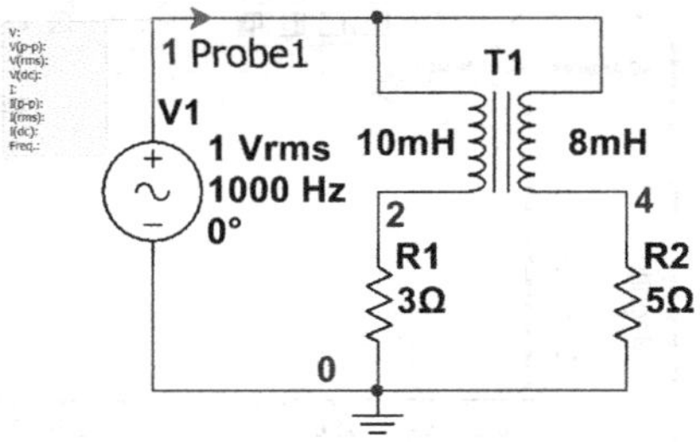

图 4-27　含有耦合电感的电路仿真

1）执行“Simulate”→“Instruments”→“Measuring Probe”命令，单击节点 1 处的导线放置该探针。

2）执行：“Simulate”→“Analysis”→“AC analysis”→“Output”→“Add Expression”命令，在函数库中双击 mag( )，然后在变量中双击 v(Probe1)将其添加至表达式；运用同样的方法添加 ph( )表达式，即分别分析电路的幅频、相频特性曲线，添加完成的表达式如图 4-28 所示。

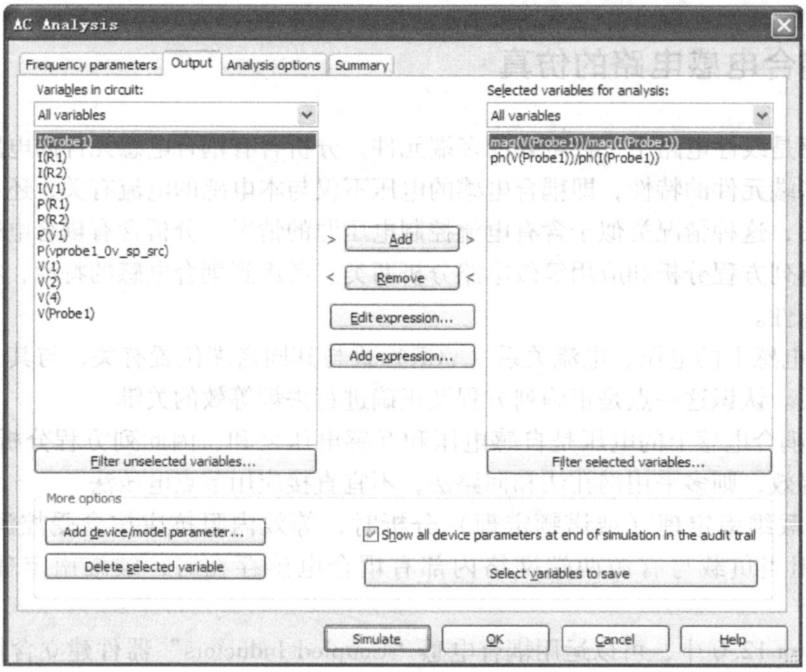

图 4-28　幅频、相频特性表达式

3）添加完成后，单击“OK”按钮，再单击“Simulate”按钮，即可得出幅频、相频特性曲线对话框，如图 4-29 所示。此时单击“Show Cursors”按钮，在图中移动光标能够查看不同频率下的幅度值与相位值，即可得到在当前频率下的复阻抗。

显然，运用上述方法对含有耦合电感的电路进行分析，十分方便、快捷。

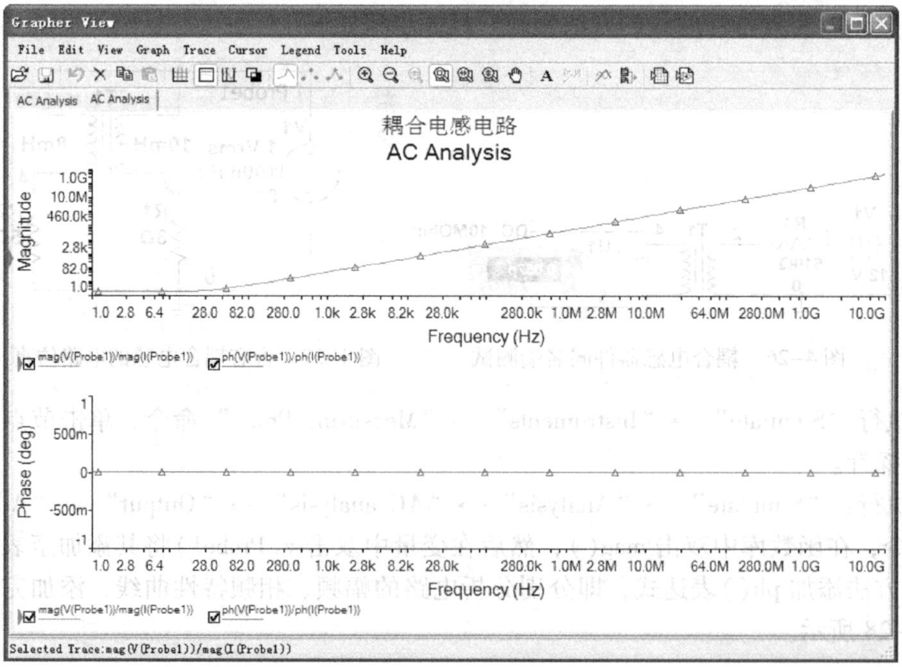

图 4-29　耦合电感电路复阻抗计算

4.9 典型案例的分析和仿真

4.9.1 实例一：简单直流电路仿真

简单直流电路分析是电路分析理论的基础。本节通过一个简单实例介绍 Multisim12.0 应用于直流电路分析的方法。

在 Multisim 12.0 中建立如图 4-30 所示的直流电路。该电路为直流线性电路，在电流表 A1 和电压表 U1 为理想元件时，根据欧姆定律可以计算出回路中的电流为 0.012A，这一结果通过仿真结果即可证明。此外，值得一提的是，在进行电路仿真时应该兼顾电路中电压表、电流表、功率表等的内阻问题，通过改变阻值，可以得出与实际电路最为接近的仿真效果。

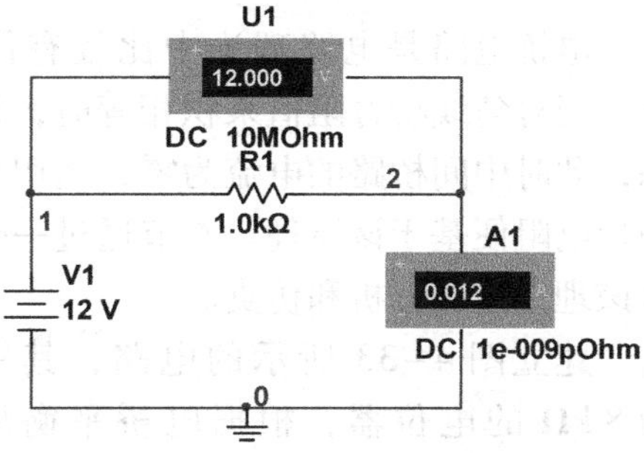

图 4-30　简单直流电路仿真

4.9.2 实例二：复杂直流电路仿真

在直流电路中，当出现多个电压源、电流源以及多个电阻元件的混联时，直流电路的分析变得相对复杂，通常采用电路定理列写电压、电流方程并对其求解的方式实现对电路的分析，当电路复杂到一定程度时，就要借助计算机进行辅助运算。下面介绍 Multisim 12.0 在复杂直流电路中的仿真方法。

在 Multisim 12.0 中建立图 4-31 所示的电路，电路中包含两个独立电压源 V1、V2，一个电压控制电流源 I1，一个独立电流源 I2。对于此类电路可以通过回路电流法或节点电压法进行求解，而在 Multisim 12.0 中可以通过直流分析方法得出电路的所有参数。

电路建立完成后，执行"Simulate"→"Analyses"→"DC Operating Point Analysis"命令，将弹出的对话框左侧关注的电路参数以此添加至右侧列表并单击"仿真"按钮即可。图 4-32 为部分电路参数仿真结果。

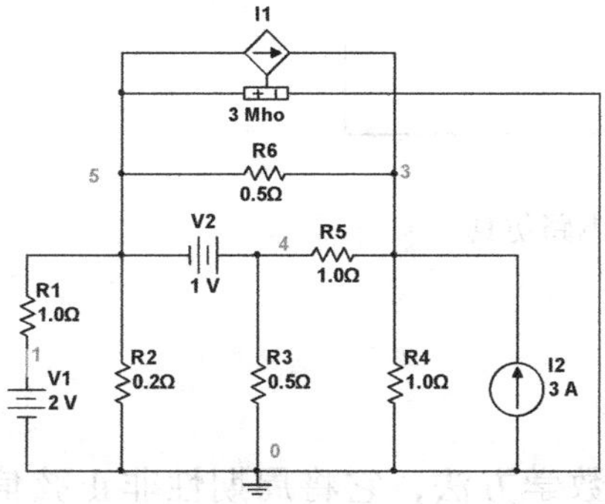

图 4-31　复杂直流电路仿真

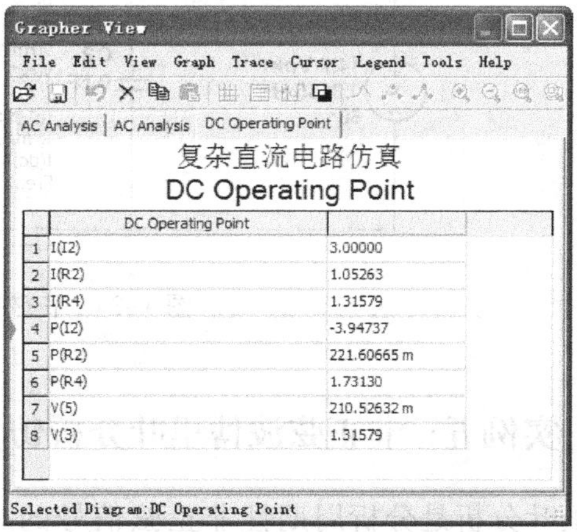

图 4-32　电路直流工作点分析

通过对比简单直流电路与复杂直流电路分析方法不难看出，运用电流表、电压表测量的方法进行电路分析更加适用于简单直流电路，而直流工作点分析方法更加适用于复杂直流电路。此外，用户还可以采用二者相结合的方法灵活实现可变电路的分析。

4.9.3　实例三：平衡电桥电路仿真

电桥电路是电路理论中比较有代表性的一类电路，当对角线桥臂阻值乘积相等时，称为电桥平衡状态，此时中间桥路的电流为零，运用惠斯通电桥精确测量电阻便基于该原理。本节通过一个典型电桥电路对该理论进行分析和仿真。

建立图 4-33 所示的电路，其中 *R*4 为满量程为 8 kΩ 的电位器，根据电桥平衡原理不难得出，当 R4 阻值为 4 kΩ 时，图中电流表所在支路电流为 0。进行电路仿真时，调节电位器阻值至 50%，得到此时中间桥路电流为 8.0×10^{-12} A，与理论推导结果一致。

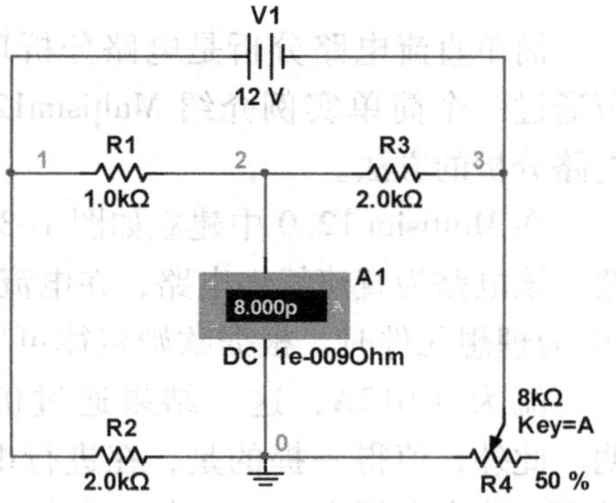

图 4-33　平衡电桥电路仿真

4.9.4　实例四：正弦交流电路仿真

正弦电路通常采用向量法进行分析，在 Multisim 12.0 中可以采用幅频、相频特性分析的方法得到回路的向量表达，从而对电路参数进行求解。本节通过一个正弦交流电路的仿真介绍对电路参数向量表达方式的计算方法。

建立图 4-34 所示的正弦交流电路，其中交流电压源和交流电流源的角频率均为 2 rad/s，幅值分别为 14.7 V 和 4.242 A，在电感支路放着一个探针，并通过交流工作点分析，可以得出电感支路的电流幅频、相频特性曲线，如图 4-35 所示。

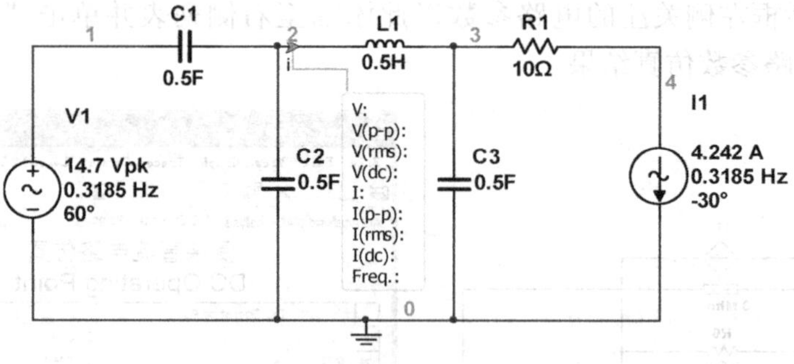

图 4-34　正弦交流电路仿真

4.9.5　实例五：非正弦波傅里叶分析仿真

傅里叶分析是分析周期性非正弦信号的一种数学方法，它将周期性非正弦信号转换成一系列正弦波和余弦波，其中包括原始信号的直流分量、基波分量以及高次谐波。在傅里叶级数中，每一个分量都被看作一个独立的信号源。根据叠加原理，总响应为各分量响应之和。由于谐波的幅度随次数的提高而减小，因此只需较少的谐波分量就可以产生较满意的近似效果。本节通过一个实例介绍 Multisim 12.0 对电路进行傅里叶分析的方法。

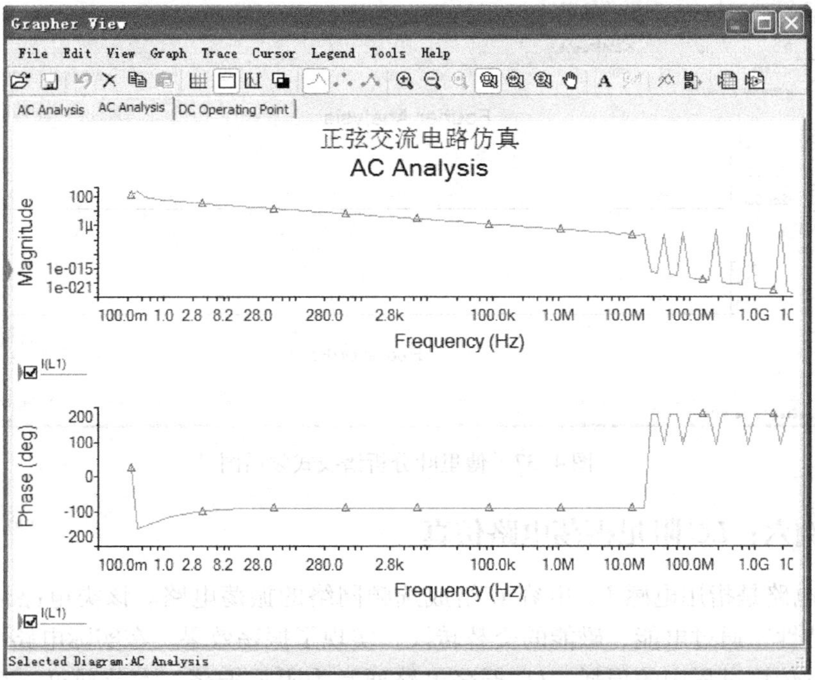

图 4-35　正弦交流电路幅频、相频曲线

在 Multisim 12.0 环境中建立图 4-36 所示的电路，执行“Simulate”→“Analyses”→“Fourier Analysis”命令，在弹出的对话框中选择交流源频率、谐波分析数目以及采样时间等参数，在“Output”选项卡中添加要进行分析的参数，在此选择 V(5)，单击“仿真”按钮，可得傅里叶分析幅频、相频特性曲线，如图 4-37 所示。

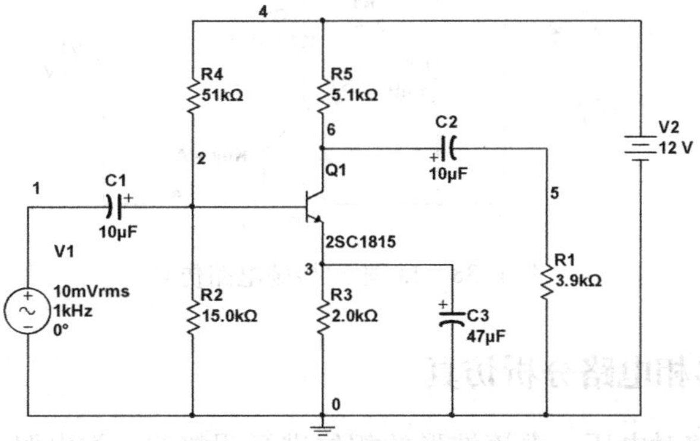

图 4-36　非正弦电路傅里叶分析仿真电路

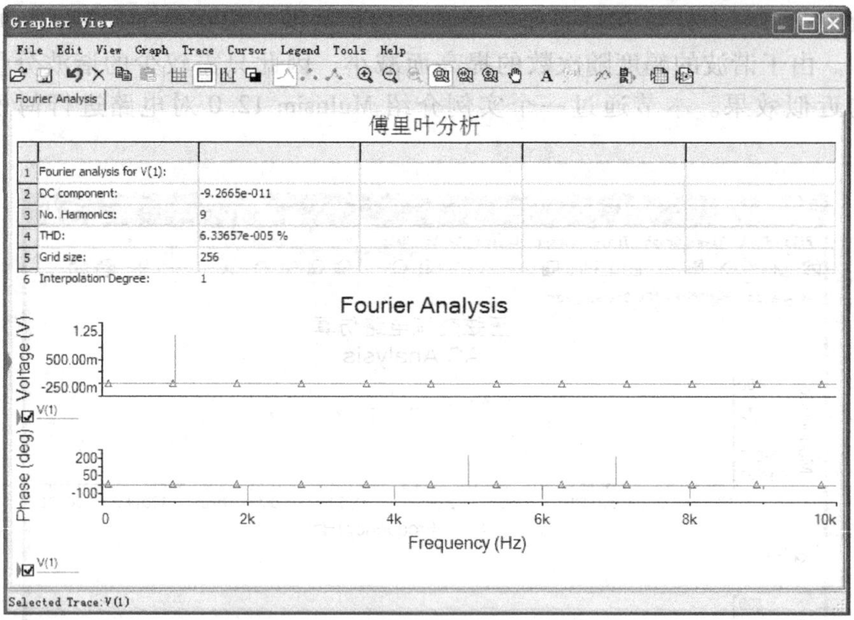

图 4-37　傅里叶分析谱线式频谱图

4.9.6　实例六：*LC*阻尼振荡电路仿真

LC 振荡电路是指用电感 *L*、电容 *C* 组成选频网络的振荡电路。该类电路运用了电感和电容的储能特性，通过电能、磁能的交替转换，实现了振荡效果。在实际电路中，由于电路元件以及能量传输过程中的损耗，*LC* 振荡电路通常为阻尼振荡。本节通过一个简单实例对 *LC* 的阻尼振荡进行仿真分析。

建立图 4-38 所示的电路，为模拟实际电路中的损耗，在 *LC* 电路中串联一个电位器 *R*1，进行仿真时，首先将 *R*1 阻值调整为零，开关 S1 由右侧打到左侧，通过示波器观测出理想无阻尼振荡波形，此时改变 *R*1 阻值，即可得到图 4-39 所示的阻尼振荡波形。

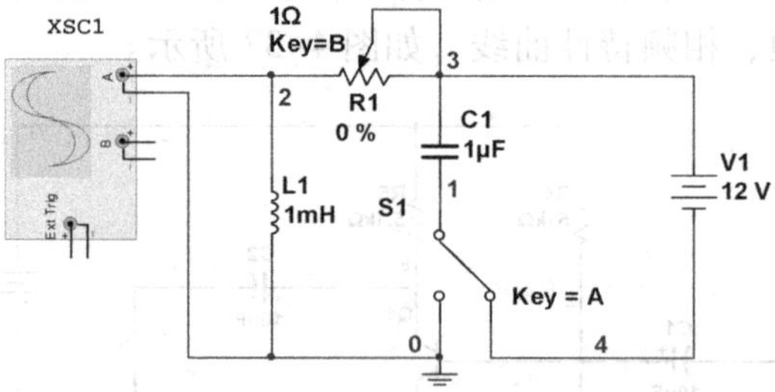

图 4-38　LC 阻尼振荡电路仿真

4.9.7　实例七：移相电路分析仿真

移相电路是指能够对电压、电流波形的相位进行调整的一类电路。最为简单的移相电路为 *RC* 移相。本节在 *RC* 移相电路的基础上，对一种 0°～90°移相电路进行仿真，从而介绍运用 Multisim12.0 进行移相电路设计的基本方法。

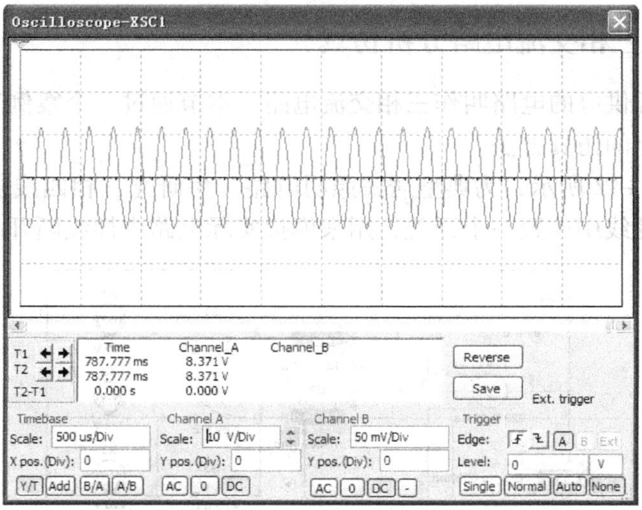

图 4-39　LC 阻尼震荡波形

建立图 4-40 所示的电路，该电路可将节点 1 处输入波形的相位通过电位器 *R*2 进行改变，并经运算放大器 U1 输出至节点 4 处。在仿真过程中，调节电位器 *R*2，通过双踪示波器 XSC1 观测输入/输出波形，即可观测电路的移相特性，输出波形如图 4-41 所示。

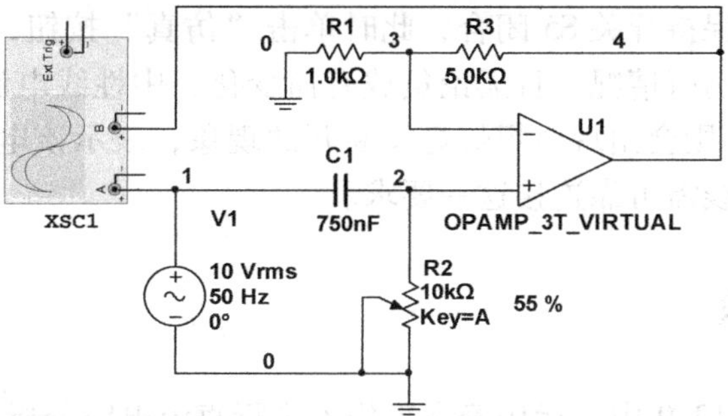

图 4-40　移相电路仿真

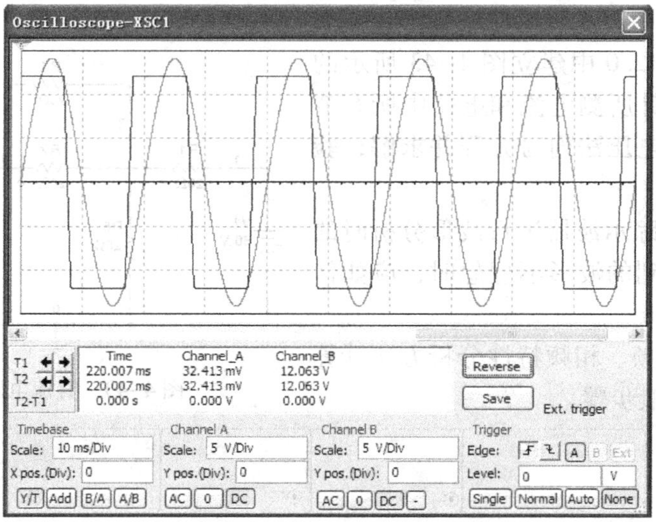

图 4-41　移相电路仿真波形

4.9.8 实例八：三相交流电路分析仿真

由三相交流电源供电的电路叫作三相交流电路。本节通过一个案例来介绍 Multisim 12.0 应用于三相交流电路的仿真方法。

仿真电路如图 4-42 所示，为典型居民照明电路。为研究三相四线供电方式中的中性线的重要性，特在中性线中放置一个开关，用来模拟实际电路中性线断开故障。

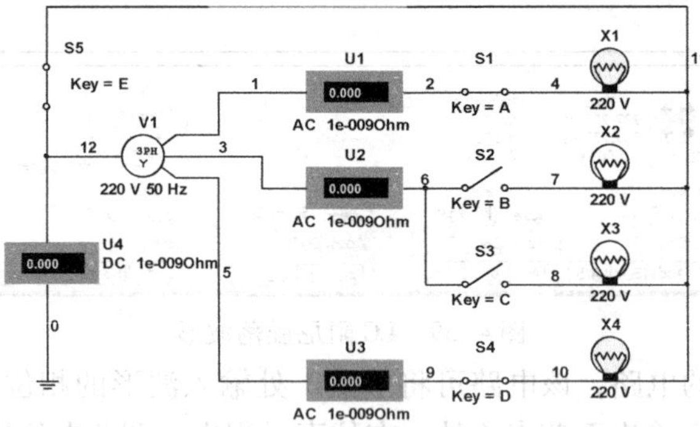

图 4-42 三相交流电路仿真

电路建立完成之后保持开关 S5 闭合，此时单击“仿真”按钮，依次打开开关 S1 ~ S4，此时可观测各相负载的运行情况，且无论负载有何变化，中性线电流接近于零且保持不变；此时若将开关 S5 断开，则会出现白炽灯灯丝断开的现象，表示该电元件损毁，从而验证了三相四线供电方式中性线需可靠连接这一要求。

4.10 思考与习题

1. 简述在 Multisim 12.0 中，运用静态工作点进行直流电路分析的一般步骤。

2. 简述 Multisim 12.0 提供的耦合电感模型的参数意义，建立简单电路确定其同名端，并讨论其原因。

3. 在 Multisim 12.0 中建立图 4-43 所示的电路，求得图中探针所测电流和电路中所有节点电压，通过节点电压法列写方程并求解，验证仿真结果。

4. 试述运用双踪示波器进行波形分析时的一般步骤；当观测到的波形不理想时，应如何调整示波器参数?

5. 简述运用幅频、相频特性分析方法计算电路等效阻抗的一般步骤。

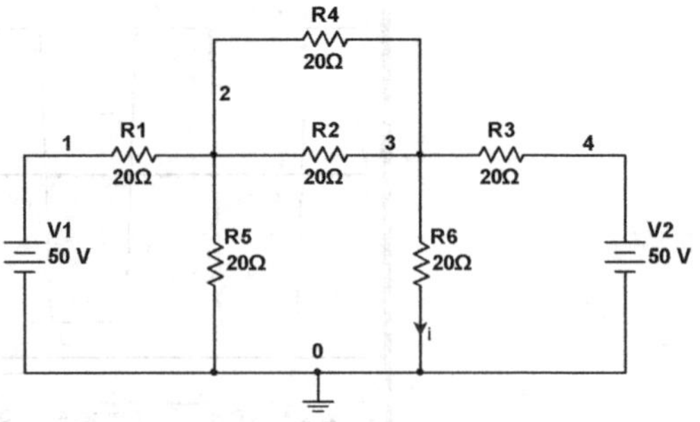

图 4-43 直流电路仿真练习

第 5 章　Multisim 12.0 在模拟电路中的应用和仿真

模拟电子技术是电类学科重要的专业基础课，在当今的电子产品中有着极其重要的应用。虽然随着电子技术的不断发展与进步，更多的电路朝着数字化、集成化、微型化和低功耗的方向发展，但是模拟电路的基本分析方法仍然不可替代。利用 Multisim 12.0 对模拟电路进行仿真分析具有实践意义，能够帮助学生深刻理解基本概念，掌握基本原理，有利于理论和实践的紧密结合和相互渗透。

本章主要介绍模拟电子技术的基本放大电路、集成电路、有源滤波器、运算放大器应用电路及反馈电路，通过典型应用实例的仿真与分析，加深用户对 Multisim 12.0 的理解和运用。

5.1　单管共射放大电路的分析仿真

单管共射放大电路是放大电路的基本形式，也是模拟电子技术这门课的重点和难点。要在放大电路中实现对微弱信号的不失真放大，必须设置合适的静态工作点。电压增益、输入电阻和输出电阻是分析放大电路的动态指标。

本节以图 5-1 所示的单管共射放大电路为例，应用 Multisim 12.0 对其进行静态工作点和动态指标的分析仿真。一方面可以加深对放大电路性能的理解，化抽象为具体形象，直观地观察和分析不同的电路参数对性能指标的影响；另一方面可以掌握 Multisim 12.0 仿真模拟放大电路的方法。

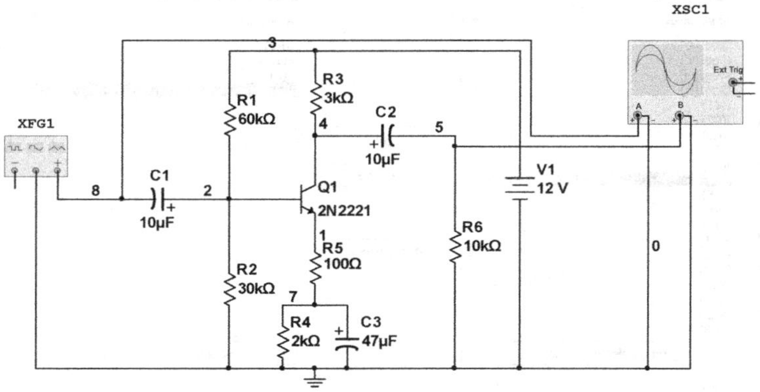

图 5-1　单管共射放大电路

5.1.1　静态工作点分析仿真

静态工作点的分析过程如下：

1. 选取元器件

1）电源 V1：执行“Place Source”→“POWER_SOURCES”→“DC_POWER”命令（此处的含义：单击元器件工具栏的“Place Source”按钮，在打开的窗口的“Family”下拉列表框中选择“POWER_SOURCES”，再在“Component”下拉列表框中选择“DC_POWER”）。

2）接地：执行“Place Source”→“POWER_SOURCES→GROUND”命令，选取电路中的接地。

3）函数信号发生器：在 Multisim12.0 基本界面右侧虚拟仪器工具条中调出虚拟信号发生器，将其置于电子平台，双击图标“XFG1”，将它设置成 1 kHz、5 mV 的正弦波信号。

4）示波器：在 Multisim12.0 基本界面右侧虚拟仪器工具条中调出虚拟双踪示波器，将其置于电子平台，双击图标“XSC1”，将 Timebase 设置成 500 μs/div、ChannelA 设置成 10 mV/div、ChannelB 设置成 200 mV/div。

5）电阻：执行“Place Basic”→“RESISTOR”命令，分别选择 20 kΩ、10 kΩ、3 kΩ、2 kΩ、6 kΩ。

6）电容：执行“Place Basic”→“CAP_ELECTROLIT”命令，分别选择 10 μF、47 μF。

7）晶体管：执行“Place Transistor”→“GJT_NPN/2N2221”命令。

2. 连接电路

将放置好的元器件用导线连接起来，形成如图 5-1 所示的单管共射极放大电路。执行“Edit”→“Properties”命令，弹出“Sheet Properties”对话框，在“Net names”下选中“Show All”选项，将各个结点编号显示出来。

3. 静态工作点

执行“Simulation”→“Analysis”命令，在列出的可操作分析类型中选择“DC Operating Point”，则出现直流工作点分析对话框，如图 5-2 所示。

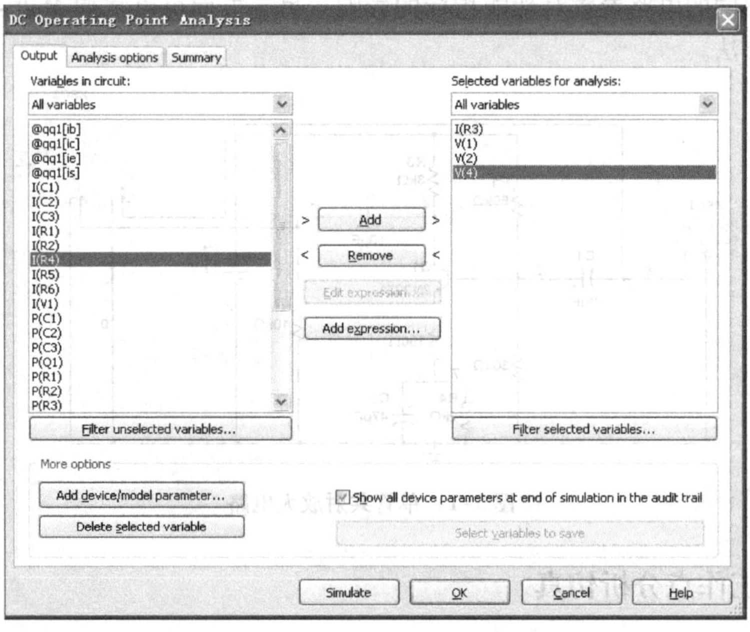

图 5-2　直流工作点分析对话框

在弹出的对话框中的“Output”选项卡中选择1、2、4节点作为仿真分析节点。单击“Simulate”按钮，得到静态工作点的分析结果，如图5-3所示。

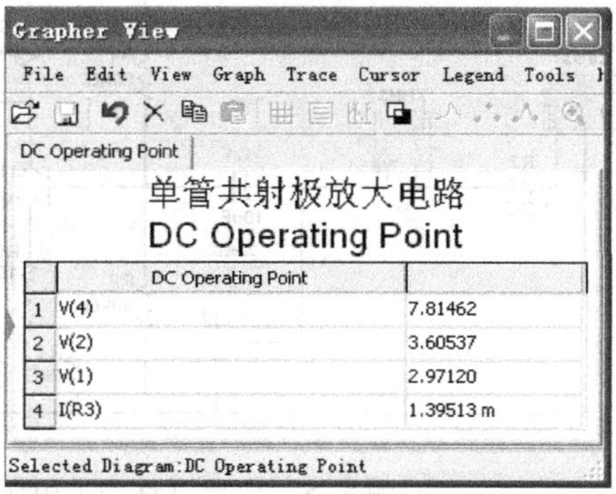

图5-3 单管共射放大电路静态工作点

可以看出，集电极电流 $I_{cq} \approx 1.40\ \mathrm{mA}$，放大电路的 $U_{ce} = V(4) - V(1) = 7.81462 - 2.97120 = 4.84342\ \mathrm{V}$，电源电压为12 V，该电路的静态工作点合适。

5.1.2 放大电路的动态分析仿真

1. 电压放大倍数测量

单击“Simulate”下的“Run”按钮，双击示波器XSC1，得到如图5-4所示的输入/输出波形。

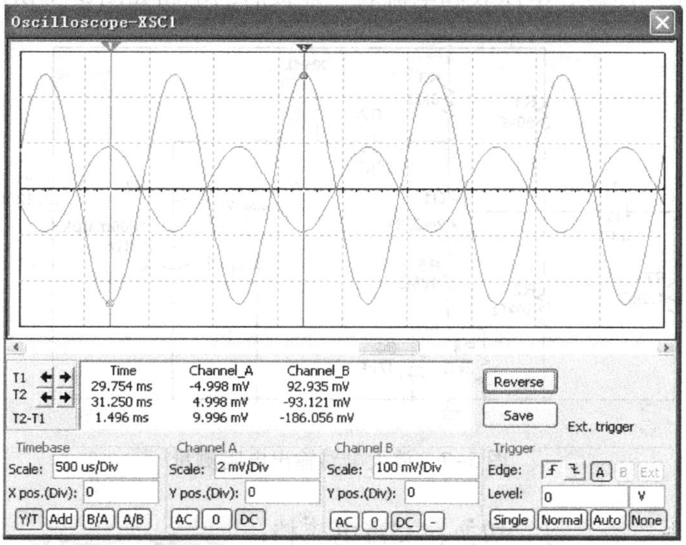

图5-4 单管共射放大电路输入/输出波形

从图5-4中可以看出，在测试线1处，当输入信号电压幅值为4.998 mV时，输出信号幅值为-92.935 mV，并且输出电压没有失真，电压放大倍数 $A_u = U_o/U_i = -92.935/4.998 \approx -18.59$，还可以从图中看到输入信号和输出信号相位差180°，即输入信号与输出信号反相。

2. 输入电阻测量

1）删除虚拟双踪示波器，在放大电路的输入回路接电流表XMM1和电压表XMM2。

2）在放大器的输入端串接一个1 kΩ的电阻 $R7$ 作为信号源的内阻，连接后的电路如图5-5所示。

3）双击虚拟电流表，将它切换在交流电流档，双击虚拟电压表，将它切换在交流电压档，开启仿真开关，测得的数据如图5-6所示。电压为3.007 mA，电流为528.016 nA，那么输入电阻为 $R_i = U_i/I_i \approx 5.69\ \mathrm{k\Omega}$。但是在实际的测量电路中，由于电压表和电流表都不是理想的仪表，通常采用间接测量的方法。

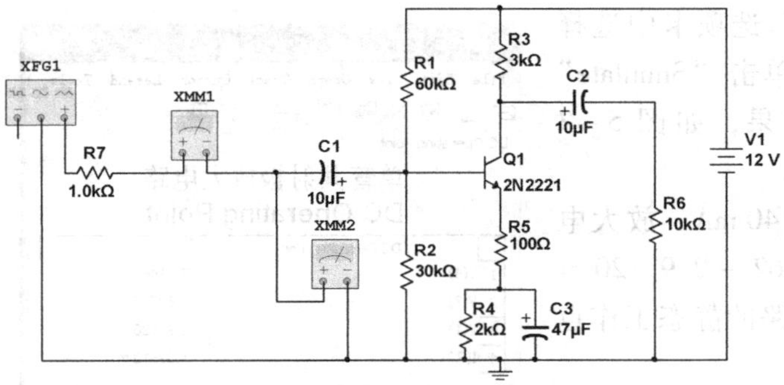

图 5-5　放大电路输入电阻测量

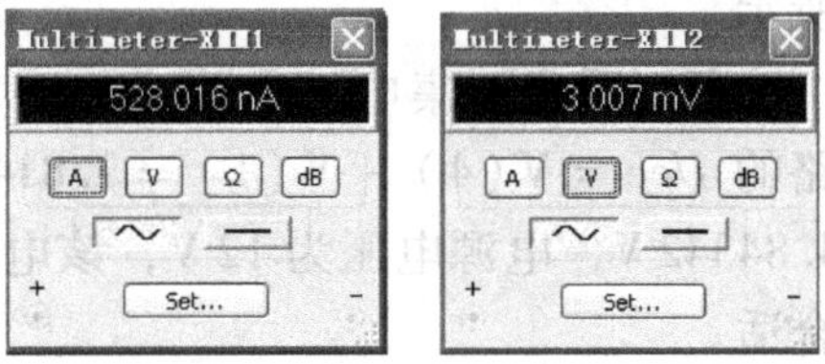

图 5-6　输入电阻测量结果

3. 输出电阻测量

1）输出电阻的测量采用外接激励法，将图 5-1 电路中的信号发生器 XFG1 短路，增加内阻 *R*7，负载 *R*6 开路。

2）在输出端接电压源、电压表和电流表，连接后的电路如图 5-7 所示。

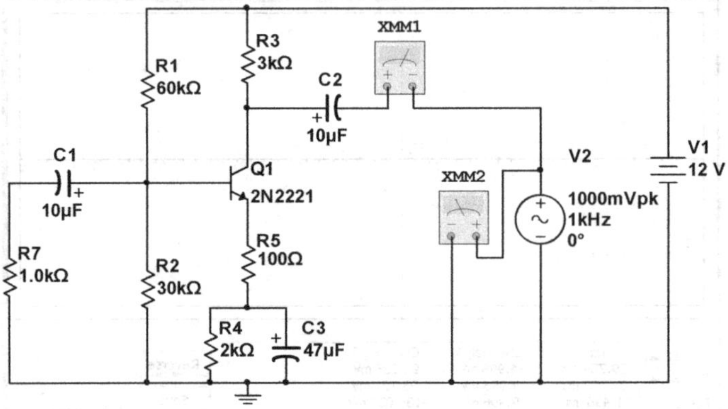

图 5-7　放大电路输出电阻测量

3）双击虚拟电流表，将它切换在交流电流档；双击虚拟电压表，将它切换在交流电压档，开启仿真开关，测得的数据如图 5-8 所示。电压为 707.106 mV，电流为 252.726 μA，那么输出电阻为 $R_o = U_o/I_o \approx 2.80\ \text{k}\Omega$。

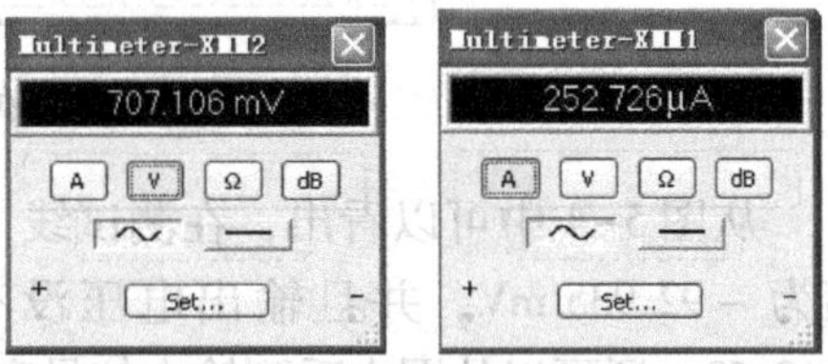

图 5-8　输出电阻测量结果

5.1.3　定制放大电路仿真

Multisim 12.0 还为用户提供了定制电路仿真的功能，即根据用户的需要和工作习惯来设计电路仿真，这里以单管共射放大电路为例进行介绍。

执行“Tools”→“Circuit Wizards”→“CE BJT Amplifier Wizard”命令，如图 5-9 所示。在对话框中可以按照所选的参数进行设置。

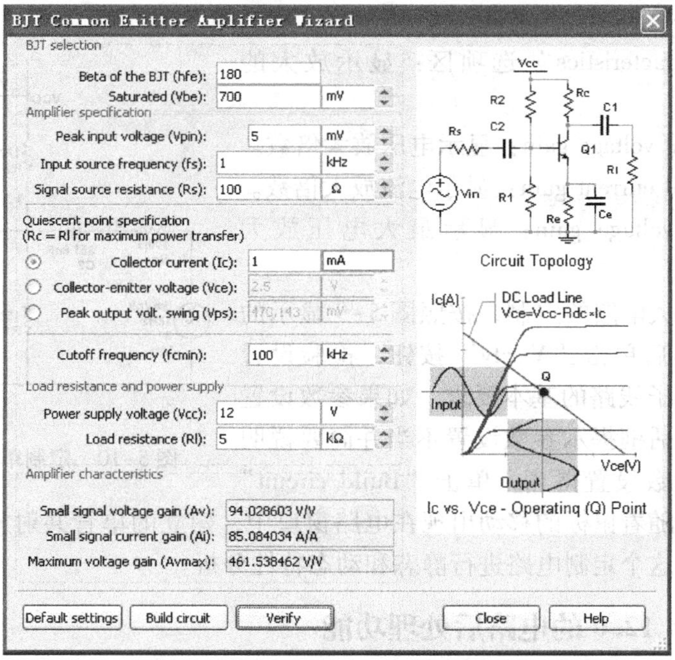

图 5-9　单管共射放大电路的定制

（1）晶体管参数设置

“BJT selection”选项区：对放大电路中的晶体管进行参数设置。

1）Beta of the BJT（hfe）：晶体管的放大倍数。

2）Saturated（Vbe）：发射极的饱和导通电压。对于半导体器件来说通常为 0.7V。

（2）信号源参数设置

“Amplifier specification”选项区：对信号源的参数进行设置。

1）Peak input voltage：设置交流信号源的峰值电压。

2）Input source frequency：设置交流源的频率。

3）Signal source resistance：设置交流源的内阻。

（3）设置静态工作点

“Quiescent point specification”选项区：设置静态工作点。

1）Collector current：设置集电极静态电流 Icq。

2）Collector – emitter voltage：设置集电极和发射极的电压差 V_{ceq}。

3）Peak output volt. swing：设置输出电压的变化幅度。

在“Quiescent point specification”选项区，当用户选择其中一项后，Multisim12.0 会自动计算出另外两个选项的值，通常选择 Collector current 或 Collector – emitter voltage 的值来定义静态工作点，从而定制电路。

（4）设置负载电阻和直流源参数

“Load resistance and power supply”选项区：设置负载电阻和直流源的参数。

1）Power supply voltage：设置直流源的大小。

2）Load resistance：设置负载电阻的大小。

（5）显示结果

“Amplifier characteristics”选项区：显示放大的结果。

1）Small signal voltage gain：显示电压放大倍数。

2）Small signal current gain：显示电流放大倍数。

3）Maximum voltage gain：显示最大电压放大倍数。

对单管共射放大电路的定制，按照图 5-9 显示的参数进行设置，然后单击“Verify”按钮，检验设置的参数是否符合电子线路的基本要求。如果参数设置不当，将会弹出对话框提示参数设置不当并简要说明改进方法。如果参数设置得当，单击“Build circuit”按钮，新的电路将随着鼠标的移动出现在电路窗口中，建立的单管共射放大电路如图 5-10 所示。同样可以对这个定制电路进行静态和动态特性分析。

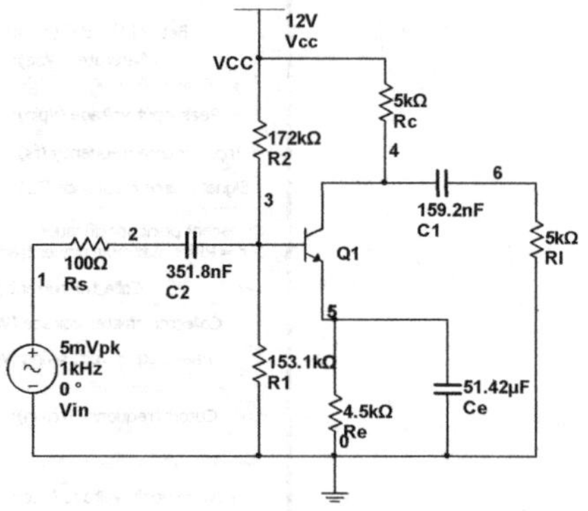

图 5-10　定制单管共射放大电路

5.1.4　Multisim 12.0 的电路后处理功能

从前面的例子可以看出，Multisim 12.0 中分析后的结果是以图形或图表的形式显示的，还可以对仿真结果进行进一步的处理，即 Multisim 12.0 的电路后处理功能。

1. 后处理器的打开

Multisim 12.0 提供的后处理器（Postprocessor）是专门对仿真结果进行数学运算处理的工具，它既能对单个仿真结果进行处理，也可以对多个仿真结果进行彼此之间的处理，处理的结果仍然以曲线或数据形式显示出来。下面以单管放大电路为例介绍后处理器的使用方法。

对定制单管放大电路进行瞬态分析，结果如图 5-11 所示。

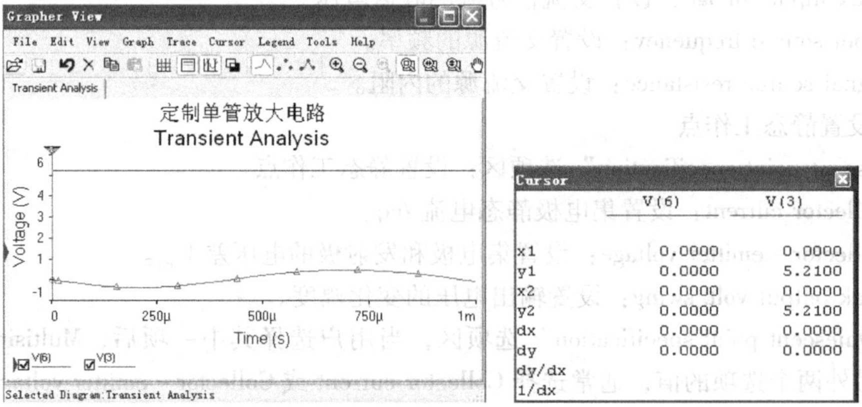

图 5-11　单管共射放大电路瞬态分析

2. 后处理器的使用

执行“Simulate”→“Postprocessor”命令，打开后处理器对话框，如图 5-12 所示。对图 5-12 所示对话框中的“Expression”选项中进行如下操作。

1）双击“Select simulation results”选项区中的单管共射极放大电路，选择“Transient Analysis”（tran01），它表示进行过电路仿真分析的电路名称、分析的项目和次数。

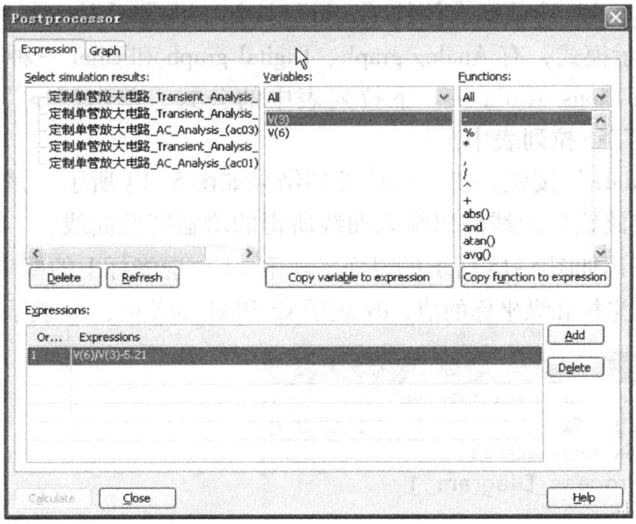

图 5-12　后处理器的使用 1

2）在“Variables”下拉列表中选择“All”，然后在瞬态分析的结点中选择“V(6)”，并单击下面的“Copy variable to equation”按钮，V(6)出现在“Expressions”下拉列表框的“1”栏处。

3）在“Functions”下拉列表中选择“All”，然后选择“/”，单击下面的“Copy function to equation”按钮，“/”出现在“Expressions”下拉列表的“1”栏处。

4）在“Variables”下拉列表中选择“All”，在瞬态分析的结点中选择“V(3)”，并单击下面的“Copy Variable to Equation”按钮，“V(3)”出现在“Expressions”下拉列表框的“1”栏处，完成函数 1 的编辑。

5）单击“Graph”选项卡，弹出如图 5-13 所示的对话框。

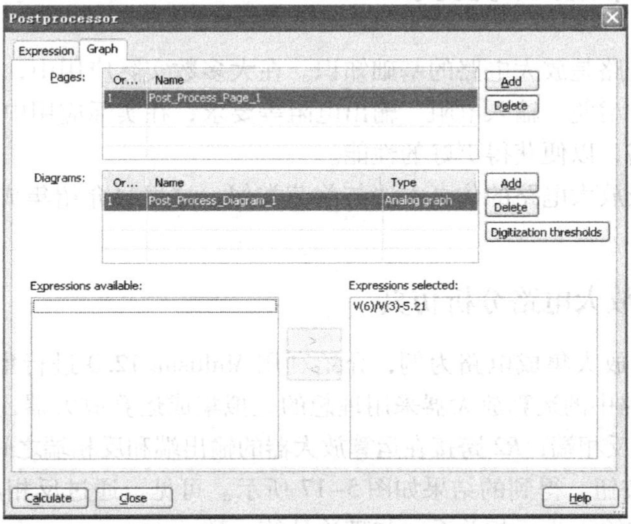

图 5-13　后处理器的使用 2

在“Graph”选项卡中进行如下操作：

1）单击“Page”选项区右侧的“Add”按钮，显示处理后的结果。

2）单击“Diagrams”选项区右侧的“Add”按钮，设置后处理结果的显示模式，选择“Type”下的结果显示模式，有 Analog graph、Digital graph 和 Char 三种。

3）选择“Expressions available”下拉列表中的公式，单击“>”按钮，将其添加在“Expressions selected”下拉列表中。

4）单击“Calculate”按钮，得到的后处理结果如图 5-14 所示。该图反映的是进行瞬态分析后，单管放大电路输出曲线除以输入曲线所得的增益特性曲线。

单击按钮，弹出如图 5-15 所示的界面，x1 和 y1 对应光标 1 的横坐标和纵坐标的值，x2 和 y2 对应光标 2 的横坐标和纵坐标的值，dx 表示 x2 和 x1 的差值，dy 表示 y2 和 y1 的差值。

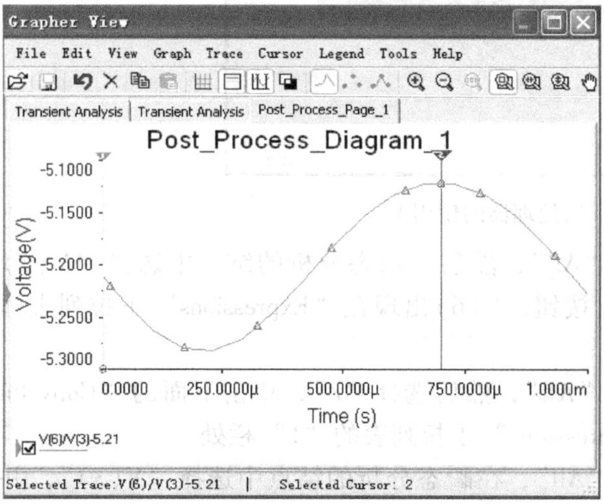

图 5-14　单管共射放大电路后处理结果 1

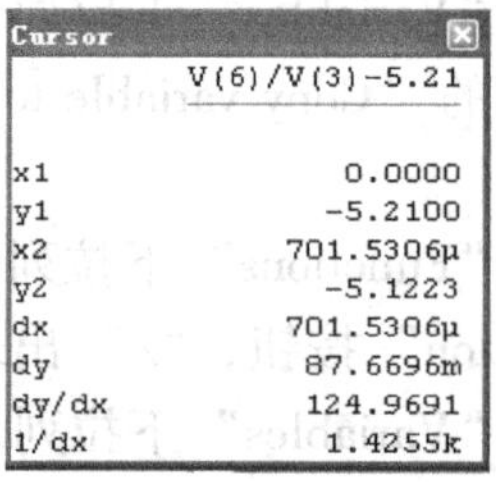

图 5-15　单管共射放大电路后处理结果 2

5.2　集成电路中的应用仿真

单管共射放大电路是放大电路的基础知识。在大多数实际应用中，单管组成的放大电路往往不能满足特定的增益、输入电阻、输出电阻等要求，在实际应用中通常将某些单管电路组合成多级放大电路，以便获得更好的性能。

由于分立的多级放大电路的仿真方法与前节类似，这里只介绍集成放大电路在 Multisim 12.0 中的仿真方法。

5.2.1　集成运算放大电路分析仿真

下面以反相比例放大集成电路为例，介绍利用 Multisim 12.0 进行集成运算放大的仿真。如图 5-16 所示，电路中的运算放大器采用理想的虚拟集成运算放大器，输入电压 Vi 通过 $R1$ 作用于运算放大器的反相端，$R2$ 跨接在运算放大器的输出端和反相端之间，同相端接地。

单击“仿真”按钮，得到的结果如图 5-17 所示。可见，通过反相放大，输出电压放大了 2 倍，并且输出与输入为反相关系，与理论计算一致。

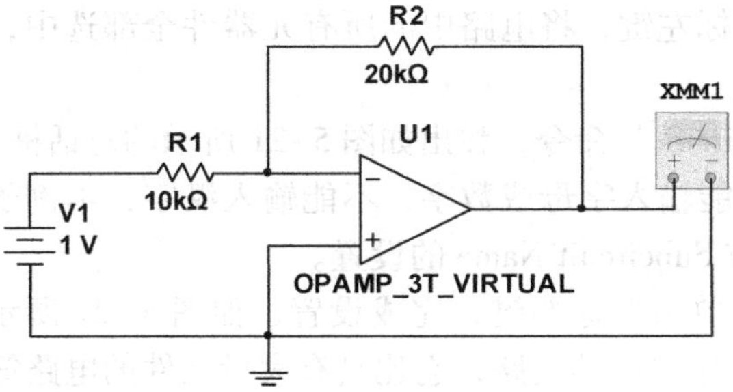

图 5-16　反相比例放大器

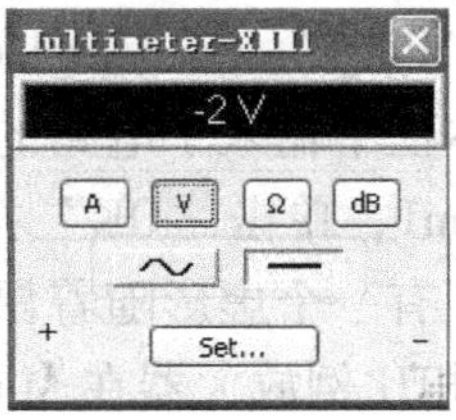

图 5-17　反相比例放大器放大结果

5.2.2　多级集成运算放大电路分析仿真

在实际的应用中，通常将两个或多个集成运算放大电路级联，以达到实际中对参数和应用的要求。在反相比例运算电路后再加一级集成运算放大，如图 5-18 所示。

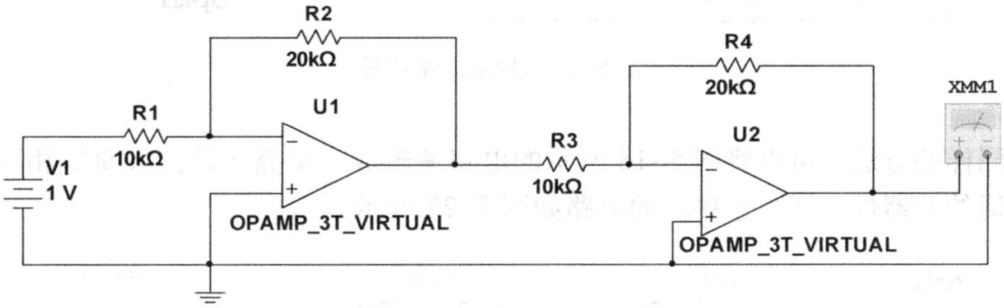

图 5-18　多级集成运算放大电路

该电路的仿真结果，用万用表读数如图 5-19 所示，与理论计算一致。如果需要更多集成运算放大，可以按照该类方法将电路级联。

随着集成运算放大电路放大级数的增多，电子元器件逐渐增多，电路中的连线变得复杂，一旦出现错误，检查起来极不方便。从图中可以看出，两级运算放大的电路结构和电路功能是一样的，可以利用 Multisim 12.0 中的子电路创建功能将电路结构和电路功能类似的电路创建成子电路，庞大的电路可以用子电路构成，以便于管理。

封装子电路的步骤如下：

1）先将电路中的电源、地符号和万用表去掉。

2）在电路图中添加连接器，单击“Place_Connectors”，然后选择“HB_SC Connectors”，依次添加 3 个连接器。

3）在仿真电路窗口中的适当位置完成元件的放置，将 HB_SC Connectors 与去掉电源和地符号的真电路图相连接，如图 5-20 所示。

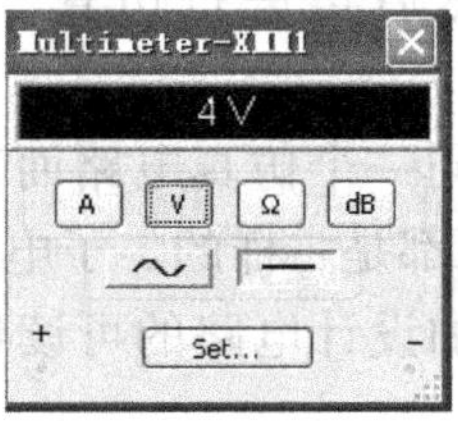

图 5-19　多级集成运算放大电路放大结果

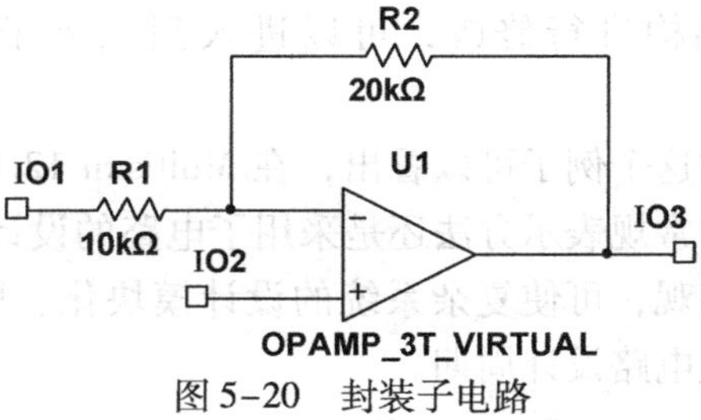

图 5-20　封装子电路

4）在仿真电路窗口的适当位置单击鼠标左键，将电路中的所有元器件全部选中，选中的元器件呈现蓝色。

5）执行“Place”→“Replace by subcircuit”命令，弹出如图 5-21 所示的对话框。

6）在文本框中输入子电路的名称，只能输入字母或数字，不能输入汉字，本例子中将名称命名为 opm1，单击“OK”按钮，完成 Subcircuit Name 的设置。

7）此时，有一个虚影随着鼠标移动，单击鼠标左键，完成设置，如图 5-21 所示。这个符号就是反相比例放大器在 Multisim12.0 中对应的电路，它比具有大量元件的电路简化了许多，用一个框和几根线连接。该子电路仍然可以继续编辑。

图 5-21　封装电路符号

按照同样的方法，可以将图 5-18 所示的电路编辑成子电路 SC2，与 SC1 相连接，连接方法与普通的元器件一样，连接后的电路如图 5-22 所示。

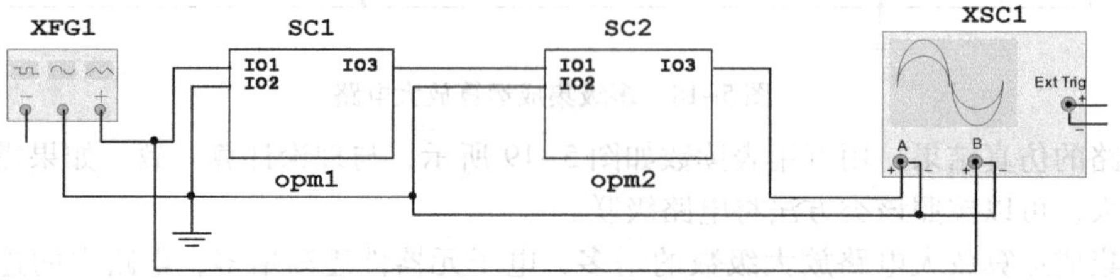

图 5-22　多级封装电路

为了直观地观察子电路的设计仿真结果，将输入端接信号源，选择正弦波，幅度为 1 V、频率 100 Hz，同时输出端接双踪示波器，清楚地观察输入信号和输出信号的变化。这两个子电路的放大倍数分别为 -2 和 4，级联起来以后放大倍数为 -8，实际的输出波形如图 5-23 所示。在图中可以看出，在刻度线 1 处，输入信号和输出信号的幅值比值接近 8，相位差为 180°，与理论相符合。在如图 5-24 所示的基本操作工作窗口 Design Toolbox 中可以看到，在未进行子电路创建时，电路中只存在一个单一的仿真原理图，而子电路创建后又增加了两个二级子电路，即存在层次化的结构。如果想对电路参数或结构进行修改，可以进入到二级子电路修改然后再进行仿真，操作起来非常便捷。

通过这个例子可以看出，在 Multisim 12.0 中，对于同一个仿真电路而言，无论采用分立器件的常规表示方法还是采用子电路的设计方法，结果都是一样的。子电路的设计方法更加简单直观，可使复杂系统的设计模块化、层次化，增加设计电路的可读性，提高设计效率，缩短电路设计周期。

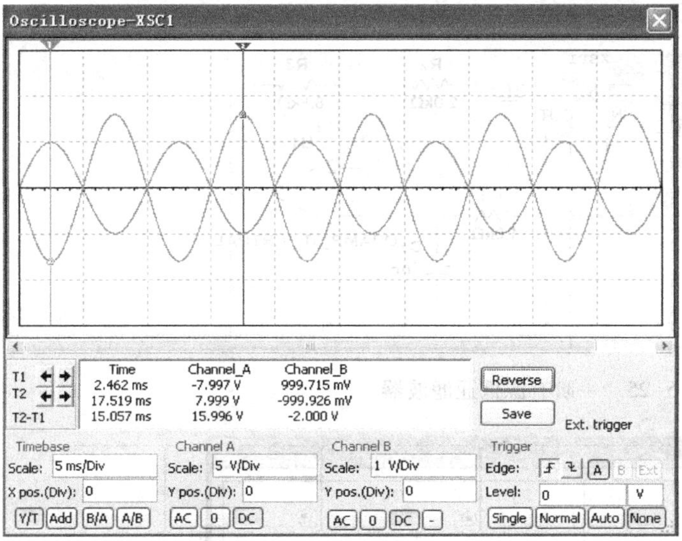

图 5-23 输入/输出信号

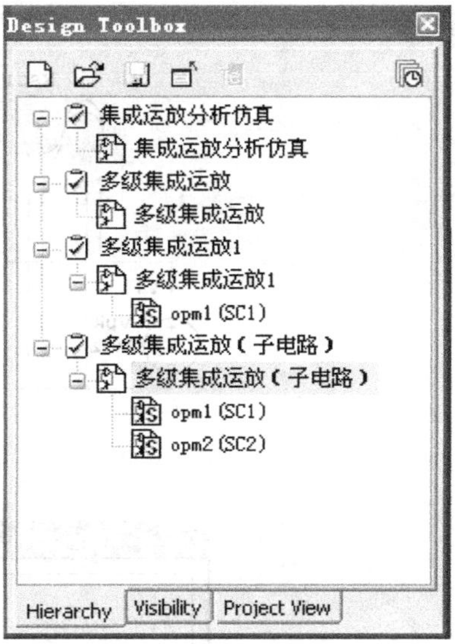

图 5-24 工作窗口

5.3 有源滤波器的设计与仿真

使有用频率信号通过而同时抑制无用频率信号的电路称为滤波电路，其在信号的处理过程中极为重要，广泛应用于各类电子电路系统、电源系统、信息处理系统中。根据通带频率的不同可以分为低通滤波器、高通滤波器、带通滤波器、带阻滤波器和全通滤波器。根据滤波器电路中有无有源元件又可以分为无源滤波器和有源滤波器，有源滤波器的性能通常要比无源滤波器的性能好，但是只能应用于小功率系统。

随着集成运算放大器的迅速发展，由它和 R、C 组成的有源滤波电路具有不用电感、体积小、重量轻等优点。此外，集成运算放大器的开环增益和输入阻抗高，输出阻抗低，构成滤波器后还具有一定的电压放大和缓冲作用，因此本节主要讨论在 Multisim 12.0 中用集成运算放大器构成的有源滤波器，Multisim 12.0 不仅能够按照分立元件的方式设计滤波电路，还能够按照用户规定的参数要求，为用户自动定制滤波电路。

5.3.1 滤波电路的分析仿真

1. 一阶低通滤波电路

下面以一阶有源低通电路为例来仿真和分析滤波电路。

如果在一级无源 RC 低通滤波电路的基础上加上一个同相比例放大器，使之与负载很好地隔离起来，就构成了一个简单的一阶有源低通滤波器，如图 5-25 所示。其中，RC 电路的主要作用是确定电路的截止频率，即选频作用，截止频率为 $f_0 = 1/(2\pi RC)$。集成运放主要起到放大作用和提高带负载的能力。

电路的输入与输出波形如图 5-26 所示。一阶有源滤波器的电压放大倍数为 $A0 = 1 + R3/R2$，理论计算值为 4.4。在图中可以观测到输入/输出波形幅度为 987.165 mV 和 4.324 V，计算得出电压放大倍数为 4.380，其原因是输入信号的频率已接近截止频率，所以输出幅度有所衰减。

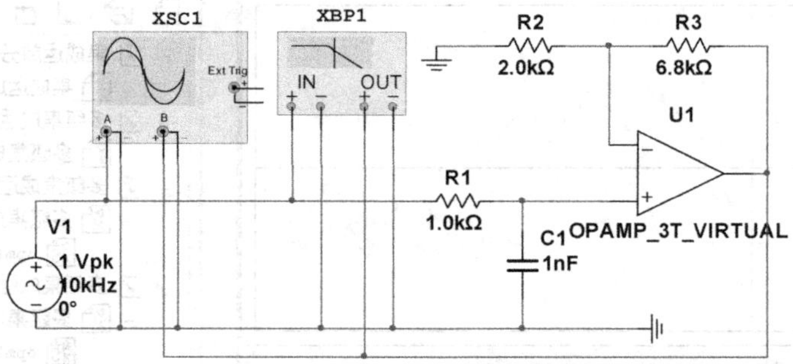

图 5-25　一阶有源低通滤波器

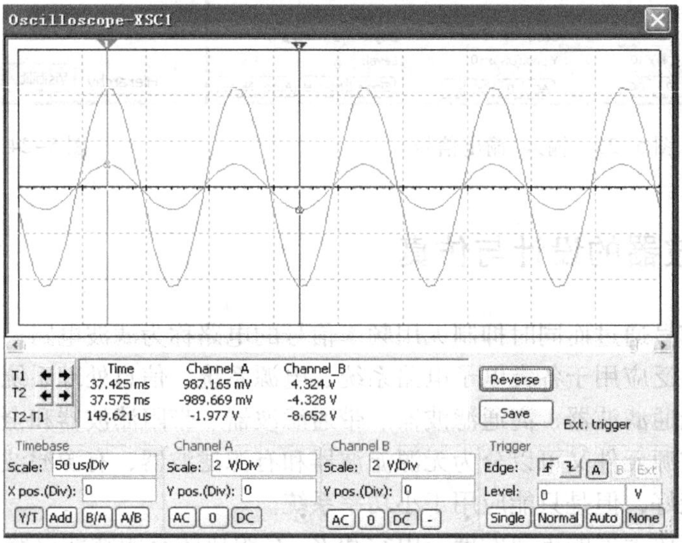

图 5-26　滤波器的输入/输出波形

双击波特图测试仪 XBP1，得到低通滤波器的幅频特性如图 5-27 所示，相频特性如图 5-28 所示。

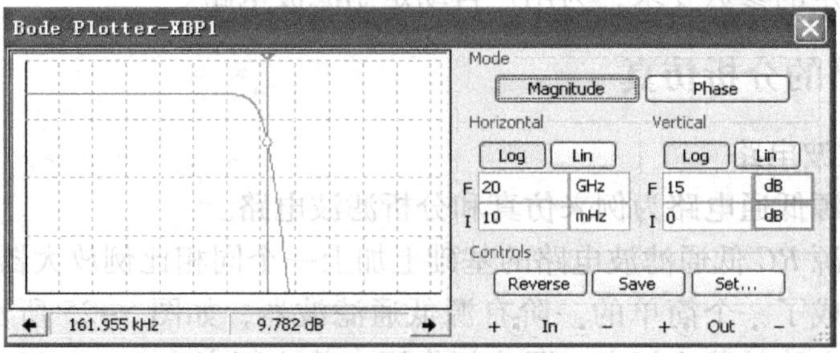

图 5-27　幅频特性

在图 5-27 中移动数字的图标，移动红色的游标 1 到达使一阶有源低通滤波电路的电压放大倍数下降 3 dB 的位置处，该处即为一阶有源低通滤波电路的上限截止频率。在图中显示为 161.995 kHz。

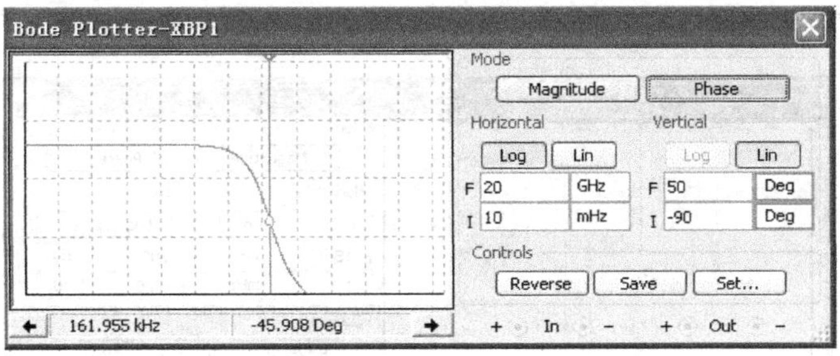

图 5-28　相频特性

在图 5-28 中，移动红色的游标 1 到达频率为 161. 995 kHz 的位置，观测此时的相频响应特性。从图中可以看出，一阶有源低通滤波电路虽然可以滤掉较高频率的输入信号，但是其滤波性能不好。因为图中高频段发生衰减时其曲线的斜率比较小，衰减的程度比较缓慢，电路以 -20 dB/10 倍频的幅度下降。因此，可以采用二阶有源低通滤波电路来滤除高频成分。

2. 二阶低通滤波电路

建立二阶低通滤波电路，如图 5-29 所示。

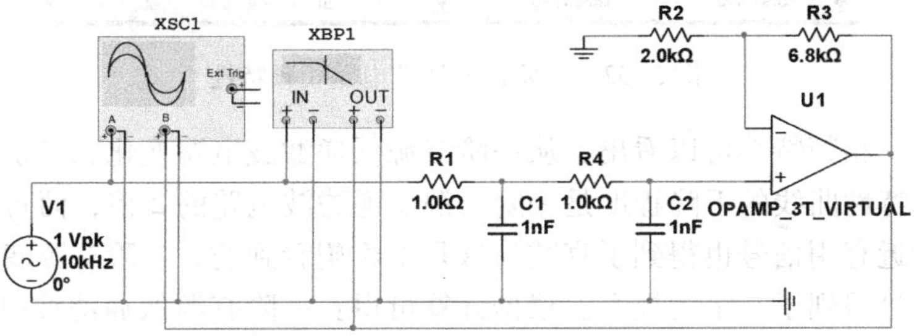

图 5-29　二阶低通滤波电路

观察到的二阶有源低通滤波电路输入/输出波形如图 5-30 所示，输入信号的幅度为 978. 070 mV，输出为 4. 254 V，可见放大了 4. 349 倍，输出波形滞后于输入波形。

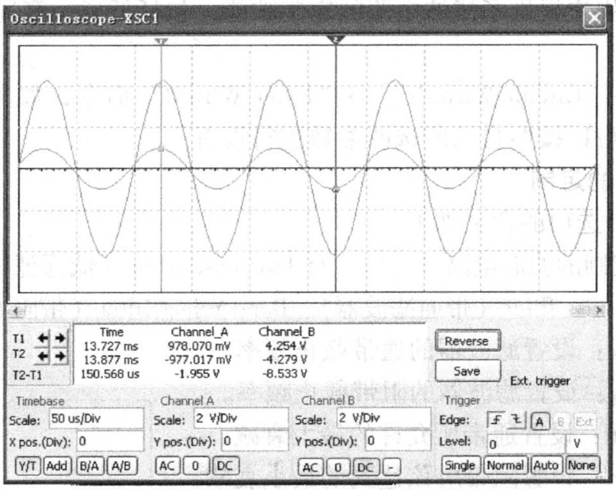

图 5-30　二阶低通滤波电路输入/输出信号

观察到的幅频特性如图 5-31 所示，相频特性如图 5-32 所示。

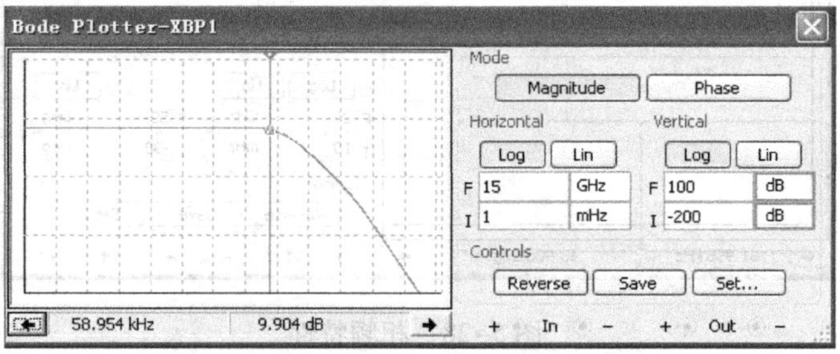

图 5-31　二阶低通滤波电路幅频特性

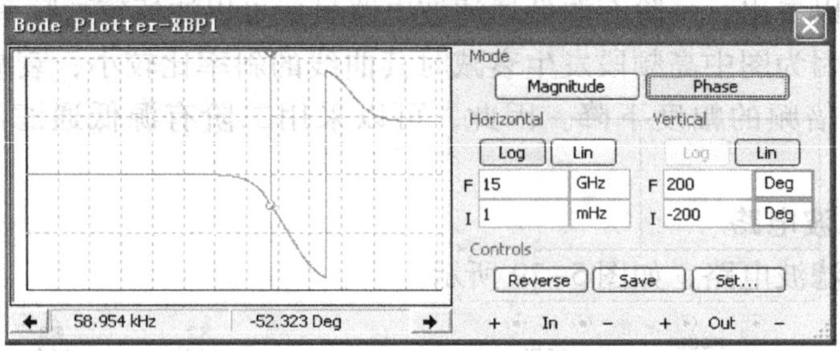

图 5-32　二阶低通滤波电路相频特性

由幅频特性和相频特性可以看出，从一阶有源低通滤波电路变化到二阶有源低通滤波电路，其幅频响应特性曲线的下降程度是一阶有源低通滤波电路的 2 倍，而且一阶有源滤波电路在截止频率附近有用信号也得到了衰减，这是不希望看到的，二阶有源滤波电路在截止频率附近，有用信号得到了一定的提升。根据计算可得：一阶有源低通滤波电路以 -20 dB/10 倍频的幅度下降，二阶有源低通滤波电路以 -40 dB/10 倍频的幅度下降。它与一阶有源低通滤波电路频率特性相比可以看出，转折区更陡峭，即特性更理想。

5.3.2　定制滤波电路的分析仿真（低通、高通、带通、带阻）

Multisim 12.0 为用户提供了滤波电路的定制功能，包括低通、高通、带通、带阻电路的定制分析。

执行“Tools”→“Circuit Wizards”→“Filter Wizard”命令，如图 5-33 所示。在滤波器参数设置对话框中可以按照自己所选的参数进行设置。

1. 低通滤波电路的定制

在图 5-33 中各个选项的含义如下：

1）Type：选择定制的滤波电路的类型，有 Low pass filter（低通滤波器）、High pass filter（高通滤波器）、Band pass filter（带通滤波器）、Band reject filter（带阻滤波器）4 种。

2）Pass frequency：设置滤波器的通带截止频率。

3）Stop frequency：设置滤波器的阻带截止频率。

4）Pass band gain：设置通带所允许的最大衰减。

5）Stop band gain：设置阻带应该达到的最小衰减。

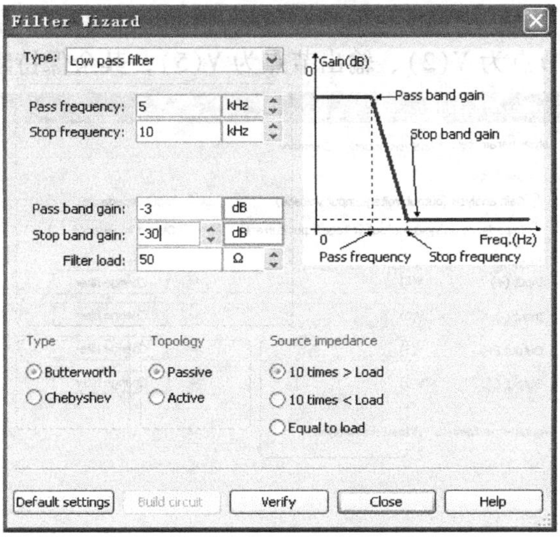

图 5-33　滤波电路的定制

6）Filter load：设置滤波器电阻值。

7）Type：选择滤波器类型是 Butterworth（巴特沃斯滤波器）或 Chebyshev（切比雪夫滤波器）。

8）Topology：选择滤波器是 Active（有源滤波器）或 Passive（无源滤波器）。

9）Source impedance：设置源阻抗范围，是通过源阻抗和负载电阻的倍数来确定的，有 3 种选择：源电阻的数值比负载电阻大 10 倍以上、源电阻的数值比负载电阻小 10 倍以下、源电阻的数值等于负载电阻值。

10）Default settings：恢复滤波器参数设置对话框中的默认设置。

11）Build circuit：创建滤波器电路。

12）Verify：验证各个参数设置是否合理。如果合理，单击“Verify”按钮后会出现 calculation was successfully completed，即可以创建滤波电路，如果不合理会给出提示。

下面设计一个巴特沃斯低通滤波器，滤波器的通带截止频率为 5 kHz，阻带截止频率为 10 kHz，通带所允许的最大衰减 3 dB，阻带应该达到的最小衰减为 30 dB。

按照如图 5-33 所示的参数定制低通无源滤波器，单击“Verify”按钮，检验设置的参数是否符合电子线路的基本要求，新建立的无源低通滤波电路如图 5-34 所示。由于在电路中引入了电源内阻和负载电阻，该电路是一个双边带负载的 *LC* 网络，该电路的处理要比 *RC* 电路复杂，在这里只讨论空载 *LC* 网络电路。

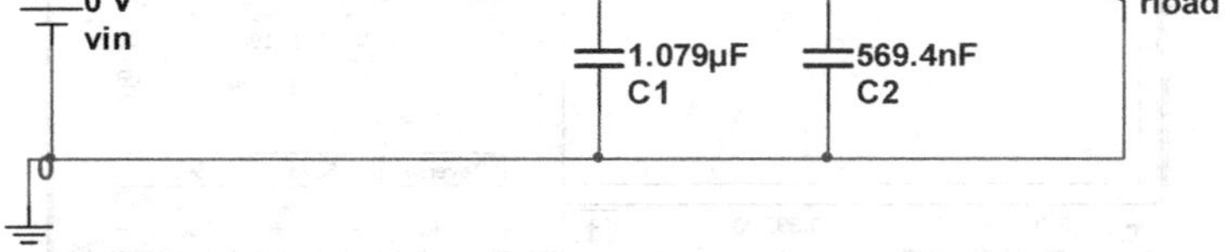

图 5-34　无源低通滤波电路

1）执行“Simulate”→“Analysis”→“Pole - Zero Analysis”命令，弹出如图 5-35 所示的对话框，选择输入节点为 V(2)、输出节点为 V(5)，其余保持默认设置。

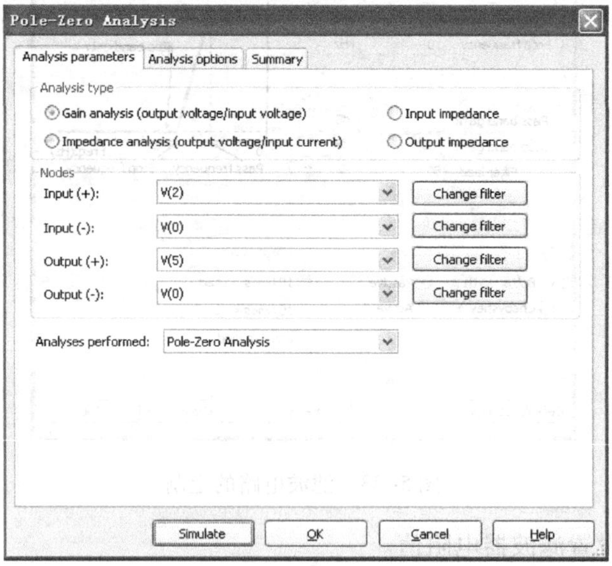

图 5-35　极点分析

2）单击对话框中的“Simulate”按钮，得到无源滤波电路幅频特性，如图 5-36 所示。图中列出了低通滤波电路的极值点，可以验证，图中的结果与理论计算基本一致。

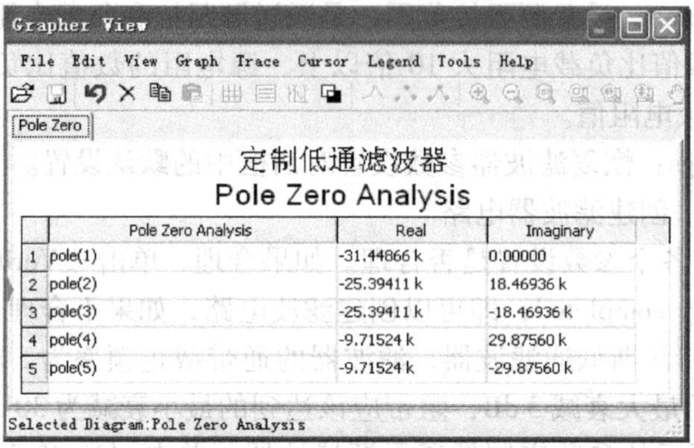

图 5-36　极点分析结果

3）在电路中加入波特仪表，测得该电路的幅频特性如图 5-37 所示，相频特性如图 5-38 所示。

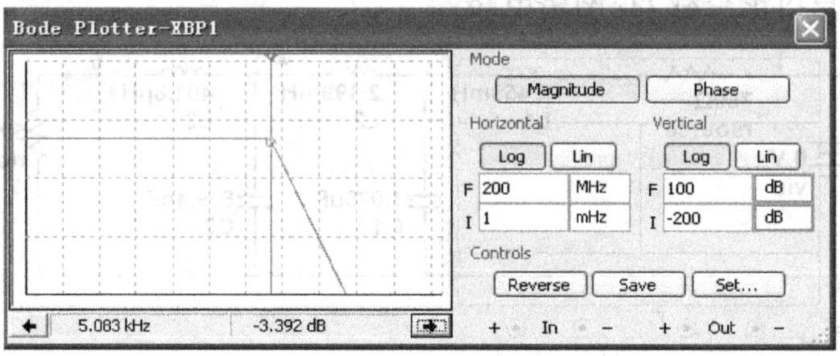

图 5-37　无源滤波电路幅频特性

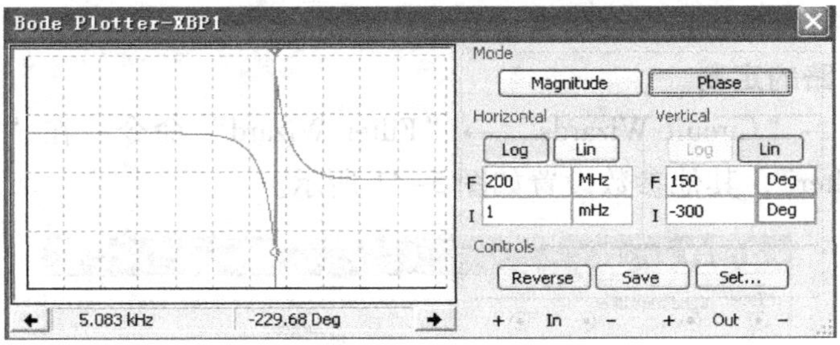

图 5-38　无源滤波电路相频特性

相频响应本该单调下降的，但在游标处，发生了 360°的跃变，这可能是由于仿真计算时反正切函数的引入造成的。对于这种相位卷绕现象，用户在跳变的地方加上或减去 360°后才可以得到连续的相频特性曲线。

2. 高通滤波电路的定制

高通滤波电路的定制过程与低通滤波电路相似，执行“Tools”→“Circuit Wizards”→“Filter Wizard”命令，在“Type”下拉列表中选择“High pass filter”，其他参数设置如图 5-39 所示。

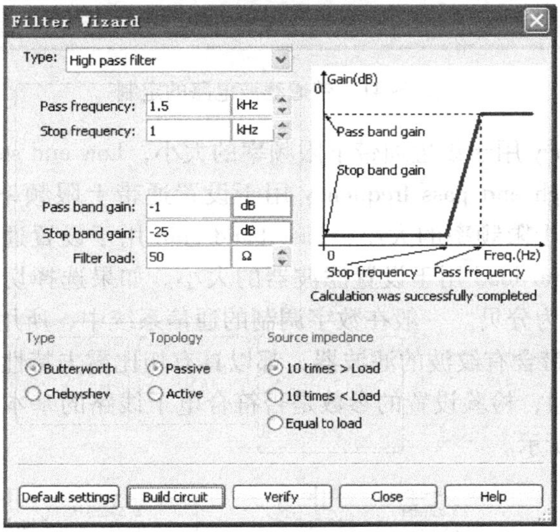

图 5-39　高通滤波电路的定制

单击“Verify”按钮，检验设置的参数是否符合电子线路的基本要求。新建立的无源高通滤波电路如图 5-40 所示。

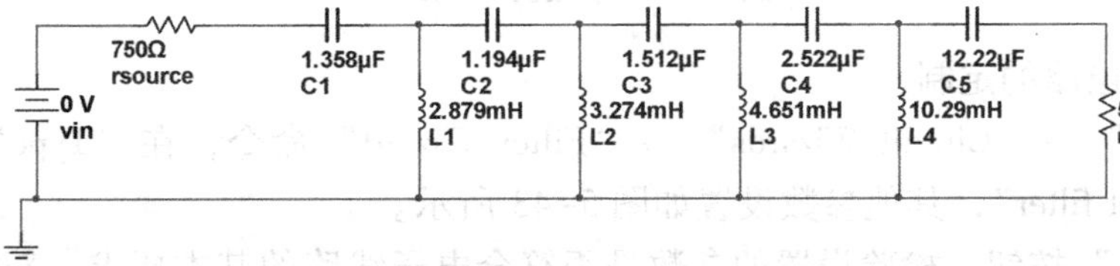

图 5-40　无源高通滤波电路

对于该电路的幅频和相频特性仿真读者自行完成。

3. 带通滤波电路的定制

执行"Tools"→"Circuit Wizards"→"Filter Wizard"命令，在"Type"下拉列表中选择"Band pass filter"，其他参数设置如图 5-41 所示。

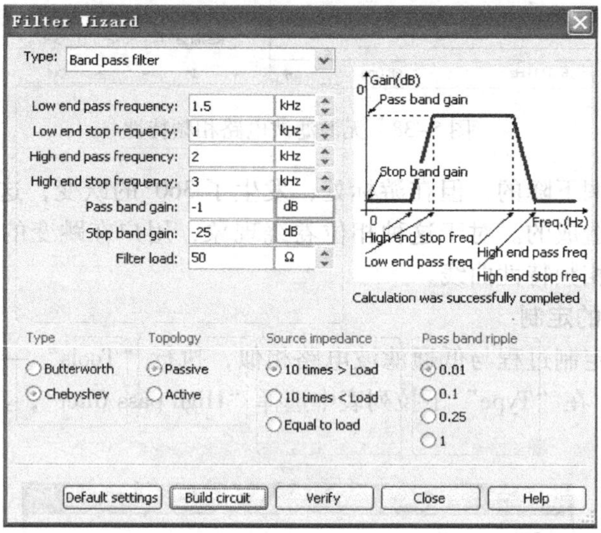

图 5-41　带通滤波电路的定制

Low end passfrequency 用于设置通带下限频率的大小，Low end stop frequency 用于设置阻带下限频率的大小，High end pass frequency 用于设置通带上限频率的大小，High end stop frequency 用于设置阻带上限频率的大小，Pass band gain 用于设置通带增益，Stop band gain 用于设置阻带增益，Filter load 用于设置滤波器的大小。如果选择切比雪夫类型，则需要选择通带的纹波值，单位为分贝。一般在数字调制的通信系统中，所用的滤波器的纹波值以不高于 0.5 分贝为宜。通带含有纹波的滤波器，都以具有切比雪夫特性为主。

单击"Verify"按钮，检验设置的参数是否符合电子线路的基本要求。新建立的无源带通滤波电路如图 5-42 所示。

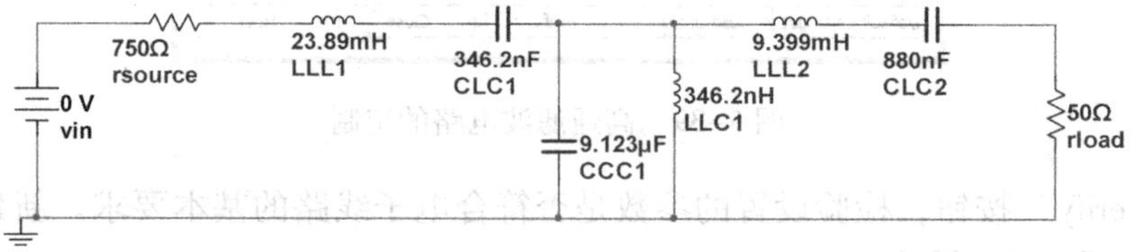

图 5-42　带通滤波电路

4. 带阻滤波电路的定制

执行"Tools"→"Circuit Wizards"→"Filter Wizard"命令，在"Type"下拉列表中选择"Band reject filter"，其他参数设置如图 5-43 所示。

单击"Verify"按钮，检验设置的参数是否符合电子线路的基本要求。新建立的无源带阻滤波电路如图 5-44 所示。

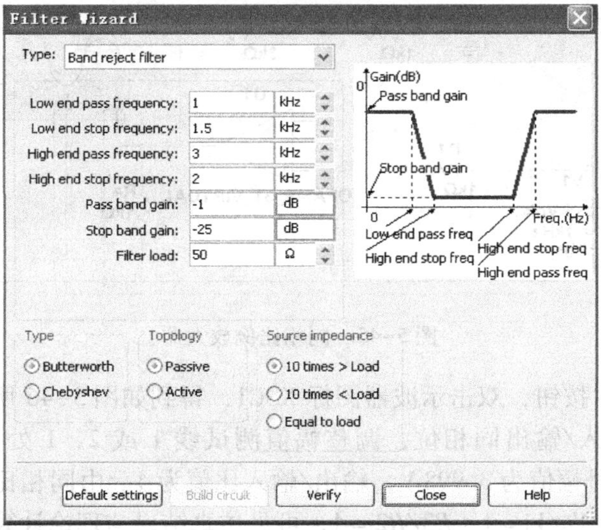

图 5-43　带阻滤波电路的定制

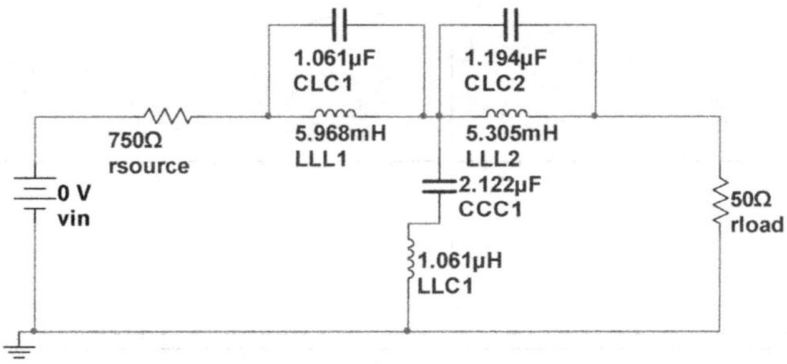

图 5-44　带阻滤波电路

5.4　运算电路中的应用仿真

集成运算放大器是一种高放大倍数、高输入阻抗、低输出阻抗、功耗低、可靠性高的线性器件，并且引入深度负反馈后可以在很宽的信号频率范围内实现各种数学运算电路，同时它还可以应用在对信号进行处理的电路中，如信号的变换、测量和产生，在这些应用中经常利用其理想模型进行分析。

下面介绍 Multisim 12.0 在线性电子电路中的应用，如常见的比例运算电路、基本加减法运算电路、微积分运算、测量放大电路、三角波 - 方波发生电路、电压 - 频率转换电路。

5.4.1　比例运算电路仿真

常见的比例运算电路有同相比例运算电路和反相比例运算电路，这里仅介绍同相比例运算电路的仿真分析，其步骤如下：

1）选择理想集成运算放大器、电阻、交流信号源和双踪示波器等，创建同相比例运算电路，如图 5-45 所示。

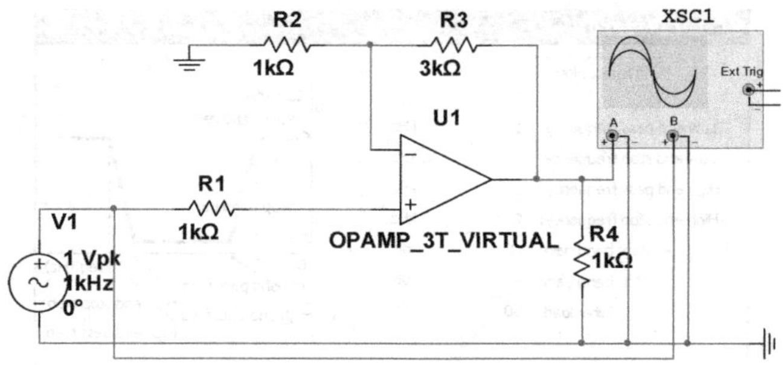

图 5-45　同相比例放大器

2）单击“运行”按钮，双击示波器图标 XSC1，得到如图 5-46 所示的输入/输出波形。从波形上可以看到输入/输出同相位，调整幅值测试线 1 或 2，1 处显示输入信号幅值为 999.411 mV、输出信号幅值为 3.998 V，输出/输入比值为 4。由同相比例运算理论计算出电路的输出/输入关系为 $Vo/Vi = 1 + R3/R2 = 4$，可见仿真结果与理论计算相符合。

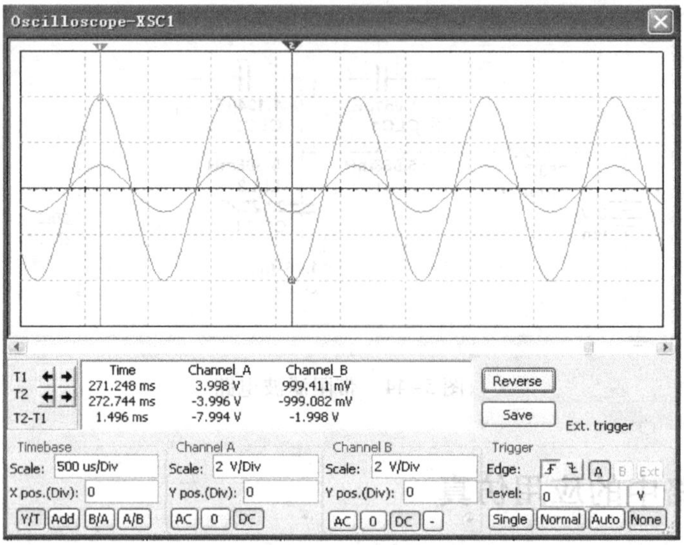

图 5-46　同相比例输入/输出波形

如果在一定的范围内调整负载电阻 $R4$，输出波形的形状和幅值不会变化，可见该电路具有较强的带负载能力。

3）调整 $R2$、$R3$ 的值，或改变交流信号的幅值、频率，重复上述步骤，观察各种参数对电路输出结果的影响。

由仿真结果可见，运算放大构成的线性比例运算电路具有电路简单、带负载能力强的特点，可以广泛应用于各种信号调理、放大、检测等电路。

5.4.2　基本运算电路仿真

利用集成运算放大器可以构成加、减、乘、除等基本运算电路。下面以加法运算电路为例介绍 Multisim 12.0 对其进行的设计和仿真，其步骤如下：

1）选择理想集成运算放大器、电阻、交流信号源、直流信号源、万用表等，创建反相比例加法运算电路，如图 5-47 所示。

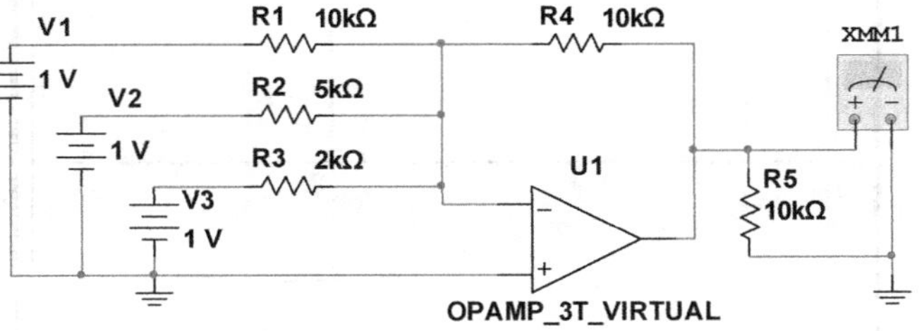

图 5-47　加法运算电路

2）单击“运行”按钮，双击万用表图标 XMM1，可以得到如图 5-48 所示的仿真结果为 -8 V。

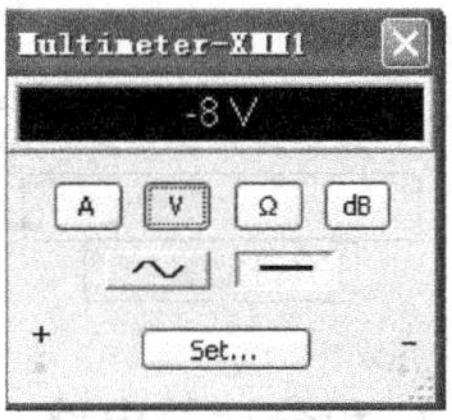

图 5-48　仿真运算结果

由反相比例求和电路的理论计算，$Vo = -(V1 * R4/R1 + V2 * R4/R2 + V3 * R4/R3) = -8$ V，可见仿真结果与理论计算相符。

3）可将 V1、V2 和 V3 变换成信号源，万用表变换成示波器，观察输入/输出波形的对应关系。

4）调整 *R*1、*R*2、*R*3、*R*4 以及负载 *R*5 的数值，观察结果的变化。

由仿真结果可见，反相比例加法运算电路线性度好、带负载能力强、输出特性较好，可以广泛应用于各种信号调理、放大、检测等电路。

5.4.3　微分和积分运算电路仿真

微分和积分运算电路是应用广泛的模拟信号运算电路，可以产生各种波形。

1. 微分运算电路

1）微分运算电路可以在反比例运算的基础上改变，选择理想集成运算放大器、电阻、交流信号源、示波器等，创建反相比例加法微分运算电路，如图 5-49 所示。

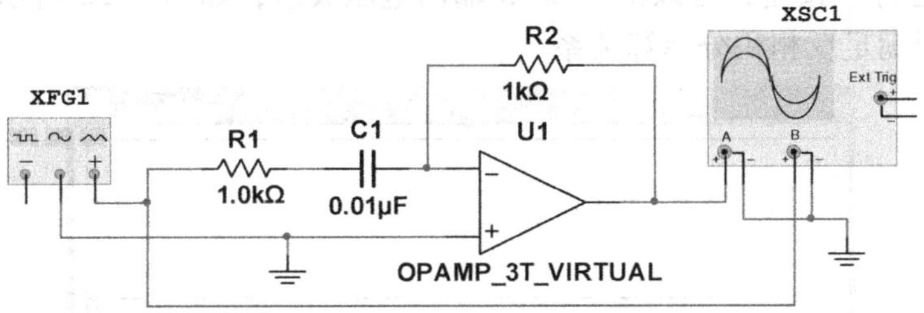

图 5-49　微分运算电路

2）单击“运行”按钮，可以得到输入/输出电压波形，如图 5-50 所示。从图中可以看出输出/输入波形满足反相微分运算关系。

3）改变微分时间常数即可改变微分尖脉冲的宽度，读者可以自行改变 *C*1 和 *R*2 的数值，观察输出脉冲的变化。

4）*R*1 的作用是去掉高频干扰，防止电路发生自激振荡。读者可以将 *R*1 去掉观察输出波形的变化。

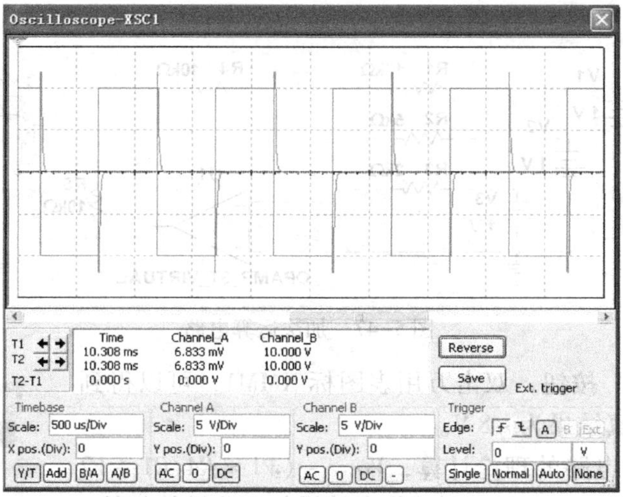

图 5-50　微分运算结果

2. 积分运算电路

1）选择理想集成运算放大器、电阻、交流信号源、直流信号源、万用表等，创建反相比例积分运算电路，如图 5-51 所示。

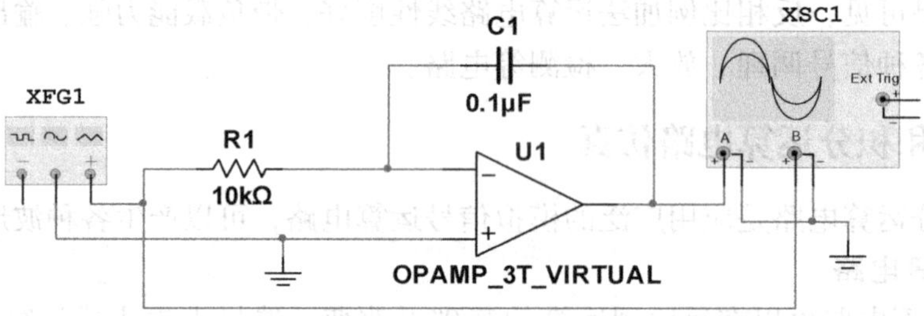

图 5-51　积分运算电路

2）单击“运行”按钮，可以得到输入/输出电压波形，如图 5-52 所示。从图中可以看出输出/输入波形满足反相积分运算关系。

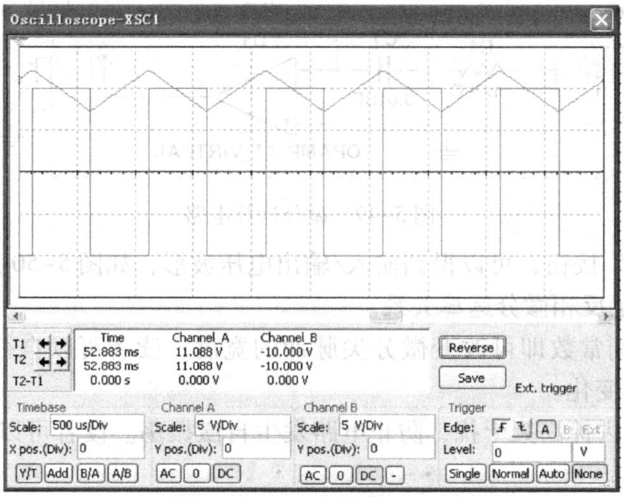

图 5-52　积分运算结果

3）读者可以自行改变改变 $C1$ 和 $R2$ 的数值，即积分时间常数，观察输出脉冲的变化。

5.4.4 测量放大电路仿真

测量放大器又称为数据放大器或仪表放大器，常用于热电偶、应变电桥流量计、生物电测量以及其他有较大共模干扰的支流缓变微弱信号的检测。

测量放大器是一种高增益、直流耦合放大器，它具有差分输入、单端输出、高输入阻抗和高共模抑制比等特点，因此得到了广泛的应用。测量放大器所采用的基础部件是运算放大器，运算放大器是单端器件，其传输函数主要由反馈网络决定。测量放大器在有共模信号条件下能够放大很微弱的差分信号，因而具有很高的共模抑制比（CMR），它通常不需要外部反馈网络。

图 5-53 所示是同相并联式高阻抗测量放大器电路，具有输入阻抗高、增益调节方便、漂移互相补偿、双端变单端以及输出不包括共模信号等优点。线路前级为同相差动放大结构，要求两运放的性能完全相同，这样，线路除具有差模、共模输入电阻大的特点外，两运放的共模增益、失调及其漂移产生的误差也相互抵消，因而不需精密匹配电阻。后级的作用是抑制共模信号，并将双端输出转变为单端放大输出，以适应接地负载的需要，后级的电阻精度则要求匹配。增益分配一般前级取高值，后级取低值。

由理论可知，电路的电压增益：$Av = Vo/(V1 - V2) = -R6/[R4(1+R2/R1)] = 210$。

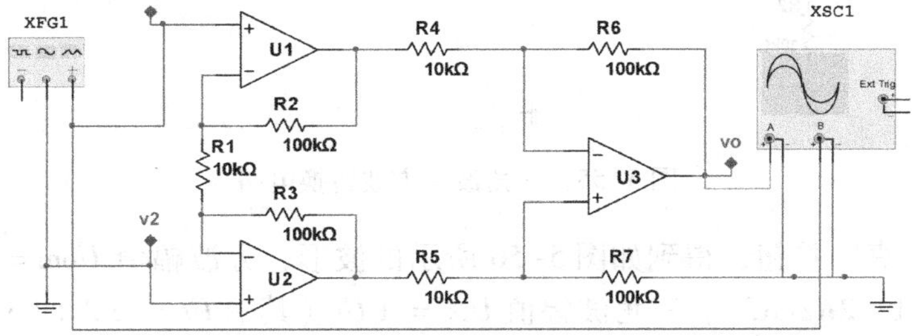

图 5-53　测量放大电路

在图 5-54 中可以看出输出信号幅值为 1.049 V，输入信号幅值为 4.997 mV，比值为 209.9，与理论相符，在相位上相差 180°。

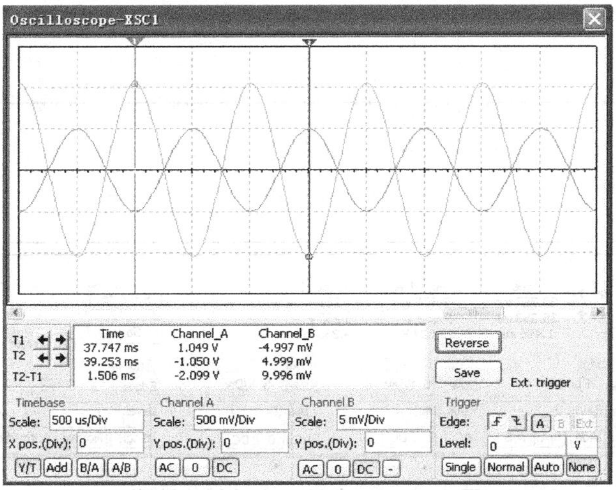

图 5-54　测量放大电路输入/输出波形

5.4.5 三角波–方波发生电路仿真

方波发生器实际上就是一个滞回比较器，通过比较输出高低电频。而三角波则是由方波进行积分后产生的，因此将滞回比较器电路和积分电路适当地连接起来，就可以得到方波–三角波发生器了，其步骤如下：

1）选用运放741、电阻、电容、双踪示波器等器件，创建电路，如图5-55所示。其中前半部分就是一个滞回比较器，后半部分为积分电路。滞回比较器的输出加在积分电路的反相输入端进行积分，而积分电路的输出又接到滞回比较器的相同输入端，控制滞回比较器输出端的状态发生跳变。

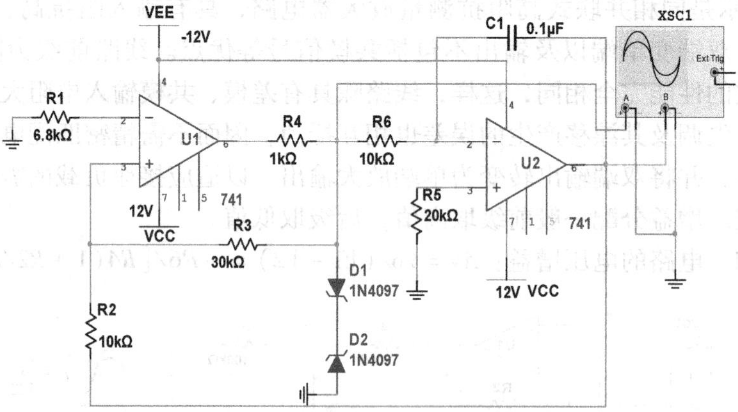

图5-55 三角波–方波转换电路

2）单击“仿真”按钮，得到如图5-56所示的波形，方波幅值 $Uom = \pm Uz$，方波振荡周期 $T = 2R3C\ln(1 + 2R2/R3)$，三角波幅值 $Uos = \pm Ut$（其中 $Ut = (R2 \div R3)Uz$），方波幅值为 ±10 V，三角波为 ±3.4 V，与理论值相符。周期为1.496 ms，计算值为1.726 ms。

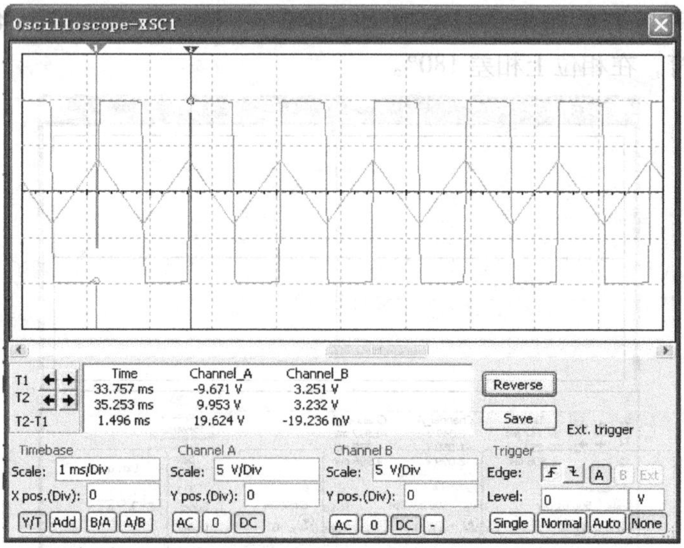

图5-56 三角波–方波转换波形

5.4.6 电压－频率转换电路仿真

电压频率转换电路的功能是将输入直流电压转换成频率与其数值成比例的输出电压，故称为电压控制电路，简称压控振荡器电路。可以认为电压频率转换电路是一种模拟量到数字量的转换电路。它广泛应用于模拟数字信号的转换、调频、遥测、遥感等各种设备中。其电路形式很多，如由运算放大器构成的 VFC（Voltage Frequency Converter），或者是集成芯片构成的 VFC 等。本节介绍由运算放大器构成的电压－频率转换电路。

1）连接电路，如图 5-57 所示。其中输入电压改用 2 kΩ 电阻与 10 kΩ 电位器串联至 12 V直流分压得到，通过调节可得所需 Vi 的大小。

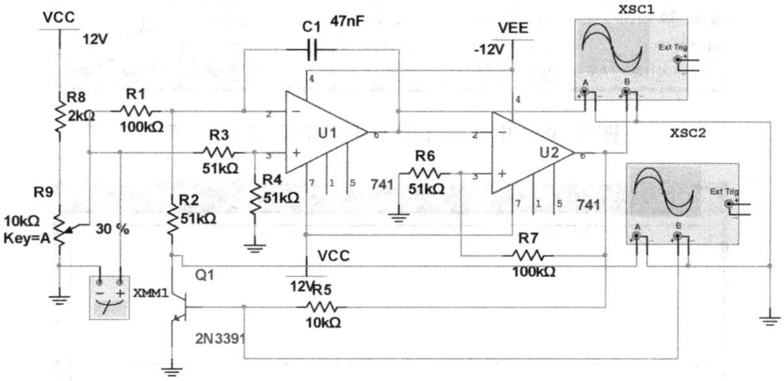

图 5-57 电压频率转换电路

在图 5-57 中，U1 用作积分器，U1 的同相端和反相端的电压相同，即 $V-=V+=R4/(R3+R4)=Vi/2$；U2 用作比较器，与 $R6$、$R7$ 构成滞回比较器，当它的输出电压为低电平时，晶体管 Q1 截至，此时积分电路中电容充电的电流为 $Ic=(Vi-V-)/R1=Vi/2R1$，随着电容的充电，U1 的输出逐渐下降，下降到 $Vo1=-R6/(R6+R7)$，比较器发生跳转，输出为高电平，使晶体管导通，电容开始放电，放电电流为 $Ic'=I\times R1-I\times R2-=(Vi-V-)/R1-V-/R2\approx -Vi/2R1$，电容放电时，U1 输出逐渐上升，上升到 $Vo1=|Vo2|R6/(R6+R7)$，比较器发生跳转，电容开始充电，如此往复。可得 V_{o1} 表达式如下：

$$V_{o1}=|V_{o2}|\frac{R_6}{R_6+R_7}=\frac{1}{C}\int_0^{T/4}\frac{V_i}{2}R_1\mathrm{d}t=\frac{V_i\cdot T}{8R_1C},$$

在电阻、电容不变的情况下，振荡周期与控制电压成反比，振荡频率与控制电压成正比。

2）单击“仿真”按钮，输出电压 Vo1 与 Vo2 的值如图 5-58 所示。晶体管基极电压 Vb 与集电极的电压 Vc 和振荡周期 T 的关系如图 5-59 所示。调节电位器，改变控制电压 Vi，读者可以得到不同的电压与振荡周期值，能够验证振荡周期与控制电压成反比。

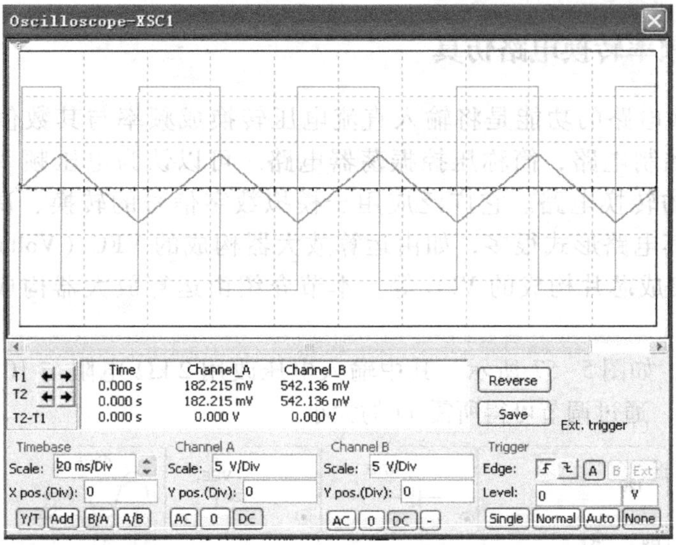

图 5-58　电压频率转换电路输入/输出关系

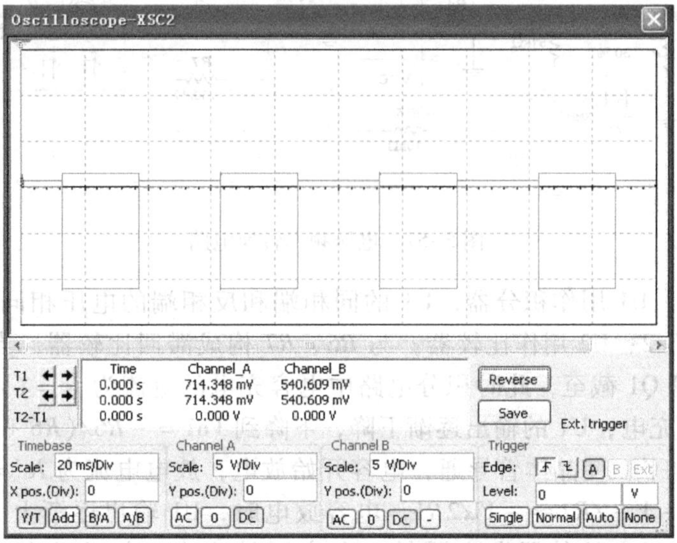

图 5-59　晶体管基极电压与集电极电压和振荡周期的关系

5.5　反馈电路中的应用和仿真

反馈在电子电路中应用极为普遍，它对电路的各种性能和参数指标有重大的影响。按照极性的不同，反馈分为负反馈和正反馈两种，它们在电子电路中所起的作用不同。在所有实用的放大电路中都要适当地引入负反馈，用以改善放大电路的性能，如稳定放大倍数、改善输入电阻和输出电阻、扩展频带改善放大电路的频率特性、抑制非线性失真等。正反馈会造成放大电路的工作不稳定，但在波形产生或振荡电路中要引入正反馈，以构成自激振荡的条件。

5.5.1 负反馈电路分析和仿真

选择信号源（输入信号的频率为 10 kHz、峰值为 20 mV 的正弦波）、直流电压源、晶体管、电阻、电容等创建电路，如图 5-60 所示。Rf 引入电压串联负反馈，反馈网络由 *Rf* 和 *Re*1 组成。

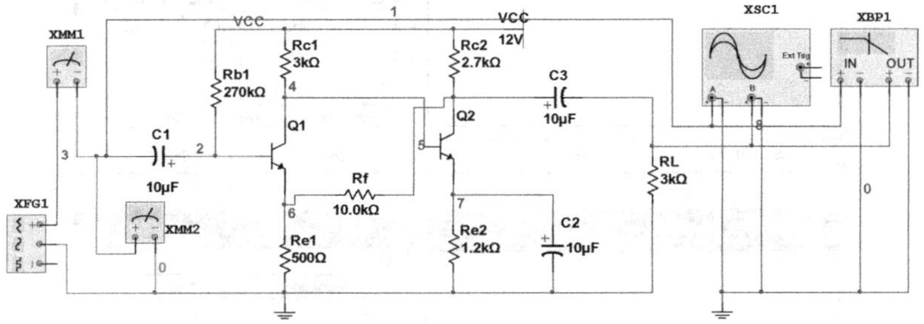

图 5-60　负反馈放大电路

1）执行“Simulate”→“Analysis”命令，然后选择“DC Operating Point”，分析静态工作点，选择节点 2、4、5、6、7 作为输出结点分析，结果如图 5-61 所示。

测得 Q2 集电射极电压 $Uce = V(5) - V(7) = 6.13\ V$，可见工作点合适。

2）单击“仿真”按钮，单击双踪示波器，得到的波形如图 5-62 所示。在图标 1 处，输入电压为 A 通道 19.992 mV，输出电压 B 通道为 346.409 mV，电压放大倍数 $A_f = uo/ui = 17.3$，而 $1/F = Re1 + Rf/Re1 = 21$，当深度负反馈时，认为 $A_f = 1/F$ 是可以的。

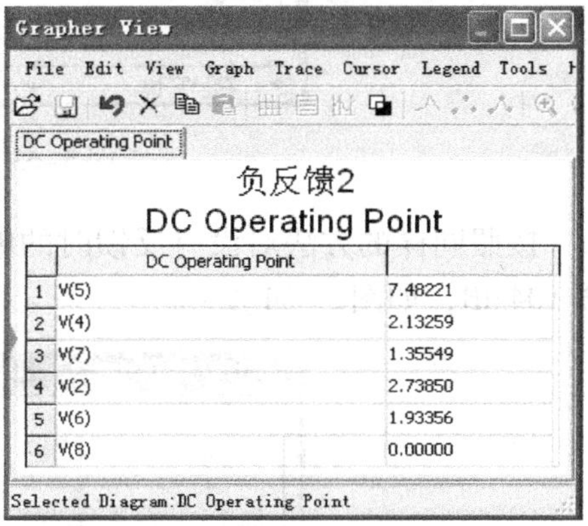

图 5-61　负反馈放大电路静态工作点

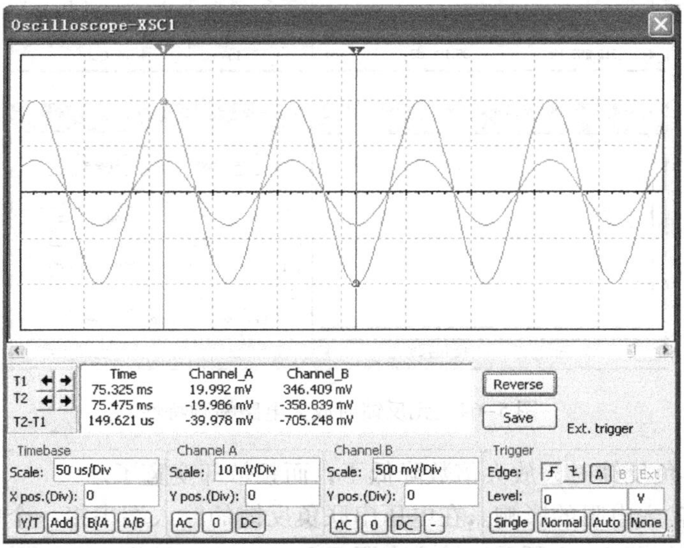

图 5-62　负反馈放大电路输入输出波形

同时，为了观察负反馈对放大倍数的影响，双击波特图仪图标 XBP1，可以看到下限频率为 50.501 Hz，增益为 24.691 dB，如图 5-63 所示。

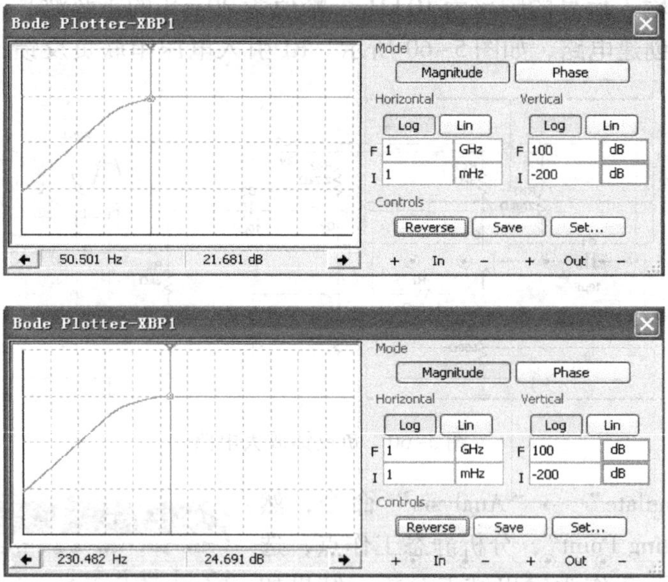

图 5-63　负反馈放大电路幅频特性

按照同样的方法对没有反馈时的电路仿真去掉 Rf，结果下限频率为 312.252 Hz，增益为 42.104 dB，如图 5-64 所示。

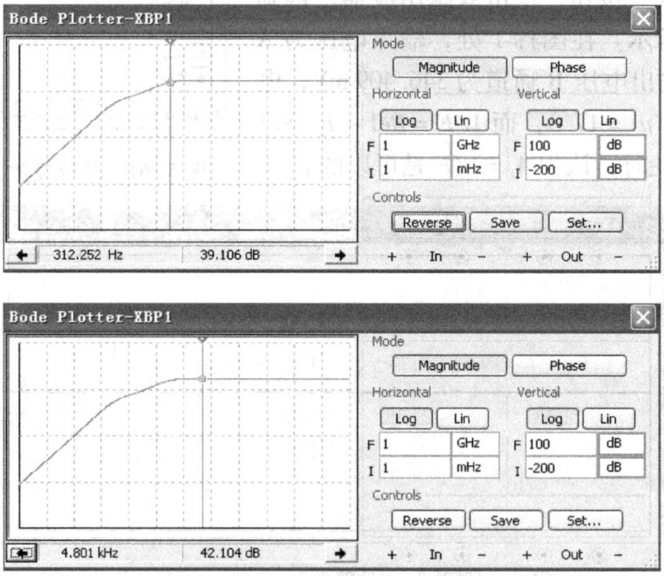

图 5-64　无反馈时放大电路幅频特性

由此可见，有负反馈时，放大倍数降低了，而频带却变宽了。

3）负反馈对输入电阻的影响。在电压串联负反馈的输入端串接一个电流表，并接一个电压表，仿真结果如图 5-65 所示。输入电阻 $Rif = 14.142\ \text{mV}/1.144\ \mu\text{A} \approx 12.36\ \text{k}\Omega$。

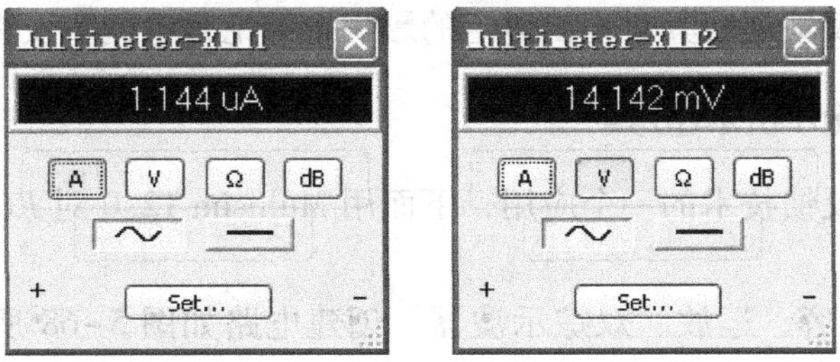

图 5-65　负反馈放大电路测量输入电阻

按照同样的方法对去掉反馈电阻的放大电路进行仿真，结果测得的电流变化为 2. 833 μA，输入电阻为 14. 142 mV/2. 833 μA≈4. 99 kΩ。可见，引入串联负反馈可以增大输入电阻。

4）负反馈对输出电阻的影响。将放大电路的输入端对地短接，去掉负载电阻 *R*L，在输出端接一个交流信号源（频率为 10 kHz、峰值为 20 mV），并且串接电流表，并接电压表，如图 5-66。在电压串联负反馈的输入端串接一个电流表、并接一个电压表，运行仿真。输入电阻 *R*if = 14. 142 mV/1. 141 μA≈12. 4 kΩ。

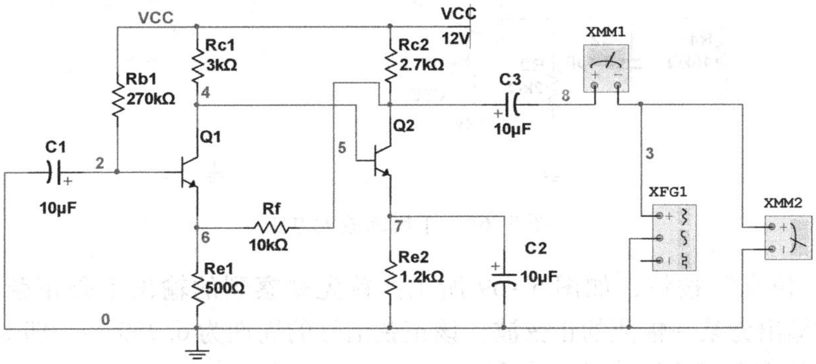

图 5-66　测量负反馈输出电阻电路

单击“仿真”按钮，双击 XMM1 和 XMM2 图标，得到如图 5-67 所示的结果。输出电阻为14. 142 mV/78. 749 μA≈179. 6 kΩ。

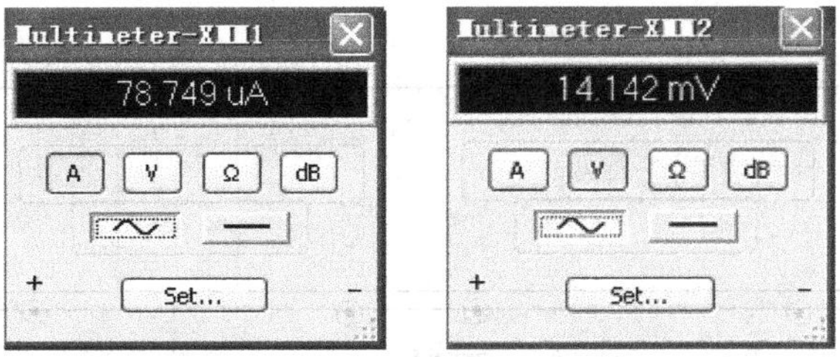

图 5-67　负反馈放大电路测量输出电阻

断开反馈电阻，重复上一步的操作，得到电流值为 5. 237 μA，那么输出电阻为 2. 70 kΩ。可见引入电压负反馈可以减小输出电阻。

读者可以自己创建并联负反馈观察其对输入电阻的影响，结论是并联负反馈可以减小输入电阻；创建电流负反馈观察其对输出电阻的影响，结论是电流负反馈可以增大输出电阻。

5.5.2 正反馈电路分析和仿真

振荡电路就是正反馈技术的一个应用，下面用 Multisim 12.0 对 *RC* 正弦波振荡电路进行分析。

1）选择电阻、电容、运放、双踪示波器，创建电路如图 5-68 所示。其中运放和 *R*1、*R*2 组成正常的负反馈放大电路，*R*3、*R*4、*C*1、*C*2 构成 *RC* 选频网络，该选频网络又构成正反馈环节。根据起振条件 AF 的幅值大于 1，选频网络的反馈系数为 1/3，只要负反馈放大器的放大倍数 A >3，即 *R*1 >2*R*2 就可以形成正弦波振荡，振荡频率由 *RC* 选频网络确定。由于本电路没有外接限幅电路，输出的波形幅度会越来越大。

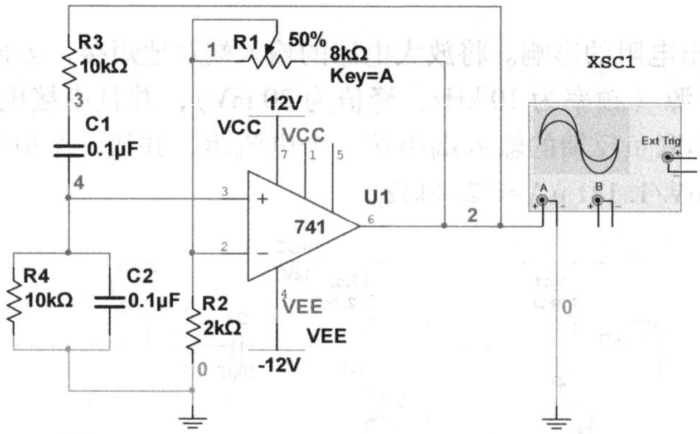

图 5-68 正反馈放大电路

2）单击“仿真”按钮，如图 5-69 所示。首先观察到的输出不是正弦波，此时调小 *R*1，即可稳定输出为某一幅值的正弦波。该正弦信号的周期为 6.250 ms，即 160 Hz，理论值为159.23 Hz，仿真和理论计算基本吻合。

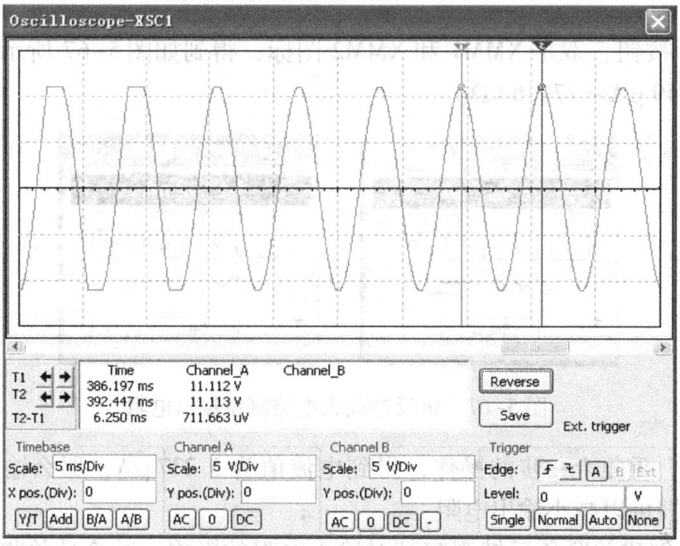

图 5-69 正反馈放大电路输出结果

5.6 典型应用案例分析和仿真

5.6.1 实例一：多功能信号发生器的分析和仿真

信号发生器广泛应用在工业生产、产品设计、自动控制等科学研究领域，它产生的正弦波、三角波和方波是最基本的测试信号，产生各种信号的方法有很多种，这里主要采用模拟电路分立元件的方法设计。首先，设计出 *RC* 正弦波振荡电路。其次，将正弦波信号连接到过零电压比较器，输出信号为方波波形。最后，利用积分电路原理，对方波信号进行积分即可产生三角波信号。输出函数信号的频率和幅度与 *R*、*C* 的参数有关。

1. 正弦波产生电路

正弦波产生电路在 5. 5. 2 节已经进行了分析仿真，在这里不再赘述。

2. 方波产生电路

在本设计中，方波信号的产生是利用电压比较器的原理进行设计的。*RC* 振荡电路输出的正弦波信号（频率为 160 Hz、幅度为 11 V）作为电压比较器的输入端，输出即为方波信号，如图 5-70 所示。在图中，集成运算放大的工作在开环状态，而且工作在非线性区域，输出和输入不成比例关系，虚短和虚断只有在临界情况下成立，将输入电压和零电位进行比较，当输入电压大于零时输出高电平，当输入电压小于零时输出低电平。D1 和 D2 起限幅作用，*R*3 为限流电阻。

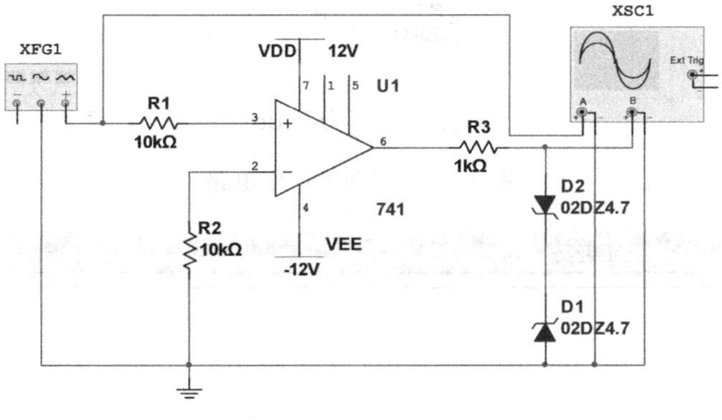

图 5-70　方波产生电路

单击“仿真”按钮，可以得到如图 5-71 所示的结果，可见方波的周期与正弦波相同，输出方波的幅度与限幅二极管有关。

3. 三角波产生电路

三角波信号的产生是利用积分电路的原理进行设计的，基本电路如图 5-72 所示。电压比较器输出的方波信号（频率为 160 Hz、幅度为 5. 755 V）作为积分电路输入端，积分电路对输入的方波信号进行积分，输出即为方波信号。积分电路是信号调理器，能实现信号的积分变换，它在模拟计算机、积分型模数转换以及方波产生、三角波等电路中有广泛的应用。积分结果如图 5-73 所示。

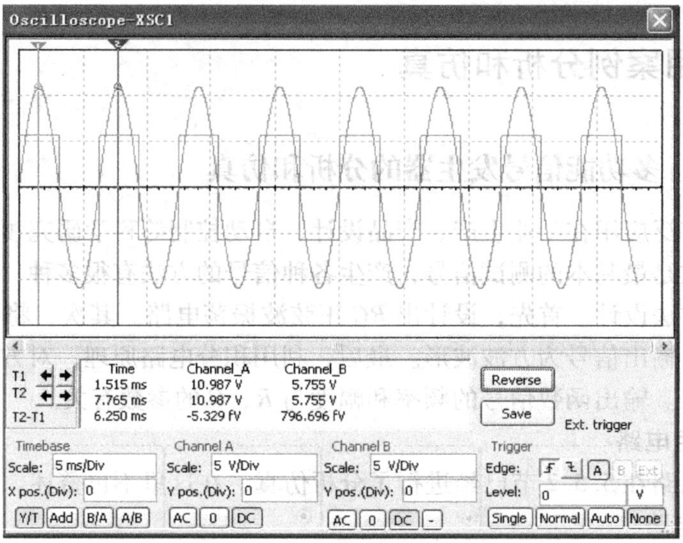

图 5–71　方波产生结果

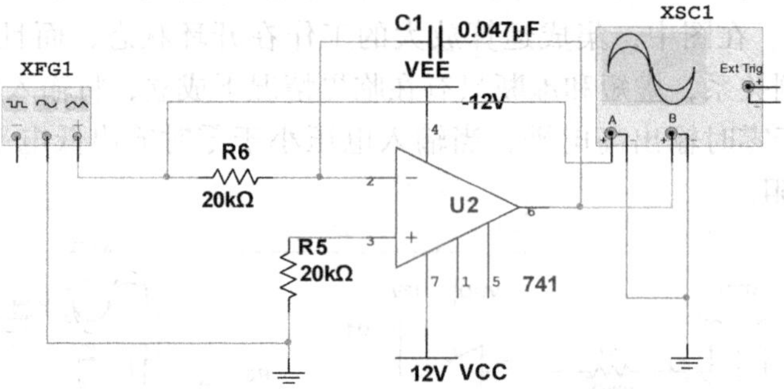

图 5–72　三角波产生电路

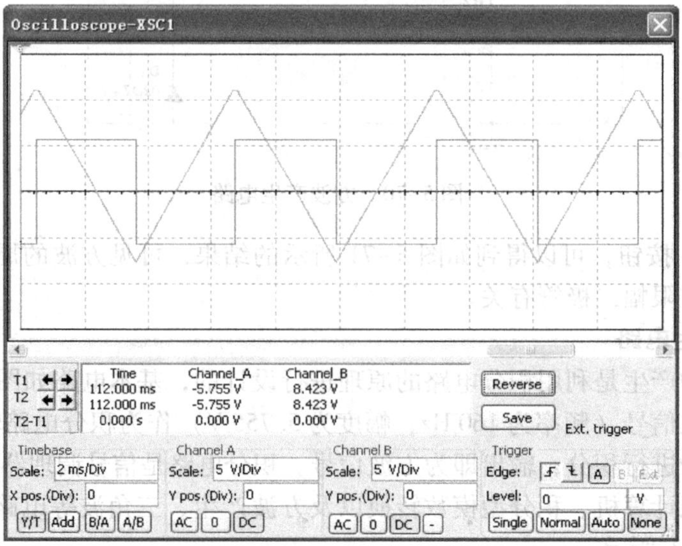

图 5–73　三角波产生结果

5.6.2　实例二：二阶 *RC* 有源滤波器的分析和仿真

下面以 RC 高通滤波器为例，对二阶 RC 有源滤波器在 Multisim 12.0 中的应用进行分析和仿真。

高通滤波器具有保留高频信号，滤除低频信号的功能。图 5-74 所示电路为正反馈二阶有源高通滤波器，它的主要构成元素为 *RC* 滤波网络和同相比例运算电路，幅频特性得到了改善。

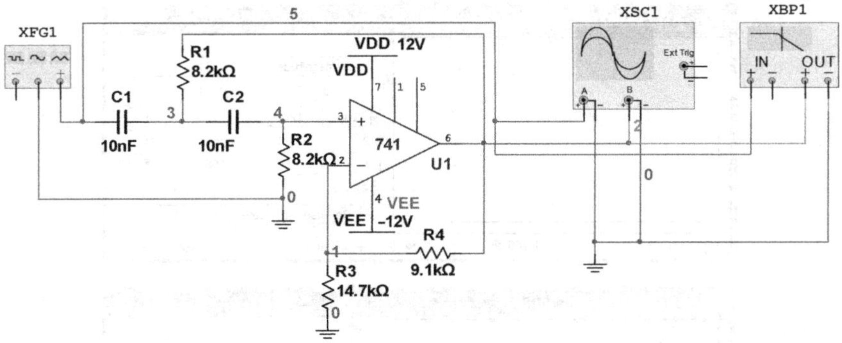

图 5-74　二阶 RC 高通有源滤波器

在电路中，低频条件下工作的两个电容处于开路状态，其通带增益为 $A_{UP}=1+R4/R3=1.62$，通带截止频率 f_0 为 $f_0=1/(2\pi RC)=2000\ \text{Hz}$。

双击“仿真”按钮，单击 XSC1，得到在输入信号频率为 500 Hz、幅度为 10 V 时的仿真波形，如图 5-75 所示。

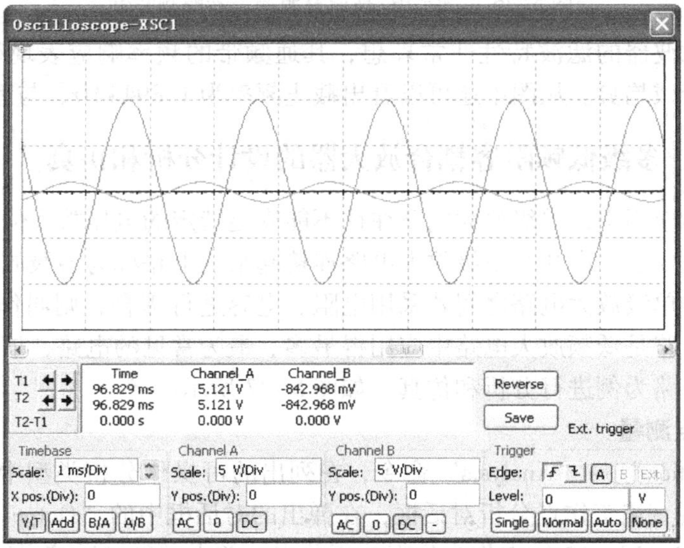

图 5-75　二阶 RC 高通有源滤波器输入/输出波形

示波器扫描频率选取 1 ms/Div，坐标系中，A、B 通道表示电压幅度的纵坐标轴单位刻度设置为 5 V/Div 和 1 V/Div。幅度大的为输入信号，幅度小的为输出信号。从图 5-75 中可以得知输入/输出信号同频率。调节输入信号的频率，使之分别为 800 Hz、1.2 kHz、1.6 kHz、2 kHz、2.4 kHz、2.6 kHz，观察输出信号的变化。当输入信号频率较小时，输出信号的幅度明显比输入信号的幅度小，这说明信号被明显衰减。

经过仿真实验表明，要使电路具有明显的放大效果，需要示波器的输入频率在 2 kHz 以上，当示波器的输入频率在 2 kHz 以下时，波形开始逐渐下滑，这说明截止频率在2 kHz左右。即当工作在高频条件下，电路具有理想放大作用，其输入信号的幅度约为输出信号幅度的 2/3 倍。

单击 XBP1 得到二阶 RC 高通滤波器的幅频特性，如图 5-76 所示。

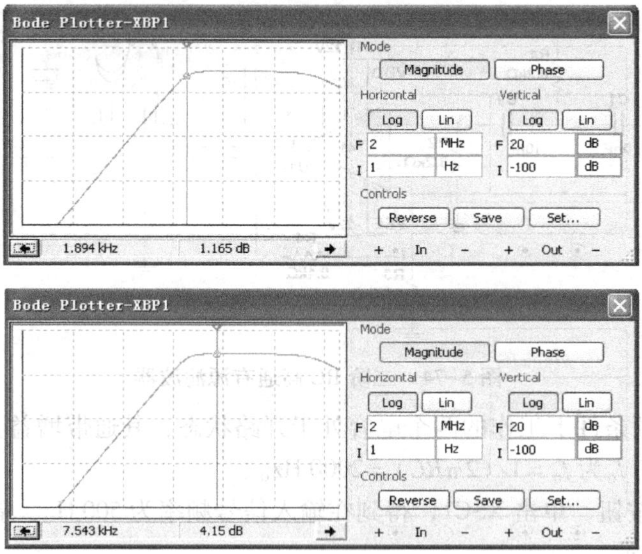

图 5-76　二阶 RC 高通有源滤波器幅频特性

可以看到该滤波器的滤波特性非常理想，其通频带的频率响应表现稳定，阻频带呈现 40 dB/10 倍频的衰减趋势。从图中还可以看出截止频率为 1. 894 kHz，与理论值基本一致。

5. 6. 3　实例三：多级低频阻容耦合放大器的设计分析和仿真

在大多数实际应用中，单级放大电路往往不能满足特定的电压放大倍数、输入电阻、输出电阻、宽频带等要求，由几个单级放大电路连接起来的电路称为多级放大电路。在多级放大电路中，每两个单级放大电路之间若采用电阻、电容进行耦合，则叫作“阻容耦合”。阻容耦合交流放大电路是低频放大电路中应用得最多、最为常见的电路，下面以两级晶体管共射阻容耦合放大电路为例进行分析和仿真，如图 5-77 所示。

1. 静态工作点测量

单击“Simulation”→“Analysis”命令，在列出的可操作分析类型中选择“DC Operating Point”，则出现直流工作点分析对话框，在弹出的对话框中的“Output Variables”选项卡中选择 1、2、4、9、10、12 结点作为仿真分析节点。单击“Simulate”按钮，得到在图示参数下的静态工作点的分析结果，如图 5-78 所示。

从结果来看，第一级放大电路集电极电流 $I_{cq} \approx 1.40$ mA，放大电路的 $U_{ce1} = V(4) - V(1) = 7.81462 - 2.97120 = 4.84342$ V，第二级放大电路集电极电流 $I_{cq} \approx 1.40$ mA，放大电路的 $U_{ce2} = V(10) - V(12) = 7.81462 - 2.97120 = 4.84342$ V，电源电压为 12 V，可见该电路的静态工作点合适。

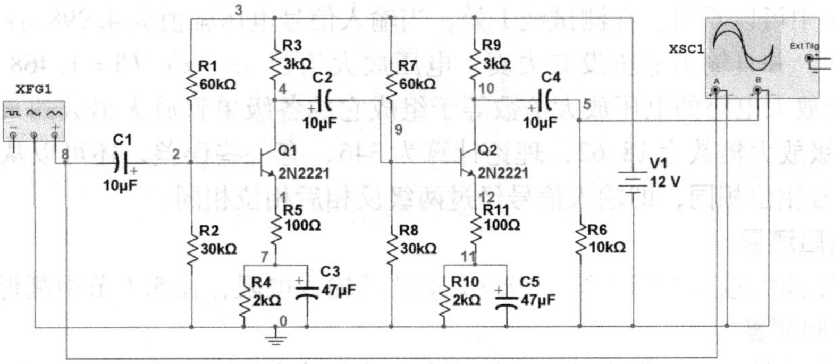

图 5-77　多级低频阻容耦合放大器

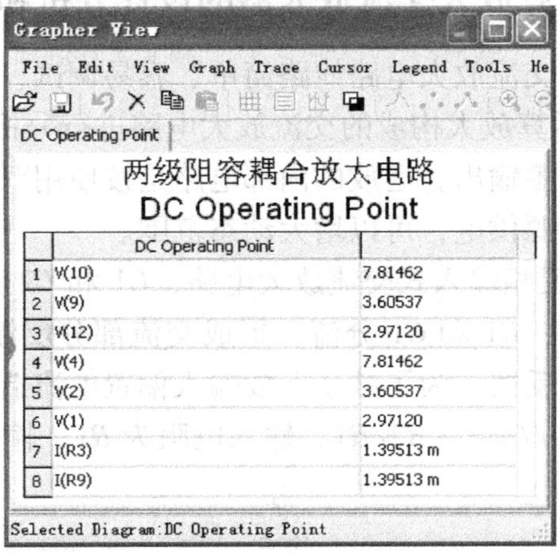

	DC Operating Point	
1	V(10)	7.81462
2	V(9)	3.60537
3	V(12)	2.97120
4	V(4)	7.81462
5	V(2)	3.60537
6	V(1)	2.97120
7	I(R3)	1.39513 m
8	I(R9)	1.39513 m

图 5-78　两级阻容耦合放大电路静态工作点

2. 电压放大倍数测量

单击“Simulate”下的“Run”按钮，双击示波器 XSC1，得到如图 5-79 所示的输入/输出波形。

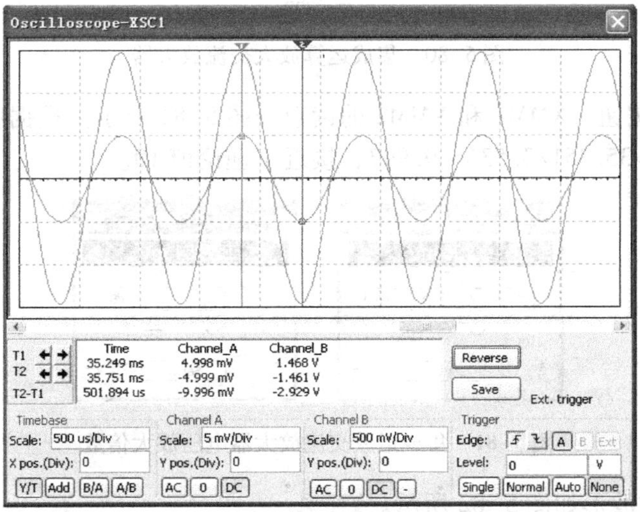

图 5-79　两级阻容耦合输入/输出波形

从图 5-79 中可以看出，在测试线 1 处，当输入信号电压幅值为 4.998 mV 时，输出信号幅值为 1.468 V，并且输出电压没有失真，电压放大倍数 $Au=Uo/Ui=1.468\ \mathrm{V}/4.998\ \mathrm{mV}\approx 293$，由于组合放大电路的电压放大倍数等于组成它的各级单管放大倍数的乘积，在 5.1 节中，得到的单级放大倍数为 18.62，理论计算为 346，有一些误差，还可以从图中看到输入信号和输出信号相位相同，即输入信号经过两级反相后相位相同。

3. 输入电阻测量

组合放大电路的输入电阻为第一级放大电路的输入电阻，在 5.1 节中测得为 5.69 kΩ。

4. 输出电阻测量

组合放大电路的输出电阻为最后一级放大电路的输出电阻，在 5.1 节中测得为 2.80 kΩ。

5.6.4 实例四：集成运算放大交流放大器的设计分析和仿真

集成运算放大器构成的交流放大电路线路简单、容易调试，在电子产品中应用广泛。下面用 Multisim 12.0 对集成运算放大构成的交流放大电路进行分析和仿真。

为了使运放在零输入时零输出，运放的内部电路是按使用双电源的要求来设计的。运算放大交流放大电路采用双电源供电，可以增大动态范围。

图 5-80 所示为双电源反相输入式交流放大电路，$C1$ 和 $C2$ 为输入和输出耦合电容，$C1$ 隔直流，使直流形成全反馈，$R1$ 和 $C1$ 分流，形成交流部分反馈，$R2$ 引入交流和直流负反馈，该电路引入电压并联负反馈。为了减小运放输入偏置电流造成的零点漂移，使 $R3=R2$。引入深度负反馈后，$Au=Uo/Ui\approx -R2/R1$，输入电阻为 $R1$，输出电阻为 0。

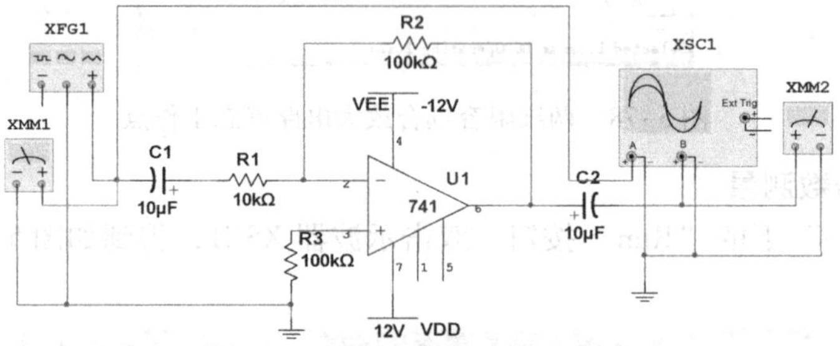

图 5-80　集成运算放大交流放大器

单击“仿真”按钮，XMM1 和 XMM2 的读数如图 5-81 所示。根据所测结果可得电压放大倍数 $Au=Uo/Ui=35.351/3.536\approx 9.997$，接近于理论值 10。

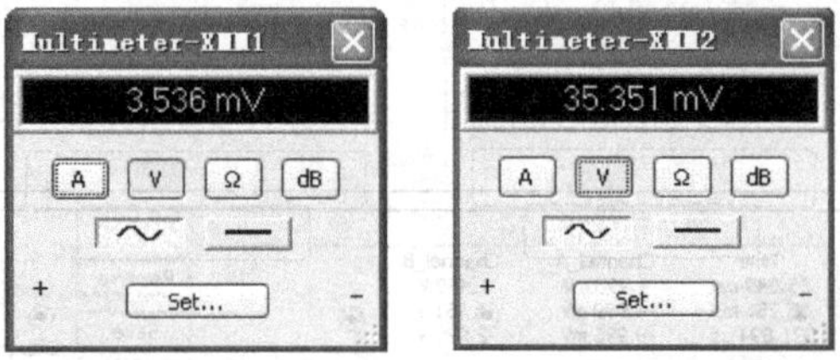

图 5-81　集成运放交流放大器电压放大倍数

仿真后 XSC1 的波形如图 5-82 所示。

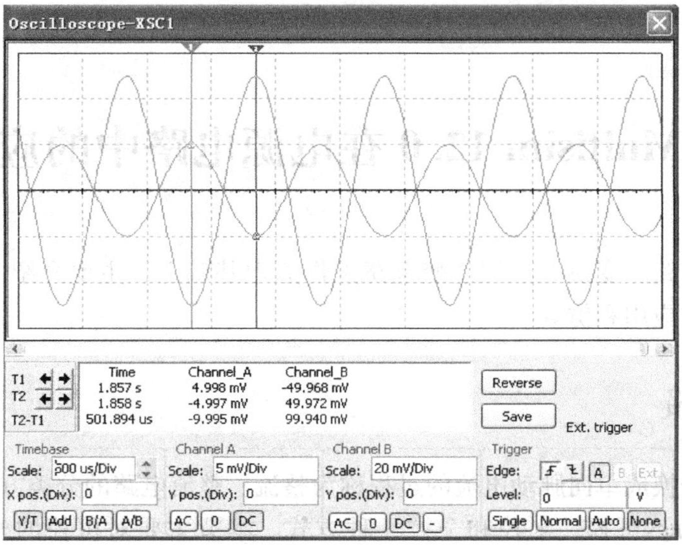

图 5-82　集成运算放大交流放大器输入/输出波形

同样，读者可以自行设计同相集成运算放大交流放大电路，也可以运用单电源对运算放大器供电。耦合电容的大小决定放大电路的低频特性。根据交流放大电路信号频率的高低选择耦合电容值。若放大的是低频交流信号，如音频信号，则耦合电容值可选择 1 ~ 22 μF 之间；若放大的是高频交流信号，则耦合电容值可以选择 1000 pF ~ 0.1 μF 之间。同相输入式交流放大电路引入直流全反馈的隔直流电容值由 $C=1/(2\pi fR)$ 式估算，式中 f 是输入信号的最低频率。

在引入深度交流负反馈的情况下，运算放大交流放大电路的电压增益、输入电阻等的大小仅与集成运算放大外接的电阻有关。因此，相对于晶体管交流放大电路而言，运算放大交流放大电路的设计更方便，电路参数的一致性也更好。

5.7　思考与习题

1. 创建一个共射极放大电路，分析其静态工作点 Q，并将 Q 点设置在合适的位置，通过仿真分析其交流电压放大倍数、输入电阻、输出电阻。

2. 创建分立器件差动放大电路，观察输出信号和输入信号之间的关系。

3. 创建集成运算放大差动放大电路，进行仿真分析。

4. 创建一个二阶有源带阻滤波器，要求通带频率为 1 Hz ~ 10 MHz，仿真分析其频率特性。

5. 创建一个乙类互补功率放大电路，仿真分析输出端信号，观察交越失真。

6. 创建一个甲乙类互补功率放大电路，仿真分析输出端信号。

第 6 章 Multisim 12.0 在电源电路中的应用和仿真

本章在整流电路、变换电路和逆变电路工作原理基础上，主要介绍 Multisim 12.0 在电力电子技术方面的应用和仿真。

6.1 整流电路

将交变电路变换成单向脉动电流的过程称为整流。整流电路的分类方法有很多种，按组成的器件可以分为不可控、半控和全控 3 种方式。本节主要对可控的整流电路进行仿真分析。

6.1.1 单相半波可控整流电路

变压器的次级绕组通过串联一个整流二极管与负载相接，称为半波整流。半波整流电路的脉动成分太大，对滤波电路的要求高，故只适合于小电流整流电路。

从 Multisim 12.0 元件库里调用单向交流电压源、晶闸管、电阻元件，从仪器仪表库里调用信号发生器和示波器，按照单相半波可控整流电路拓扑结构图的要求连接仿真模型，如图 6-1 所示。电源器件参数设置：$V=220\,\mathrm{V}$，$R1=1\Omega$，$f=50\,\mathrm{Hz}$。

设置晶闸管脉冲触发信号，双击信号发生器，打开信号发生器窗口，波形设置如图 6-2 所示。

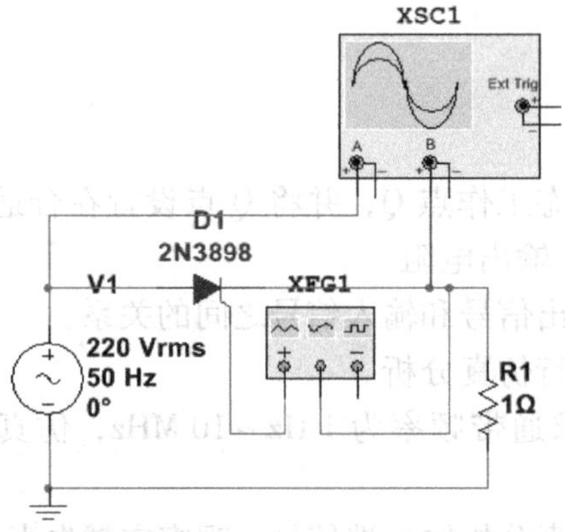

图 6-1 单相半波可控整流电路

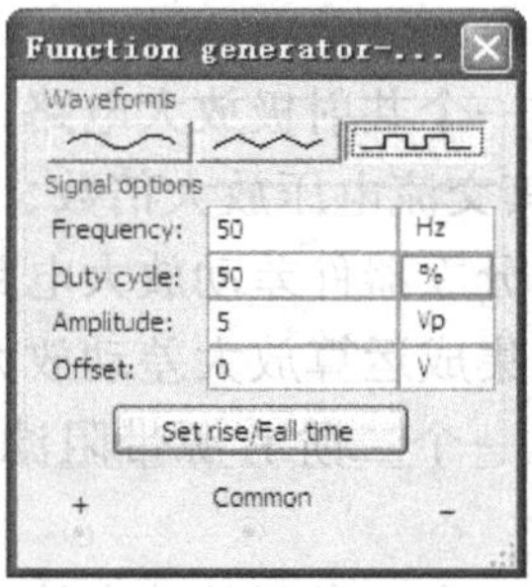

图 6-2 信号发生器设置

运行仿真之后，电源两端和负载端电压仿真曲线如图 6-3 所示。

从图 6-3 中可知，当触发角 a 为 0°时，在电源电压正半周，晶闸管导通，单相半波可控整流电路负载有电流流过。在负半周，晶闸管断开，没有电流通过。

改变晶闸管触发角，重新设置触发脉冲信号，打开信号发生器，上升时间和下降时间改为 3.3 ms，触发角 a 为 30°（0.0033/0.02×360），其他参数不变，输出波形如图 6-4 所示。

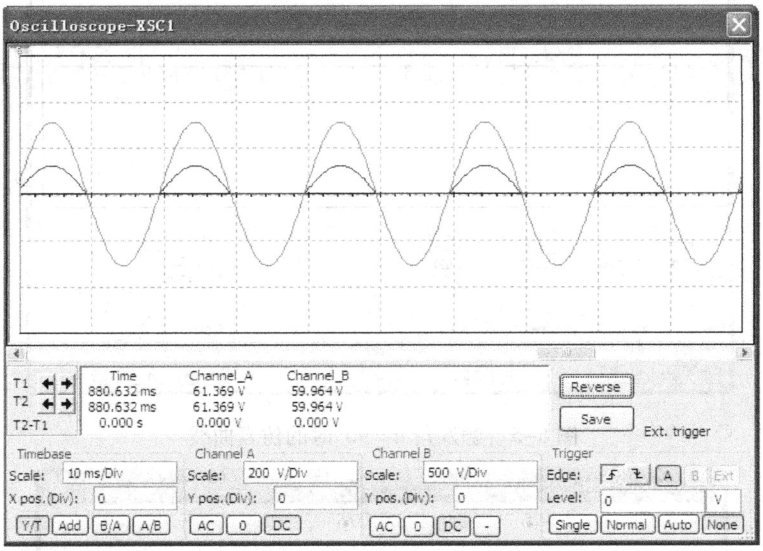

图 6-3　触发角 $a=0°$ 时的仿真曲线

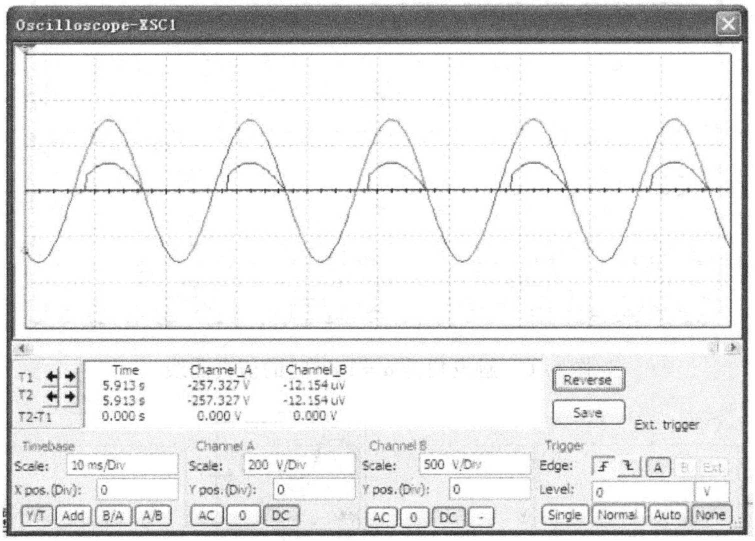

图 6-4　触发角 $a=30°$ 时的仿真曲线

同样地，可以通过改变上升和下降时间为 5 ms、10 ms，相应的触发角 a 为 90°、180°，对应的波形如图 6-5 和图 6-6 所示。

根据单相半波带滤波可控整流电路的拓扑结构，把电容并联到负载两端，电路图如图 6-7所示。运行仿真之后，仿真曲线如图 6-8 所示。从图中可见，由于滤波电容的存在，使得负载电压的脉动减小，负载电压趋向平缓，验证了仿真电路的正确性。

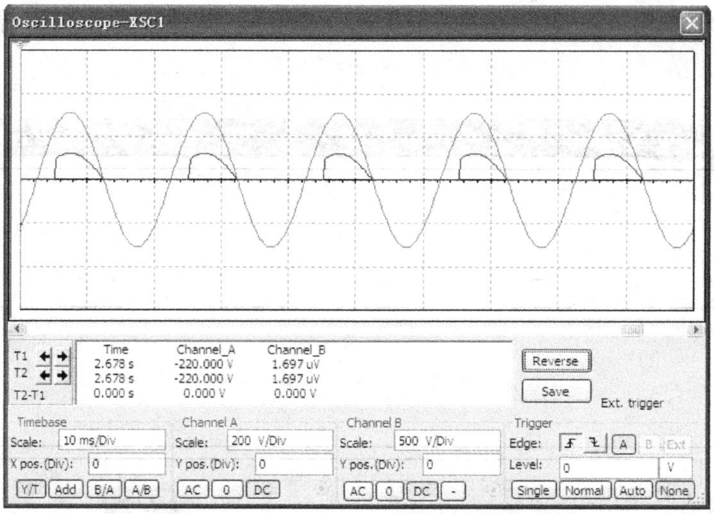

图 6-5　触发角 $a=90°$时的仿真曲线

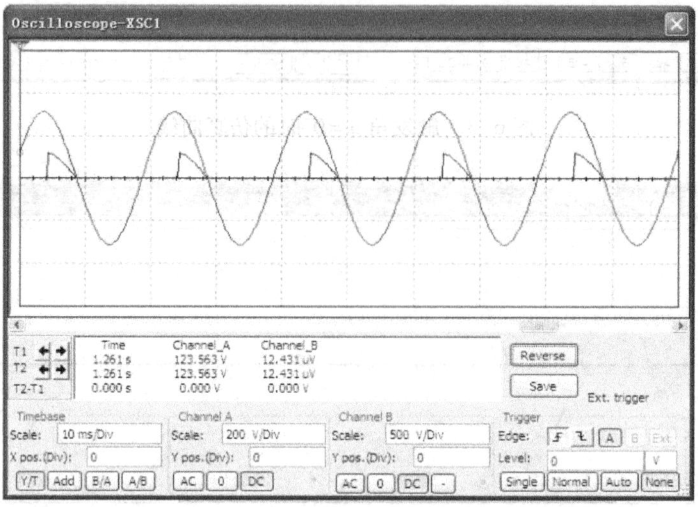

图 6-6　触发角为 $a=180°$时的仿真曲线

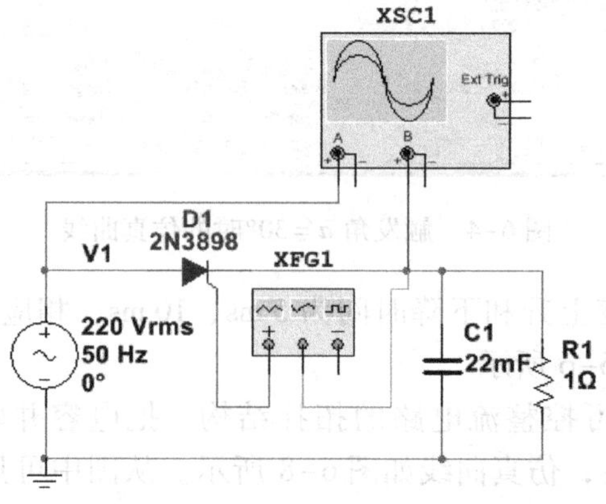

图 6-7　单相半波带滤波可控整流电路图

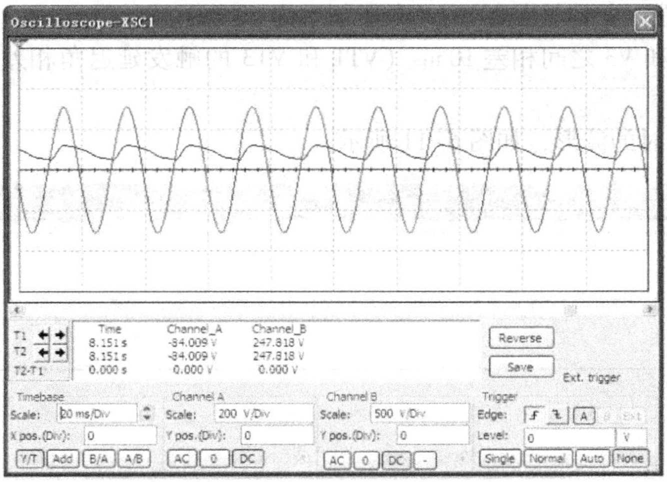

图 6-8　单相半波带滤波可控整流电路仿真波形

6.1.2　单相半控桥整流电路

单相桥式可控整流电路克服了单相半波整流电路的缺点，电流脉动减少，消除了变压器的直流分量，并提高了变压器的利用率，广泛应用于中小型的整流装置中。在单相桥式可控整流电路中，每次都要触发两只晶闸管，电路复杂。为了简化电路，采用一只晶闸管控制导电回路，用一只整流二极管来代替另一只晶闸管，如图 6-9 所示。其中 VT1 和 VT3 为触发脉冲相位互差 180°的晶闸管，D2 和 D4 为整流二极管，由这四个器件组成单相桥式半控整流电路。由于桥式电路的特点，只要晶闸管导通，负载总是加上正向电压，而负载电流总是单方向流动。

通过调整 V1 和 V2 的延迟参数，达到调节晶闸管 VT1 和 VT3 的触发延迟时间，从而改变触发角。触发脉冲 V1 和 V2 的参数设置，如图 6-10 所示。

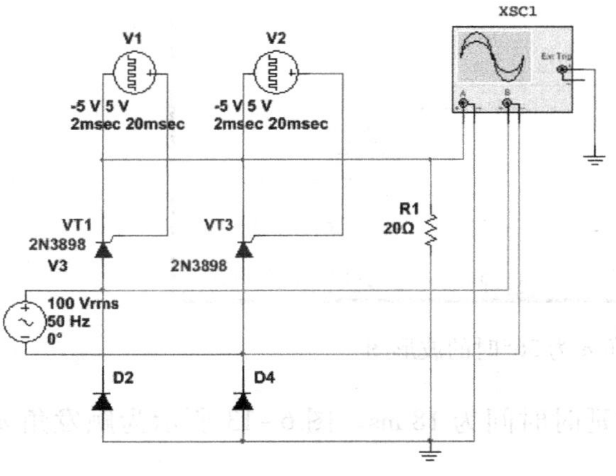

图 6-9　单相半控桥整流电路图

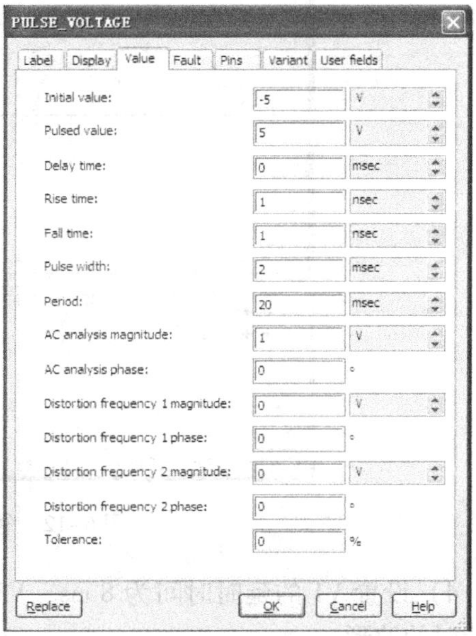

图 6-10　触发脉冲参数设置

1）周期：设置脉宽周期为 20 ms（电压频率为 50 Hz）。

2）延时：V1 和 V3 之间相差 10 ms（VT1 和 VT3 的触发延迟角相差 180°，对应的时间差就是 10 ms）。

触发角 *a* 为 0°时的波形，如图 6-11 所示。

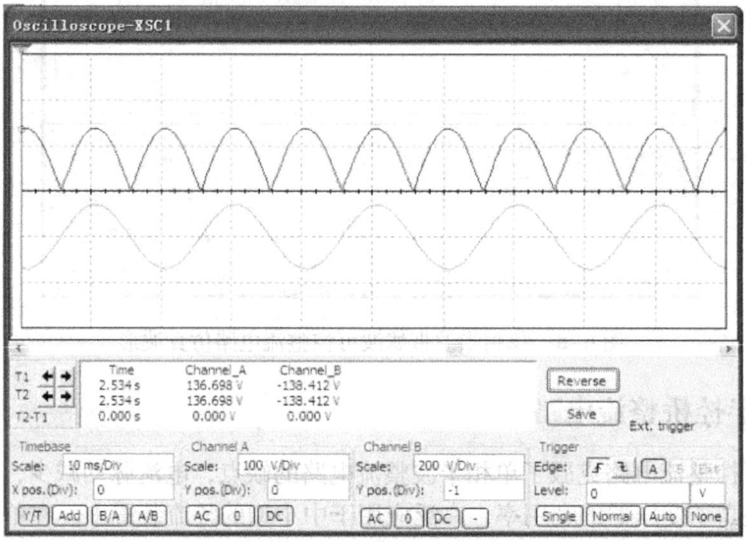

图 6-11　触发角 *a* 为 0°时的波形图

3）设置 V1 的延时时间为 2 ms、V3 的延时时间为 12 ms。图 6-12 所示为触发角 *a* 为 36°时的波形。

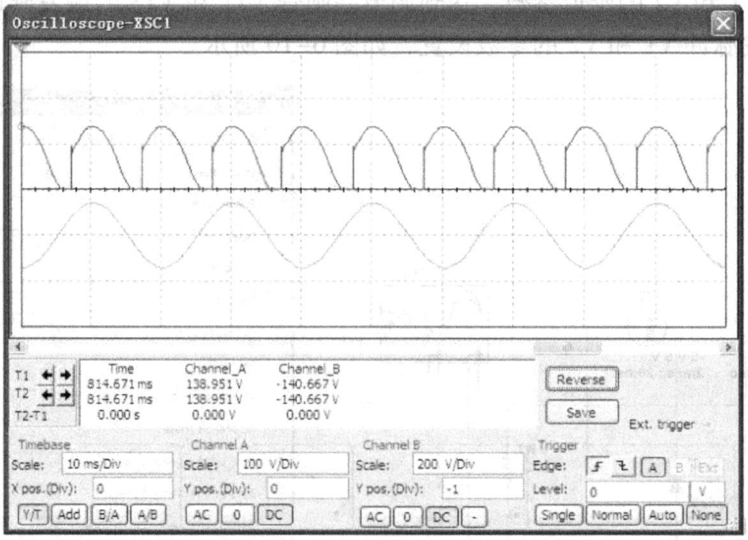

图 6-12　触发角 *a* 为 36°时的波形图

4）设置 V1 的延时时间为 8 ms、V3 的延时时间为 18 ms。图 6-13 所示为触发角 *a* 为 144°时的波形。

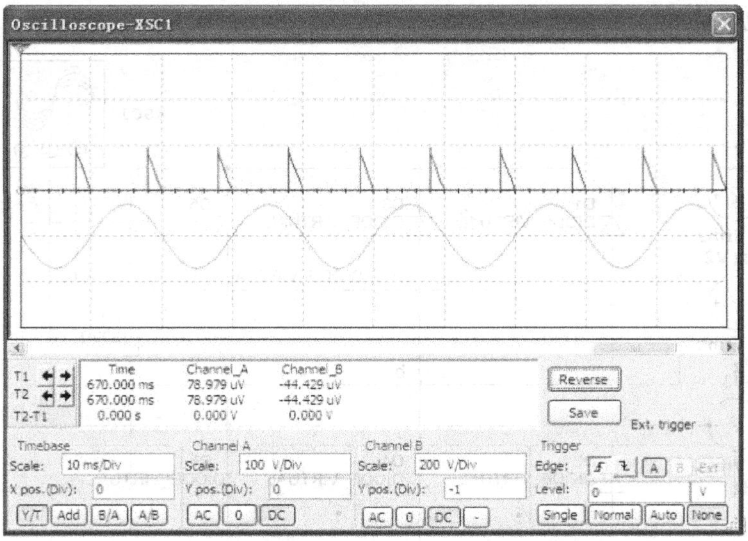

图 6-13 触发角 a 为 144°时的波形图

从以上波形可以看出，在 U2 正半波的（$0-a$）区间，晶闸管 VT1 和 D4 受正向电压，但 VT1 无触发脉冲，晶闸管 VT2 和 D3 承受反向电压，因此在（$0-a$）区间内，电路不导通。

在 U2 正半波的（$a-\pi$）区间，晶闸管 VT1 和 D4 受正向电压，VT1 有触发脉冲，晶闸管 VT2 和 D3 承受反向电压，因此在（$a-\pi$）区间内，电路导通，负载上有电压和电流。

在 U2 负半波的（$\pi-\pi+a$）区间，晶闸管 VT2 和 D3 受正向电压，但 VT2 无触发脉冲，晶闸管 VT1 和 D4 承受反向电压，因此在 $\pi-\pi+a$ 区间内，电路不导通。

在 U2 正半波的（$\pi+a-2\pi$）区间，晶闸管 VT2 和 D3 受正向电压，VT2 有触发脉冲，晶闸管 VT1 和 D4 承受反向电压，因此在（$a-\pi$）区间内，电路导通，负载上有电压和电流。

6.1.3 三相桥式整流电路

三相桥式整流电路主要有三相半控桥整流电路和三相全控桥整流电路两种。本节主要讨论三相全控桥式整流电路。三相桥式整流电路是由三相半波整流电路演变而来的，它是三相半波共阴极接法和三相半波共阳极接法的串联组合。6 个二极管分别按照一定规律的脉冲触发导通，来实现对三相调用元器件交流电的整流。三相半波整流电路虽然较单相整流电路在装置容量、输出电压的脉动等许多方面有了很大的改善，但三相半波整流电路的输出在每个电源周期中仍只有 3 个脉波，且整流变压器中还存在着严重的直流磁化电流问题。因此在工业生产中最大量使用的是三相桥式整流电路。三相桥式整流电路电路图如图 6-14 所示。

从相应库里调用对应元件，放到合适的位置，创建三相桥式整流电路。电路中二极管 D1、D3、D5 按共阴极连接，D2、D4、D6 按共阳极连接，此外二极管 D1、D2 接 a 相，D3、D4 接 b 相，D5、D6 接 C 相。运行仿真分析之后，输入/输出波形如图 6-15 所示。

从仿真波形来看，可把一个周期分为 6 段，在第（1）段期间，a 相电位最高，因而共阴极组的整流管 D1 导通，b 相电位最低，所以共阳极组的整流管 D6 导通，这时电流由 a 相经 D1 流向负载，再经 D6 流入 b 相，变压器 a、b 两相工作，共阴极组的 a 相电流为正，共阳极组的 b 相电流为负，加在负载上的整流电压为 $u_o = u_a - u_b = u_{ab}$。

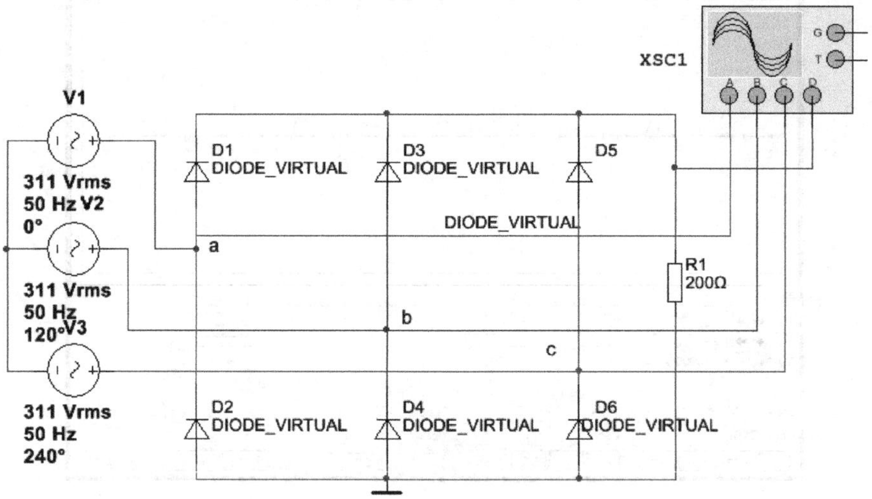

图 6-14　三相桥式整流电路图

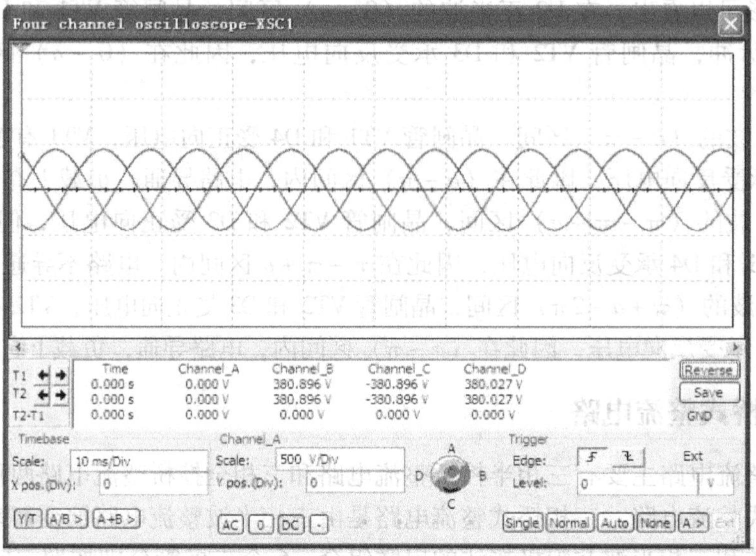

图 6-15　三相桥式整流电路输入/输出电压波形

经过 π/3 之后进行第（2）阶段。这时 a 相电位仍然最高，整流管 D1 继续导通，但是 C 相电位却变成最低，当经过自然换相点时整流管 D2 导通，电流即从 b 相换到 c 相，D6 承受反向电压而关断，这时电流由 a 相流出，经 D1、负载、D2 流回电源 c 相。

这时 a 相电流为正，c 相电流为负，在负载上的电压为 $u_o = u_a - u_c = u_{ac}$。

再经过 π/3，进入第（3）阶段，这时 b 相电位最高，共阴极组在经过自然换相点时，导通整流管 D3，电流即从 a 相换到 b 相，c 相整流管 D2 因电位仍然最低而继续导通。此时 b、c 两相工作，在负载上的电压为 $u_o = u_b - u_c = u_{bc}$。

其余依次类推，在第（4）阶段，整流管 D3、D4 导通，电源 b、a 两相工作。在第（5）阶段内，整流管 D4、D5 导通，电源 c、a 两相工作。在第（6）阶段内，整流管 D5、

D6 导通，电源 c、b 两相工作，之后又重复上述过程。

从上述过程可以看出三相桥式电路具有以下特点：

1）在任何时刻都有两个整流管导通，其中电位最高相共阴极组的二极管和电位最低相的共阳极组的二极管导通，每个二极管导通 2π/3。

2）整流管导通的顺序为 VT1→VT2→VT3→VT4→VT5→VT6→VT1，循环往复。

3）整流输出电压在一个电压周期内脉动 6 次，每次脉冲的波形都一样。

6.2 直流斩波变换电路

直流斩波变换电路是将一个固定的直流电压变换成电压大小可调的直流电压的电路，也称为直流变换电路。直流斩波技术被广泛应用在开关电源和直流电动机的驱动中，如不间断电源（UPS）、无轨电车、地铁列车、蓄电池供电的机动车辆的无极变速及电动汽车的控制。

直流斩波电路的种类较多，本节主要介绍降压斩波电路、升压斩波电路、升降压斩波电路的仿真及分析。

6.2.1 直流降压斩波变换电路

1. 降压斩波电路的基本原理

IGBT 降压斩波电路是直流斩波中最基本的一种电路，是用 IGBT 作为全控型器件的降压斩波电路，用于直流到直流的降压变换。IGBT 是 MOSFET 与 GTR 的复合器件。它既有 MOSFET 易驱动的特点，又具有功率晶体管电压、电流容量大等优点。

降压式斩波电路的输出电压平均值低于直流电压。其电路结构如图 6-16 所示。

在 0 时刻驱动 V 导通，电源 E 向负载供电，负载电压 $uo=E$，负载电流 io 按指数曲线上升。经过一段时间之后控制 V 关断，二极管 D 续流，负载电压 uo 近似为零，负载电流呈指数曲线下降。通常串接较大电感 L 使负载电流连续且脉动小。

2. 降压斩波电路仿真分析

从对应库里找到所需器件，放置到窗口中，进行连线，电路图如图 6-17 所示。

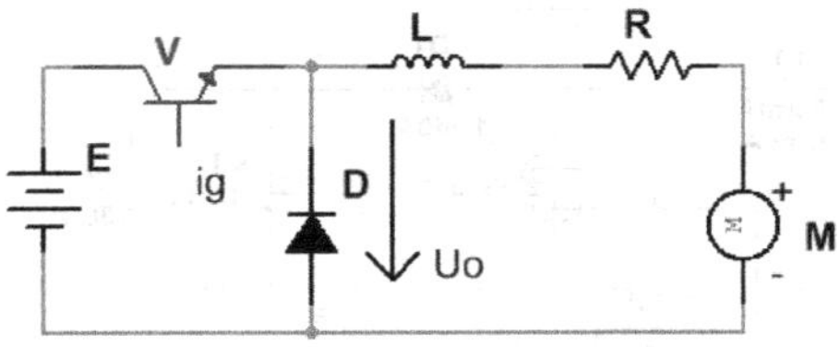

图 6-16　降压斩波电路结构

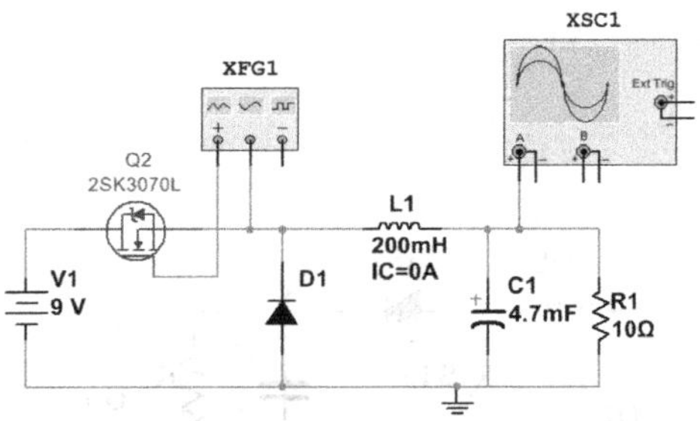

图 6-17　降压斩波电路图

XFG1 设置为方波，频率为 500 Hz，振幅为 10 V，偏置为 10 V，占空比为 50%，运行仿真分析之后，输出波形如图 6-18 所示。

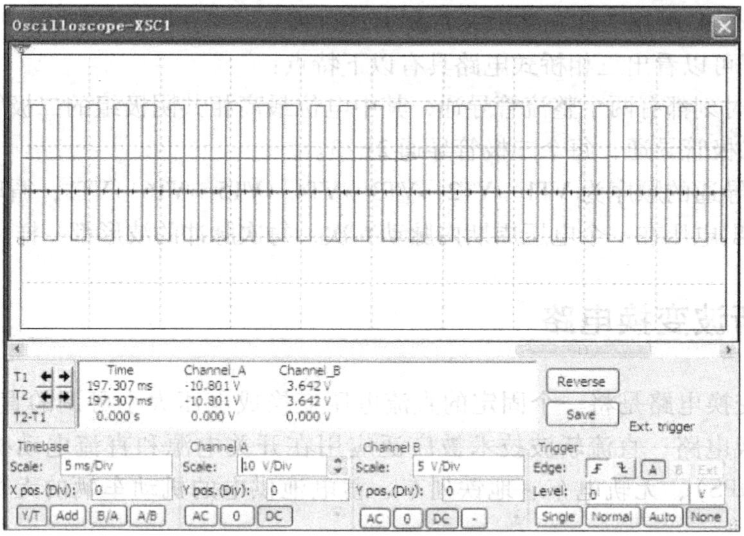

图 6-18　直流斩波降压电路输出波形

6.2.2　直流升压斩波变换电路

1. 直流升压斩波变换电路的工作原理

直流升压斩波变换电路模型如图 6-19 所示。输出电压 *Uo* 总是大于输入电压 *Ui*，当开关 S 闭合时，二极管受电容 C 上的反偏电压影响而截止，于是将输出级隔离，由输入端电源向电感供应能量。

当开关 S 断开时，二极管正向导通，电源和电感的能量传送到输出端，在进行稳态分析时，假定输出滤波器足够大，确定输出端有稳定电压。

2. 直流升压斩波变换电路仿真分析

直流升压斩波电路如图 6-20 所示。V1 是直流输入电源，电压为 9 V，Q1（2SK3070L）为开关管，栅极受脉冲发生器 XFG1 控制，用鼠标双击 XFG1，打开对话框，设置频率、幅值、占空比，偏置电压等。参数设置如图 6-21 所示。

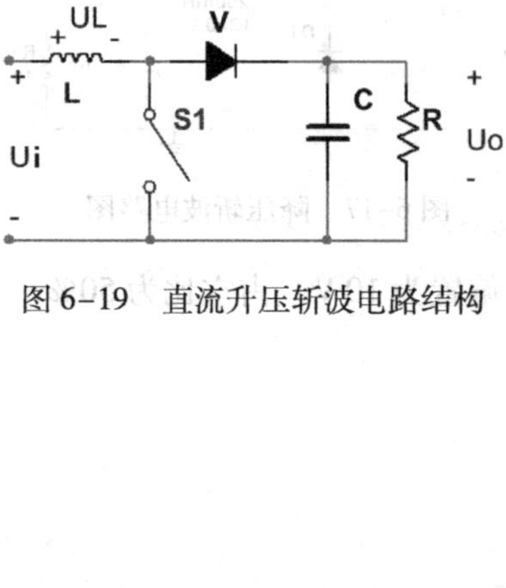

图 6-19　直流升压斩波电路结构

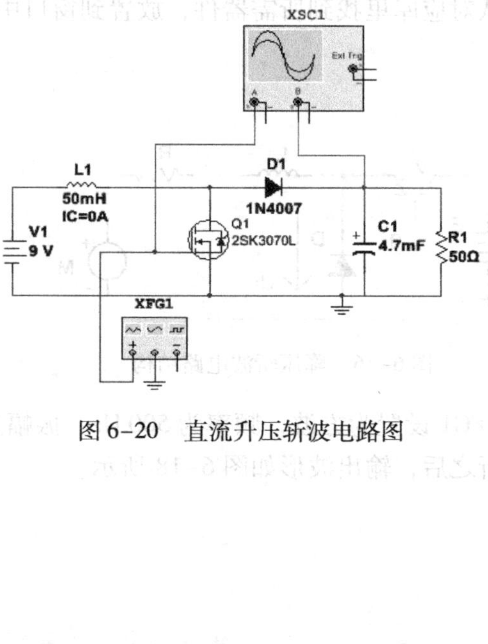

图 6-20　直流升压斩波电路图

启动仿真之后，可以看到输出电压在短暂的上升之后，趋近稳定，达到 20.07 V，单击示波器，升压斩波电路输出电压变化曲线如图 6-22 所示。

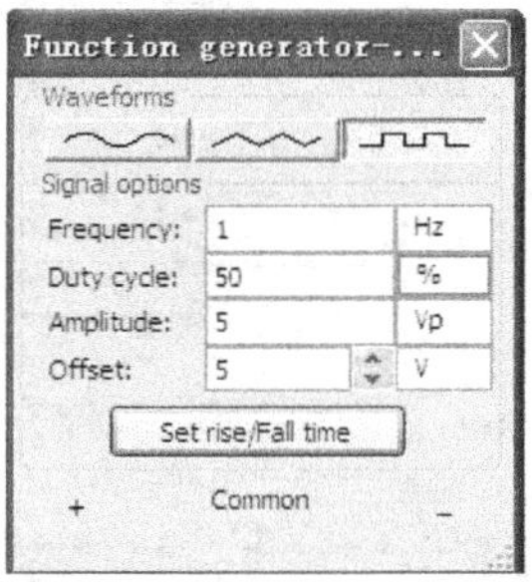

图 6-21　函数发生器设置对话框

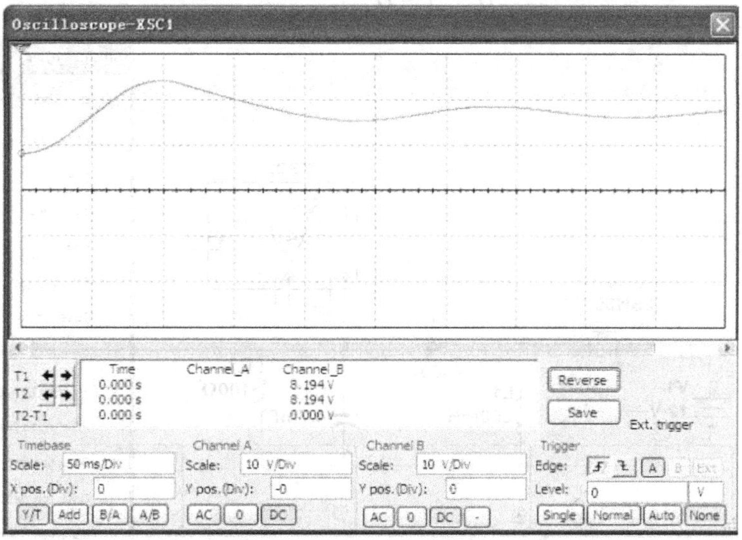

图 6-22　直流升压斩波电路仿真波形

6.2.3　直流降压－升压斩波变换电路

1. 直流降压－升压斩波变换电路的工作原理

直流降压－升压斩波变换电路的输出电压可以高于或低于输入电压，具有相对输入电压公共端为负极性的输出电压，由直流降压和直流变换电路串接而成。稳态时，假定两个变换电路的开关具有相同的占空比，这时输出－输入电压的变换比是两个串接变换电路变换比的乘积。电路模型如图 6-23 所示。

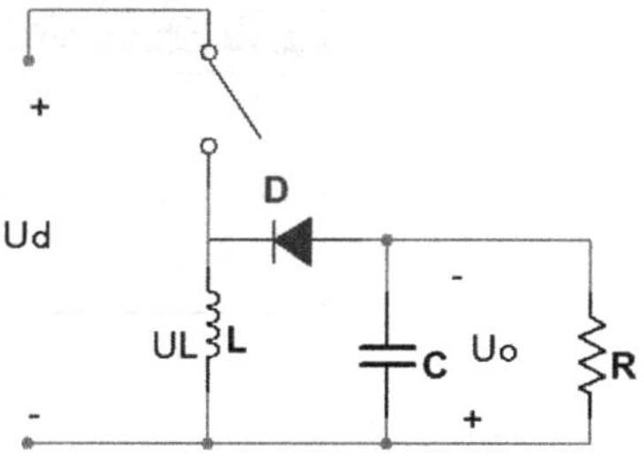

图 6-23　直流降压－升压斩波变换电路模型

当开关闭合时，输入电压向电感提供能量，这时二极管反偏截止；当开关断开时，存储在电感中的能量被转移到输出端，这时输入电源和输出端之间隔离断开没有能量输送。在稳态分析时，假定电容容量很大，输出端电压有个稳定值 $u_o(t) = U_o$，满足公式$\frac{U_o}{U_d}=\frac{D}{1-D}$。

2. 直流降压－升压斩波变换电路仿真分析

直流降压－升压斩波变换电路如图 6-24 所示。V1 为输入直流电源，电压为 12 V，V2 为脉冲源，V3 为受控源，V2 和 V3 一起组成开关管驱动电路，2SK3070S 为开关管，栅极受电压控制电压源 V3 控制，V3 受脉冲源 V2 控制，用鼠标双击 V3，进行参数设置，对话框如图 6-25 所示。在对话框中设置初始值、脉冲值、脉冲宽度、周期等，当设置脉冲宽度为 0.6 ms、脉冲周期为 1 ms 时，占空比 D 为 0.6，启动仿真，仿真结果如图 6-26 所示。可看到输出电压在一段时间后趋向稳定（为 17. 832 V），由于开关管不是理想的，有一定的电压降，基本上满足公式$\frac{U_o}{U_d}=\frac{D}{1-D}$。

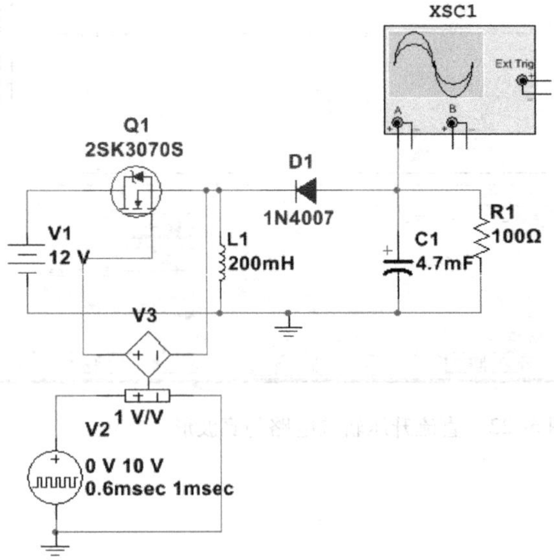

图 6-24　直流降压－升压斩波变换电路

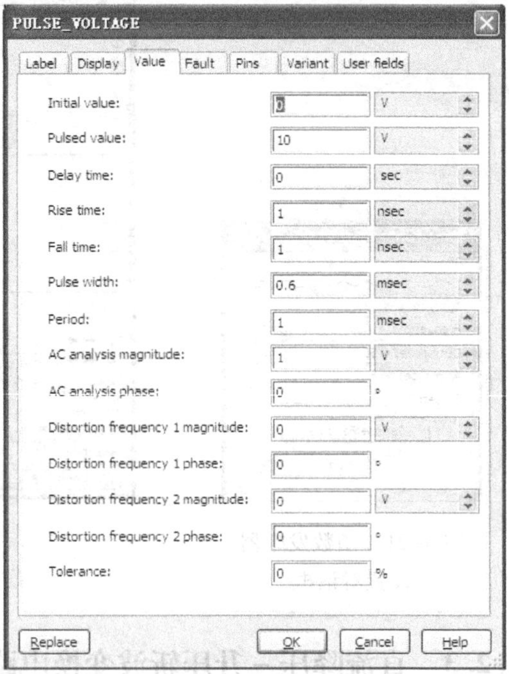

图 6-25　V2 脉冲源参数设置对话框

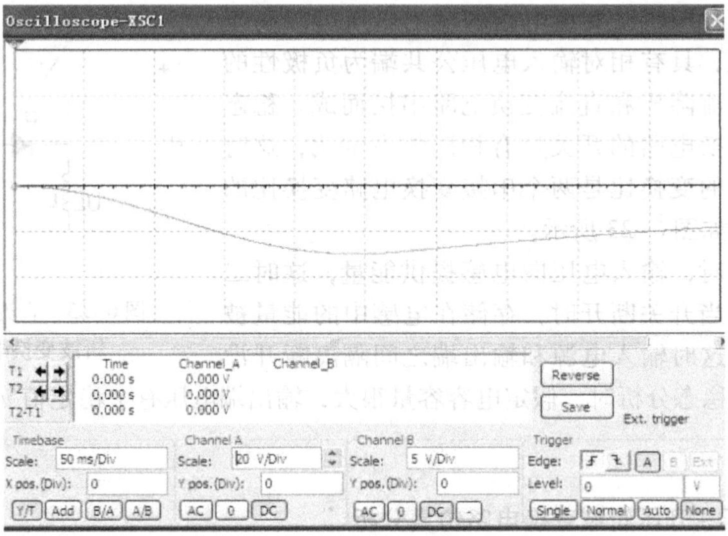

图 6-26　$D=0.6$ 时的输出波形

修改脉冲源的脉冲宽度为 0. 2 ms，从而改变占空比为 0. 28，此时的输出电压为 2. 233 V，输出波形如图 6-27 所示，在短暂的上升之后趋近稳定值。从以上波形分析验证，通过改变占空比来改变输出电压。

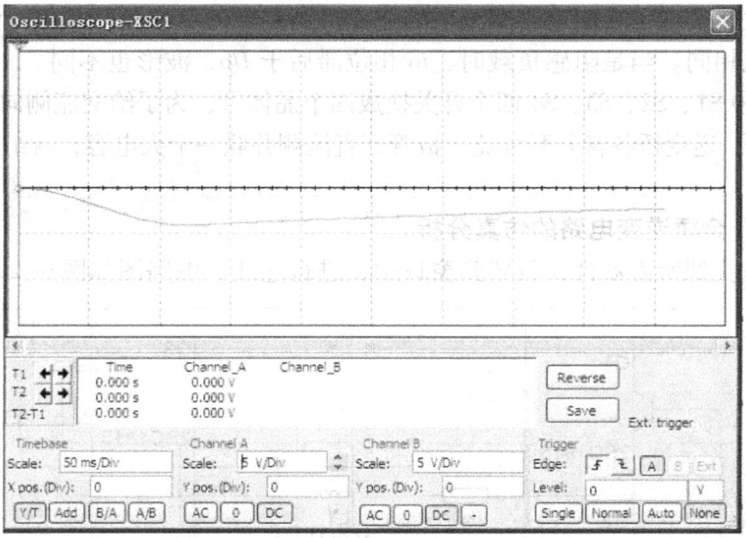

图 6-27　$D=0.2$ 时的输出波形

6.3　逆变电路

逆变电路是指将直流低电压变为直流高电压，或者把直流电变为交流电的电路，它与整流电路相对应，是通用变频器的核心部件之一，在太阳能和风力发电中有着非常重要的作用。逆变电路的基本功能是在控制电路的控制下，将中间的直流电路输出的直流电源转换为频率和电压都任意可调的交流电源。逆变分为有源逆变和无源逆变，有源逆变是一种把直流电能经直交变换向交流电源反馈能量的相控方式，无源逆变是不与电网连接直接接入负载的PWM 运行方式。

6.3.1　DC－AC 全桥逆变电路

1. 逆变器的基本工作原理

以单相桥式逆变电路来说明其工作原理，其简图如图 6-28 所示，图中 S1～S4 是桥式电路的 4 个臂，由电力电子器件及辅助电路组成。S1、S4 闭合，S2、S3 断开时，负载电压 Uo 为正。S1、S4 断开，S2、S3 闭合时，负载电压 Uo 为负，从而把直流电转变成交流电。改变两组开关切换频率，可以改变输出交流电频率。输出交流电的频率与两组开关的切换频

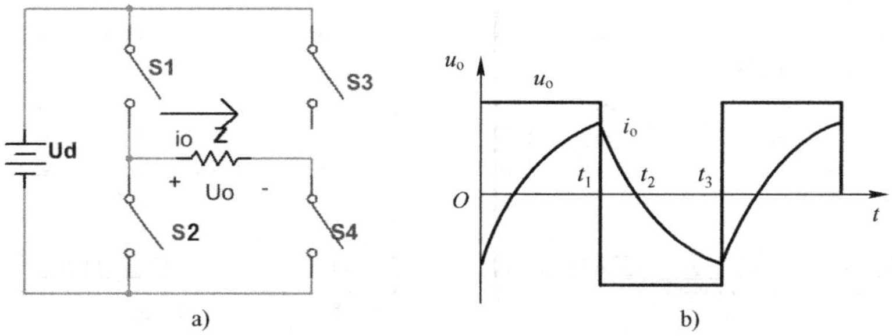

图 6-28　逆变电路简图及其波形

率成正比，由此就实现了直流电到交流电的逆变。当是电阻负载时，负载电流 *io* 和 *U*o 的波形相同，相位也相同。当是阻感负载时，*io* 相位滞后于 *U*o，波形也不同。

把图 6-28 中 S1、S2、S3、S4 四个开关换成四个晶体管，为了给交流侧向直流侧反馈的无功能量提供通道，逆变桥各臂并联续流二极管，直流侧并联一个大电容，就组成了 DC－AC 全桥逆变电路。

2. DC－AC 全桥逆变电路的仿真分析

从对应库里找到所需器件，放置到窗口中，进行连线，电路图如图 6-29 所示。

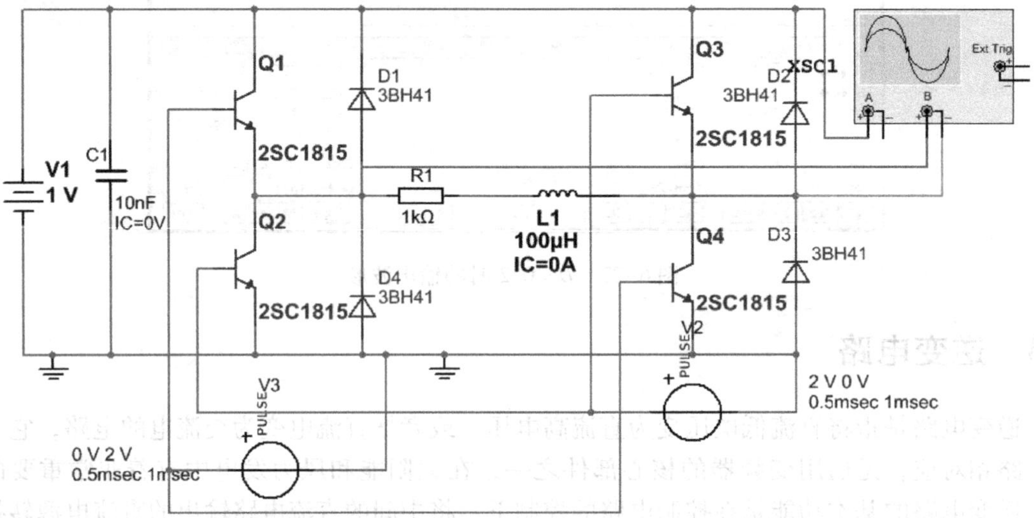

图 6-29　DC－AC 全桥逆变电路图

4 个桥臂中，Q1 和 Q4 是一对，Q2 和 Q3 是一对，两队桥臂交替导通 180°，为此在设置 Q1、Q4 和 Q2、Q3 的基极控制电压时，其相位互差 180°，参数设置如图 6-30 所示。

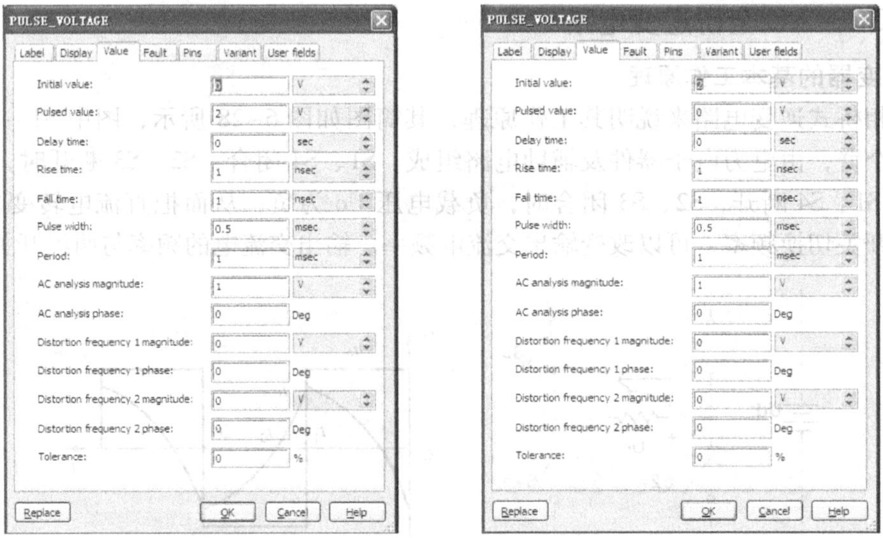

a)　　　　b)

图 6-30　电压参数设置

a）V3 电压参数设置　b）V2 电压参数设置

运行仿真后，输入/输出波形图如图 6-31 所示。

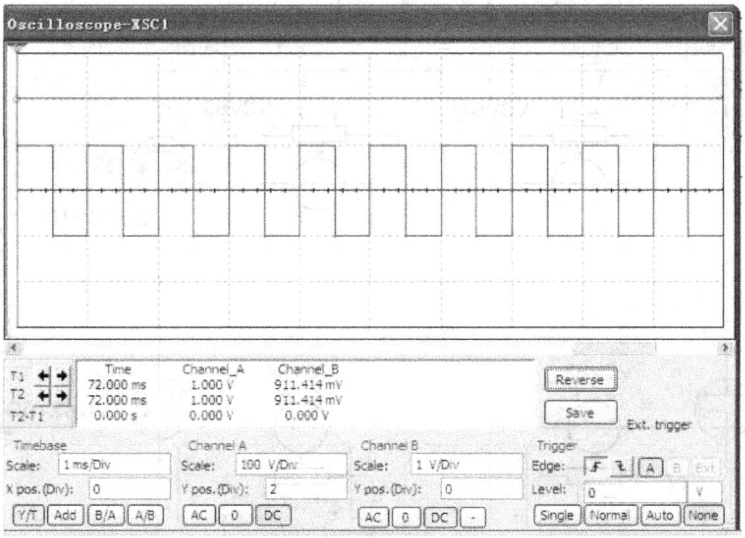

图 6-31　输入/输出波形图

在 0 ~ 0.5 ms 之间，V3 控制电压是正向电压，V2 控制电压为 0，这段时间内，Q1 和 Q4 导通，Q2 和 Q3 断开，负载上输出正向电压。

在 0.5 ~ 1 ms 之间，V3 控制电压是 0，V2 控制电压为正向电压，Q1 和 Q4 断开，Q2 和 Q3 导通，负载上输出负向电压。输出电压的频率由控制电压决定。

当 Q1、Q4 和 Q2、Q3 导通时，负载由电源获得能量，当 D1、D4 和 D2、D3 导通时，负载中电能反馈到 *C*1 中，反并二极管和 *C*1 为无功电流提供了通路。

当负载参数变化时，基本上不会影响输出电压的波形，均为交变方波。

6.3.2　MOSFET DC - AC 全桥逆变电路

MOSFET DC - AC 全桥逆变电路如图 6-32 所示。图中，U_d为输入电压源，电压控制电压源 VCVS1 ~ VCVS4 和脉冲电压源 V1 ~ V4 组成的 MOSFET 功率开关管驱动电路，栅极受电压控制的电压源控制，受控源又受对应的脉冲源控制。

MOSFET 器件从 TRANSISTOR/POWER_MOS_N 库里提取，从 SOURCE 里提取各个电压，放置到合适的位置，连线。用鼠标双击电源 V1 ~ V4 打开参数修改对话框，设置各项参数，V1、V4 和 V2、V3 相位互差 180°，相关设置如图 6-33 所示。脉冲宽度参数可以改变功率管的导通时间，触发角与延迟时间参数有关，修改延迟时间可以改变触发角 *a*。

启动仿真，单击示波器，可以看到 $a = 0°$时的输出波形如图 6-34 所示。对 V1 ~ V4 的延迟时间设置为 1.25 ms，此时触发角 $a = 45°(1.25 \times 2\pi/10)$，对应的输出波形如图 6-35 所示。

在图 6-32 中增加一个滤波电感（1H）和电容（10 μF），如图 6-36 所示。重新仿真之后，可以看到经过一段时间稳定后输出一个正弦波，波形图如图 6-37 所示。

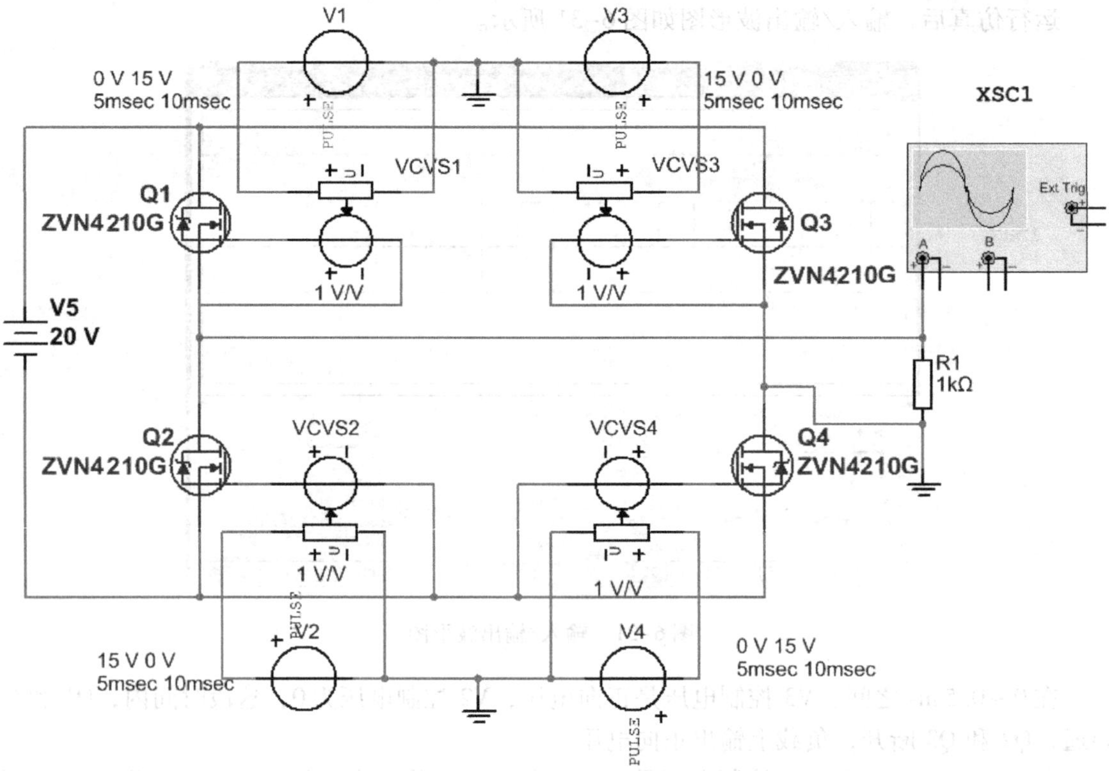

图 6-32　MOSFET DC – AC 全桥逆变电路

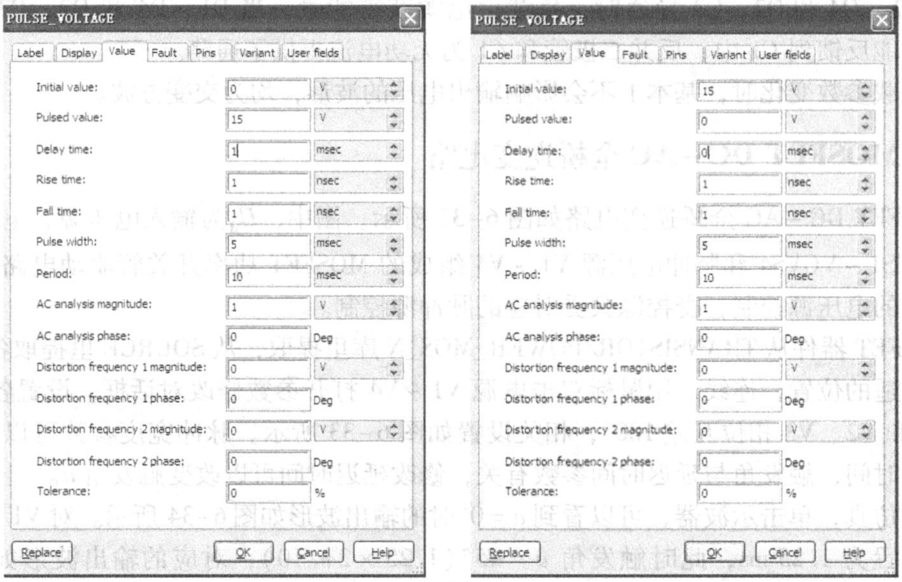

a)　　　　　　　　b)

图 6-33　$a=0°$时参数设置对话框

a）V1 和 V4 参数设置　b）V2 和 V3 参数设置

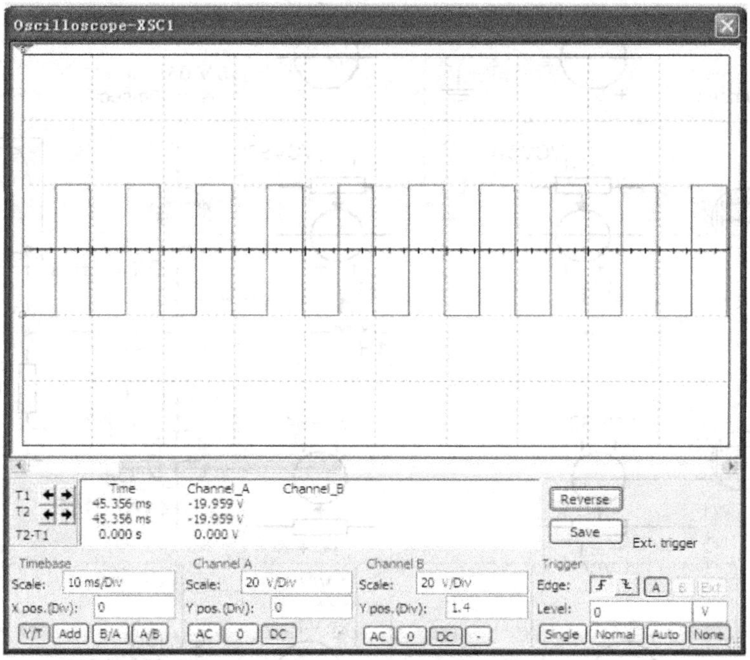

图 6-34　$a=0°$时的输出波形

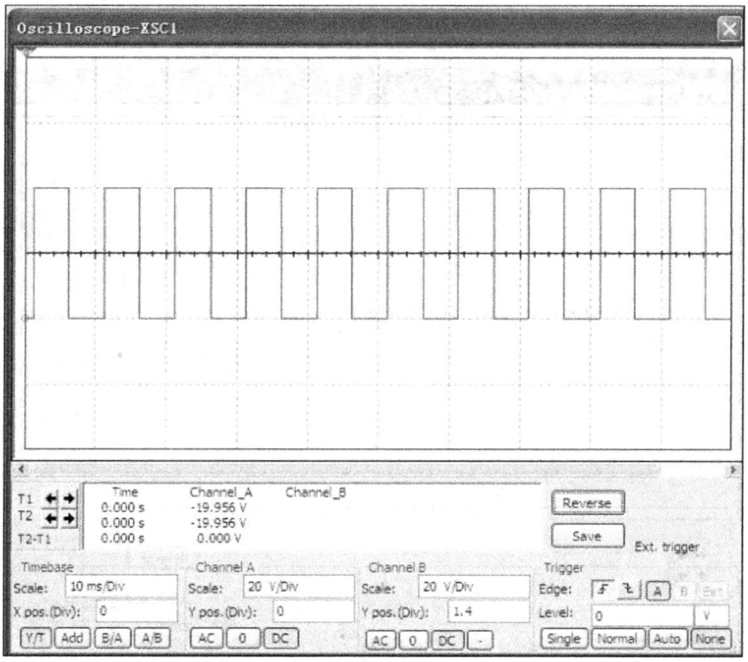

图 6-35　$a=45°$时的输出波形

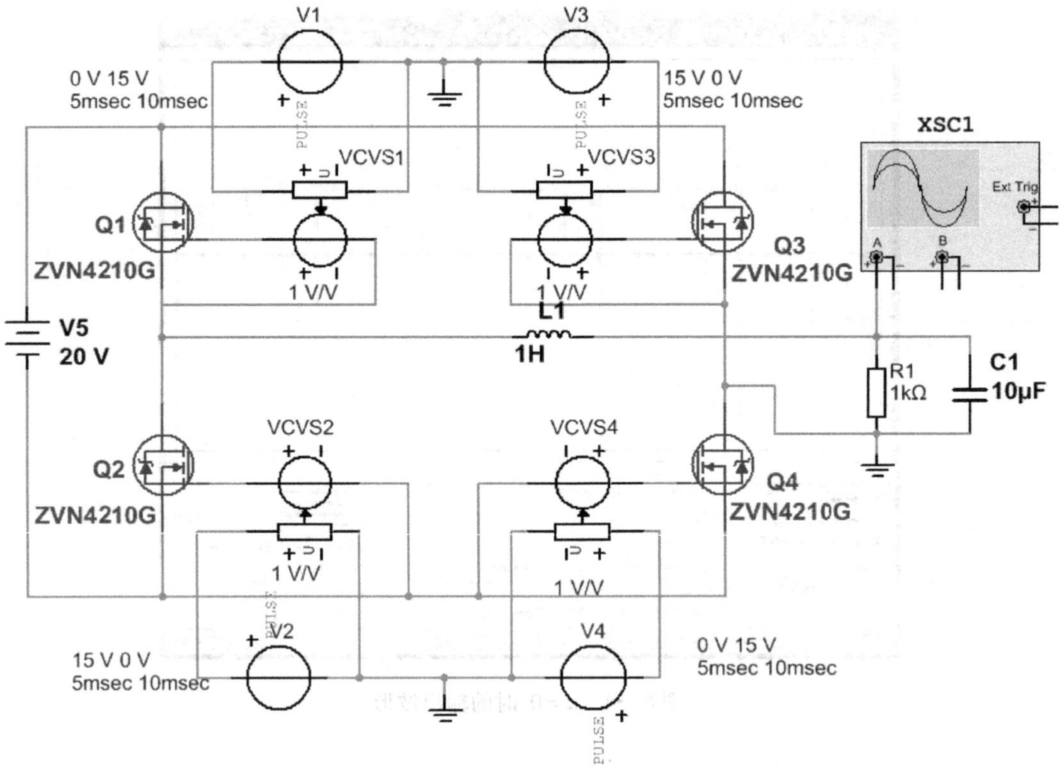

图 6-36　带 *LC* 滤波的 MOSFET DC - AC 全桥逆变电路

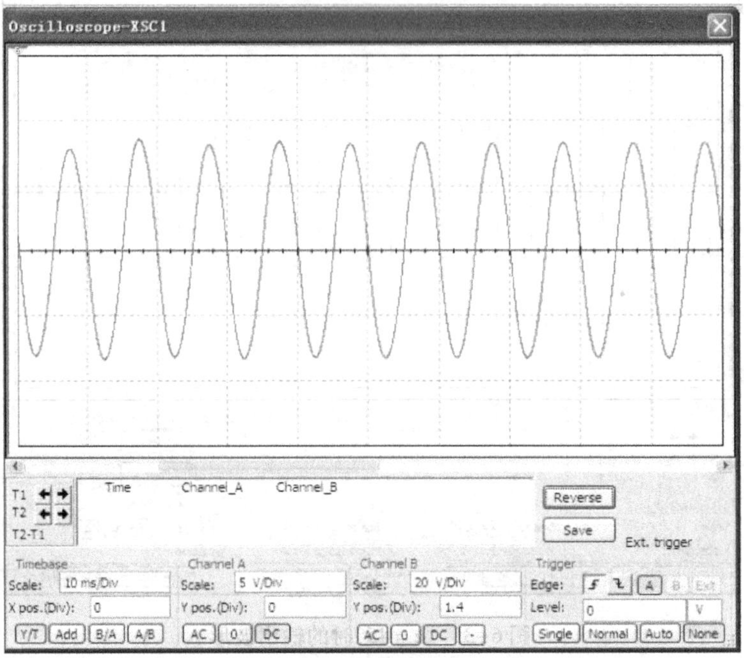

图 6-37　滤波电路输出波形

6.3.3 正弦脉宽调制逆变电路

在电子器件飞速发展的今天，想得到交流变频电源通常有两种方式：交流－直流－交流变换器、交流－交流变换器。正弦脉宽调制逆变电路就是一种交流－直流－交流变换器，它先把工频交流电通过整流器整流成直流，然后再通过逆变器把直流电转变成固定频率的交流电，逆变部分通常采用正弦脉宽调制逆变器。正弦脉宽调制技术（Sinusoidal Pulse－Width Modulation，SPWM）由于具有输出谐波小、结构简单等特点，是现代变频调速系统中应用最为广泛的脉宽调制方式。

1. SPWM 控制的基本原理

通过对一系列宽窄不等的脉冲按照面积等效原则进行调制，来等效正弦波形。其控制思想就是利用逆变器的开关元件，由控制线路按一定的规律控制开关元件的通断，从而在逆变器的输出端获得一组等幅、等距而不等宽的脉冲序列，其脉宽基本上按正弦分布，以此脉冲来等效正弦电压波。SPWM 正弦波脉宽调制的特点是输出脉冲列是不等宽的，宽度按正弦规律变化，故输出电压的波形接近正弦波。SPWM 是采用一个正弦波与三角波相交的方案确定各分段矩形脉冲的宽度。以正弦波作为逆变器输出的期望波形，以频率比期望波高得多的等腰三角波作为载波，并用频率和期望波相同的正弦波作为调制波，当调制波和载波相交时，由它们的交点确定逆变器开关器件的通断时刻，从而获得在正弦调制波的半个周期内呈两边窄中间宽的一系列等幅不等宽的方波。方波的面积按正弦规律变化。这种调制方法称为正弦波脉宽调制（Sinusoidal Pulse Width Modulation，SPWM），这种序列的方波称为 SPWM 波。

等效原理：如图 6-38 所示，把正弦分成 n 等分，每一区间的面积用与其相等的等幅不等宽的矩形面积代替，正弦的正负半周均如此处理。

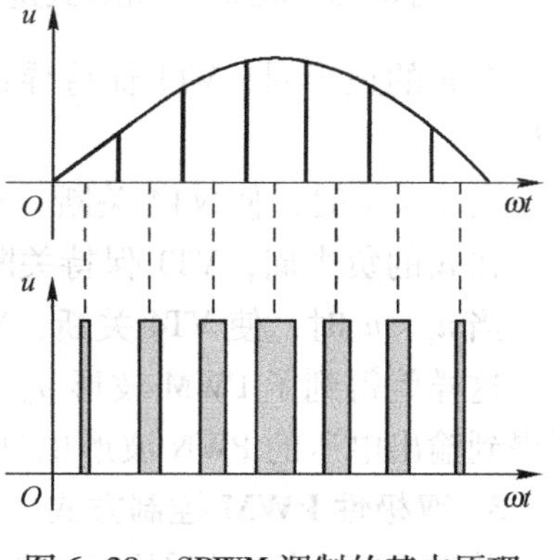

图 6-38 SPWM 调制的基本原理

SPWM 正弦波脉宽调制的特点是输出脉冲列是不等宽的，宽度按正弦规律变化。SPWM 采用一个正弦波与三角波相交的方案确定各分段矩形脉冲的宽度。

SPWM 控制技术有单极性控制和双极性控制两种方式。如果在正弦波调制波的半个周期内，三角载波只在正或负的一种极性范围内变化，所得的 SPWM 波也只处于一个极性的范围内，叫作单极性控制方式。如果在正弦调制波的半个周期内，三角波在正负极性之间连续变化，则 SPWM 波也在正负之间变化，叫作双极性控制方式。

2. 单极性 PWM 控制方式

一个电压型单相桥式逆变电路如图 6-39 所示，采用电力晶体管作为开关器件，VT1、VT2 通断互补，VT3、VT4 通断互补。

假设负载为电感性，对各晶体管的控制按下面的规律进行：

在正半周期，让晶体管 VT1 一直保持导通，VT2 保持断开，让晶体管 VT4 交替通断。当 VT1 和 VT4 导通时，负载上所加的电压为直流电源电压 U_d。当 VT1 导通而使 VT4 关断后，由于电感性负载中电流不能突变，负载电流将通过二极管 VD3 续流，负载上所加电压为零。若负载电流较大，那么直到使 VT4 再一次导通之前，VD3 一直持续导通。若负载电流较快地衰减到零，在 VT4 再一次导通之前，负载电压也一直为零。这样，负载上的输出电压 U_o就可得到 0 ~ U_d交替的两种电平。

同样，在负半周期，让晶体管 VT1 保持断，VT2 保持导通。当 VT3 导通时，负载被加上负电压 U_d；当 VT3 关断时，VD4 续流，负载电压为零，负载电压 U_o可得到以 U_d和零两种电平。这样，在一个周期内，逆变器输出的 PWM 波形就由 ± U_d和 0 三种电平组成。

控制 VT4 或 VT3 通断的方法如图 6-40 所示。载波 u_c在调制信号 u_r的正半周为正极性的三角波，在负半周为负极性的三角波。调制信号 u_r为正弦波。在 u_r和 u_c的交点时刻控制晶体管 VT4 或 VT3 的通断。

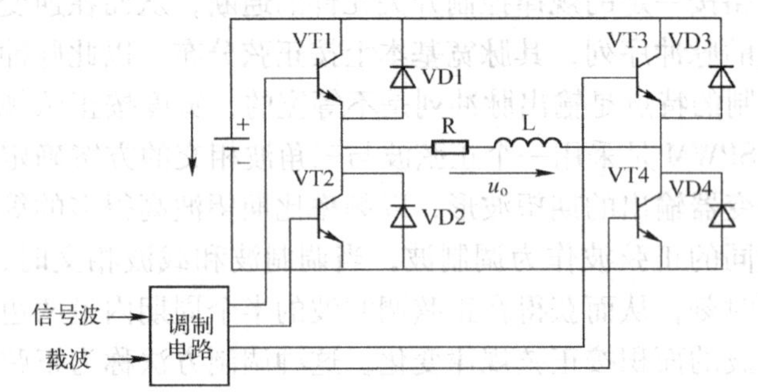

图 6-39　电压型单相桥式逆变电路结构

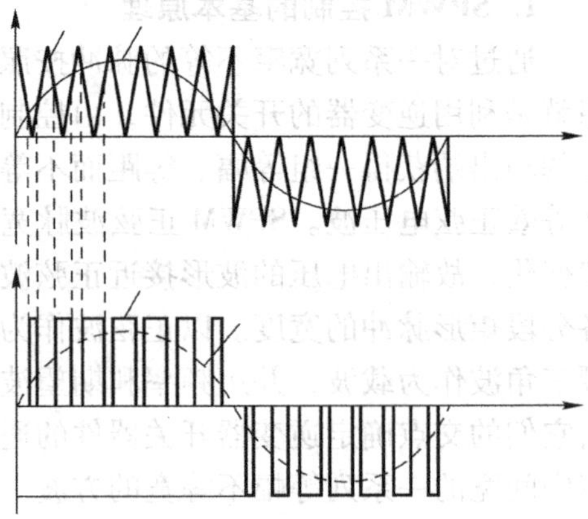

图 6-40　单极性 PWM 控制方式

在 u_r的正半周，VT1 保持导通，VT2 保持断，当 $u_r > u_c$时，使 VT4 导通，负载电压 $u_o = U_D$。

当 $u_r < u_c$时，使 VT4 关断，VT3 通，$u_o = 0$。

在 u_r的负半周，VT1 保持关断，VT2 保持导通，当 $u_r > u_c$时，使 VT3 关断，$u_o = 0$。

当 $u_r < u_c$时，使 VT4 关断，VT3 通，$u_o = -U_d$。

这样就得到了 PWM 波形 u_o。像这种在 u_r的半个周期内三角波载波只在一个方向变化，所得到输出电压的 PWN 波形也只在一个方向变化的控制方式称为单极性 PWM 控制方式。

3. 双极性 PWM 控制方式

单相桥式逆变电路采用双极性 PWM 控制方式的波形如图 6-41 所示。在双极性方式中 u_r的半个周期内，三角波载波是在正、负两个方向变化的，所得到的 PWM 波形也是在两个方向变化的。在 u_r的一个周期内，输出的 PWM 波形只有 ±UD 两种电平，仍然在调制信号 u_r和载波信号 u_c的交点时刻控制各开关器件的通断。在 u_r的正负半周，对各开关器件的控制规律相同。

当 $u_r > u_c$时，给晶体管 VT1 和 VT4 以导通信号，给 VT2 和 VT3 以关断信号，输出电压 $U_o = U_D$。当 $u_r < u_c$时，给 VT2、VT3 以导通信号，给 VT1 和 VT4 以关断信号，输出电压 $U_o = -U_d$。可以看出，同一半桥上下两个桥臂晶体管的驱动信号极性相反，处于互补工作方式。

在电感性负载的情况下，若 VT1 和 VT4 处于导通状态时，给 VT1 或 VT4 以关断信号，而给 VT2 和 VT3 以开通信号后，则 VT1 或 VT4 立即关断，因感性负载电流不能突变，VT2 和 VT3 并不能立即导通，二极管 VD2 和 VD3 导通续流。

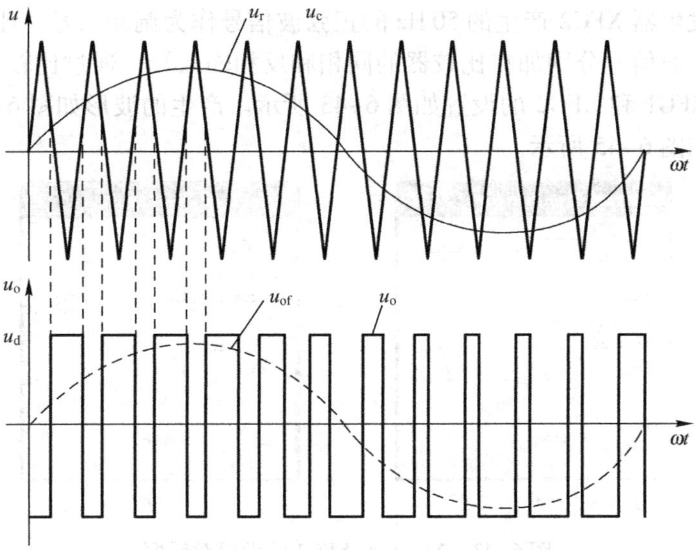

图 6-41　双极性 PWM 控制方式波形图

当感性负载电流较大时，直到下一次 VT1 和 VT4 重新导通前，负载电流方向始终未变，VD2 和 VD3 持续导通，而 VT2 和 VT3 始终未开通。当负载电流较小时，在负载电流下降到零之前，VD2 和 VD3 续流，之后 VT2 和 VT3 开通，负载电流反向。

不论 VD2 和 VD3 导通，还是 VT2 和 VT3 开通，负载电压都是 $Uo = -Ud$。从 VT2 和 VT3 开通向 VT1 和 VT4 开通切换时，VD1 和 VD4 的续流情况和上述情况类似。

6.3.4　SPWM 产生电路和逆变电路

1. SPWM 产生电路

SPWM 产生电路如图 6-42 所示。函数发生器 XFG1 产生频率为 1 kHz 的三角波信号作为

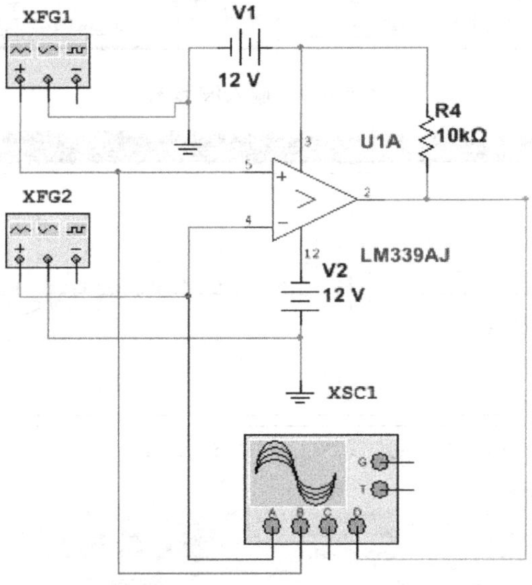

图 6-42　SPWM 产生电路

载波信号，函数发生器 XFG2 产生的 50 Hz 的正弦波信号作为调制信号，比较器作为调制器。三角波信号和正弦波信号分别加在比较器的同相和反相输入端，通过比较器进行比较，从而输出 SPWM 波。XFG1 和 XFG2 的设置如图 6-43 所示。产生的波形如图 6-44 所示。通过比较器产生的波形如图 6-45 所示。

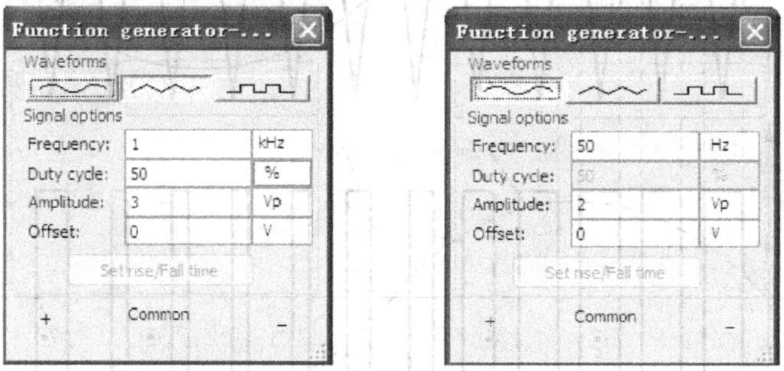

a) b)

图 6-43　XFG1 和 XFG2 的设置对话框

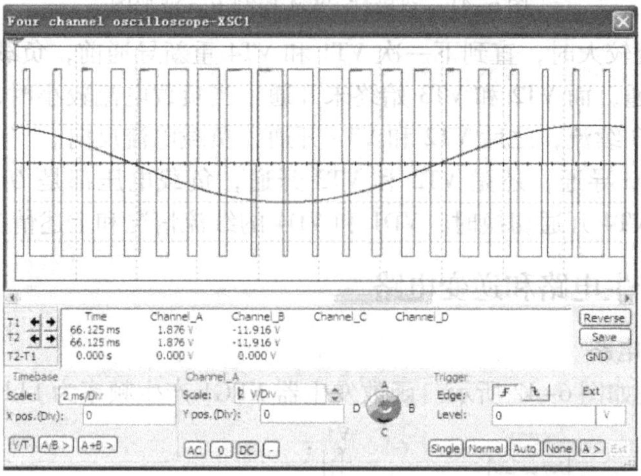

图 6-44　输入波形图

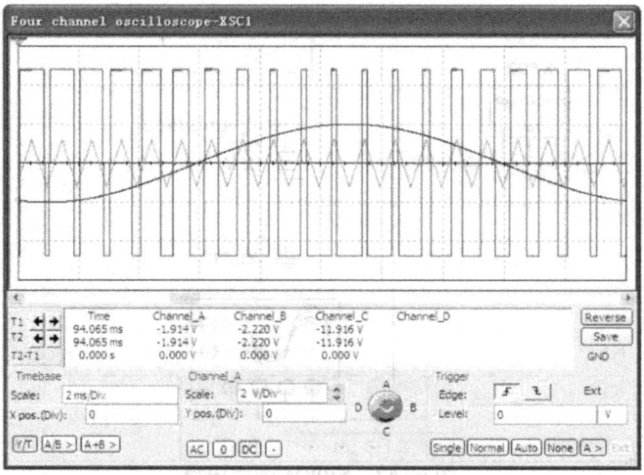

图 6-45　SPWM 产生的电路输入/输出波形

2. SPWM 逆变信号驱动电路

在 SPWM 产生电路的基础上，再加一个反相器就可以产生一组相位相差 180°的 SPWM 信号，SPWM 驱动信号电路如图 6-46 所示。驱动信号产生的波形如图 6-47 所示。

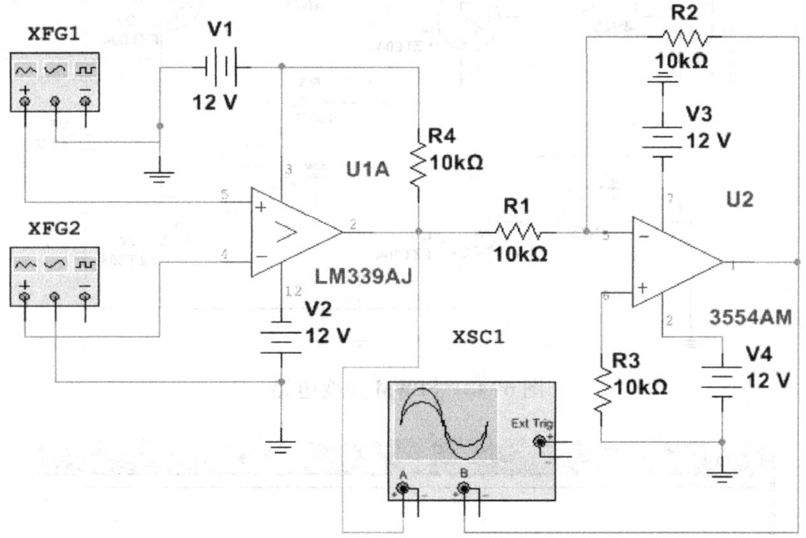

图 6-46　SPWM 逆变信号驱动电路

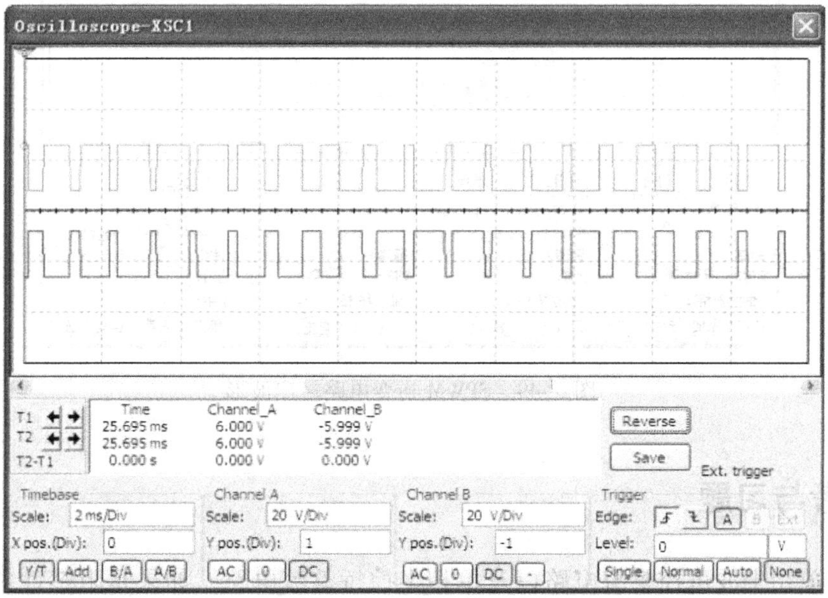

图 6-47　驱动信号波形

3. 电阻负载型逆变电路

将开关管器件（FZT604）放置到合适的位置，进行连线，逆变电路如图 6-48 所示。SPWM 逆变信号驱动电路产生的波形分别去驱动开关管，仿真结果如图 6-49 所示。

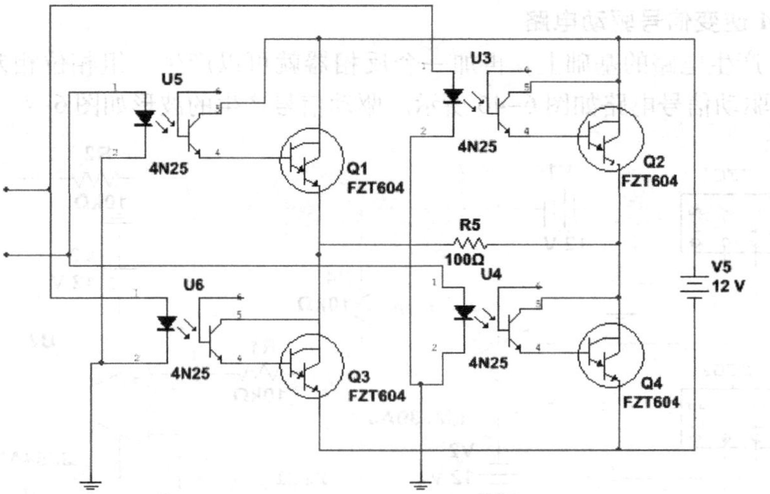

图 6-48　SPWM 逆变电路

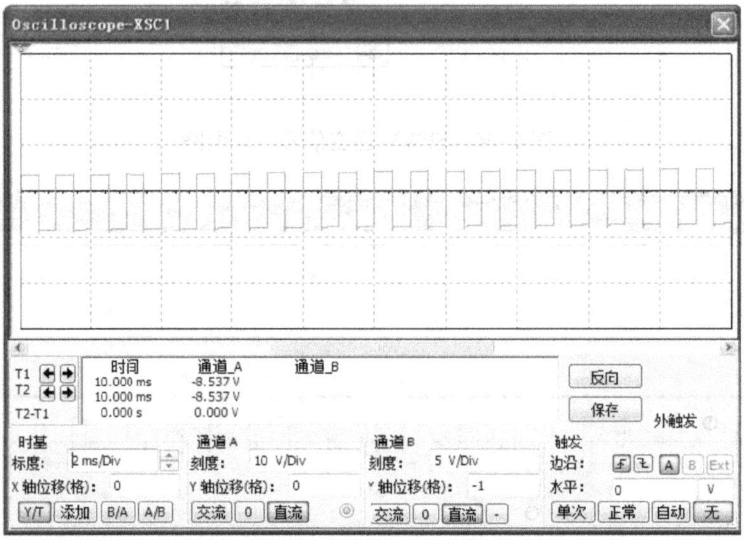

图 6-49　SPWM 逆变电路输出波形

6.4　思考与习题

1. 对于单相半波可控整流电路以及单相半控桥整流电路，如果是阻感性负载，输出波形如何变化？对本章的例子进行改进，用 Multisim 12.0 软件进行仿真分析

2. 三相桥式整流电路具有什么样的特点？如果是阻感负载，触发角变化时，仿真波形如何变化？对本章的例子进行改进，用 Multisim 12.0 软件进行仿真分析。

3. 什么是逆变？为什么要进行逆变？逆变需要具备什么条件？

4. SPWM 逆变电路如果阻感性负载，输出波形有什么变化？对本章的例子进行改进，用 Multisim 12.0 软件进行仿真分析。

5. 对图 6-50 进行分析，用 Multisim 12.0 软件进行仿真，并分析输出波形。

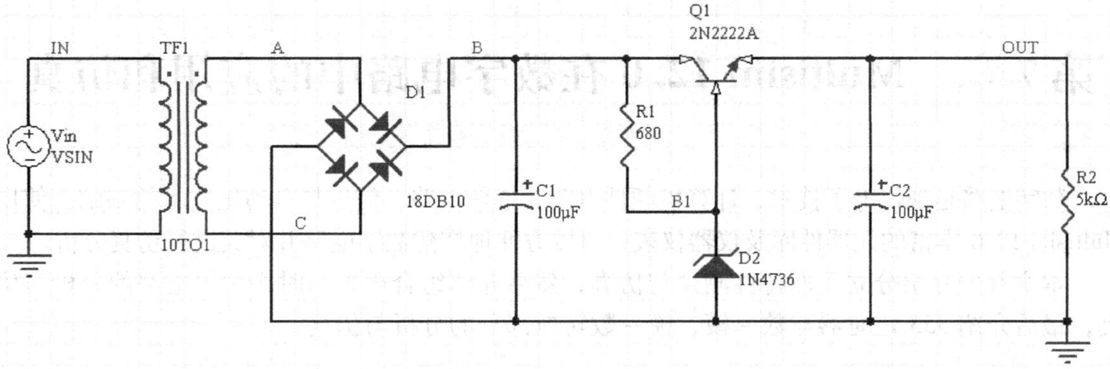

图 6-50　题 5 的原理图

第 7 章　Multisim 12.0 在数字电路中的应用和仿真

数字电路是现代电子技术、计算机硬件电路、通信电路、信息与自动化技术的基础，使用 Multisim 12.0 丰富的元器件库及仪器仪表，可以方便地搭建数字电路并对其进行仿真分析。

本章首先介绍分立元件特性测试与仿真，然后介绍组合逻辑与时序逻辑电路的分析与仿真，最后介绍 555 定时器与数－模、模－数转换部分的分析与仿真。

7.1　分立元件特性测试与仿真

数字电路中逻辑变量有 0 和 1 两种取值，对应电子开关的断开和闭合。构成电子开关的基本元件有二极管、晶体管和 MOS 管。理想开关的开关特性如下。

1）静态特性。断开时，等效电阻 $R_{OFF}=\infty$，电流 $I_{OFF}=0$；闭合时，等效电阻 $R_{ON}=0$，电压 $U_{AK}=0$。

2）动态特性。开通时间 $t_{on}=0$，关断时间 $t_{off}=0$。

客观世界中并没有理想开关。乒乓开关、继电器、接触器等的静态特性十分接近理想开关，但动态特性很差，无法满足数字电路一秒钟开关几百万次乃至数千万次的需要。二极管、晶体管和 MOS 管当开关使用时，其静态特性不如机械开关，但动态特性很好。本节主要介绍二极管和晶体管的开关特性测试与仿真。

7.1.1　二极管的开关特性测试与仿真

二极管在正偏导通时，硅管导通压降为 0.7V 左右（锗管 0.3V 左右），导通电阻为几欧姆至几十欧姆，类似开关闭合；反偏截止时反向饱和电流极小、反向电阻很大（几百千欧），类似开关断开。

1. 使用伏安特性图示仪观察二极管伏安特性曲线

在 Multisim 12.0 环境下，单击元器件库中的按钮，在弹出的窗口中的“Datebase”中选择“Master Datebase”，在“Group”中选择“DIODE”，在“Component”中选择“1N4001”，其他选择默认，把二极管“1N4001”放置在工作区。再单击仪器仪表库中的（IV analyzer，伏安特性分析仪）按钮，放置在工作区。用鼠标双击伏安特性分析仪，打开设置窗口，在“Component”中选择“Diode”，可在设置窗口右下角看到二极管符号，即要求外部接线时，左侧端口接“P”区，中间端口接“N”区。

“Current range”用于设置显示区可显示的电流仿真范围：“log”表示对数坐标，“lin”表示线性刻度坐标；“Voltage range”用于设置显示区可显示的 PN 结电压仿真范围；单击“Reverse”按钮，可以改变显示区的底色（黑变白）；“Simulate para”（仿真参数）用于设置电源电压范围。参数设置完毕，单击“仿真”按钮，二极管伏安特性如图 7-1 所示。由图 7-1 可知，当二极管“1N4001”流过的电流为 628 mA 时，二极管两端的电压为 895 mV。

移动指针 1（显示区中的竖线），可以观察二极管流过任意电流时的端口电压。

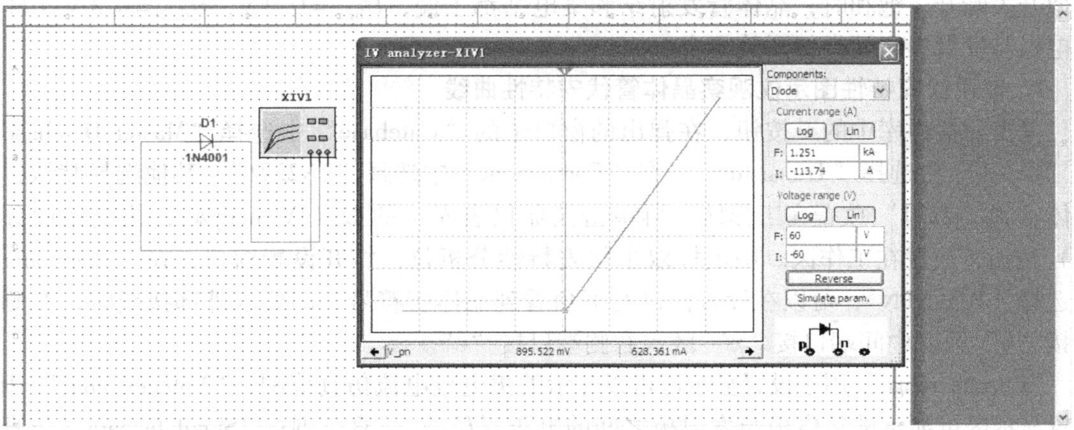

图 7-1　用伏安特性分析仪观察二极管伏安特性曲线

2. 二极管开关特性测试

二极管由截止到导通所需的时间称为导通时间 t_{on}，由导通到截止所需的时间称为反向恢复时间 t_{re}。可以通过图 7-2a 所示的电路对二极管进行动态开关特性测试，示波器通道 A 测量电阻 *R*1 两端的电压波形，通道 B 测量信号源 V1 两端的电压波形。打开仿真开关，示波器的工作波形如图 7-2b 所示。由图 7-2b 可知，V1 由正半周变为负半周时，二极管并不能马上由导通变为截止，而是维持一段时间后，电路电流才开始减小，再经过一段时间后，才减小至二极管的反向饱和电流，完全截止；V1 由负半周变为正半周时，二极管也不是瞬时导通，而是经过一段时间后才导通，只是二极管的导通时间非常短，几乎可以忽略。*R*1 两端的电压波形出现了毛刺和纹波，是二极管 PN 结的结电容效应导致的。

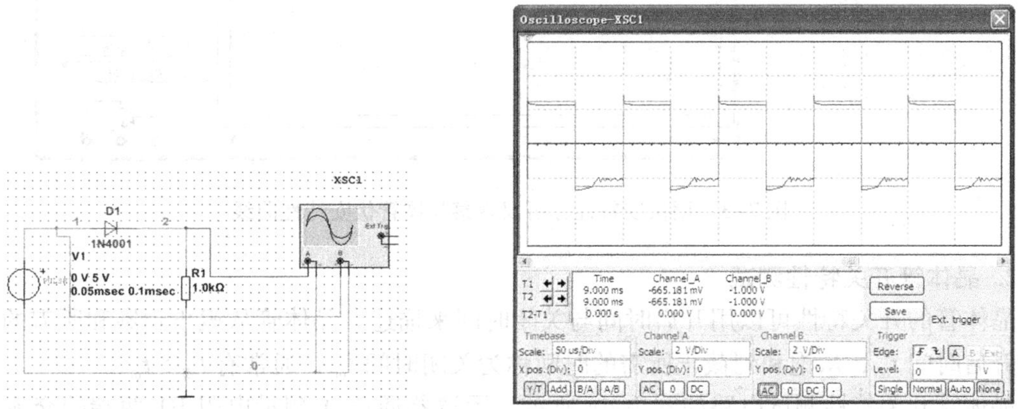

a)　　b)

图 7-2　二极管开关特性测试

a）测试电路　b）示波器工作波形

7.1.2　晶体管的开关特性测试与仿真

晶体管作为开关元件，主要工作在饱和与截止两种开关状态，放大区只是极短暂的过渡状态。截止时，晶体管发射结和集电结都反偏，集电极电流几乎为0，集电极与发射极之间类似开关断开；饱和时，晶体管发射结和集电结都正偏，$U_{BES}=0.7\ V$，$U_{CES}=0.3\ V$（硅），集电极与发射极之间类似开关闭合。

1. 使用伏安特性图示仪观察晶体管伏安特性曲线

单击元器件库中的按钮，在弹出的窗口中的“Datebase”中选择“Master Datebase”，在“Group”中选择“Transistors”，在“Component”中选择“2N2221”，其他选择默认，把晶体管“2N2221”放置在工作区。再单击仪器仪表库中的（IV analyzer，伏安特性分析仪）按钮，放置在工作区。用鼠标双击伏安特性分析仪，打开设置窗口，在“Component”中选择“BJT NPN”，可以在设置窗口右下角看到晶体管符号，即要求外部接线时，左侧端口接“b”区，中间端口接“e”区，右侧端口接“c”。

“Current range”用于设置显示区可以显示的集电极电流仿真范围；“Voltage range”用于设置显示区可显示的集电极与发射极之间的电压（U_{CE}）仿真范围；“Simulate para（仿真参数）”用于设置电源电压及基极电流的仿真范围。参数设置完毕，单击“仿真”按钮，晶体管伏安特性如图7-3所示。由图7-3可知，晶体管工作在放大状态下$U_{CE}=1\ V$时，$I_B=10\ \mu A$，$I_C=456.43\ \mu A$，晶体管的电流放大系数β约为45.6。用鼠标单击任意一条输出特性曲线，可以观察给定U_{CE}时，I_C与I_B的值；左右移动指针1，可以观察给定I_B时，U_{CE}与I_C的值。

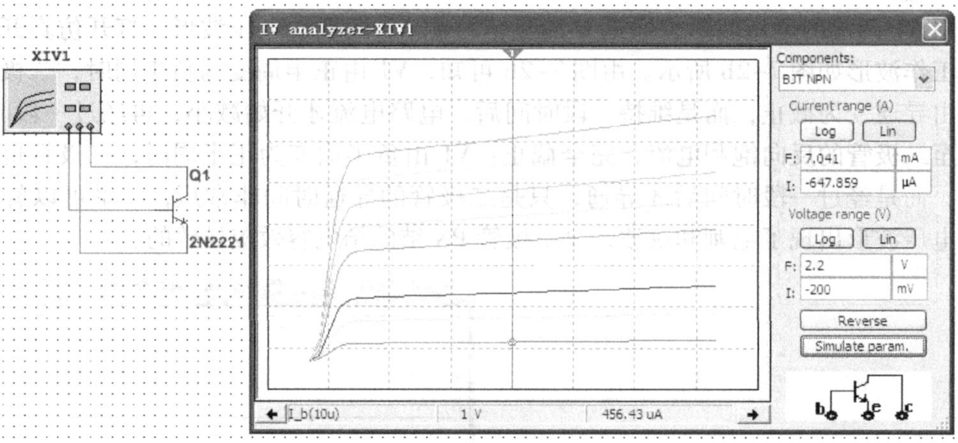

图7-3　用伏安特性分析仪观察晶体管伏安特性曲线

2. 晶体管开关特性测试

晶体管的开关特性可以用开启时间与关闭时间来描述。晶体管从截止到饱和所需的时间称为开启时间t_{on}，从饱和到截止所需的时间称为关闭时间t_{off}，通常有$t_{off}>t_{on}$。

晶体管开关特性测试电路如图7-4a所示，示波器通道A测量电阻R1两端的交流电压波形，通道B测量信号源V1两端的电压波形，打开仿真开关，示波器的工作波形如图7-4b所示。由图7-4b可知，V1由正半周变为负半周时，晶体管并不能马上由导通变为截止，延迟一段时间后才截止；V1由负半周变为正半周时，晶体管也不是瞬时导通，而是延迟一段时间后才导通。

与二极管相比，晶体管的开启时间与关闭时间更短，通常为μs或ns数量级。

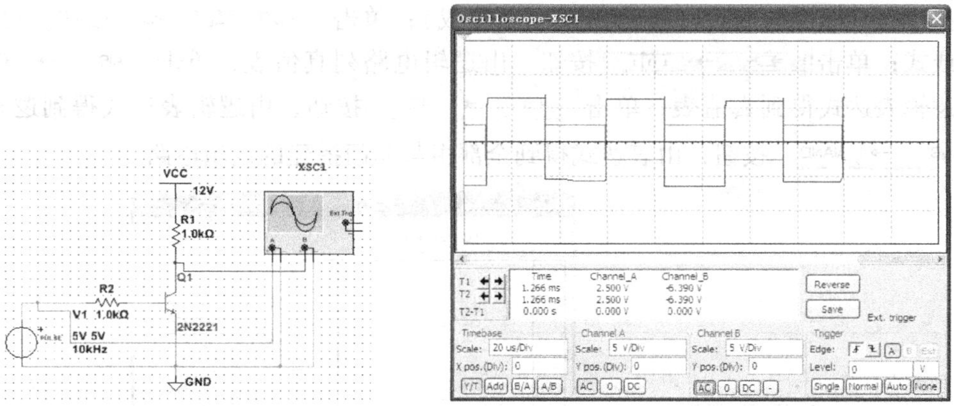

a) b)

图 7-4 晶体管开关特性测试

a）测试电路 b）示波器工作波形

7.1.3 TTL 与非门逻辑功能测试与仿真

正逻辑体制规定下，与非门的特点是“见 0 出 1，全 1 为 0”。由晶体管搭建的与非门称为 TTL 与非门，由 MOS 管搭建的与非门称为 CMOS 与非门。下面介绍 TTL 与非门 74LS00 的逻辑功能测试与仿真。

单击基础元器件库中的按钮，首先选中“SWITCH”里的“SPDT”，在工作区的空白区域放置两个双刀单掷开关；单击 TTL 元器件库按钮，选中“74LS”里的“74LS00N”，在工作区放置 1 个二输入端的与非门；单击显示元器件库中的按钮，选中“PROBE”里的“PROBE - DIG - RED”，在工作区放置 1 个红光探针工具，最后在工作区再放置 1 个数字地和一个 5 V 的直流电源，搭建与非门功能测试电路，如图 7-5 所示。打开仿真开关，用鼠标（也可用空格键）控制开关 S1、S2 的状态，观察红光探针的变化规律，可以验证“与非门”的逻辑功能。其他门电路的逻辑功能测试方法与之类似，不再赘述。

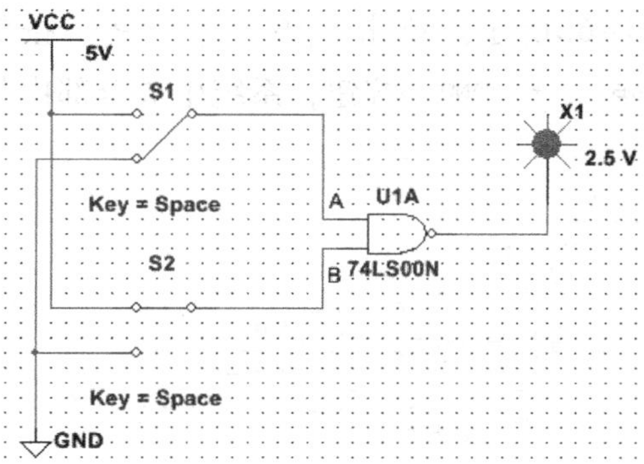

图 7-5 TTL 与非门逻辑功能测试

7.1.4 逻辑关系表示方法之间的相互转换

常用逻辑关系的表示方法有真值表、逻辑函数、逻辑图等。利用仪器仪表库的逻辑转换仪（Logic Converter）可以方便地完成各表示方法之间的互相转换以及逻辑函数的化简。注意，实际数字仪器中无逻辑转换仪设备。

用鼠标单击仪器仪表库中的按钮，在工作区放置一个逻辑转换仪图标 XLC1，如图 7-6a所示。其下方有 9 个端口，除最右侧是数字电路输出端口外，其余 8 个均为输入端口。用鼠标双击逻辑转换仪打开设置窗口，如图 7-6b 所示。选择变量 A、B、C、D，真值表区域自动列出 16 种组合，将鼠标指针移至真值表区域右侧输出栏“?”位置，光标变成手形，在相应“?”处单击一次变为“0”，单击两次变为“1”，单击三次变为“X”（任意值）。真值表列好后，单击“Conversions”选项区中的 1011 → A|B 按钮，可以在真值表

下方空白栏得到标准与或式（全部由最小项构成）；单击 10|1 SIMP A|B 按钮，可以得到最简与或式；单击 门电路符号 → 10|1 按钮，由逻辑电路列真值表；单击 A|B → 10|1 按钮，由逻辑表达式得到真值表；单击 A|B → 门电路符号 按钮，由逻辑表达式得到逻辑电路；单击 A|B → NAND 按钮，由表达式得到全部由与非门搭建的逻辑电路。

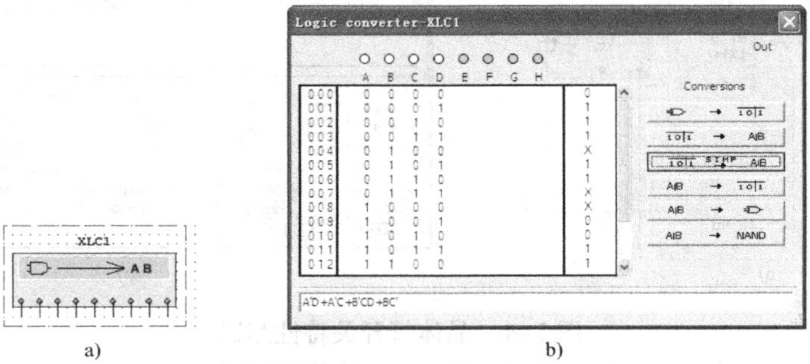

图 7-6　逻辑转换仪

a）逻辑转换仪图标　b）逻辑转换仪设置窗口

若将逻辑函数 $Y(A,B,C,D)=\sum m(1,2,3,5,6,11,12)+\sum d(4,7,8,13)$ 化为最简与或表达式，可以根据题目要求把最小项 1、2、3、5、6、11、12 设为“1”，无关项 4、7、8、13 设为“X”，其他设为“0”，单击 10|1 SIMP A|B 按钮，得到最简逻辑表达式如图 7-6b 所示。单击 A|B → 门电路符号 按钮，系统自动生成电路如图 7-7a 所示；单击 A|B → NAND 按钮，系统生成全部由与非门搭建的电路，如图 7-7b 所示。

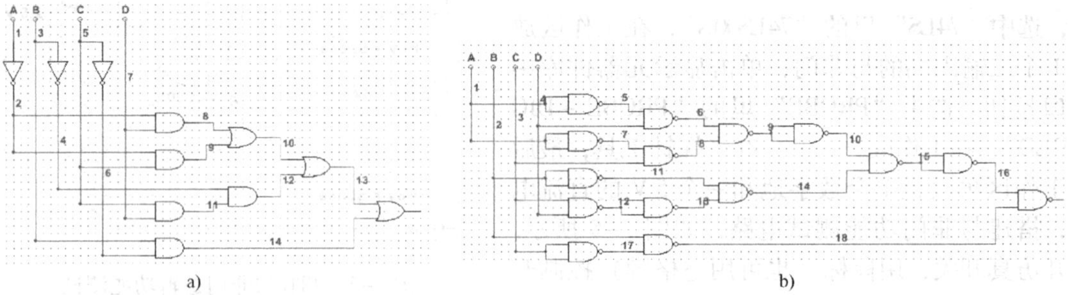

图 7-7　生成电路

a）由与、或、非门搭建的电路　b）全部由与非门搭建的电路

7.2　组合逻辑电路的分析和仿真

组合逻辑电路的特点是任意时刻的输出仅取决于当前时刻的输入，与电路的历史状态无关，也没有记忆能力。组合逻辑电路的分析即给定逻辑电路，分析其功能。传统的分析方法是由逻辑电路图求得表达式，然后化简得到最简表达式，再列出真值表，最后由真值表总结其逻辑功能，在 Multisim 12.0 中可以利用逻辑转换仪进行分析。

7.2.1　静态组合逻辑电路的分析仿真

静态组合逻辑电路的分析方法是：创建逻辑电路，把输入接至逻辑转换仪 XLC1 的输入端口，输出接至逻辑转换仪的输出端口，再借助逻辑转换仪的转换按钮分析电路功能。

单击 TTL 元器件库中的，选中“74LS”里的“74LS12N”，在工作区放置 1 个三输入端的与非门；选中“74STD”里的“7427N”，在工作区放置两个三输入端的或非门；选中“74STD”里的“7408N”，在工作区放置 4 个二输入端的与门；选中“74STD”里的“7404N”，在工作区放置 4 个非门；选中“74STD”里的“7432N”，在工作区放置 1 个二输入端的或门；最后在工作区再放置 1 个数字地和一个 5 V 的电源，搭建如图 7-8 所示的数字电路。应该说明的是，在用 Multisim 12.0 进行数字电路仿真时，有时电路本身没有需要接电源和地的端口，但是仿真时务必把电源和地放在电路旁边，否则会报错。

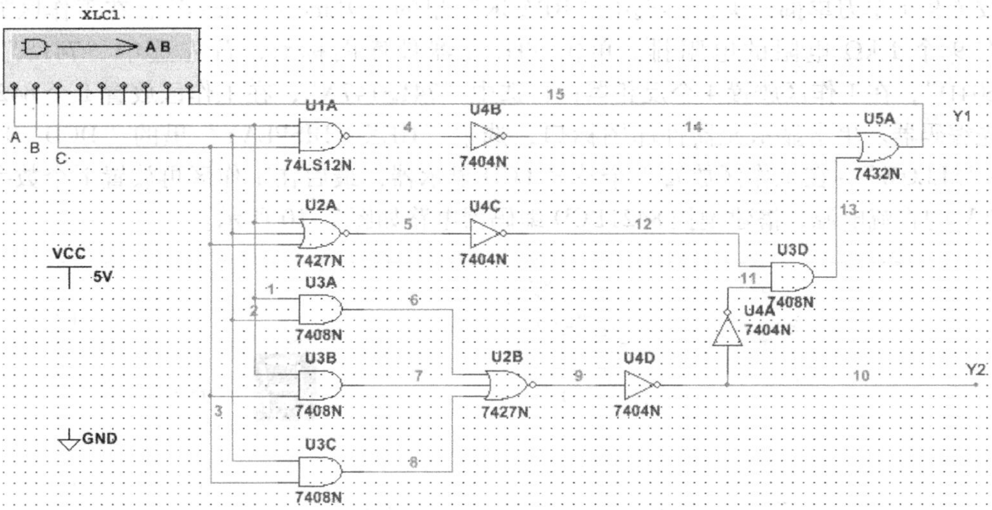

图 7-8　用逻辑分析仪分析组合逻辑电路功能

把输入 A、B、C 分别接至逻辑转换仪最左侧的 3 个输入端口，输出 $Y1$ 接至逻辑转换仪输出端口，单击逻辑转换仪的按钮可得 $Y1$ 真值表，如图 7-9a 所示；把 $Y1$ 断开，$Y2$ 接至逻辑分析仪输出端口，单击按钮可得 $Y2$ 真值表，如图 7-9b 所示。若把 A 看作 1 位二进制数的被加数，B 为加数，C 为低位来的进位，$Y1$ 看作本位的和，$Y2$ 看作向更高位的进位，由图 7-9 可知，该电路完成了全加器的逻辑功能。可以用类似的方法对其他组合逻辑电路的功能进行分析。

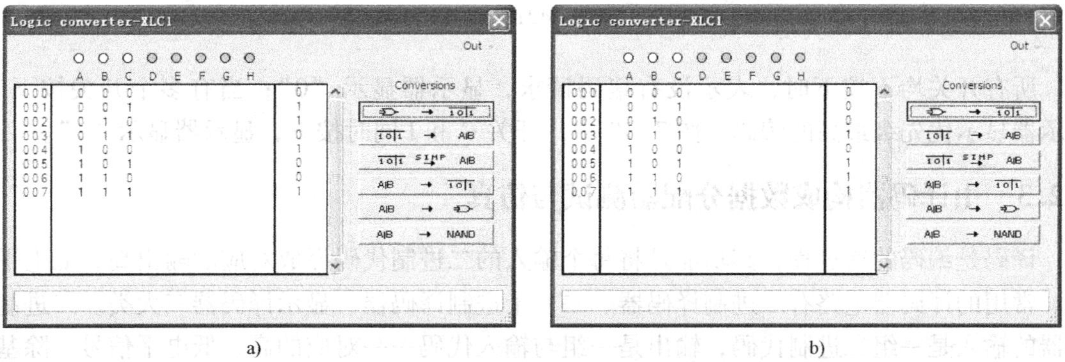

a)　　　　　　b)

图 7-9　图 7-8 所示电路功能分析

a）$Y1$ 真值表及表达式　b）$Y2$ 真值表及表达式

7.2.2 键控 8421BCD 编码器测试与仿真

在数字系统里，为了区分一系列不同的事物，常将其中的每个事物用一个二进制代码表示，然后把二进制代码按一定的规律编排，使每组代码具有一定的含义，这个过程称为编码，具有编码功能的逻辑电路称为编码器。常用的编码器有普通编码器和优先编码器。在优先编码器电路中，允许同时输入两个以上的编码信号，只对其中优先权最高的一个进行编码。下面介绍 74LS147N（8421BCD 码优先编码器）的功能测试及仿真。

单击基础元器件库图标，首先选中“SWITCH”里的“DIPSW9”，在工作区的空白区域放置 9 个单刀单掷开关；再选中“RPACK”里的“9Line - Isolated”，在工作区放置一个含有 9 个 1 kΩ 电阻的电阻排。单击 TTL 元器件库图标，首先选中“74LS”里的“74LS04D”，在工作区放置 4 个反相器；再选中“74LS147N”，在工作区放置 1 个 8421BCD 码优先编码器。单击显示元器件库图标，选中“HEX - DISPLAY”里的“DCD - HEX - DIG - YELLOW”，在工作区放置 1 个黄光 LCD 显示器；最后在工作区再放置 1 个数字地和一个 5 V 的直流电源，搭建键控 8421BCD 编码器电路如图 7-10 所示。

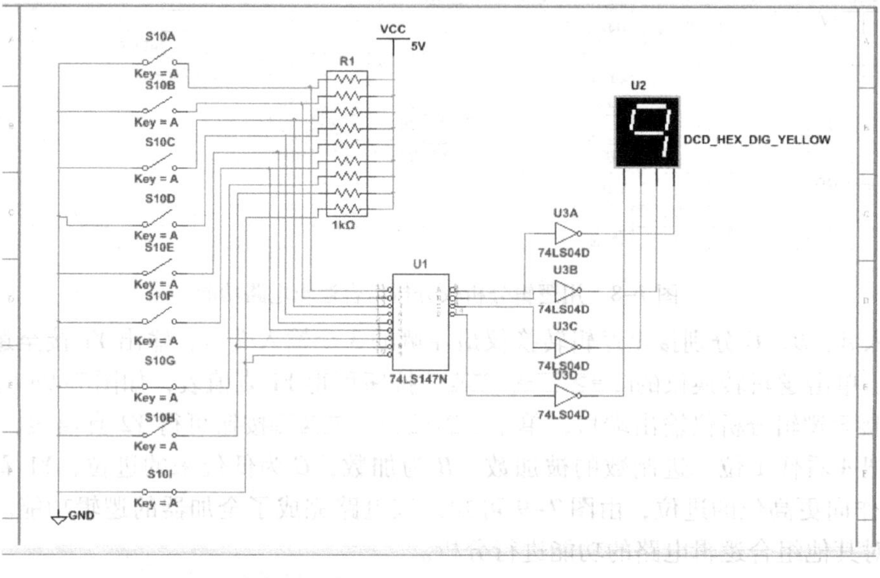

图 7-10 键控 8421BCD 编码器电路

所有开关均不按下时，表示没有编码请求，显示器显示“0”；当有多个开关按下时，显示器显示优先级最高的编码。图 7-10 中，开关 G 和 I 同时按下，显示器显示“9”。

7.2.3 由译码器构成数据分配器测试与仿真

译码是编码的逆过程，其功能是将每个输入的二进制代码译成对应的输出高、低电平信号。常用的译码器电路有二进制译码器、二 - 十进制译码器、显示译码器三大类。二进制译码器的输入是一组二进制代码，输出是一组与输入代码一一对应的高、低电平信号。除基本的译码功能外，译码器还可以用来构成数据分配器、实现多输出的组合逻辑电路。下面介绍用 3/8 线译码器 74LS138 构成数据分配器。

单击基础元器件库图标 〰，首先选中“SWITCH”里的“DIPSW1”，在工作区的空白区域放置 3 个单刀单掷开关；再选中“RESISTOR”里的“1.0 kΩ”，在工作区放置 3 个 1.0 kΩ的电阻。单击 TTL 元器件库图标，选中“74LS”里的“74LS138N”，在工作区放置 1 个 3/8 线译码器；单击二极管元器件库图标，选中“LED”里面的“BAR - LED - BLUE”，把含有 8 个蓝色发光二极管的二极管条放在工作区；最后在工作区再放置 1 个数字地和一个 5 V 的数字电源，搭建数据分配器电路如图 7-11 所示。注意，发光二极管条为共阳极接法，即当译码器相应端口输出低电平 0 时二极管点亮。设 G1 端口为 1 位数据端 D，D 接高电平 +5 V时，若 S3S2S1 = 011，则对应 $Y3$ 发光二极管点亮，即相当于把数据 D = 1 求反以后分配至 $Y3$。以此类推，S3S2S1 的状态决定了把数据 D 分配至哪一路输出端口。

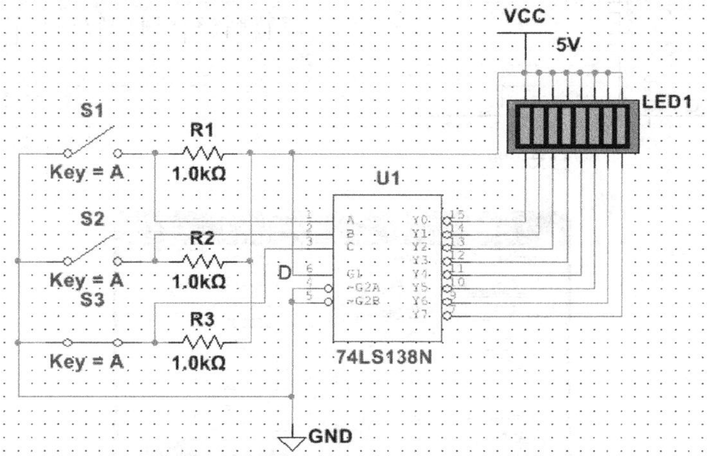

图 7-11　由译码器构成数据分配器电路

7.2.4　由译码器构成 16 位跑马灯电路测试与仿真

选用两片 3/8 线译码器 74LS138，先级联成 4/16 线译码器，进而可构成 16 位跑马灯电路。单击仪器仪表库中的字发生器图标，在工作区放置 1 个字发生器 XWG1；单击 TTL 元器件库图标，选中“74LS”里的“74LS138N”，在工作区放置两个 3/8 线译码器；单击显示元器件库图标，选中“PROBE”里的“PROBE - DIG - RED”，在工作区放置 16 个红光探针工具；最后在工作区再放置 1 个数字地和一个 5 V 的数字电源，搭建译码器构成的 16 位跑马灯电路如图 7-12a 所示。

字发生器最多可以输出 32 路数字信号，是并行输入多路数字信号的理想仿真工具，在数字电路仿真中应用非常广泛。双击字发生器图标，可以打开设置窗口，如图 7-12b 所示。窗口左侧区域有 Display（显示设置选项区）、Control（控制设置选项区）、Trigger（触发设置选项区）、Frequency（输出频率设置选项区）。Display 选项区中有 4 个单选按钮：Hex（十六进制）、Dec（十进制）、Binary（二进制）、ASCII 码；Controls 选项区中有 4 个单选按钮：Cycle（循环输出）、Burst（一次性从初始地址到最大地址的字元输出）、Step（一次输出一个地址的字元）、Set（设置），其中 Set 在弹出窗口的 Buffer Size 栏中设置字符组数，其数字决定输出字符组数（如输入 5，单击“Accept”按钮即得 Word Generator - XWG1 窗口中右边的字符组数，其他选项很少用到）；Trigger 选项区可以设置触发信号，Internal（内触发）、External（外触发）；Frequency 选项区设置输出频率，是指字符发生器输出字元的频率。

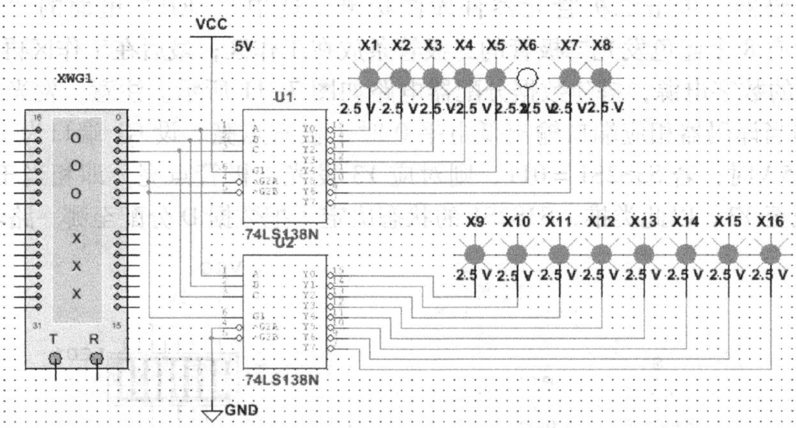

a)

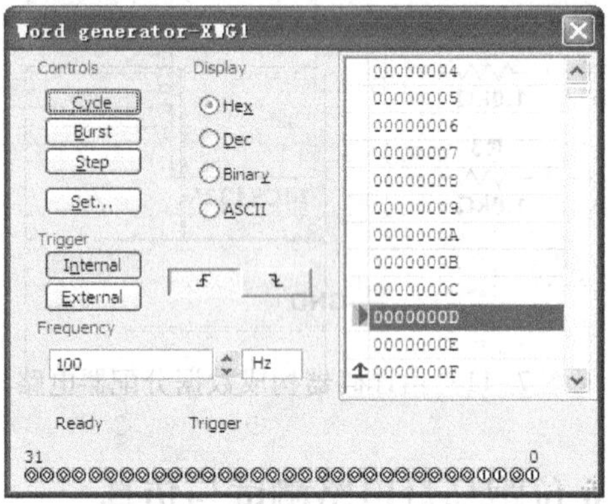

b)

图 7-12　由译码器构成 16 位跑马灯电路测试与仿真
a）16 位跑马灯电路　b）字发生器设置窗口

在图 7-12b 中的“Display”选项区选中“Hex”单选按钮，所以窗口右侧区域显示的是 8 个 16 进制的字元，代表 32 位输出的状态。用鼠标单击第二行最后一列，输入 1，下面每一行最后一列依次输入 2、3、4、5、6、7、8、9、A、B、C、D、E、F，且在“F”所在的行单击鼠标右键，在弹出的快捷菜单中选择“Set Final Position（设置末尾位置）”，在“Frequency”选项区选择 100 Hz，打开仿真按钮，可以观察到探针 1 ~ 16 以 100 Hz 的频率依次点亮，类似跑马灯。

7.2.5　由数据选择器构成全加器电路测试与仿真

在数字传输过程中，需要从多路数据中选出一路输出时，要用到数据选择器，也称为多路开关。常用的数据选择器芯片有 74LS153（双四选一）、74LS151（八选一）等。数据选择器不仅能够实现数据选择的基本功能，还能实现组合逻辑电路。

众所周知，两个二进制数之间的算术运算（加、减、乘、除）目前在数字计算机中都是化作若干步加法运算进行的。两个 1 位二进制数相加时，同时考虑来自低位的进位，得到本位和，以及向更高位的进位，这种运算称为全加，所用的电路称为全加器。下面介绍由数据选择器 74LS153（双四选一）实现全加器。

单击基础元器件库图标，首先选中“SWITCH”里的“DIPSW1”，在工作区的空白区域放置 3 个单刀单掷开关；再选中“RESISTOR”里的“1.0 kΩ”，在工作区放置 3 个1.0 kΩ的电阻。单击 TTL 元器件库图标，选中“74LS”里的“74LS153N”，在工作区放置 1 个双四选一数据选择器；选中“74LS”里的“74LS04D”，在工作区放置 1 个反相器，单击显示元器件库图标，选中“PROBE”里的“PROBE－DIG－RED”，在工作区放置两个红光探针工具；最后在工作区再放置 1 个数字地和一个 5 V 的直流电源，搭建全加器电路如图 7–13 所示。若 S3 代表被加数 A，S2 代表加数 B，S1 代表来自低位的进位 C_{i-1}，U1 芯片的 1Y 代表本位和 S，2Y 代表本位向高位的进位 C。例如，S3S2S1＝111 时，S 和 C 输出均为高电平，两个探针均点亮，符合全加器的运算特点。读者可自行观察全加器 S3S2S1 不同输入值时电路的输出状态。

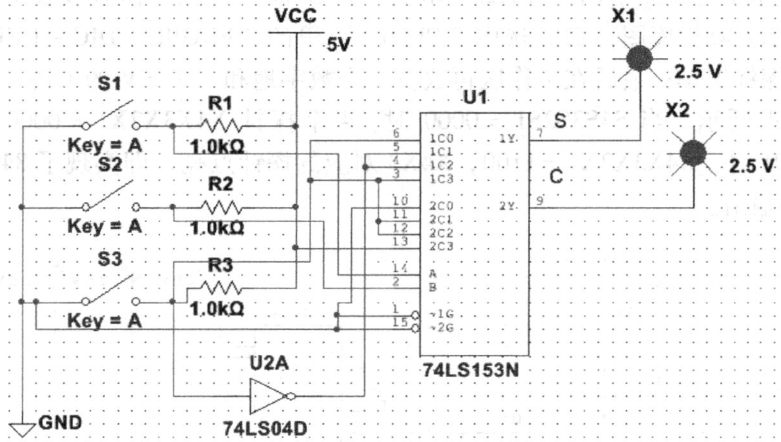

图 7–13　数据选择器构成全加器电路

7.2.6　8421 码转换 5421 码的电路测试与仿真

为了用二进制代码表示十进制数的 0～9 十个状态，二进制代码至少应当有 4 位。4 位二进制代码一共有 16 个（0000～1111），取其中哪十个以及如何与 0～9 相对应，有许多种方案，常见的编码方案有 8421BCD 码、5421BCD 码、余 3BCD 码等。十进制数码与 8421BCD 码及 5421BCD 码的对应关系见表 7–1。可见 8421BCD 在大于等于 5（即大于 4）时加 3，否则加 0 即可得到 5421BCD 码。

表 7–1　8421 码与 5421 码的对应关系

十进制数码	8421BCD 代码	5421BCD 码
0	0000	0000
1	0001	0001
2	0010	0100
3	0011	0011

（续）

十进制数码	8421BCD 代码	5421BCD 码
4	0100	0100
5	0101	1000
6	0110	1001
7	0111	1010
8	1000	1011
9	1001	1100

单击基础元器件库图标，首先选中“SWITCH”里的“DIPSW1”，在工作区的空白区域放置 4 个单刀单掷开关；再选中“RESISTOR”里的“1.0 kΩ”，在工作区放置 4 个 1.0 kΩ的电阻。单击 TTL 元器件库图标，选中“74LS”里的“74LS283N”，在工作区放置 1 个四位超前进位加法器；选中“74LS”里的“74LS85N”，在工作区放置 1 个四位数值比较器，单击显示元器件库图标，选中“PROBE”里的“PROBE－DIG－RED”，在工作区放置 4 个红光探针工具；最后在工作区再放置 1 个数字地和一个 5 V 的电源，搭建代码转换电路如图 7－14 所示。当 S4S3S2S1＝0000 时，4 个探针 X4X3X2X1＝0000，均不亮；当 S4S3S2S1＝1001 时，X4X3X2X1＝1100，X4X3 对应的探针点亮，即实现了 8421BCD 码转换为 5421BCD 码输出。

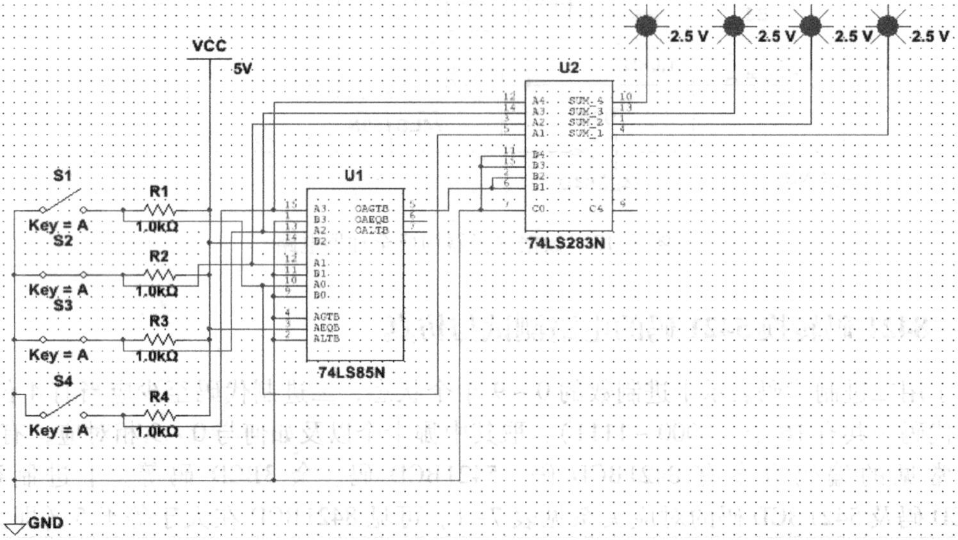

图 7－14　8421 码转换 5421 码电路

7.2.7　竞争冒险电路测试与仿真

前述组合逻辑电路的测试与仿真都是在输入、输出处于稳定的逻辑电平下进行的。为了保证系统工作的可靠性，有必要观察在输入信号逻辑电平发生变化的瞬间，电路是怎样工作的。事实上，由于引线和器件传输与变换时存在延迟，输出不一定能立即达到预定的状态并立即稳定在这一状态，可能要经历一个过渡过程，其间逻辑电路的输出端有可能会出现不同于原先所期望的状态，产生瞬时的错误输出，这种现象称为险象。在较复杂的电路系统中，如果竞争冒险产生的尖峰脉冲使后级电路产生错误动作，就会破坏原有的设计功能。文献资料表明，当函数表达式在某种条件下可化为 $X+X'$ 或 $X\cdot X'$ 时，变量 X 的变化有可能引起险象。

分别单击仪器仪表库栏的信号发生器图标和双踪示波器图标，在工作区放置 1 个信号发生器和 1 个双踪示波器；单击 TTL 元器件库图标，选中“74STD”里的“7404N”，在工作区放置 4 个反相器；选中“74STD”里的“7408N”，在工作区放置 3 个二输入端的与门；选中“74STD”里的“7427N”，在工作区放置 1 个三输入端的或非门；最后在工作区再放置 1 个数字地和一个 5 V 的直流电源，搭建竞争冒险电路如图 7-15a 所示。

为了便于观察冒险现象，信号发生器设置窗口如图 7-15b 所示。用示波器通道 A 观察输入信号波形，通道 B 观察输出信号波形，由图 7-15c 可以看到输入波形发生由 1 到 0 的跳变时，输出信号出现了短时的负跳变脉冲，即出现了险象。

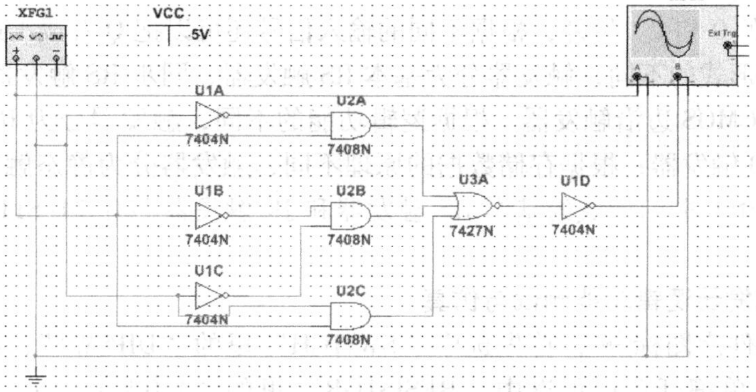

a)

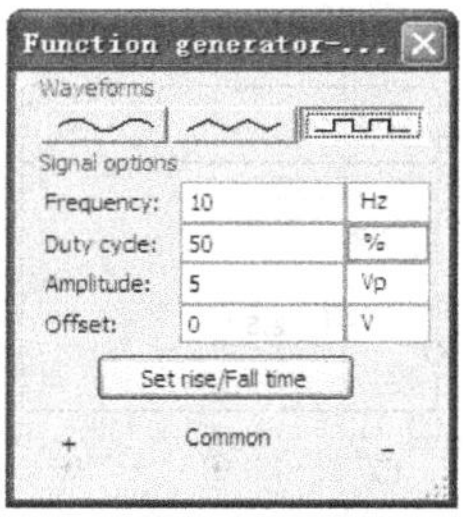

b)

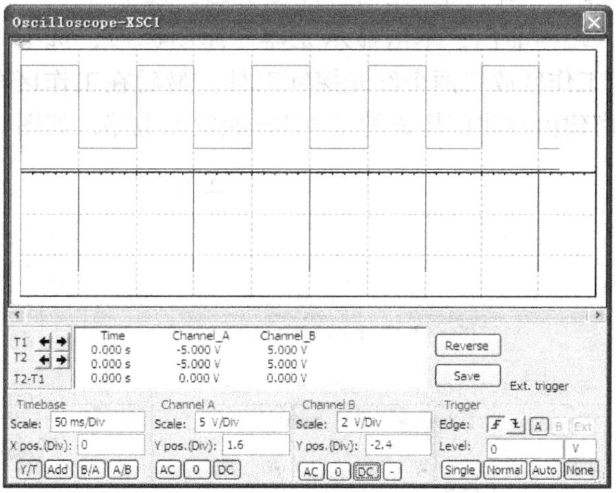

c)

图 7-15　竞争冒险电路的测试与仿真

a）竞争冒险电路　b）信号发生器设置窗口　c）示波器显示波形

7.3 时序逻辑电路的分析和仿真

时序逻辑电路的基本构成单元是触发器。其特点是任意时刻的输出不仅取决于当前时刻的输入，还与电路的历史状态有关，具有记忆能力。时序逻辑电路的分析即给定时序逻辑电路，分析其功能。一般的分析方法是由逻辑电路写时钟方程、驱动方程、输出方程以及状态方程，根据时钟方程和状态方程列状态转移真值表，由状态转移真值表总结其逻辑功能。在 Multisim 12.0 中可以借助示波器、探针、显示器、逻辑转换仪等仪器仪表分析时序逻辑电路的功能。

7.3.1 触发器逻辑功能测试与仿真

能够存储 1 位二进制信息的基本单元电路称为触发器。触发器电路的共同特点是：具有两个互补的输出端 Q 与 Q′，且 Q 端具有两个能自行保持的稳定状态，用来表示逻辑状态的 0 和 1 或二进制数的 0 和 1。另外，根据不同的输入信号还可以把 Q 置成 1 或 0 状态。

根据电路结构形式的不同，触发器分为基本 RS 触发器、同步 RS 触发器、主从触发器、维持阻塞触发器、CMOS 边沿触发器。根据逻辑功能的不同，触发器分为 RS 触发器、JK 触发器、T 触发器、D 触发器；根据存储数据的原理不同，触发器分为静态触发器和动态触发器。本节主要介绍由与非门构成的基本 RS 触发器和 JK 触发器芯片 74LS112 的逻辑功能测试与仿真。

1. 基本 RS 触发器逻辑功能测试与仿真

单击基础元器件库图标，首先选中“SWITCH”里的“DIPSW1”，在工作区的空白区域放置两个单刀单掷开关；再选中“RESISTOR”里的“1.0 kΩ”，在工作区放置两个 1.0 kΩ的电阻。单击 TTL 元器件库图标，选中“74STD”里的“7400N”，在工作区放置两个二输入端与非门；单击显示元器件库图标，选中“PROBE”里的“PROBE－DIG－RED”，在工作区放置两个红光探针工具；最后在工作区再放置 1 个数字地和一个 5 V 的直流电源，搭建由与非门构成的基本 RS 触发器电路，如图 7-16 所示。

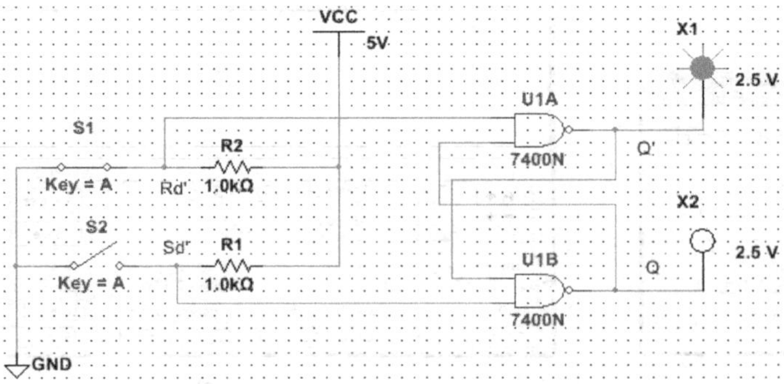

图 7-16 基本 RS 触发器逻辑功能测试

用鼠标左键单击开关可以改变输入数据，开关 S1 闭合表示输入 $R'_d=0$，开关 S2 闭合表示输入 $S'_d=0$，开关断开表示输入 1。若令 S1 闭合、S2 断开，则 Q 对应探针不亮，Q′对应探针亮，即 Q 被“清零”。用同样的方法，可以观察触发器的“置 1”“保持”“无效”等现象。

2. JK 触发器 74LS112 逻辑功能测试与仿真

单击电源库图标 ，在“SIGNAL - VOLTAGE - SOURCES”里选择“CLOCK - VOLTAGE”，在工作区放置 1 个 100 Hz、5 V 的数字信号源；单击基础元器件库图标 ，首先选中“SWITCH”里的“SPDT”，在工作区的空白区域放置两个双刀单掷开关；单击 TTL 元器件库图标，选中“74LS”里的“74LS112N”，在工作区放置两个下降沿触发的 JK 触发器；单击显示元器件库图标，选中“PROBE”里的“PROBE - DIG - RED”，在工作区放置两个红光探针工具；单击仪器仪表库栏图标 ，在工作区放置 1 个逻辑分析仪图标“XLA1”；最后在工作区再放置 1 个数字地和一个 5 V 的直流电源，搭建 JK 触发器逻辑功能测试电路，如图 7-17a 所示。

逻辑分析仪（Logic Analyzer）可以同步显示和记录 16 路逻辑信号，用于对数字逻辑信号的高速采集和时序分析。逻辑分析仪的图标左侧有 1 ~ F 共 16 个输入端口，使用时接到被测电路的相关节点上，图标下侧也有 3 个端子，C 是外时钟输入端，Q 是时钟控制输入端，T 是触发控制输入端。用鼠标双击逻辑分析仪图标可以打开其面板窗口，如图 7-17b 所示。面板分上下两部分，上半部分是显示窗口，下半部分是逻辑分析仪的控制窗口，控制信号有 Stop（停止）、Reset（复位）、Reverse（反相显示）、Clock（时钟）设置和 Trigger（触发）设置。

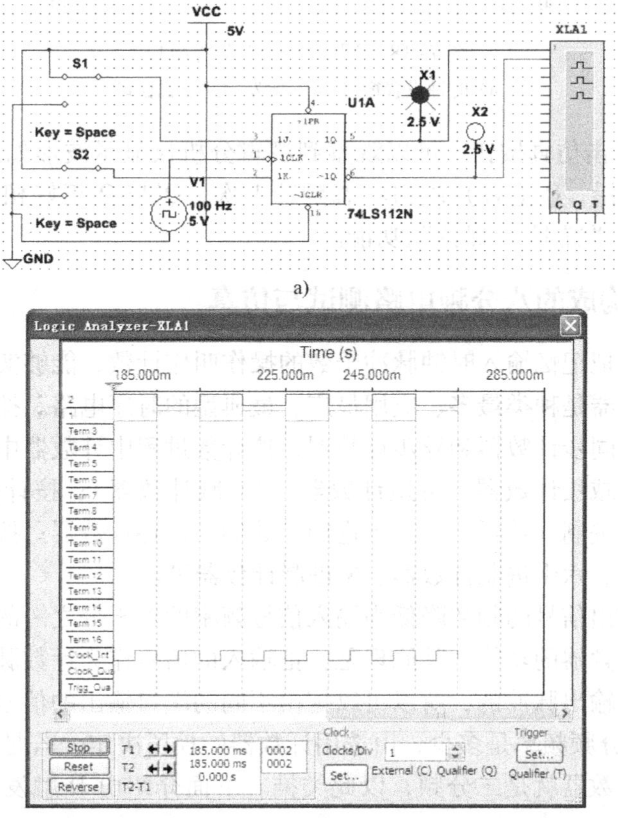

a)

b)

图 7-17　JK 触发器 74LS112 逻辑功能测试
a）JK 触发器逻辑功能测试电路　b）逻辑分析仪显示波形

时钟设置对话框如图7-18a所示，在“Clock source（时钟源）”选项区可以选择外触发或内触发，此处选择内触发；在“Clock rate（时钟频率）”选项区可以在1 Hz～100 MHz范围内进行选择，此处选择100 Hz；在“Sampling setting（取样点设置）”选项区中将“Pre-trigger samples（触发前取样点）”设为100、“Post-trigger samples（触发后取样点）”设为1000“Threshold voltage（开启电压）”设为2.5 V。触发设置对话框如图7-18b所示，在“Trigger clock edge（触发边沿）”选项区可以选择Positive（上升沿）、Negative（下降沿）或Both（双向触发），此处选择下降沿触发；Trigger patterns（触发模式）可由A、B、C自定义触发模式。

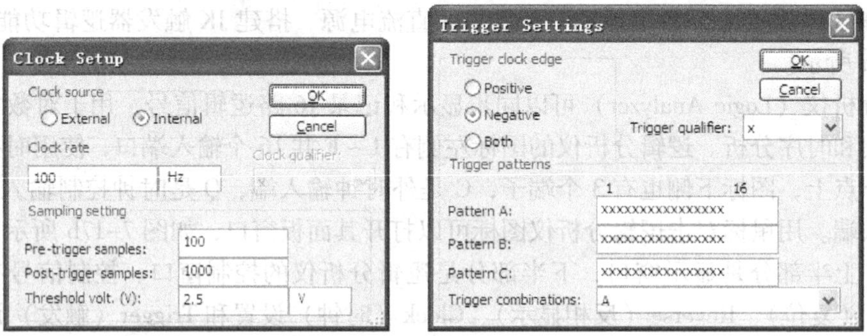

a)　　　　b)

图7-18　逻辑分析仪设置窗口

a）时钟设置窗口　b）触发方式设置窗口

若S1S2＝11，单击仿真按钮，可以观察到逻辑分析仪显示波形如图7-17b所示，可见每来一个脉冲的下降沿，Q（X1）端口状态翻转1次，Q′与Q正好相反。读者可自行观察JK触发器的“清零”“置1”“保持”功能。

7.3.2　D触发器构成的八分频电路测试与仿真

在数字电路中，把记忆输入时钟脉冲个数的操作叫作计数，能够实现计数操作的电子电路称为计数器。计数器是种类最多、应用最广、最典型的时序电路。按计数器中触发器是否同时翻转，可以分为同步计数器和异步计数器；按计数过程中计数器中的数字增减分类，可以分为加法计数器、减法计数器、可逆计数器（加/减计数器）；按计数器中数字的编码方式分类，可以分为二进制计数器、二-十进制计数器、循环计数器；按计数容量来区分，可以分为十进制计数器、六十进制计数器、N进制计数器等。

分频器是指使输出信号的频率降低为输入信号频率的若干分之一的电路。在数字电路中通常用计数器实现分频器的功能，其原理是：把输入的信号作为计数脉冲，由于计数器的输出端口是按一定规律输出脉冲的，所以可以把由不同的端口输出的信号脉冲看作是对输入信号的“分频”，至于分频频率是多少，由选用计数器的模所决定。若是十进制计数器就是十分频，若是二进制计数器就是二分频，以此类推。下面介绍由D触发器构成的八分频电路的测试与仿真。

单击电源库图标，在“SIGNAL-VOLTAGE-SOURCES”里选择“CLOCK-VOLTAGE”，在工作区放置1个1 kHz、5 V的数字信号源；单击TTL元器件库图标，选中

"74LS"里的"74LS74N"，在工作区放置3个上升沿触发的D触发器；单击仪器仪表库栏图标，在工作区放置1个双踪示波器图标"XSC1"；最后在工作区再放置1个数字地和一个5 V的直流电源，搭建D触发器构成的八分频电路（即3位二进制计数器，模8），如图7-19a所示。示波器A通道接V1信号源，B通道接U2A的Q端输出，可以观察示波器显示波形如图7-19b所示，由图7-19b可知，信号源频率为输出信号频率的8倍，实现了八分频。

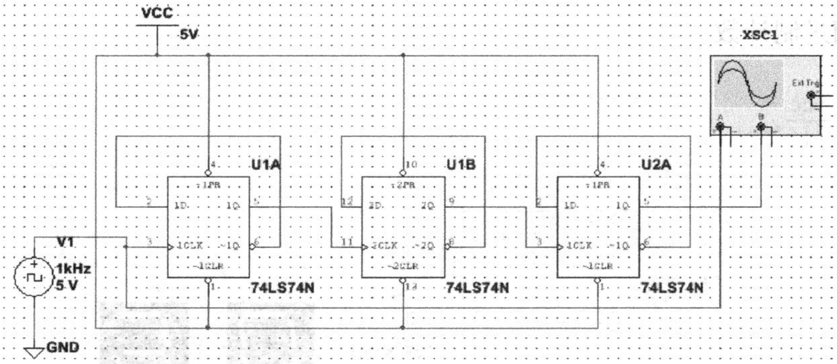

a)

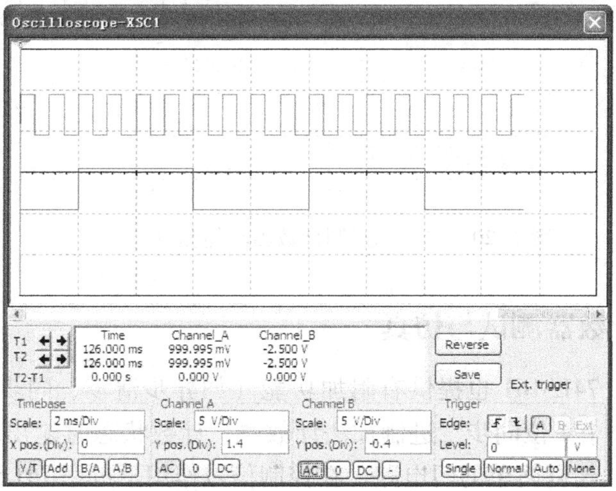

b)

图7-19 八分频电路测试与仿真

a）八分频电路 b）示波器显示波形

7.3.3 二十四进制计数器测试与仿真

Multisim 12.0提供了众多中规模集成计数器芯片供用户选用，如74LS160就是一个4位同步十进制加法计数器，计数状态时输出端口$Q_DQ_CQ_BQ_A$按8421BCD码计数规律计数，同时该芯片还提供有附加功能，如异步清零、同步置数、保持等。下面介绍用74LS160的同步置数功能实现二十四进制计数器。

单击电源库图标，在"SIGNAL - VOLTAGE - SOURCES"里选择"CLOCK - VOLTAGE"，在工作区放置1个10 Hz、5 V的数字信号源；单击TTL元器件库图标，选中

“74LS”里的“74LS160N”，在工作区放置两个十进制计数器；选中“74LS”里的“74LS10D”，在工作区放置1个三输入端的与非门；单击显示元器件库图标▣，选中“HEX－DISPLAY”里的“DCD－HEX－DIG－BLUE”，在工作区放置两个蓝光LCD显示器；在工作区再放置1个数字地和1个5V的直流电源；数据输入端口全部预先置0（接地），由于是同步置数，因此把二十三（对应8421BCD码为00100011）作为反馈置数的代码，通过与非门反馈至74LS160芯片的置数端口（LOAD），搭建二十四进制计数器电路如图7-20所示。打开仿真开关，发现显示器在计数脉冲作用下依次显示0，1，2，…，23，0共24个状态，实现了二十四进制计数。

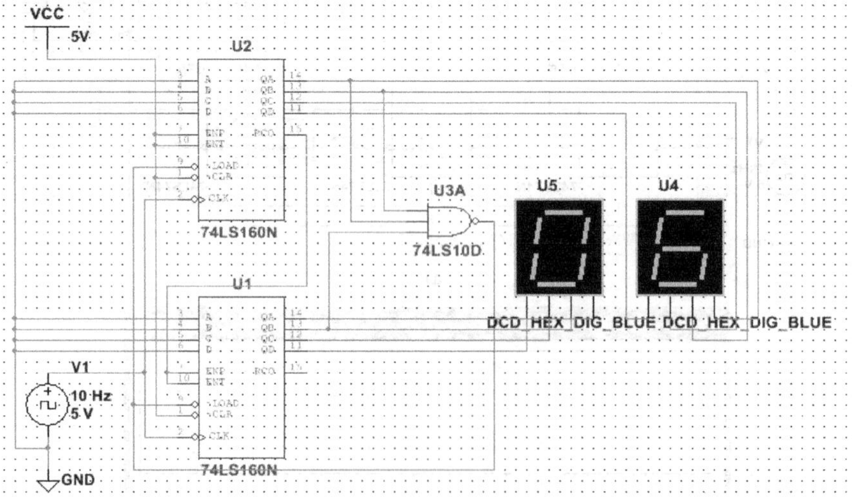

图7-20　二十四进制计数器功能测试与仿真

7.3.4　可变进制计数器测试与仿真

与74LS160相比，74LS161也提供有附加功能（如异步清零、同步置数、保持等），不同的是，74LS161是一个4位同步二进制加法计数器，计数状态时输出端口$Q_DQ_CQ_BQ_A$按二进制加计数规律计数。辅以简单的门电路，在控制信号作用下可用74LS161的同步置数功能实现可变进制计数器。

单击基础元器件库图标，选中“SWITCH”里的“SPDT”，在工作区的空白区域放置1个双刀单掷开关；单击电源库图标，在“SIGNAL－VOLTAGE－SOURCES”里选择“CLOCK －VOLTAGE”，在工作区放置1个10Hz、5V的数字信号源；单击TTL元器件库图标，选中“74LS”里的“74LS161N”，在工作区放置1个二进制计数器；选中“74LS”里的“74LS04D”，在工作区放置1个反相器；选中“74LS”里的“74LS15N”，在工作区放置1个三输入端的与门；选中“74LS”里的“74LS21D”，在工作区放置1个四输入端的与门；选中“74LS”里的“74LS02D”，在工作区放置1个二输入端的或非门；单击显示元器件库图标▣，选中“HEX－DISPLAY”里的“DCD－HEX－DIG－BLUE”，在工作区放置1个蓝光LCD显示器；在工作区再放置1个数字地和1个5V的直流电源，搭建可变进制计数器电路如图7-21所示。打开仿真开关，开关S1＝0时，发现显示器在计数脉冲作用下依次显示 0、1、2、3、4、5、0 共 6 个状态，实现了六进制计数；开关 S1 =1 时，显示器在计数脉冲作用下依次显示 0、1、2、3、4、5、6、7、0 共 8 个状态，实现了八进制计数。图 7-21 为一个在开关 S1 控制下的可变进制计数器。

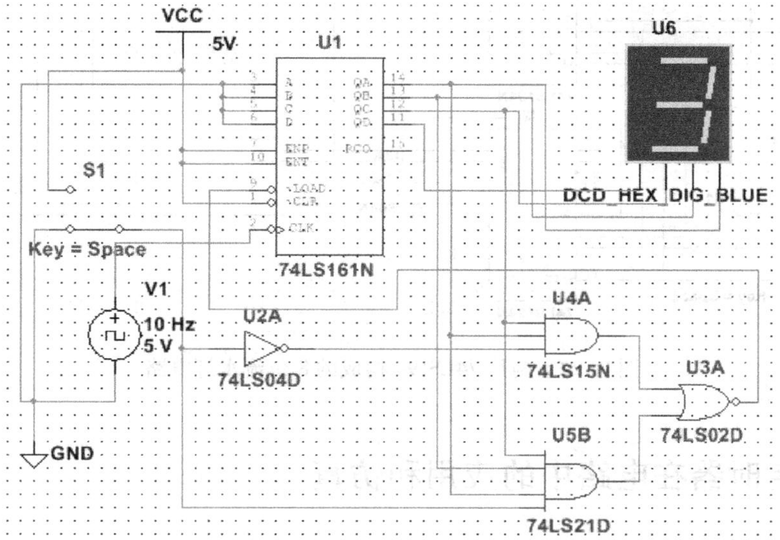

图 7-21　可变进制计数器测试与仿真

7.3.5　双向移位寄存器 74LS194 实现流水灯电路测试与仿真

寄存器用于存储一组二值代码，被广泛应用于各类数字系统和数字计算机中。组成寄存器的基本单元也是触发器，只要求触发器具有置 1、置 0 的功能即可。用 N 个触发器组成的寄存器能存储一组 N 位的二值代码。为了增加使用的灵活性，有些寄存器电路中还附加了一些控制电路，使寄存器又增添了异步置 0、输出三态控制和“保持”功能。移位寄存器指寄存器里存储的代码能在移位脉冲的作用下依次左移或右移，因此移位寄存器不但可以用来寄存代码，还可以用来实现数据的串行 - 并行转换、数值的运算及数据处理等。下面介绍用双向移位寄存器 74LS194 实现流水灯电路的测试与仿真。

单击基础元器件库图标，选中“SWITCH”里的“SPDT”，在工作区的空白区域放置 1 个双刀单掷开关；单击电源库图标，在“SIGNAL - VOLTAGE - SOURCES”里选择“CLOCK - VOLTAGE”，在工作区放置 1 个 10 Hz、5 V 的数字信号源；单击 TTL 元器件库图标，选中“74LS”里的“74LS194N”，在工作区放置两个双向移位寄存器；选中“74LS”里的“74LS04N”，在工作区放置 1 个反相器；单击显示元器件库图标，选中“PROBE”里的“PROBE - DIG - GREEN”，在工作区放置 8 个绿光探针工具；在工作区再放置 1 个数字地和 1 个 5 V 的直流电源，搭建流水灯电路如图 7-22 所示。打开仿真开关，当开关 S1 = 0 时，发现 8 个探针均不点亮，即全部清零；当开关 S1 =1 时，8 个探针依次点亮又依次熄灭，周而复始，因此图 7-22 为一个在开关 S1 控制下的流水灯电路。

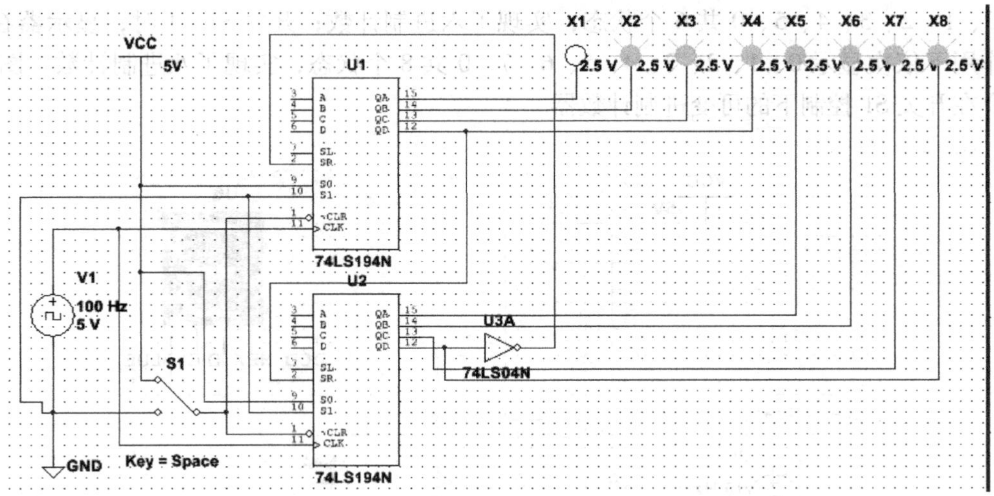

图 7-22　两片 74LS194 构成的 8 位流水灯电路

7.4　555 定时器在电路中的应用和仿真

555 定时器是一种多用途的数字 - 模拟混合的集成电路，利用它能极方便地构成施密特触发器、单稳态触发器和多谐振荡器，可用于波形的产生和变换、测量与控制等。555 定时器产品型号繁多，但所有双极型产品型号最后的 3 位数码都是 555，所有 CMOS 产品型号最后的 4 位数码都是 7555，功能和外部引脚的排列完全相同。

7.4.1　555 定时器的创建和功能测试

单击混合元器件库图标，选中“TIMER”里的“LM555CN”，在工作区的空白区域放置 1 个 555 定时器，其逻辑符号如图 7-23 中的器件 U1 所示。

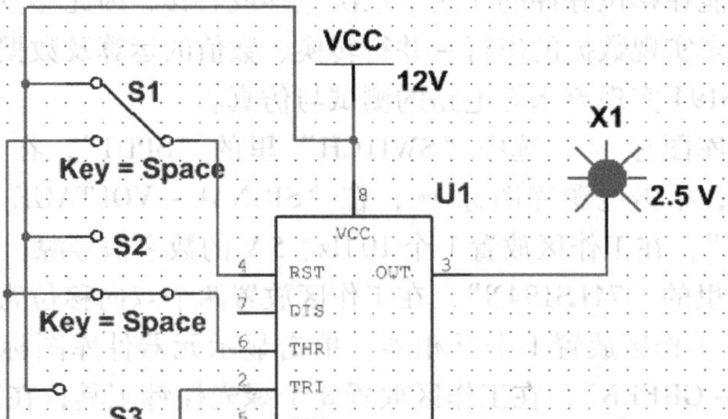

图 7-23　555 定时器逻辑功能测试

引脚 1 为接地端 GND；引脚 2 为低电平触发输入端 TRI，该端电平低于 VCC/3（或 VCO/2）时，输出 Q（引脚 3）为高电平；引脚 3 为输出端 OUT；引脚 4 为复位端 RST，当 RST =0 时，Q =0；引脚 5 为控制电压输入端 CON；引脚 6 为高电平触发端 THR，该端电平高于 2VCO/3（或 VCO）时，输出 Q 为低电平；引脚 7 为放电端 DIS；引脚 8 为电源 VCC。当引脚 5 外接控制电压 VCO 时，引脚 6 的比较电压为 VCO，引脚 2 的比较电压为 VCO/2，下面测试 555 定时器的逻辑功能。

单击基础元器件库图标，选中“SWITCH”里的“SPDT”，在工作区的空白区域放置 3 个双刀单掷开关；单击基础元器件库图标，选中“CAPACITOR”里的“0.1μ”，在工作区放置 1 个 0.1 μF 电容；单击显示元器件库图标，选中“PROBE”里的“PROBE - DIG - RED”，在工作区放置 1 个红光探针工具；在工作区再放置 1 个数字地和 1 个 12 V 的直流电源 VCC，搭建 555 定时器功能测试电路，如图 7-23 所示。打开仿真开关，当 S1 =0 时，探针不亮（复位）。当 S1 =1 时，S2 =0（小于 2VCC/3），S3 =0（小于 1VCC/3），探针亮。可以分别观察 S2S3 =11、10、01 时探针的状态，验证 555 定时器的功能。

7.4.2　555 构成的多谐振荡器测试与仿真

多谐振荡器是一种自激振荡器，接通电源以后，不需要外加触发信号，便能自动产生矩形脉冲。由于矩形脉冲中含有丰富的高次谐波分量，所以习惯上把方波振荡器叫作多谐振荡器。用 555 定时器很容易构成多谐振荡器。

单击混合元器件库图标，选中“TIMER”里的“LM555CN”，在工作区的空白区域放置 1 个 555 定时器；单击基础元器件库图标，选中“CAPACITOR”里的“0.1u”，在工作区放置两个 0.1 μF 电容；单击基础元器件库图标，选中“RESISTOR”里的“1.0K”，在工作区放置两个 1 kΩ 的电阻；单击仪器仪表库栏图标，在工作区放置 1 个双踪示波器图标“XSC1”；在工作区再放置 1 个模拟地和 1 个 12 V 的直流电源 VCC，搭建 555 定时器构成的多谐振荡器电路，如图 7-24a 所示。

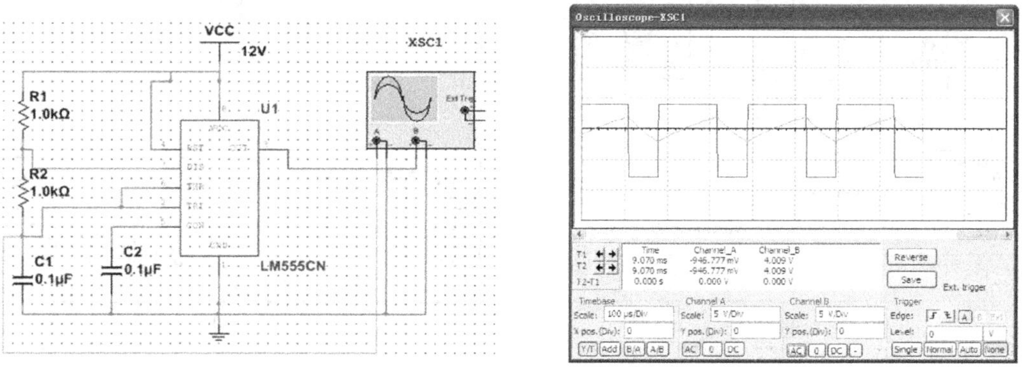

a)　　　　b)

图 7-24　由 555 定时器构成的多谐振荡器测试与仿真

a）由 555 定时器构成的多谐振荡器电路　b）示波器显示波形

启动仿真开关，双击示波器图标，可以观察 A 通道的输出波形及 B 通道电容 $C1$ 两端的电压波形，如图 7-24b 所示。锯齿波形为电容 $C1$ 两端的电压波形，方波为 555 定时器引脚 3（OUT）的输出信号，显然电路不需外部激励，能够自动产生脉冲信号。改变电阻 $R1$、$R2$

的值，可以改变输出方波的频率及占空比。移动示波器面板的指针 1 和指针 2，可以测量负脉冲宽度 TWL、正脉冲宽度 TWH 以及振荡频率 f。

7.4.3　555 构成的单稳态触发器测试与仿真

单稳态触发器有稳态和暂稳态两个不同的工作状态，在触发脉冲作用下，能从稳态翻转到暂稳态，暂稳态维持一段时间后，自动返回到稳态，暂稳态维持时间的长短取决于电路本身的参数，与触发脉冲的宽度和幅度无关。单稳态触发器在数字电路中的作用有定时（产生一定宽度的方波）、整形（把不规则的波形变为规则的脉冲波形）以及延时（将输入信号延迟一定时间后输出）功能。用 555 定时器外接简单的阻容元器件即可构成单稳态触发器电路。

单击电源库图标，在“SIGNAL－VOLTAGE－SOURCES”里选择“CLOCK－VOLTAGE”，在工作区放置 1 个 100 Hz、5 V 的数字信号源；单击混合元器件库图标，选中“TIMER”里的“LM555CN”，在工作区的空白区域放置 1 个 555 定时器；单击基础元器件库图标，选中“CAPACITOR”里的“1u”，在工作区放置 1 个 1 μF 电容；单击基础元器件库图标，选中“RESISTOR”里的“1.0K”，在工作区放置 1 个 1.0 kΩ 的电阻；单击仪器仪表库栏图标，在工作区放置 1 个四踪示波器图标“XSC1”；在工作区再放置 1 个模拟地和 1 个 12 V 的直流电源 VCC，搭建 555 定时器构成的单稳态触发器电路，如图 7-25a 所示。

启动仿真开关，可以观察 A 通道的 V1 波形、B 通道电容 $C1$ 两端的电压波形以及 C 通道 555 定时器输出端口 3 的电压波形，如图 7-25b 所示。较窄的负脉冲波形为触发信号 V1，锯齿波为电容 $C1$ 两端的电压波形，较宽的正脉冲波形为 555 定时器引脚 3（OUT）的输出信号，移动示波器面板的指针 1 和指针 2，可以测量输出波形的正脉冲宽度。显然输出正脉冲在受到触发以后其宽度由电容 $C1$ 的充电时间决定，约为 $1.1R1C1$。改变电阻 $R1$、电容 $C1$ 的值，可以改变输出正脉冲的宽度。

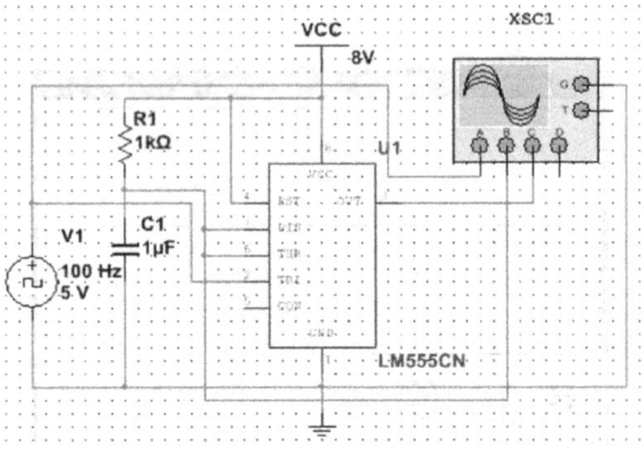

a)

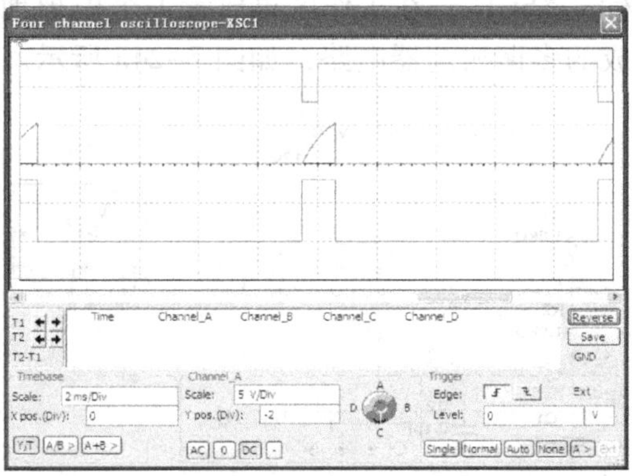

b)

图 7-25　由 555 定时器构成的单稳态触发器电路测试与仿真

a）由 555 定时器构成的单稳态触发器电路　b）四踪示波器显示波形

7.4.4　555 构成的施密特触发器测试与仿真

施密特触发器是脉冲波形变换中经常使用的一种电路。它在性能上有以下两个重要的特点。

1）输入信号从低电平上升的过程中电路状态转换时对应的输入电平，与输入信号从高电平下降过程中对应的输入转换电平不同。

2）在电路状态转换时，通过电路内部的正反馈过程使输出电压波形的边沿变得很陡。

利用施密特触发器状态转换过程中的正反馈作用，可以把边沿变化缓慢的周期性信号变成边沿很陡的矩形脉冲信号；也可以通过施密特触发器整形获得比较理想的矩形脉冲波形。另外，施密特触发器能将幅度大于 VT + 的脉冲选出，具有脉冲鉴幅能力，其应用非常广泛。用 555 定时器很容易构成施密特触发器。

分别单击仪器仪表库栏的信号发生器图标和双踪示波器图标，在工作区放置 1 个信号发生器和 1 个双踪示波器；单击混合元器件库图标，选中“TIMER”里的“LM555CN”，在工作区的空白区域放置 1 个 555 定时器；在工作区再放置 1 个模拟地和 1 个 12 V 的直流电源 VCC，搭建 555 定时器构成的施密特触发器电路如图 7–26a 所示。双击信号发生器图标打开信号发生器面板，其设置如图 7–26b 所示。示波器通道 A 测量信号发生器输出波形，通道 B 测量 555 定时器输出波形。单击仿真开关，示波器显示波形如图 7–26c 所示。显然该电路可以把输入的正弦波变成方波信号，且输出信号状态变化的时刻对应的输入电位不同，即存在回差电压。移动示波器指针 1 和指针 2，可以观察输入、输出波形及状态变化的时刻，测量 VT + 和 VT –，计算回差电压△VT。同样，可把信号源改为三角波形，观察输出波形。

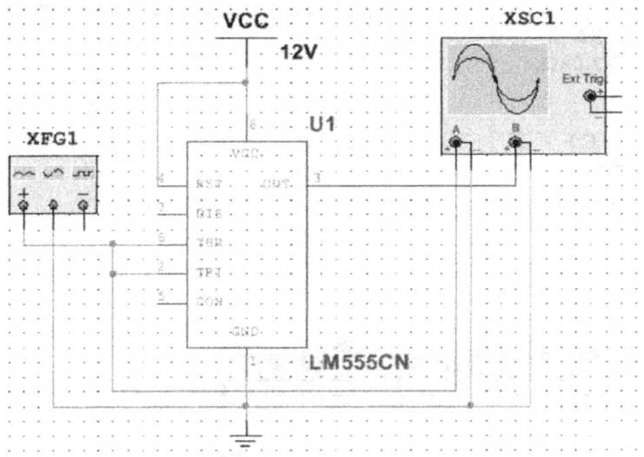

a)

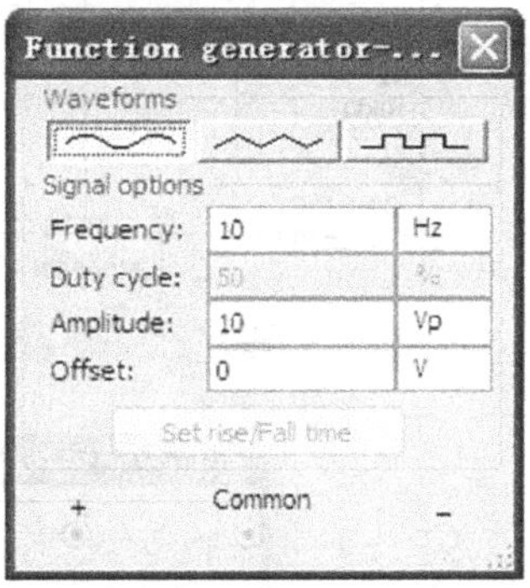

b)

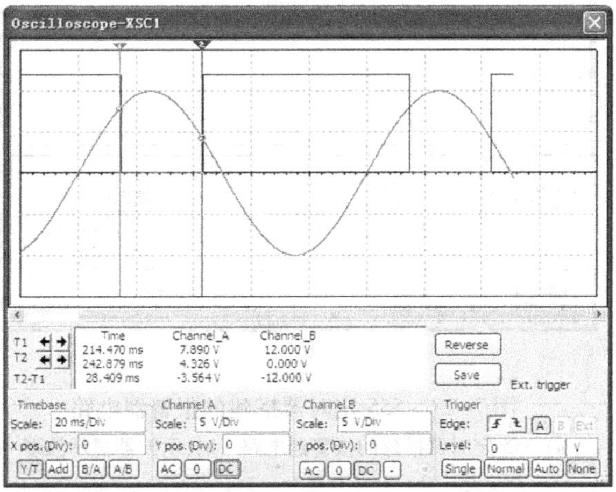

c)

图 7–26　用 555 定时器构成施密特触发器电路测试与仿真

a）由 555 定时器构成施密特触发器电路　b）信号发生器面板　c）示波器显示波形

7.4.5　555 构成的报警电路测试与仿真

采用两片 555 定时器并配以适当的外围元件可以构成报警电路。单击仪器仪表库栏的双踪示波器图标，在工作区放置 1 个双踪示波器；单击混合元器件库图标，选中“TIMER”里的“LM555CN”，在工作区放置两个 555 定时器；单击基础元器件库图标，选中“CAPACITOR”里的“1μ”，在工作区放置 1 个 1 μF 电容。用同样的方法，再放置 1 个 0.01 μF 和 1 个 2 μF 的电容；单击基础元器件库图标，选中“RESISTOR”里的“1.0K”，在工作区放置 1 个 1 kΩ 的电阻，用同样的方法再放置两个 10 kΩ 的电阻和 1 个 0.2 kΩ 的电阻，以及 1 个 2 kΩ 的电阻；单击显示元器件库图标，选中“BUZZER”里的“BUZZER”，在工作区放置 1 个蜂鸣器；在工作区再放置 1 个模拟地和 1 个 5 V 的直流电源 VCC，搭建 555 定时器构成的报警电路，如图 7-27a 所示。

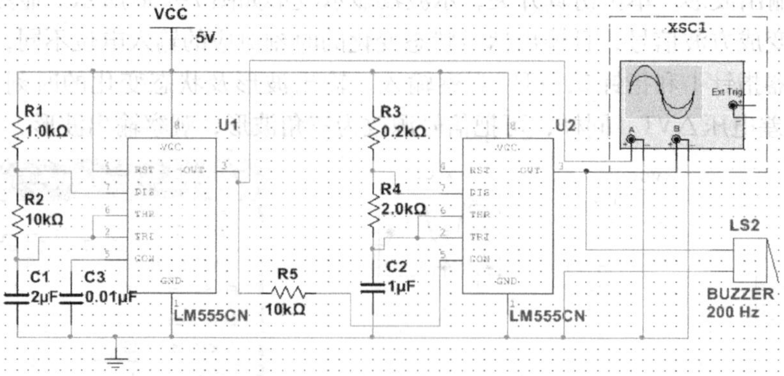

a)

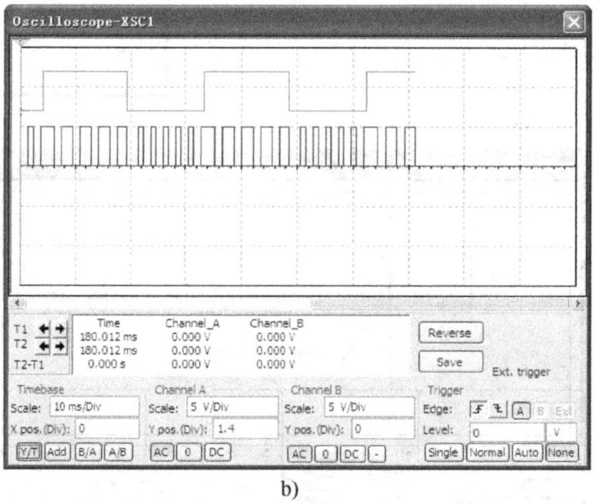

b)

图 7-27　555 定时器搭建的报警器电路

a) 555 定时器搭建的报警器电路　b) 示波器显示波形

报警电路中 U1、U2 两片 555 定时器分别构成两个振荡频率不同的多谐振荡器。U1 振荡器的充放电时间常数远大于 U2 振荡器的充放电时间常数。将 U1 振荡器的输出接到 U2 振荡器的电压控制输入端，利用 U1 振荡器的高、低电平控制 U2 振荡器产生两个不同频率的振荡，从而可以驱动蜂鸣器产生报警音响效果。示波器通道 A 测量 U1 输出电压波形，通道 B 测量 U2 输出电压波形，启动仿真开关，示波器工作波形如图 7-27b 所示。应注意仿真时蜂鸣器的参数配置，频率可以设为 200 Hz、电压设为 5 V、电流设为 0.05 mA，否则蜂鸣器无法发出声音。

7.4.6 由设计向导配置 555 定时器电路

使用 Multisim 12.0 提供的“Circuit Wizard（设计向导）”，可以方便地配置 555 定时器，生成单稳态触发器电路和多谐振荡器电路。

在 Multisim 12.0 环境下，执行“Tools”→“Circuit Wizard”→“555 Timer Wizard”，弹出设计向导窗口，如图 7-28a 所示。可以在“TYPE”下拉列表中选择多谐振荡器或者单稳态触发器，根据需要输入合适的参数，然后单击“Build Circuit”按钮即可生成电路，如图 7-28b所示。

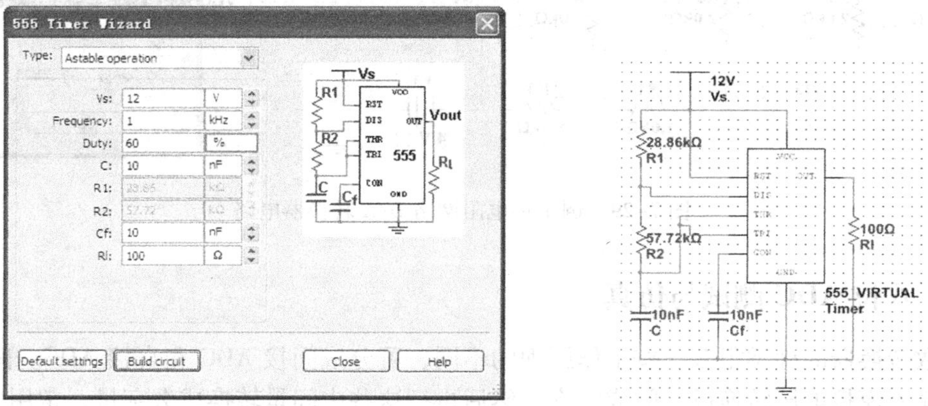

a) b)

图 7-28 由设计向导配置 555 定时器电路

a）555 设计向导窗口 b）由设计向导搭建的多谐振荡器电路

7.5 A-D 和 D-A 转换中的应用和仿真

模拟信号转换为数字信号，称为 A-D 转换；数字信号转换为模拟信号，称为 D-A 转换。转换精度和转换速度是衡量 A-D 转换器和 D-A 转换器性能优劣的主要指标。

7.5.1 倒 T 形电阻网络 D-A 转换器测试与仿真

数模转换器（DAC）的种类很多，常用的有权电阻型、倒 T 形、权电流型、权电容型。它们的基本原理都是构造一组电流，电流大小与数字信号各位权值对应，将数字量等于 1 的位对应的各支路电流相加，最后转换为模拟电压信号。

单击基础元器件库图标，选中“RESISTOR”里的“1.0K”，在工作区放置 3 个 1 kΩ 的电阻，用同样的方法再放置 5 个 2 kΩ 的电阻；单击基础元器件库图标，选中“SWITCH”里的“SPDT”，在工作区放置 4 个双刀单掷开关；单击模拟元器件库图标，选中“OPAMP”里的“LM324J”，在工作区放置1个集成运放；单击仪器仪表库的万用表图标，在工作区放置1个万用表；在工作区再放置1个4 V的直流电压源V1和1个12 V的直流电源VCC以及1个-12 V的直流电源VEE，再放置1个地，搭建倒T形电阻网络D/A转换器，如图7-29所示。打开仿真开关，令S4S3S2S1=1110（打向右侧为1，打向左侧为0），万用表读数为-6.993 V，即把数字量1110变成了模拟电压输出。

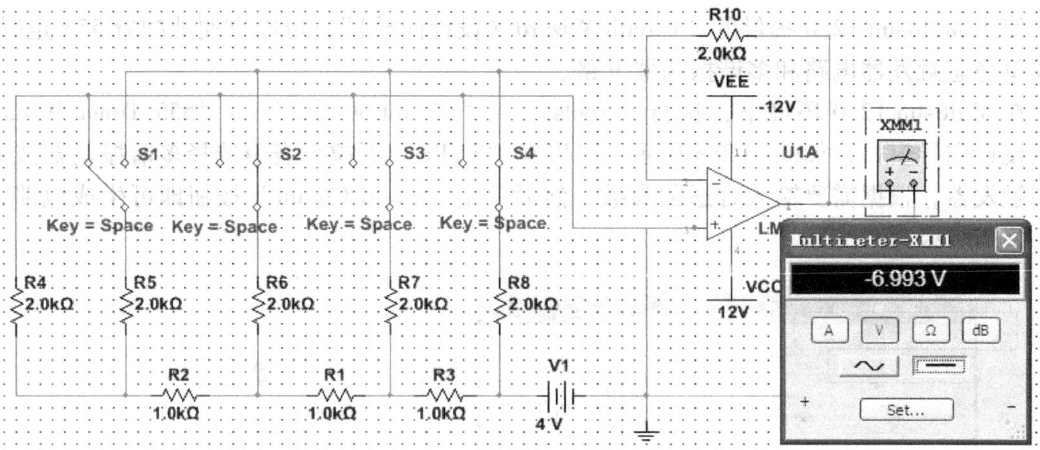

图7-29　倒T形电阻网络D/A转换器电路

7.5.2　八位ADC测试与仿真

模数转换器的种类很多，按工作原理的不同，可分成间接ADC和直接ADC。间接ADC是先将输入模拟电压转换成时间或频率，然后再把这些中间量转换成数字量，常用的有中间量是时间的双积分型ADC。直接ADC则直接转换成数字量，常用的有并联比较型ADC和逐次逼近型ADC。单击混合元器件库图标，选中“ADC-DAC”里的“ADC”，在工作区放置1个八位的直接转换型ADC芯片U1，其逻辑符号如图7-30所示。其中，Vin表示输入模拟电压；Vref+表示参考电压+，与Vref-之差是满度电压；Vref-表示参考电压-；SOC表示转换使能端，高电平有效；D0~D7表示二进制数码，排列顺序为D7~D0；EOC表示转换结束信号，低电平表明转换结束。

单击基础元器件库图标，选中“SWITCH”里的“SPDT”，在工作区放置1个双刀单掷开关；单击基础元器件库图标，选中“POTENTIOMETER”里的“5 kΩ”，在工作区放置1个5 kΩ的电位器；单击仪器仪表库的万用表图标，在工作区放置1个万用表；单击显示元器件库图标，选中“PROBE”里的“PROBE-DIG-RED”，在工作区放置8个红光探针工具；再放置1个5 V的直流电源及1个地，搭建八位ADC功能测试电路，如图7-30所示。打开仿真开关，令S1=1（打向电源VCC），调节R1为20%，电压表读数为4.000 V，探针X3X4X7X8亮，即输出数字量为D7D6D5D4D3D2D1D0=11001100，把模拟电压4 V变为了八位数字量输出。

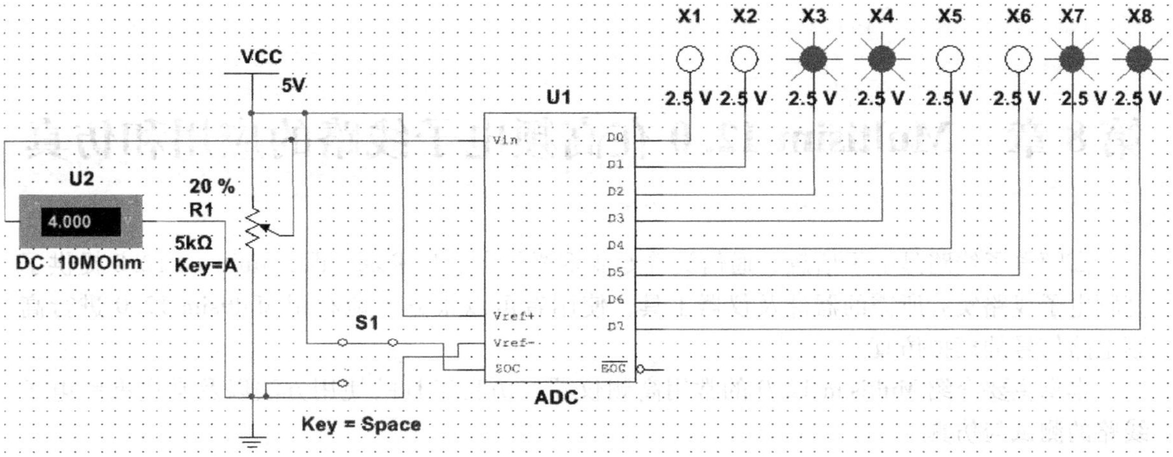

图 7-30　八位 ADC 测试与仿真

7.6　思考与习题

1. Multisim 12.0 中用于仿真分析的探针工具存放在哪一个元件数据库中？
2. 了解 7 段码显示器及其用途。
3. 对 74LS151 芯片进行功能验证及仿真分析。
4. 试用两片 74LS161 芯片实现六十进制计数器，并进行仿真分析。
5. 试用 555 定时器设计向导设计多谐振荡器电路，振荡频率为 100 Hz，占空比为 0.2，并进行仿真分析。

第 8 章　Multisim 12.0 在高频电子线路的应用和仿真

高频电子线路是电子信息、通信类等专业重要的专业技术基础课，Multisim 12.0 提供了高频电子线路实验所需的器件及仪器工具，使用者可以很方便地利用 Multisim 12.0 进行高频电路信号的模拟仿真。

本章主要介绍 Multisim 12.0 的常用高频仪器、仿真工具的使用方法以及常用高频电子线路的测试与仿真。

8.1　高频小信号放大器测试和仿真

高频小信号放大电路是对所选择的微弱高频信号进行不失真放大，并具有对干扰信号和其他无用信号进行抑制的功能。常见的无线电接收机中高频和中频放大器都是高频小信号放大电路。通常高频的范围从几百 kHz 到几百 MHz。

8.1.1　谐振放大器测试和仿真

高频小信号谐振放大器的主要目的是对小信号电压进行线性放大，并滤除无用的干扰信号。电路主要由晶体管、场效应晶体管或者集成电路与谐振选频回路组成。谐振放大器的主要性能指标是电压增益、功率增益、同频带和矩形系数等。常见电路形式有单调谐放大器和双调谐放大器两种类型。本节以单级单调谐放大器和双调谐放大器来进行测试和仿真。

1. 绘制谐振放大器仿真电路

单级单调谐放大器电路是由 *LC* 谐振回路作为交流负载的放大器。图 8-1 所示电路为固定偏置的共发射极单级单调谐放大器。

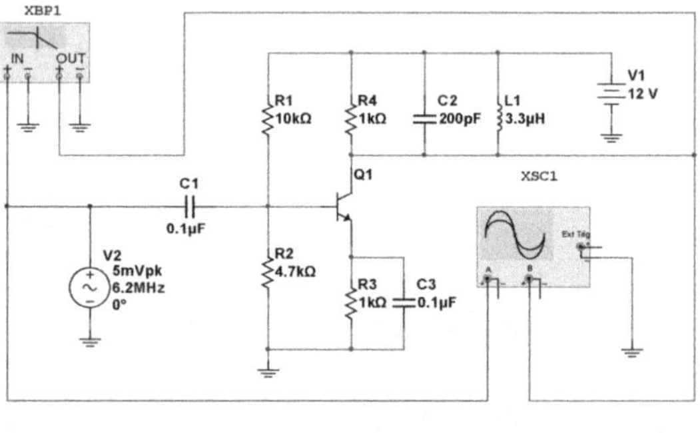

图 8-1　单级单调谐放大器

在图 8-1 中，*R*1、*R*2 为放大电路的基极固定偏置电阻，*L*1 和 *C*2 为并联谐振回路，*C*2 为旁路电容，该放大电路能够对输入的高频小信号进行选频及反相放大。在 Multisim 12.0 的设计窗口绘制图 8-1 所示的谐振放大电路，其中晶体管 Q1 选用虚拟 NPN 型晶体管。

2. 谐振放大器测试与仿真

（1）放大特性测试

LC 并联谐振回路的谐振频率计算公式如下：

$$f=\frac{1}{2\pi\sqrt{LC}} \tag{8.1.1}$$

将 $L1$ 和 $C2$ 数据代入式（8.1.1）可计算出谐振频率 f_0 约为 6.2 MHz，在放大电路输入端接入信号源，设置交流电压输入信号幅值为 5 mV，频率为 6.2 MHz。开启仿真开关，打开示波器窗口观察单级单调谐放大器的输入和输出电压波形，如图 8-2 所示。通过观察输入、输出波形和示波器参数设置，其中 A 通道的 Y 轴刻度为 5 mV/Div，B 通道的 Y 轴刻度为 500 mV/Div，比较波形幅度可以估算出该电路放大倍数约为 100。

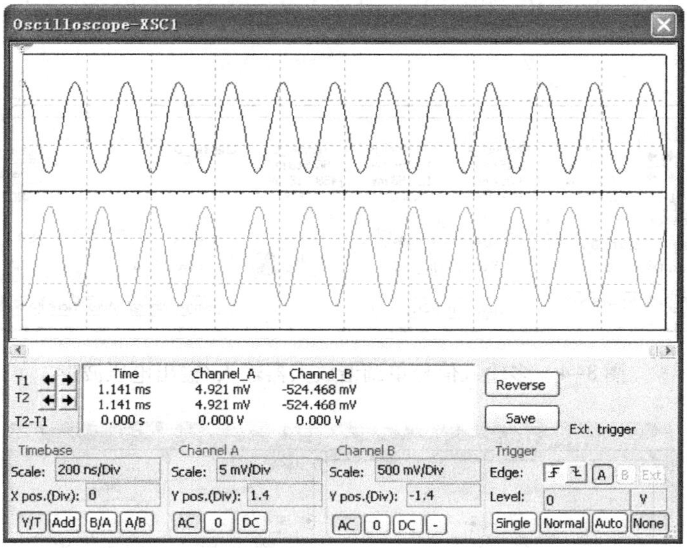

图 8-2　单级单调谐放大器输入/输出电压波形

（2）放大器选频特性测试

在图 8-2 中的信号 V2 上叠加信号源 V3 和 V4，设置 V3、V4 交流电压输入信号幅值为 5 mV，二次谐波 12.4 MHz 和三次谐波 18.6 MHz，电路如图 8-3 所示。

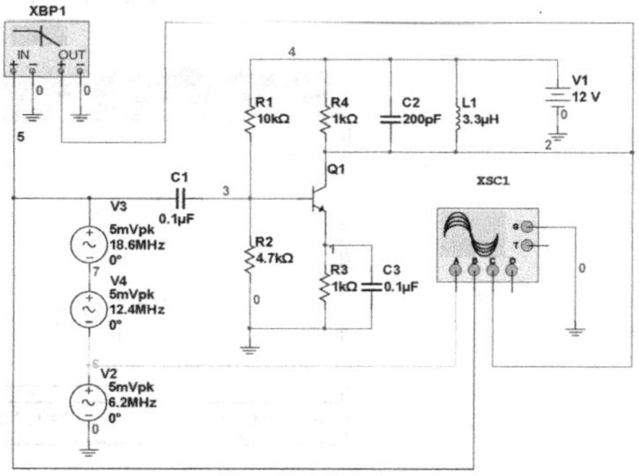

图 8-3　多输入信号单级单调谐放大器

开启仿真开关，打开示波器窗口观察多输入单级单调谐放大器的输入和输出电压波形，如图 8-4所示。通过观察输入、输出波形和示波器参数设置，其中上面的波形为 A 通道信号（有用信号）波形，Y 轴刻度为 10 mV/Div，中间的波形为 B 通道的信号（叠加了二次谐波与三次谐波干扰信号）波形，Y 轴刻度为 10 mV/Div，下面的波形为 C 通道的信号（选频放大后的信号）波形，Y 轴刻度为 1 V/Div，由于选频放大电路的 LC 并联谐振回路谐振频率约为 6.2 MHz，对该频率分量信号的增益最大，从波形上观察可知，6.2 MHz 的信号得到放大，而 12.4 MHz 和 18.6 MHz 的谐波干扰信号得到有效抑制。

（3）幅频特性与相频特性测试

使用波特图仪可以测量放大器的幅频特性和相频特性，开启仿真开关后打开波特图仪，单级单调谐放大器的幅频特性如图 8-5 所示，单级单调谐放大器的相频特性如图 8-6所示。

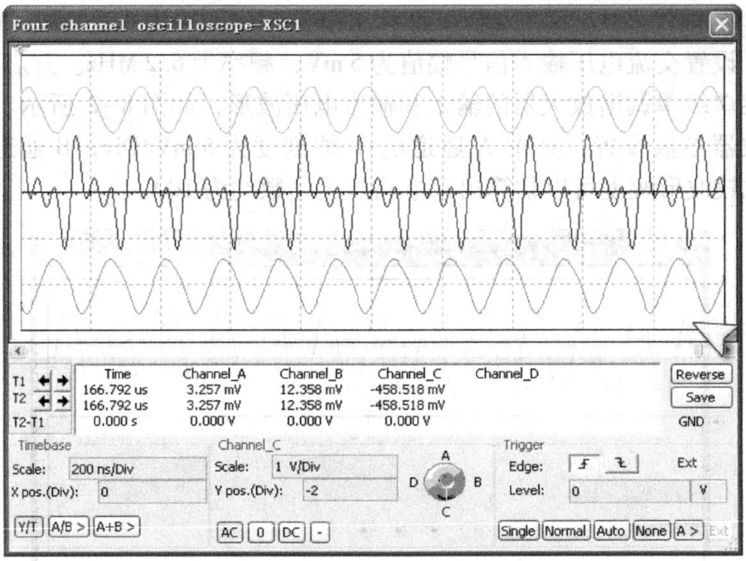

图 8-4　多输入信号单调谐放大器输入/输出电压波形

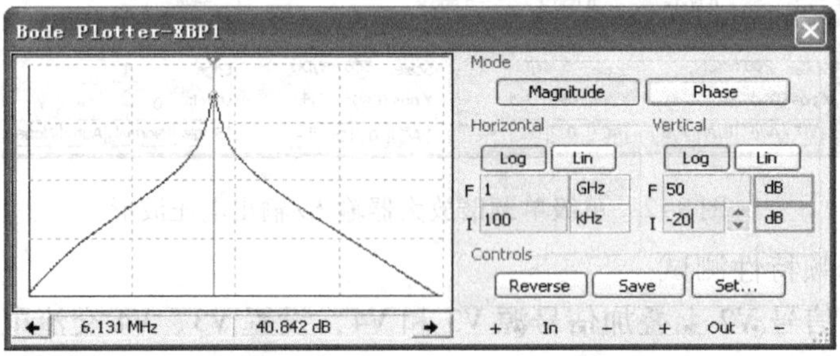

图 8-5　单级单调谐放大器的幅频特性

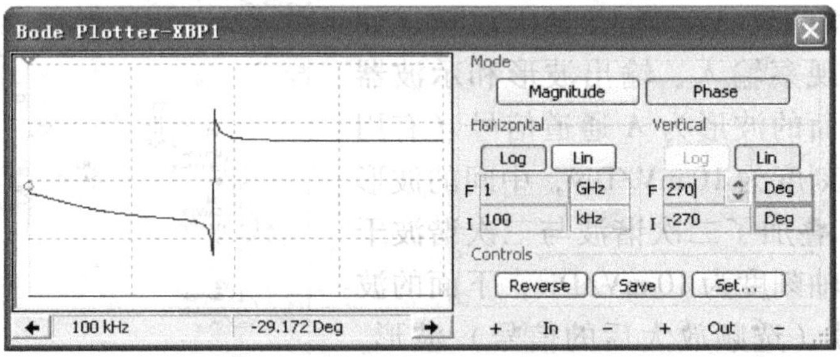

图 8-6　单级单调谐放大器的相频特性

也可以使用 Multisim 仿真工具中的 AC Analysis 来进行测试。首先选择“Simulate”菜单中 Analyses 下的 AC Analysis 工具，然后设置交流分析的初始频率为 100 kHz、终止频率为 1 GHz，其余设置默认，单击“Simulate”按钮运行，得到单级单调谐放大器的幅频特性和相频特性，如图 8-7 所示。高频小信号谐振放大器的同频带为放大增益下降到最大增益的 0.707（3 dB）时对应的频率范围，从图中不难看出单级单调谐放大器的选频特性不理想，所以经常使用双调谐回路以改善放大器的选频特性，从而减小矩形系数。

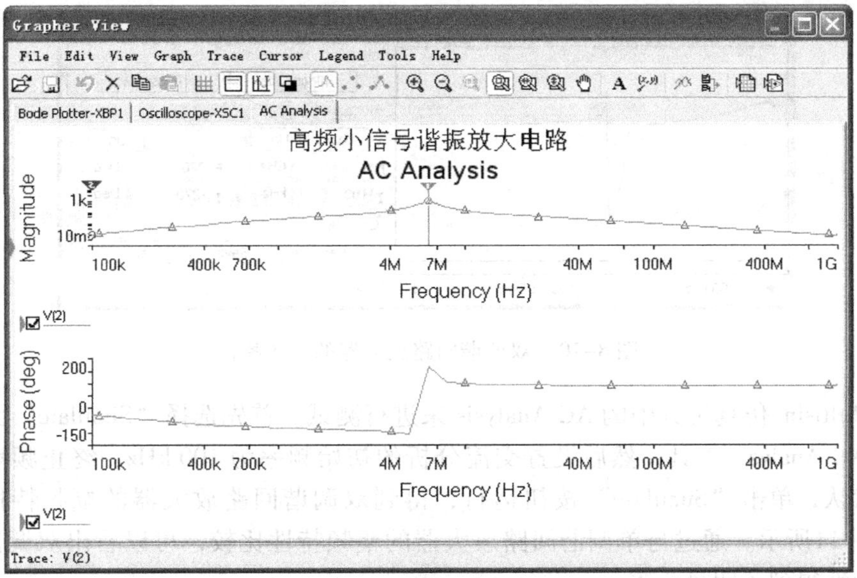

图 8-7　单级单调谐放大器 AC 分析

(4) 单级双调谐放大器性能测试

双调谐回路的谐振放大器具有频带宽、选频性能好的优点，在电路上将图 8-1 所示单调谐回路改为双调谐回路，如图 8-8 所示。启动仿真开关，打开波特图示仪可以观察到双调谐回路放大器幅频特性，如图 8-9 所示；双调谐回路放大器的相频特性，如图 8-10 所示。

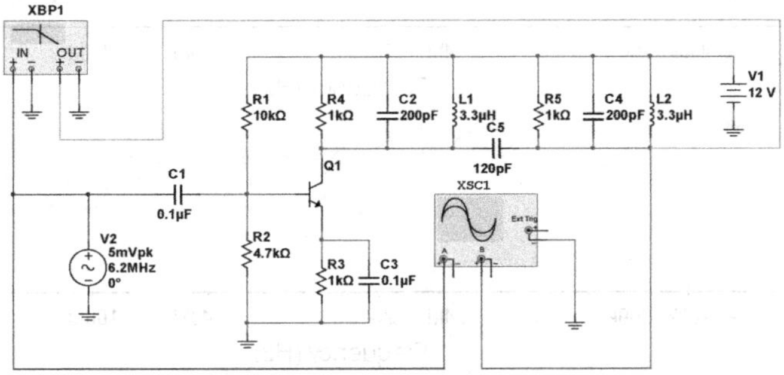

图 8-8　单级双调谐回路放大器

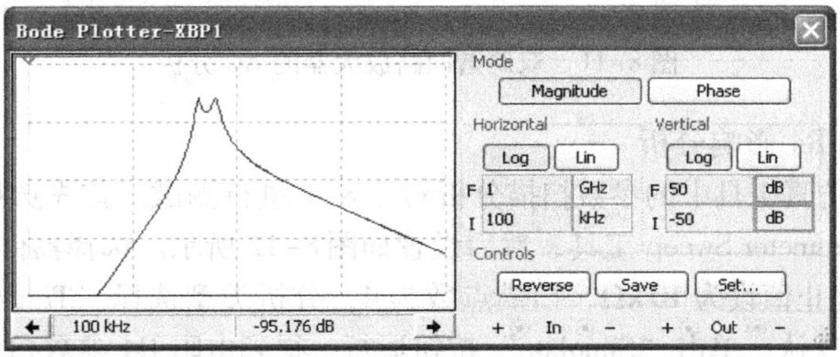

图 8-9　双调谐回路放大器的幅频特性

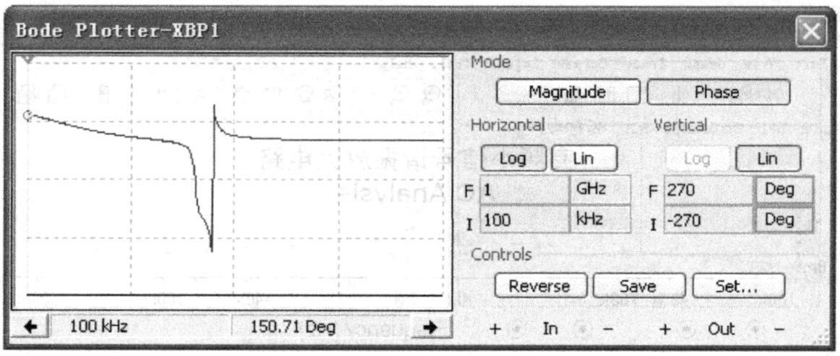

图 8-10　双调谐回路放大器的相频特性

使用 Multisim 仿真工具中的 AC Analysis 来进行测试。首先选择“Simulate”菜单中 Analyses 下的 AC Analysis 工具，然后设置交流分析的初始频率为 100 kHz、终止频率为 1 GHz，其余设置默认，单击“Simulate”按钮运行，得到双调谐回路放大器的幅频特性和相频特性，如图 8-11所示。通过与单调谐回路放大器的幅频特性比较，可以看出双调谐回路放大器的选频特性得到了明显改善。

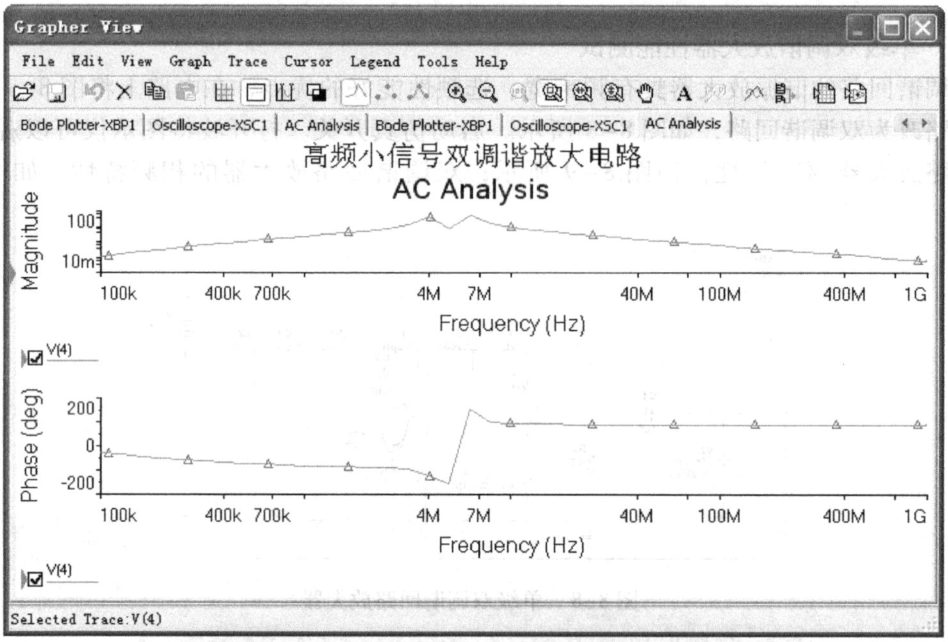

图 8-11　双调谐回路放大器的 AC 分析

（5）阻尼电阻 R4 影响分析

使用 Multisim 仿真工具中的参数扫描分析对图 8-1 进行测试。首先选择“Simulate”菜单中 Analyses 下的 Parameter Sweep 工具，然后设置如图 8-12 所示。选择器件为电阻 R4，电阻起始值设为 100 Ω、终止值设为 10 kΩ，扫描点数为 4，分析类型选择“Transient Analysis（瞬态分析）”，其余设置默认，单击“Simulate”按钮运行，得到电阻 R4 参数扫描如图 8-13 所示。

通过分析电阻 R4 扫描分析图可以发现，随着电阻 R4 的增大，输出信号也随着变大，电阻 R4 影响着选频放大器回路的电压增益。

（6）旁路电容 C3 影响分析

使用 Multisim 仿真工具中的参数扫描分析对图 8-1 进行测试，首先选择“Simulate”菜单中 Analyses 下的 Parameter Sweep 工具，参数方法设置同图 8-12 所示。选择器件为电容 C3，电容起始值设为 1 nF、终止值设为 100 nF，扫描点数为 4，分析类型选择“Transient Analysis”（瞬态分析），其余设置默认，单击“Simulate”按钮运行，得到电容 C3 参数扫描如图 8-14 所示。在图 8-14 中可以分析得到电容 C3 较小时，影响谐振放大器的输出信号幅度及信号相位，当电容 C3 达到 33 nF 后，一直到 100 nF 对电路增益及相位影响较小。

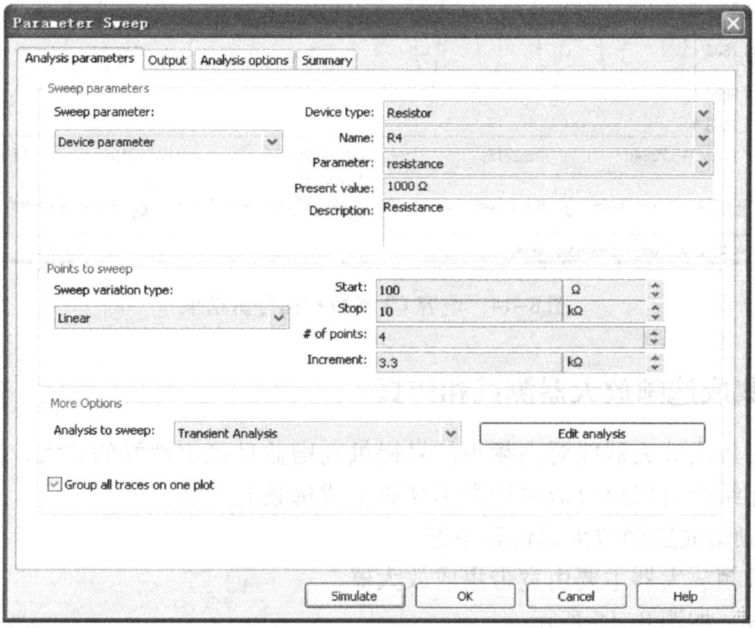

图 8-12　电阻 R4 参数扫描分析设置

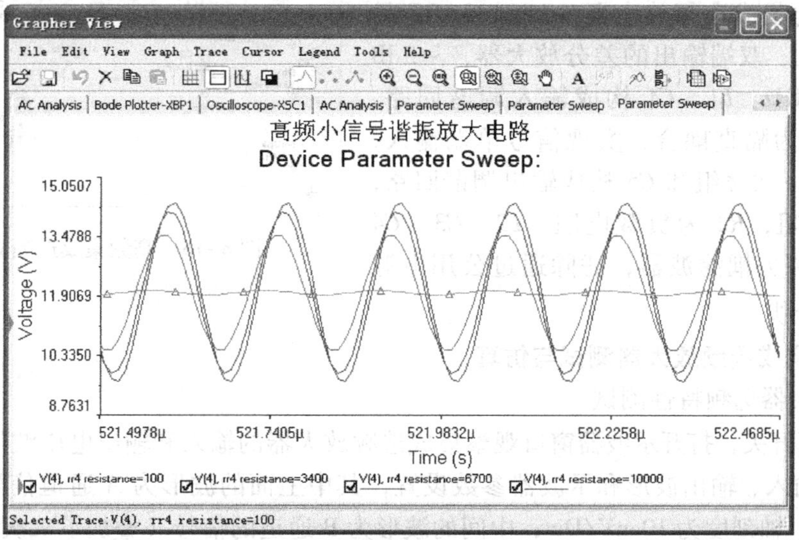

图 8-13　电阻 R4 参数扫描分析结果

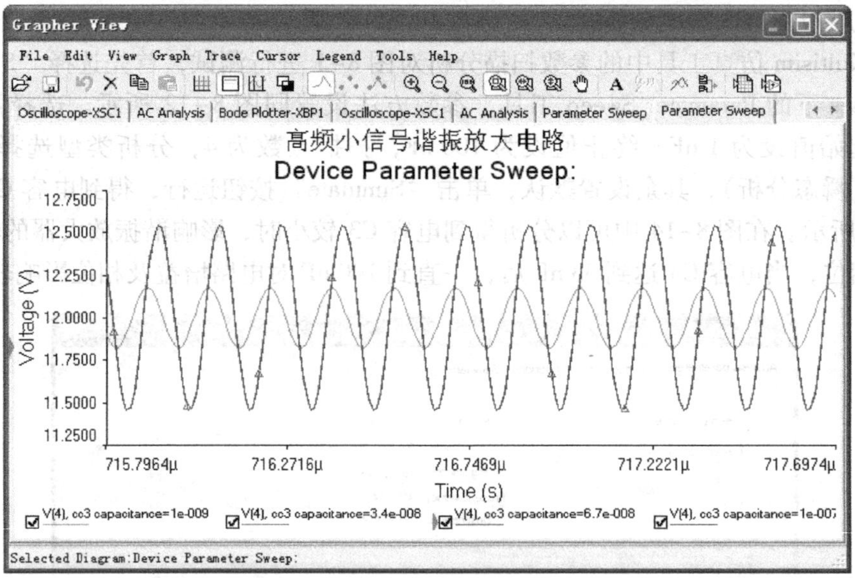

图 8-14　电容 C3 参数扫描分析结果

8.1.2　高频集成选频放大器测试和仿真

线性宽频带集成放大器能对高频小信号提供高增益且稳定性好的放大，将该类集成放大器与选频回路相结合可以组合成多种常用高频集成选频放大器。

1. 绘制高频集成选频放大器仿真电路

高频集成选频放大器主要由宽带集成放大器和选频回路组成，如图 8-15 所示。

图 8-15 是利用 AD8138ARZ 和前后两个调谐回路构成的集成选频放大器。AD8138ARZ 是一个双端输入、双端输出的差分放大器，-3dB 带宽为 320 MHz。*L*1、*C*1 构成输入调谐回路，电容 *C*2 作用为隔直耦合，实现信号单端输入，变压器 T1 的一次绕组和 *C*5 构成输出调谐回路，*R*1 为输入电阻，*R*2 为负载电阻。*L*2、*C*3、*C*4 构成 π 型电源去耦滤波器，滤除通过公用电源产生的寄生干扰。

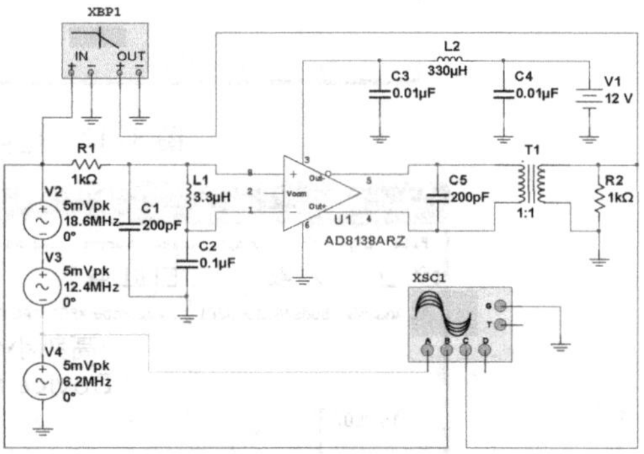

图 8-15　高频集成选频放大器

2. 高频集成选频放大器测试与仿真

（1）放大器选频特性测试

开启仿真开关，打开示波器窗口观察集成选频放大器的输入和输出电压波形，如图 8-16 所示。观察输入、输出波形和示波器参数设置，其中上面的波形为 A 通道信号（有用信号 V4）波形，Y 轴刻度为 10 mV/Div；中间的波形为 B 通道的信号（叠加了二次谐波与三次谐波干扰信号）波形，Y 轴刻度为 10 mV/Div；下面的波形为 C 通道的信号（选频放大后的信号）波形，Y 轴刻度为 1 V/Div，由于选频放大电路的 *LC* 并联谐振回路谐振频率约为

6.2 MHz，对该频率分量信号的增益最大，从波形上观察可知，6.2 MHz 的信号得到放大，而 12.4 MHz 和 18.6 MHz 的谐波干扰信号得到有效抑制。

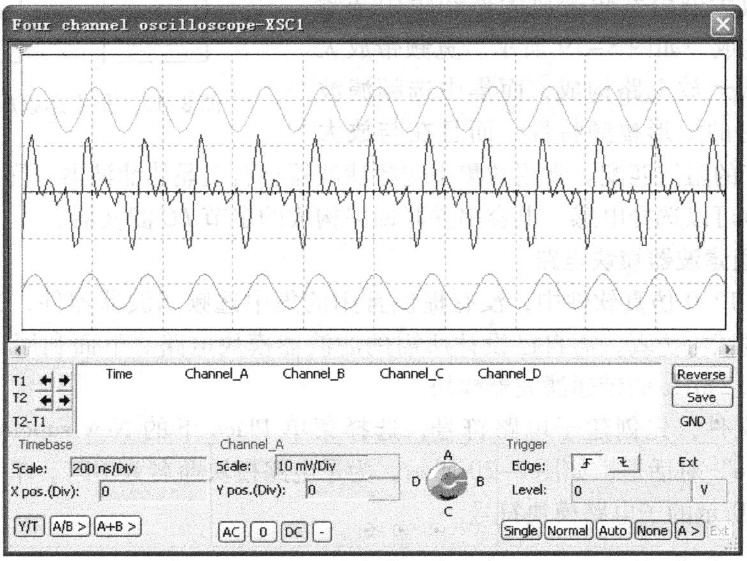

图 8-16　高频集成选频放大器输入/输出电压波形

（2）幅频特性和相频特性测试

启动仿真开关，打开波特图示仪可以观察到双调谐回路放大器幅频特性，如图 8-17 所示。双调谐回路放大器的相频特性，如图 8-18 所示。

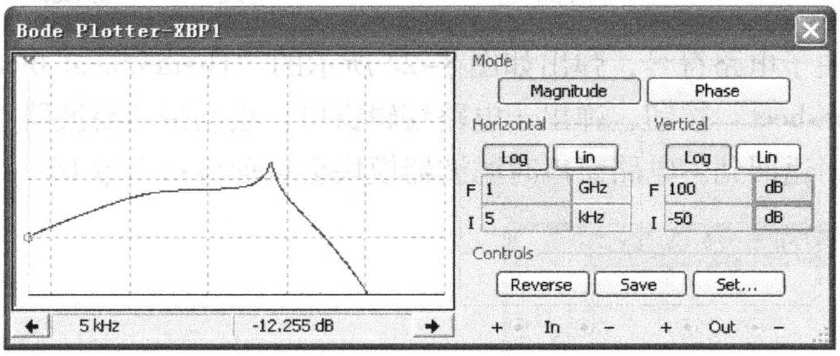

图 8-17　高频集成选频放大器幅频特性

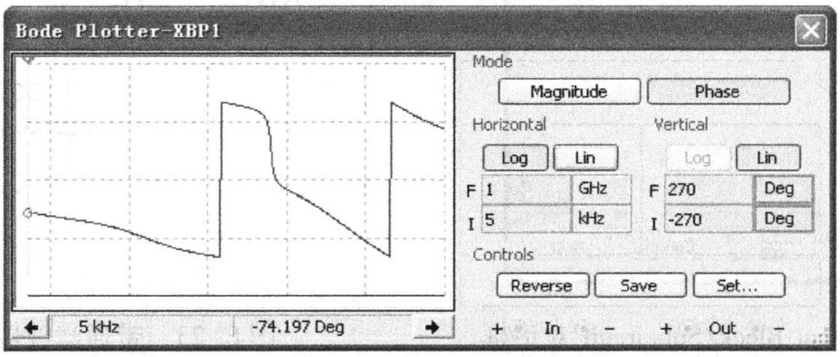

图 8-18　高频集成选频放大器相频特性

8.1.3 集中选频放大器测试和仿真

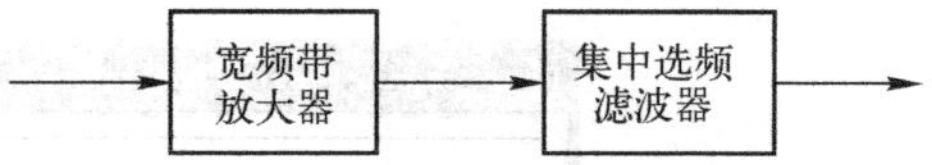

图 8-19 集中选频放大器构成

集中选频放大器由宽频带放大器和集中选频滤波器两部分构成，如图 8-19 所示。宽频带放大器一般选用集成运放电路构成，而集中选频滤波器具有非常理想的矩形幅频特性，而且在与放大器连接时有良好的阻抗匹配。常用的集中选频滤波器有石英晶体滤波器、陶瓷滤波器和声表面波滤波器，也可以选择电感、电容串并联回路构成的多节 *LC* 滤波器。

1. 设计带通滤波器模块电路

在 Multisim 12.0 仿真软件中，没有提供常用的集中选频滤波器器件，为实现集中选频放大器电路的测试与仿真，需自己设计所需的滤波器模块电路。下面利用 Multisim 12.0 软件来设计一个 6.2 MHz 的带通滤波器模块。

新建仿真文件，先创建子电路符号，选择菜单 Place 下的 New subcircuit 命令，弹出“Subcircuit Name”对话框，如图 8-20 所示，为子电路模块命名为 BPF。单击“OK”按钮，弹出如图 8-21 所示的子电路模块符号。

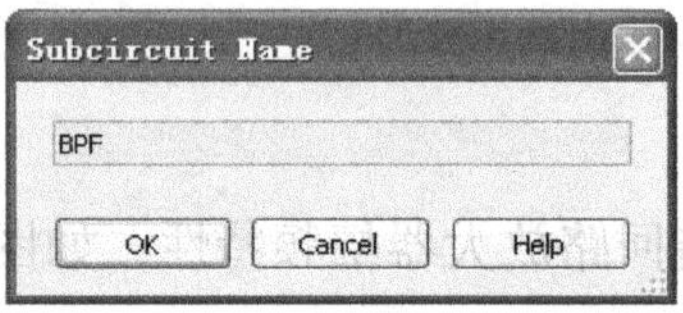

图 8-20 “Subcircuit Name”对话框

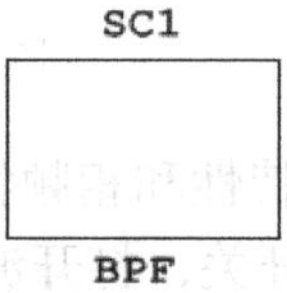

图 8-21 滤波器模块子电路符号

双击滤波器模块子电路符号，弹出如图 8-22 所示的“Hierarchical Block/Subcircuit”对话框，单击“Open subsheet”按钮，弹出子电路编辑窗口，绘制带通滤波器电路如图 8-23 所示。保存并关闭该窗口，返回到主电路窗口时滤波器模块会自动显示出带 I/O 口的子电路符号。

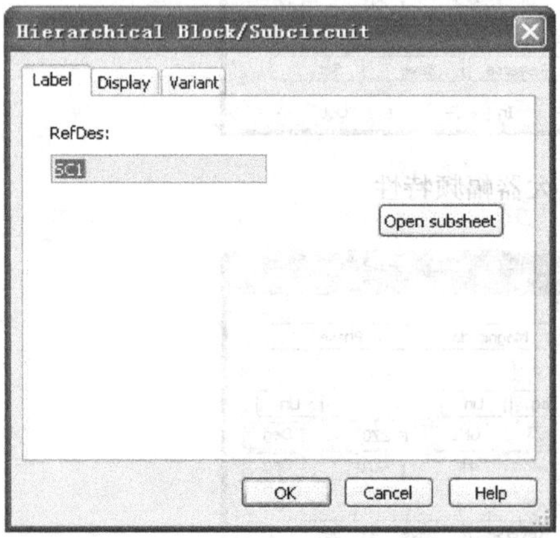

图 8-22 Hierarchical Block/Subcircuit 对话框

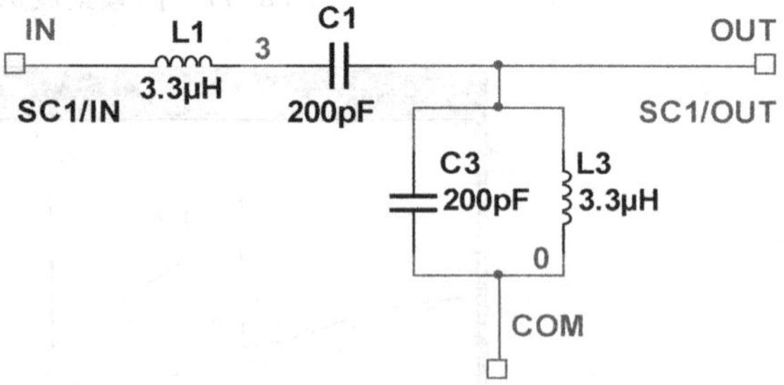

图 8-23 带通滤波器子电路

选中带通滤波器子电路符号，单击鼠标右键，执行“Edit symbol”→“title block”命令，进入“symbol edit”窗口，调整子电路符号管脚位置如图 8-24 所示。保存后退出，完成滤波器模块设计。

2. 绘制集中选频放大器仿真电路

集中选频放大器由宽频带放大器和集中选频滤波器组成，如图 8-25 所示。图 8-25 中采用模拟虚拟运放构成反相比例放大电路，放大倍数为 10，在放大电路后连接带通滤波器构成集中选频放大器。图中信号 V4 上叠加信号源 V2 和 V3，设置 V2、V3 交流电压输入信号幅值为 5 mv，频率为二次谐波 12.4 MHz 和三次谐波 18.6 MHz。

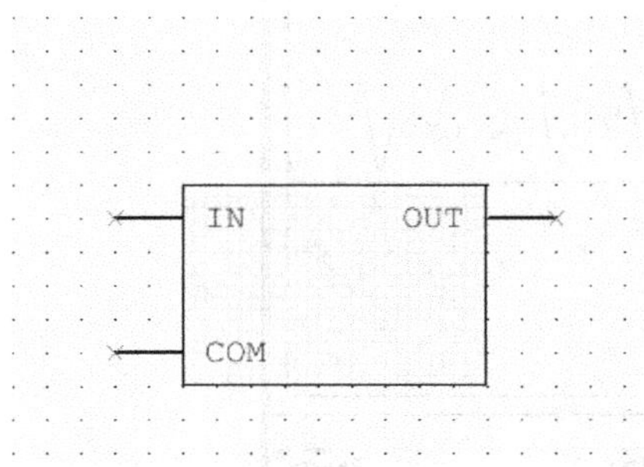

图 8-24　调整后的子电路符号管脚

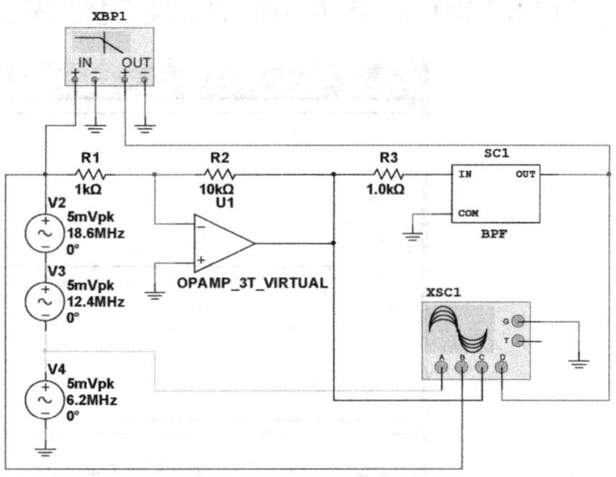

图 8-25　集中选频放大器电路

3. 集中选频放大器测试与仿真

启动仿真开关，打开波特图示仪，观察到的幅频特性如图 8-26 所示，相频特性如图 8-27 所示。

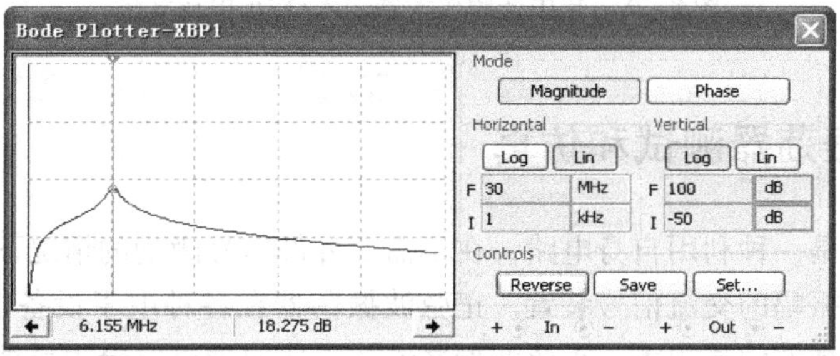

图 8-26　集中选频放大器幅频特性

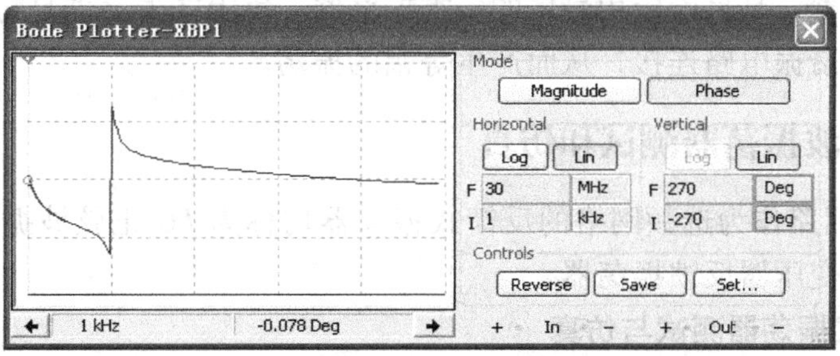

图 8-27　集中选频放大器相频特性

开启仿真开关，打开示波器窗口观察集中选频放大器的输入和输出电压波形，如图 8-28 所示。通过观察输入/输出波形和示波器参数设置，从上往下 4 个波形依次为 A 通道信号（有用信号）波形，Y 轴刻度为 10 mV/Div；B 通道的信号（叠加了二次谐波与三次谐波干扰信号）波形，Y 轴刻度为 20 mV/Div；C 通道的信号（运放放大后的信号）波形，Y 轴刻度为 100 mV/Div；D 通道的信号（经过选频滤波器后的信号）波形，由于集中选频滤波器设计的 *LC* 带通滤波器中心频率约为 6.2 MHz，从波形上观察可知，6.2 MHz 的信号得到放大，而 12.4 MHz 和 18.6 MHz 的谐波干扰信号得到有效抑制。

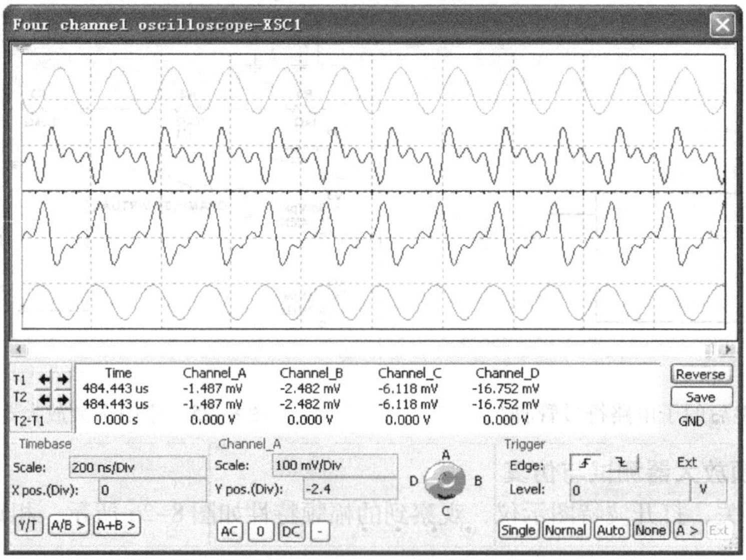

图 8-28　集中选频放大器输入/输出电压波形

8.2　正弦波振荡器测试和仿真

正弦波振荡器是一种利用自身电路，在不需要外部信号激励的情况下，自动将直流电能转换为特定频率和振幅的交流信号装置。正弦波振荡器在各种电子设备中有着广泛的应用，如无线发射机中的载波信号源等。正弦波振荡器按工作原理可以分为反馈式振荡器与负阻式振荡器两大类。反馈式振荡器是在放大器电路中加入正反馈，当正反馈足够大时，放大器产生振荡，成为振荡器，是目前应用最广的一类振荡器。负阻式振荡器是将一个呈现负阻特性的有源器件直接与谐振电路连接，从而产生等幅的振荡。

8.2.1　*LC* 正弦波振荡器测试和仿真

采用 *LC* 谐振回路作为选频网络的反馈式振荡器均称为 *LC* 正弦波振荡器，常用的电路有三点式振荡器和变压器反馈振荡器。

1. 电容三点式振荡器测试与仿真

电容三点式振荡器又称为考毕兹振荡器，该振荡器输出频率稳定、波形较好。仿真电路如图 8-29 所示。

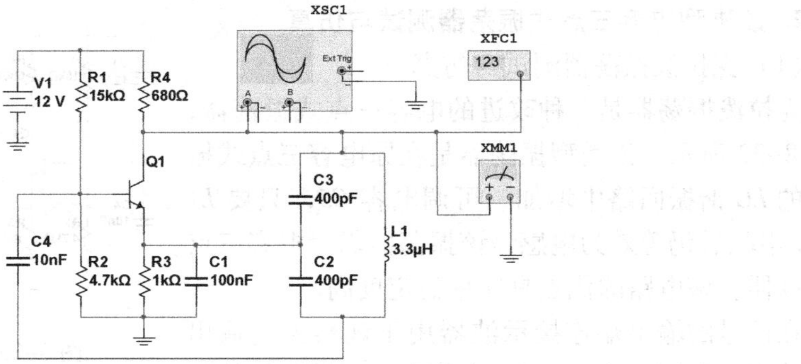

图 8-29　电容三点式振荡器电路

在信号的输出端连接示波器用于观察振荡输出信号波形，如图 8-30 所示。在信号输出端连接的频率计用于测量振荡输出信号的频率，频率计显示如图 8-31 所示，输出信号的频率为 5.872 MHz。在信号输出端连接的万用表用于测量振荡输出信号的幅度。如图 8-32 所示，输出信号的电压有效值为 3.055 V。

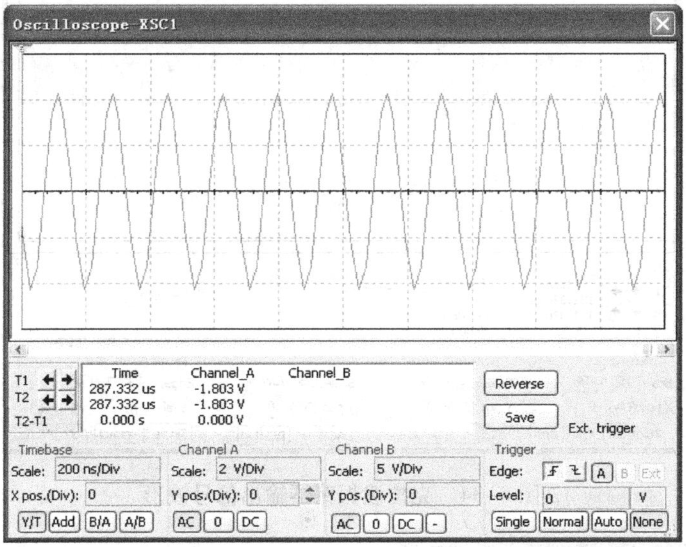

图 8-30　电容三点式振荡器输出信号波形

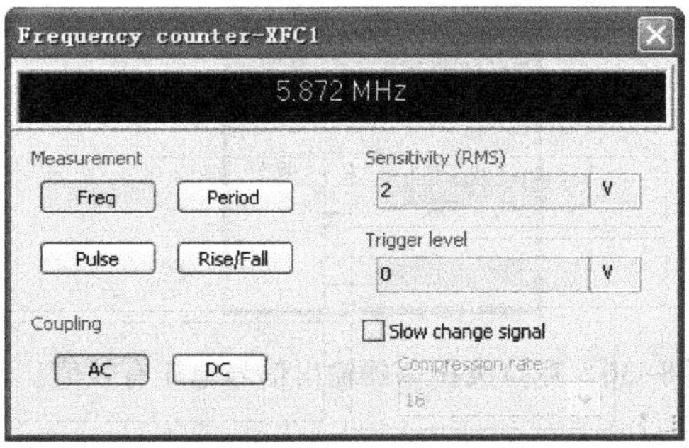

图 8-31　电容三点式振荡器输出信号频率

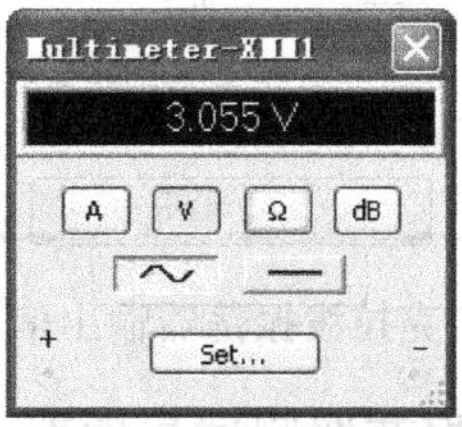

图 8-32　电容三点式振荡器输出信号电压有效值

2. 改进型电容三点式振荡器测试与仿真

（1）克拉泼振荡器测试与仿真

克拉泼振荡器是一种改进的电容三点式振荡器，如图 8-33 所示。该类型振荡器是在原电容三点式振荡器的 *LC* 谐振回路中增加一可调电容 *C*5，只要 *L*1 和 *C*5 串联后仍等效为电感，该振荡器仍为电容三点式振荡器。该电路的优点是频率稳定度高。

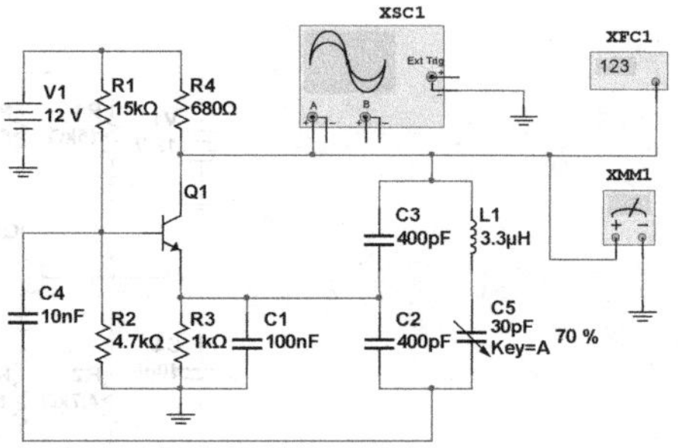

图 8-33　克拉泼振荡器电路

在信号的输出端连接示波器用于观察振荡输出信号波形，如图 8-34 所示。在信号输出端连接的频率计用于测量振荡输出信号的频率，频率计显示如图 8-35 所示，输出信号的频率为 19.037 MHz。在信号输出端连接的万用表用于测量振荡输出信号的幅度。如图 8-36 所示，输出信号的有效电压值为 3.184 V。

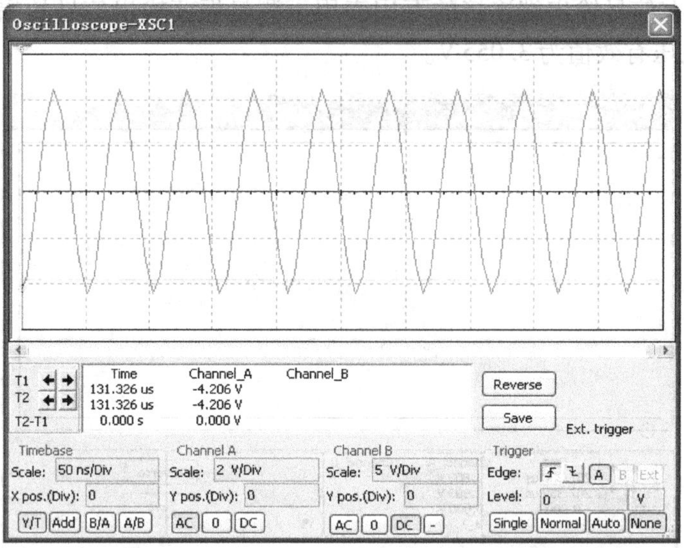

图 8-34　克拉泼振荡器输出信号波形

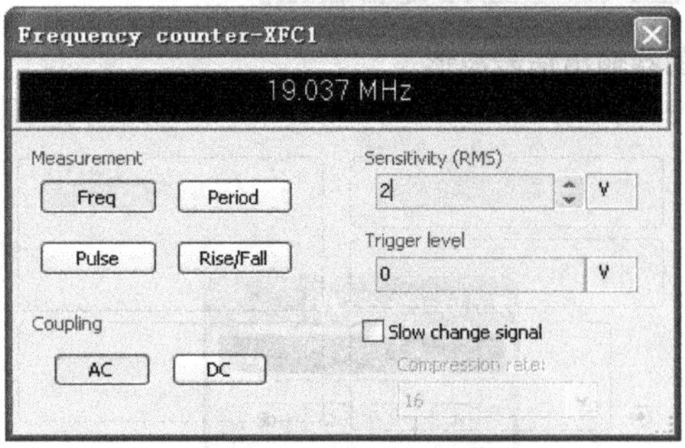

图 8-35　克拉泼振荡器输出信号频率

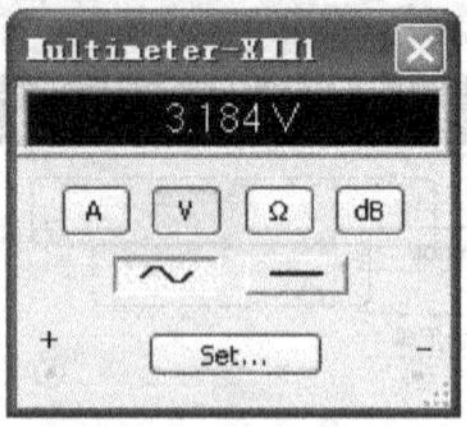

图 8-36　克拉泼振荡器输出信号电压有效值

（2）西勒振荡器测试与仿真

西勒振荡器是一种在克拉泼振荡器上改进的电容三点式振荡器，其电路如图 8-37 所示。该类型振荡器是在克拉波振荡器的 *LC* 谐振回路中增加一可调电容 *C*6 与电感并联，该电路同样具有频率稳定度高的优点。

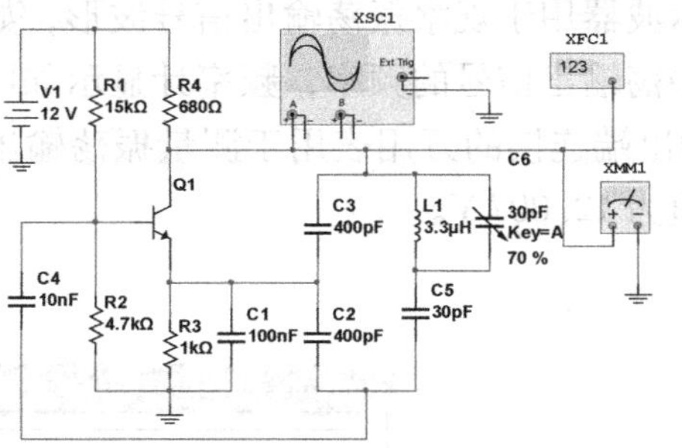

图 8-37　西勒振荡器电路

在信号的输出端连接示波器用于观察振荡输出信号波形，如图 8-38 所示。在信号输出端连接的频率计用于测量振荡输出信号的频率，频率计显示如图 8-39 所示，输出信号的频率为 12. 101 MHz。在信号输出端连接的万用表用于测量振荡输出信号的幅度。如图 8-40 所示，输出信号的有效电压值为 3. 115 V。

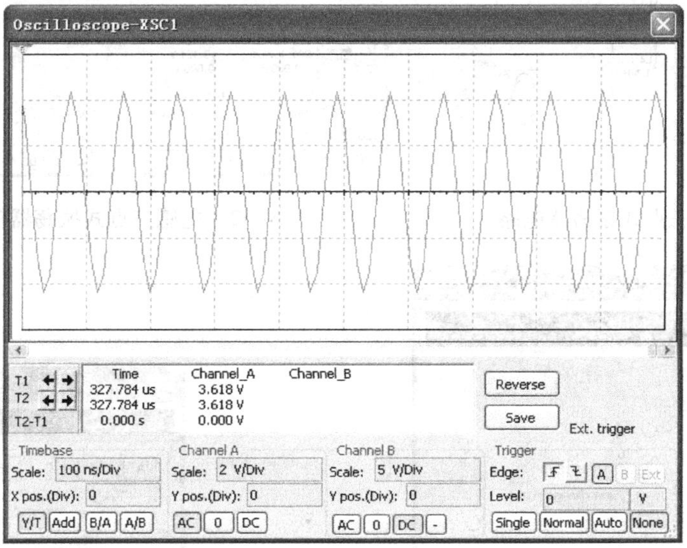

图 8-38　西勒振荡器输出信号波形

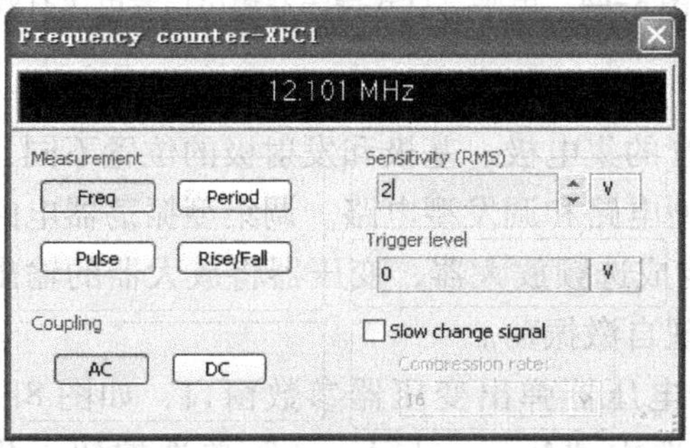

图 8-39　西勒振荡器输出信号频率

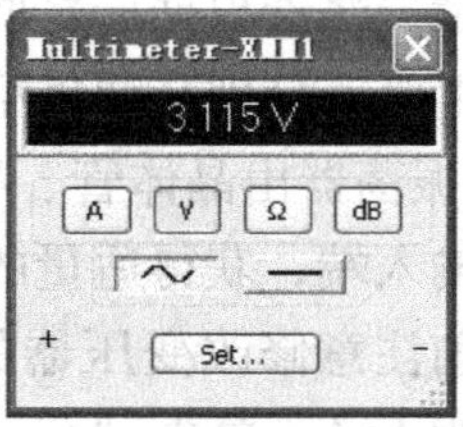

图 8-40　西勒振荡器输出信号电压有效值

3. 电感三点式振荡器测试与仿真

电感三点式振荡器又称为哈特莱振荡器，如图 8-41 所示。

在信号的输出端连接示波器用于观察振荡输出信号波形，如图 8-42 所示。在信号输出端连接的频率计用于测量振荡输出信号的频率，频率计显示如图 8-43 所示，输出信号的频率为 9. 706 MHz。在信号输出端连接的万用表用于测量振荡输出信号的幅度。如图 8-44 所示，输出信号的有效电压值为 12. 007 V。

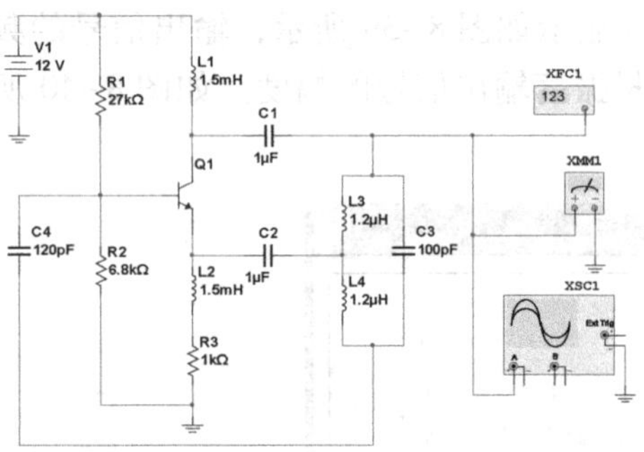

图 8-41　电感三点式振荡器电路

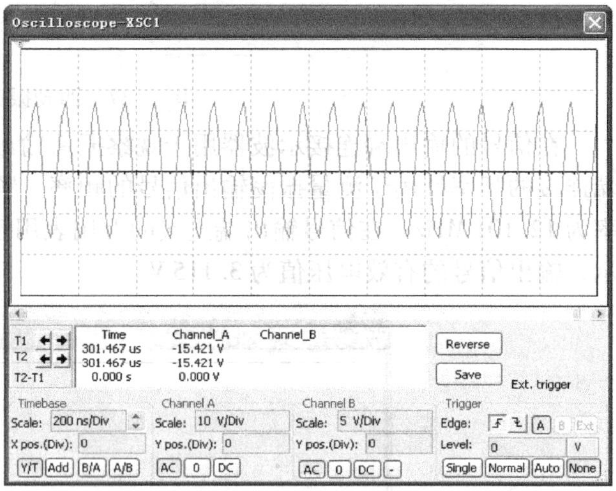

图 8-42　电感三点式振荡器输出信号波形

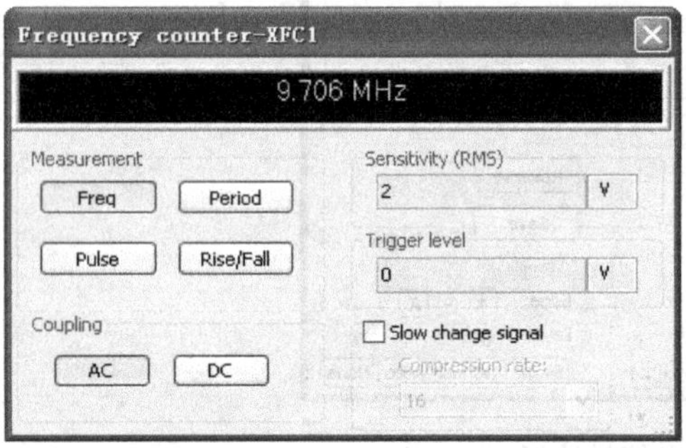

图 8-43　电感三点式振荡器输出信号频率

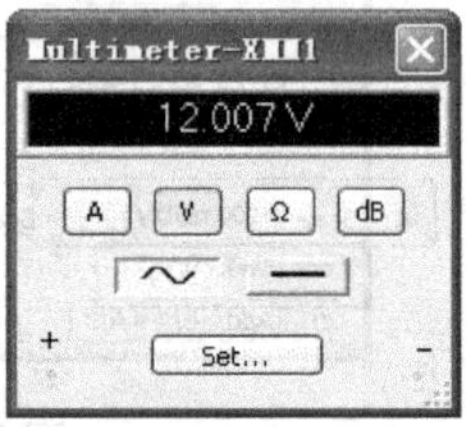

图 8-44　电感三点式振荡器输出信号电压有效值

4. 变压器反馈振荡器测试与仿真

变压器反馈振荡器根据振荡回路接在晶体管的集电极、基极和发射极的位置不同，可以分为 3 种类型电路，分别是调集型电路、调基型电路和调发型电路。调集型振荡器电路如图 8-45 所示。该振荡器由晶体管、*LC* 谐振回路构成选频放大器，变压器将放大器的输出信号反馈到放大器输入端，获得适量的正反馈来实现自激振荡。

在测试之前注意修改变压器的参数，双击电压器弹出变压器参数窗口，如图 8-46 所示。修改变比为 1:4。单击“Core”选项卡，选中“Non - ideal core”单选按钮，并修改 Constant inductance 值为 1 μH，如图 8-47 所示。单击“Leakage inductance”选项卡，选

"Symmetric leakage inductance" 单选按钮，并修改值为 1 μH，如图 8-48 所示。

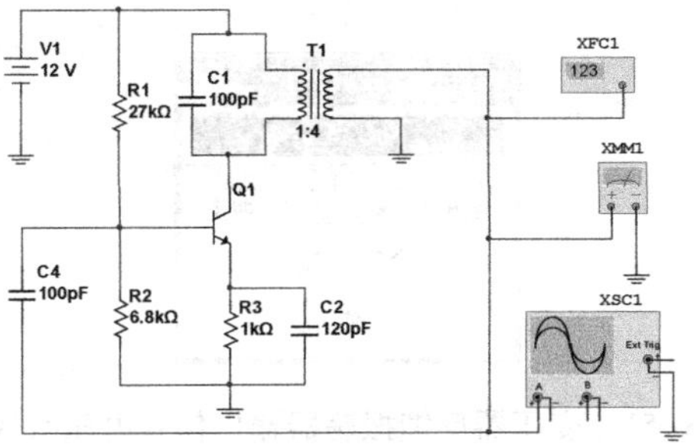

图 8-45　变压器反馈振荡器电路

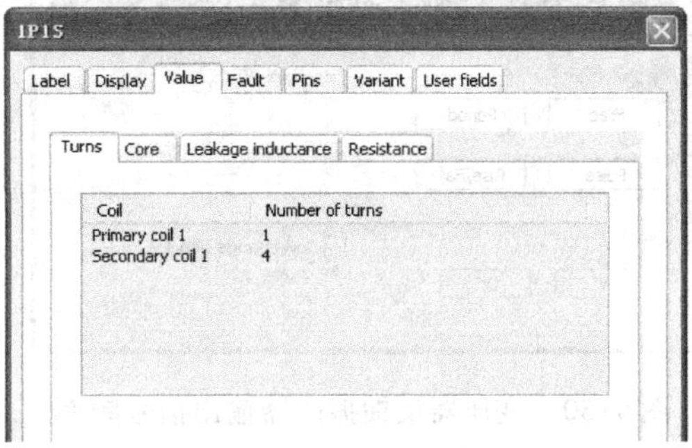

图 8-46　变压器参数窗口

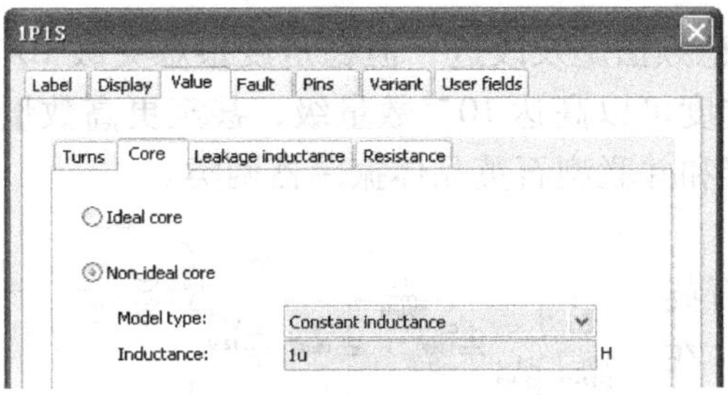

图 8-47　变压器铁心设置

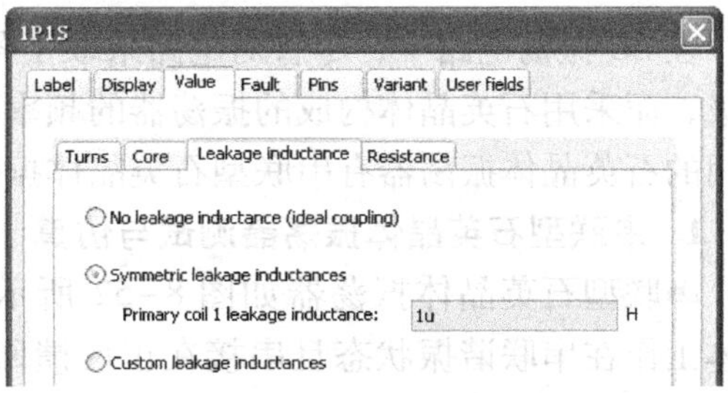

图 8-48　变压器漏感设置

在信号的输出端连接示波器用于观察振荡输出信号波形，如图 8-49 所示。在信号输出端连接的频率计用于测量振荡输出信号的频率，频率计显示如图 8-50 所示，输出信号的频率为 10.093 MHz。在信号输出端连接的万用表用于测量振荡输出信号的幅度。如图 8-51 所示，输出信号的电压值为 9.834 V。

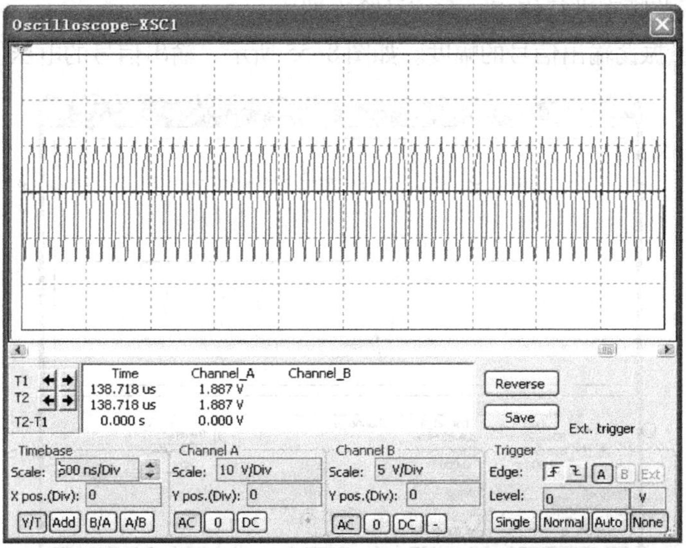

图 8-49　变压器反馈振荡器输出信号波形

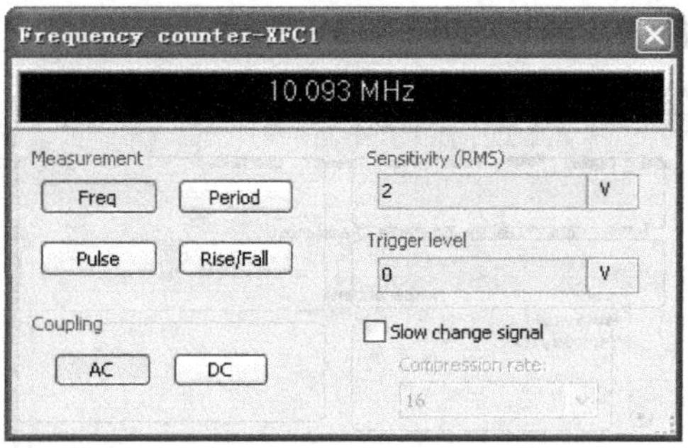

图 8-50　变压器反馈振荡器输出信号频率

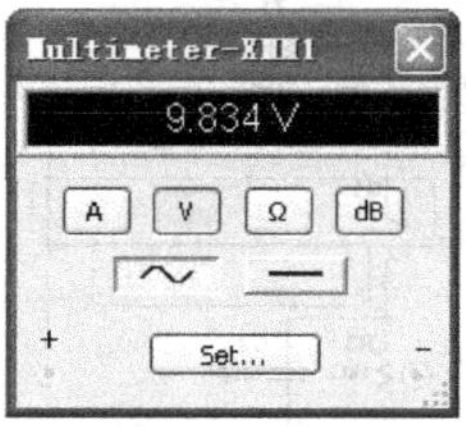

图 8-51　变压器反馈振荡器输出信号电压有效值

8.2.2　石英晶体振荡器测试和仿真

在 *LC* 振荡电路中，尽管对电路采取了各种稳频措施及改进，但稳定度很难突破 10^{-5}数量级，而采用石英晶体构成的振荡器的频率稳定度可以高达 10^{-8}数量级，甚至更高数量级。常用的石英晶体振荡器有串联型石英晶体振荡器和并联型石英晶体振荡器两类。

1. 串联型石英晶体振荡器测试与仿真

串联型石英晶体振荡器如图 8-52 所示。石英晶体工作在串联谐振状态且串接在正反馈回路。在谐振时，石英晶体相当于短接，构成了电容三点式振荡电路。

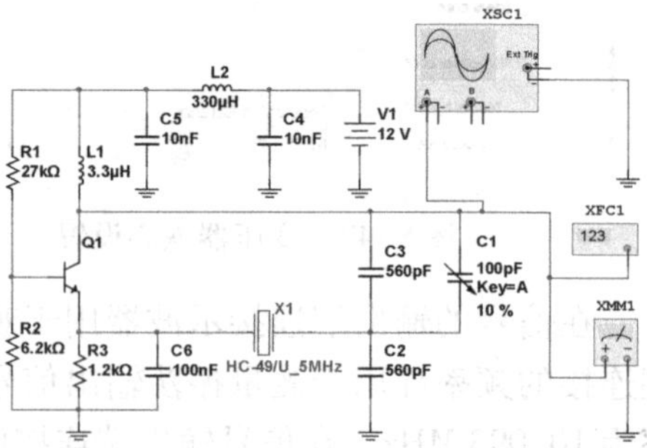

图 8-52　串联型石英晶体振荡器电路

在信号的输出端连接示波器用于观察振荡输出信号波形，如图 8-53 所示。在信号输出端连接的频率计用于测量振荡输出信号的频率，频率计显示如图 8-54 所示，输出信号的频率为 5.002 MHz。注意，调整可调电容 *C*1 的大小对振荡频率进行修正。在信号输出端连接的万用表用于测量振荡输出信号的幅度。如图 8-55 所示，输出信号的电压值为 10.065 V。

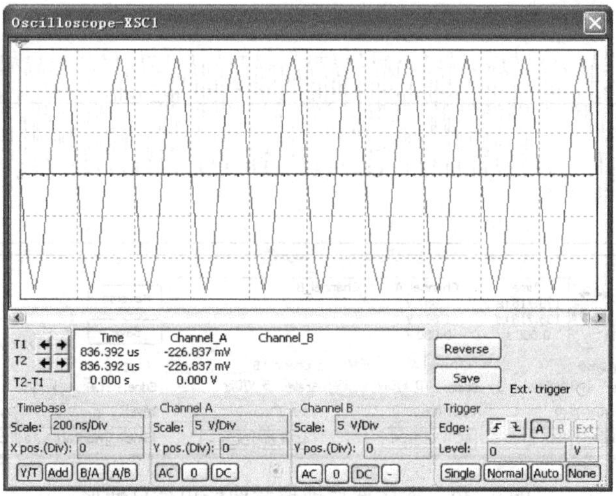

图 8-53　串联型石英晶体振荡器输出信号波形

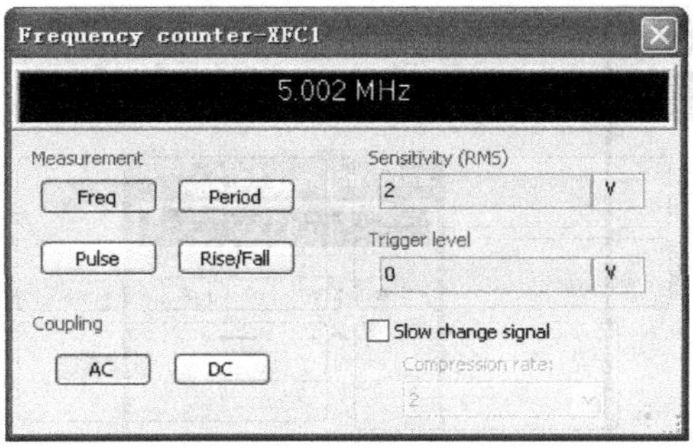

图 8-54　串联型石英晶体振荡器输出信号频率

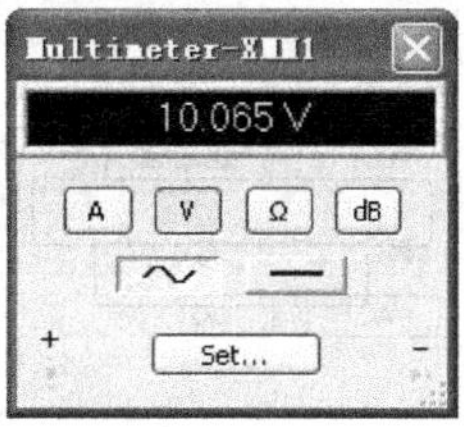

图8-55　串联型石英晶体振荡器输出信号电压有效值

2. 并联型石英晶体振荡器测试与仿真

并联型石英晶体振荡器利用石英晶体取代电容三点式振荡器中的电感元件，由石英晶体和电容 *C*1、*C*2、*C*3 构成并联谐振回路，整个电路形式为改进型的电容三点式 *LC* 振荡器，该电路也称为皮尔斯晶体振荡器，如图 8-56 所示。

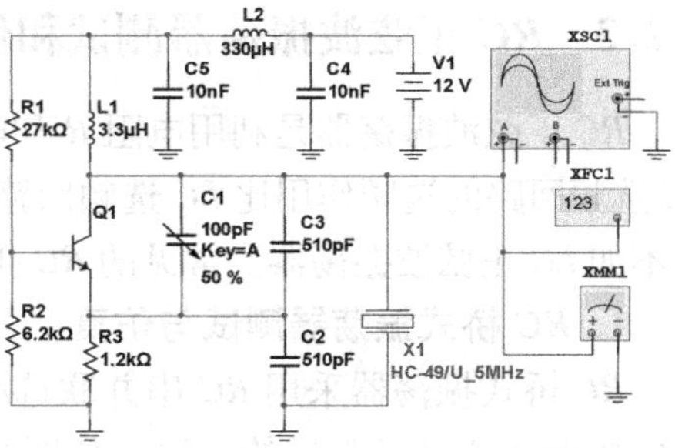

图 8-56　并联型石英晶体振荡器电路

在信号的输出端连接示波器用于观察振荡输出信号波形，如图 8-57 所示。在信号输出端连接的频率计用于测量振荡输出信号的频率，频率计显示如图 8-58 所示，输出信号的频率为 5.161 MHz。在信号输出端连接的万用表用于测量振荡输出信号的幅度。如图 8-59 所示，输出信号的电压值为 10.433 V。

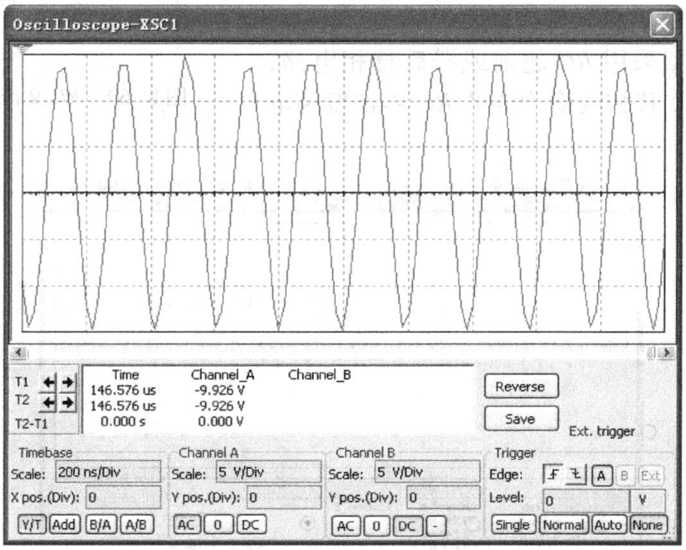

图 8-57　并联型石英晶体振荡器输出信号波形

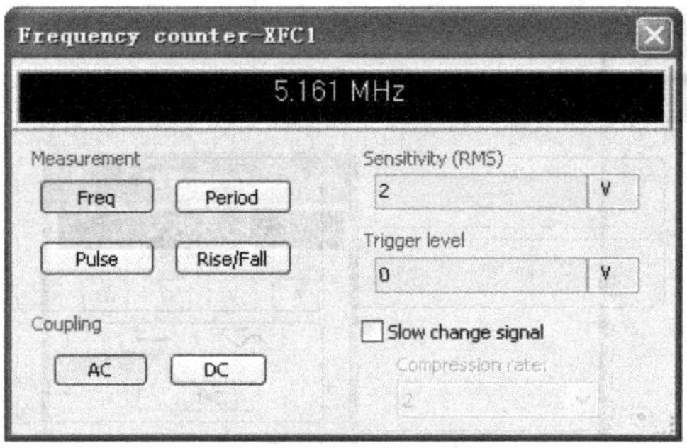

图 8-58　并联型石英晶体振荡器输出信号频率

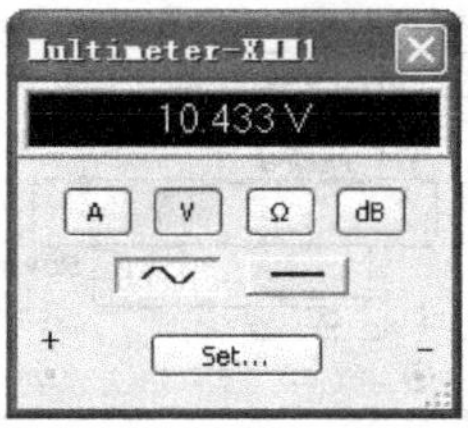

图8-59　并联型石英晶体振荡器输出信号电压有效值

8.2.3　*RC* 正弦波振荡器测试和仿真

RC 正弦波振荡器是利用电阻 *R* 和电容 *C* 构成选频回路。一般适用于低频信号产生，由于 *RC* 选频回路的选频作用比 *LC* 选频回路差，导致 *RC* 正弦波振荡器的输出波形与频率稳定度方面不如 *LC* 正弦波振荡器。常见的 *RC* 正弦波振荡器有 *RC* 桥式振荡器和 *RC* 移相振荡器。

1. *RC* 桥式振荡器测试与仿真

RC 桥式振荡器采用 *RC* 串并联选频回路，*RC* 文氏电桥振荡器是最常见的一种，如图 8-60 所示。启动仿真开关，打开示波器可以看到 *RC* 文氏电桥振荡器的信号起振过程，如图 8-61 所示。输出信号并不是完美的正弦波波形，可以调整可调电阻 *R*3，继续观察输出信号波形，得到改善后的输出波形。

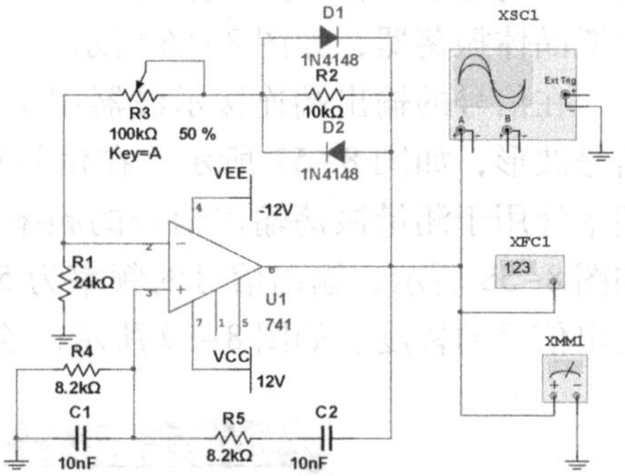

图 8-60　*RC* 文氏电桥振荡电路

2. *RC* 移相振荡器测试与仿真

RC 移相振荡器采用 *RC* 超前或滞后移相电路，采用集成运放和 *RC* 移相网络构成的 *RC* 移相振荡电路如图 8-62 所示。

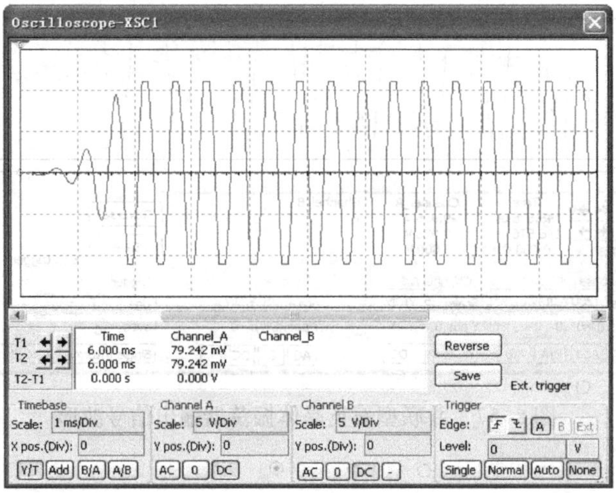

图 8-61　*RC* 文氏电桥振荡器输出信号波形

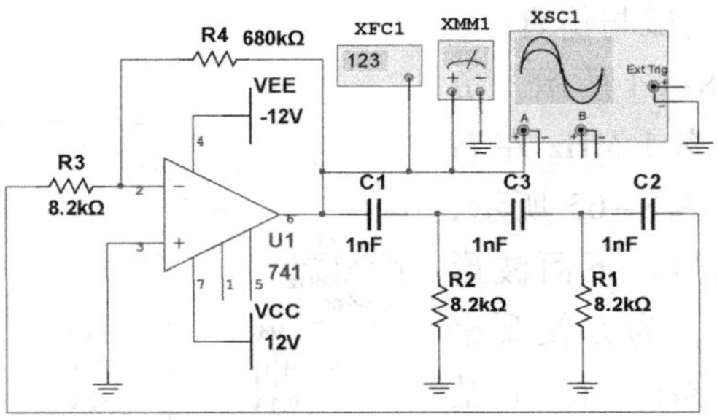

图 8-62　*RC* 移相振荡电路

启动仿真开关，打开示波器可以看到 *RC* 移相振荡器的信号起振过程，如图 8-63 所示。输出信号并不是完美的正弦波波形，可以调整可调电阻 *R*3，继续观察输出信号波形，得到改善后的输出波形。

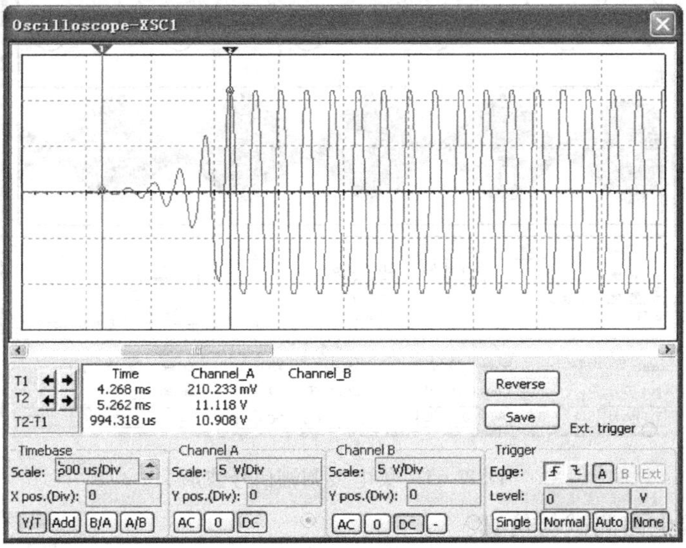

图 8-63　*RC* 移相振荡器输出信号波形

8.3　振幅调制测试和仿真

振幅调制简称调幅，是用调制信号控制载波信号的振幅，使其振幅按照调制信号的变化规律变化，同时又保持载波的频率和相位不变。振幅调制可以分为普通调幅（AM）、抑制载波的双边带调幅（DSB）和单边带调幅（SSB）。

8.3.1　普通振幅调制测试和仿真

振幅调制按照其功率的高低，可以分为高电平调制和低电平调制两大类。

1. 高电平调幅电路测试与仿真

高电平调幅电路主要用于调幅发射机末端，要求高效输出足够大的功率，同时兼顾调制的线性要求。通常采用高效的丙类谐振功率放大电路，常用调幅电路有集电极调幅电路和基极调幅电路。

（1）集电极调幅电路测试与仿真

集电极调幅电路如图 8-64 所示，负载 *LC* 回路谐振在载波频率 1 MHz 左右上。调幅后的波形输出如图 8-65 所示，其中，上面波形为调制信号，下面波形为调制后的普通调幅信号，为方便观察调幅信号波形，设置示波器的扫描时基为 500 μs/Div。可以自行减小扫描时基，观察输出波形的每个周期。

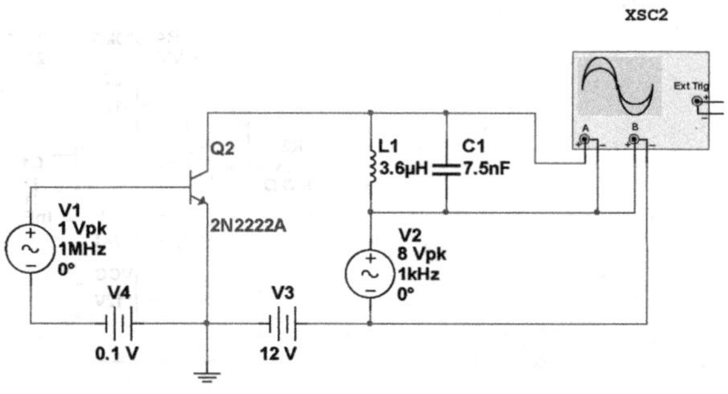

图 8-64　集电极调幅电路

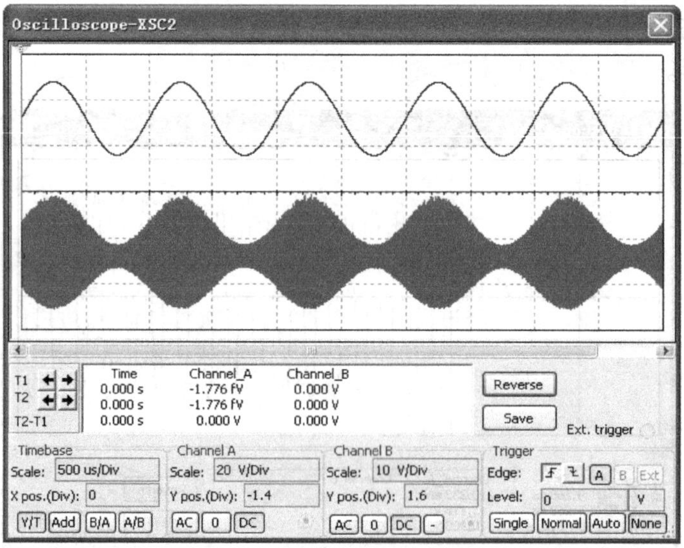

图 8-65　集电极调幅信号波形

（2）基极调幅电路测试与仿真

基极调幅电路如图 8-66 所示，负载 *LC* 回路谐振在载波频率 1 MHz 左右上。调幅后的波形输出如图 8-67 所示。其中，上面波形为调制信号，下面波形为调制后的普通调幅信号。为了方便观察调幅信号波形，设置示波器的扫描时基为 50 μs/Div。可以自行减小扫描时基，观察输出波形的每个周期。

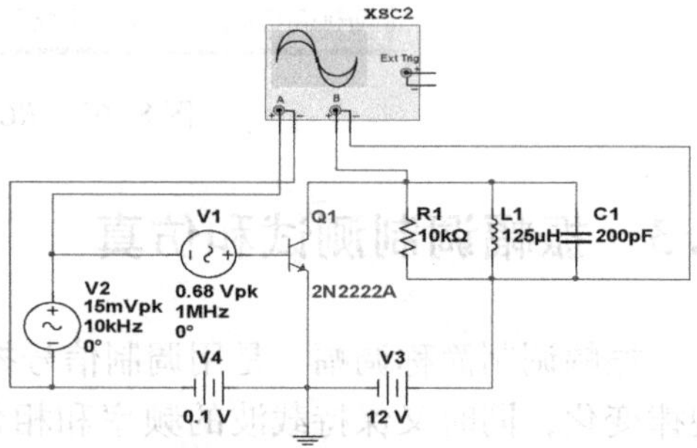

图 8-66　基极调幅电路

2. 低电平调幅电路测试与仿真

低电平调幅电路主要用来实现双边带和单边带调制。常用的低电平调制电路有二极管平衡调幅电路和模拟乘法器调幅电路。

（1）二极管平衡调幅电路测试与仿真

二极管平衡调幅电路如图 8-68 所示。该电路由两个性能一致的二极管及中心抽头变压器 T1、T2 接成平衡电路。电路上下两部分完全一样。控制信号（调制信号）加在两个变压器的中心抽头处，输入信号（载波信号）接在输入变压器，输出变压器的负载接 *LC* 谐振负载，谐振频率为载波频率 1 MHz。

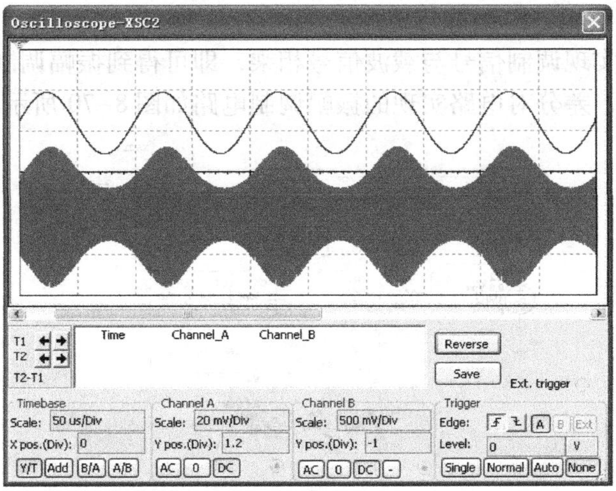

图 8-67　基极调幅信号波形

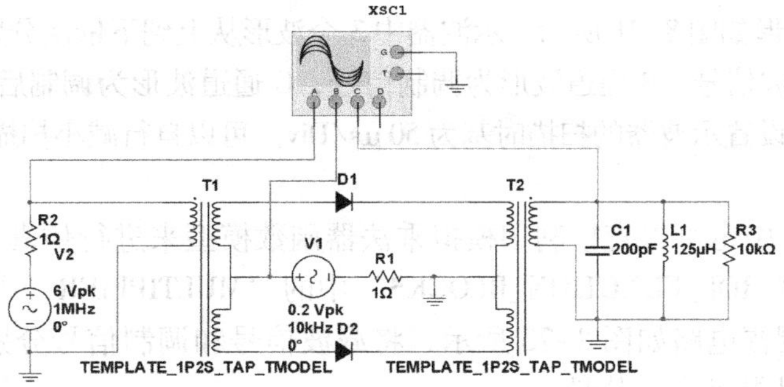

图 8-68　二极管平衡调幅电路

调幅后的波形输出如图 8-69 所示。示波器中 3 个波形从上到下依次分别为 A、B、C 通道波形，A 通道波形为载波信号，B 通道波形为调制信号，C 通道波形为调制后的调幅信号，为方便观察调幅信号波形，设置示波器的扫描时基为 50 μs/Div。可以自行减小扫描时基，观察输出波形的每个周期。

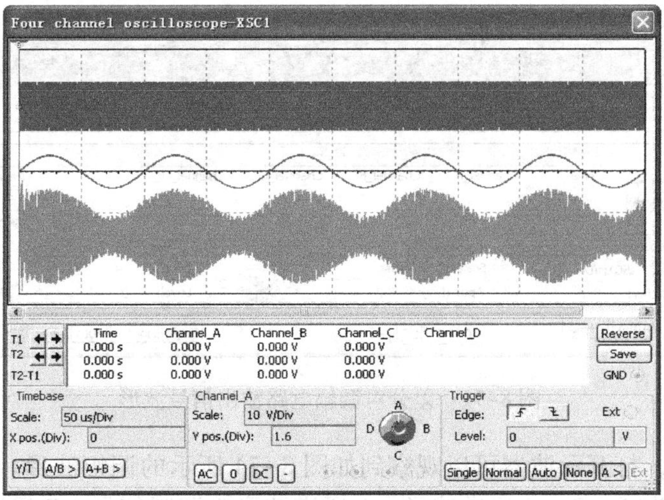

图 8-69　二极管平衡调幅信号波形

（2）模拟乘法器调幅电路测试与仿真

模拟乘法器可以实现调制信号与载波信号相乘，即可得到振幅调制信号。差分对电路是模拟电路的核心电路，差分对电路实现的振幅调制电路如图 8-70 所示。

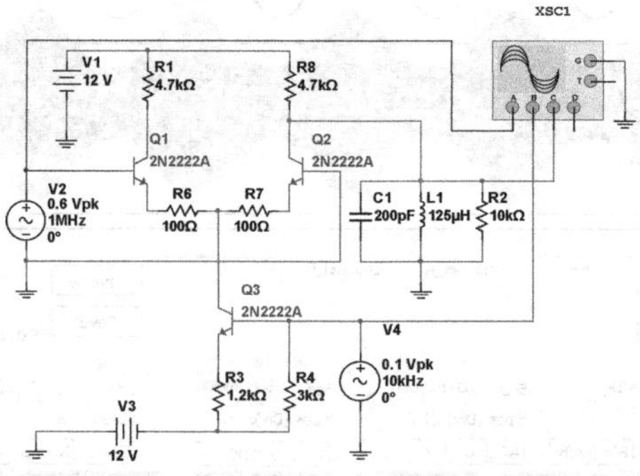

图 8-70　差分对电路实现的振幅调制电路

调幅后输出的波形如图 8-71 所示。示波器中 3 个波形从上到下依次分别为 A、B、C 通道波形，A 通道波形为载波信号，B 通道波形为调制信号，C 通道波形为调制后的调幅信号，为方便观察调幅信号波形，设置示波器的扫描时基为 50 μs/Div。可以自行减小扫描时基，观察输出波形的每个周期。

在 Multisim12.0 中也可以直接利用模拟乘法器函数模型来进行仿真。首先打开 SOURCE 元件库，选择“CONTROL_FUNCTION_BLOCKS”中的“MULTIPLIER（乘法器）”，如图 8-72 所示。模拟乘法器调幅电路如图 8-73 所示，将载波信号和调制信号分别加入到乘法器的输入端，并给调制信号提供直流分量。

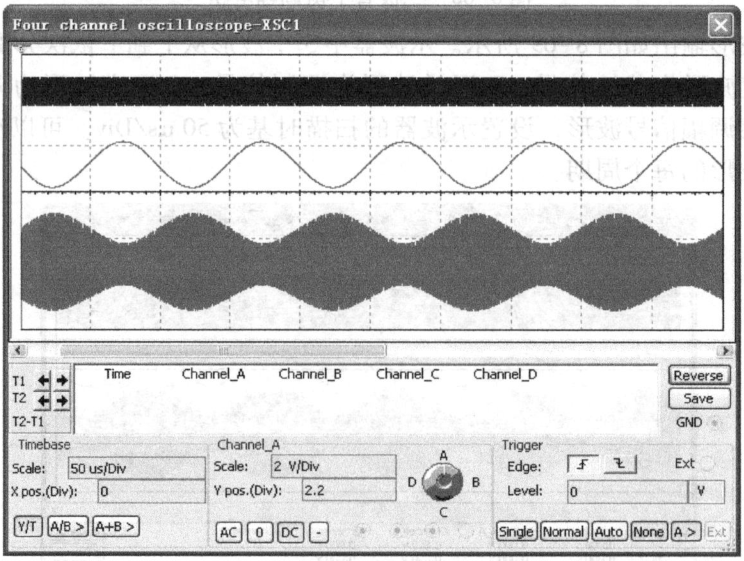

图 8-71　差分对调幅电路输出信号波形

启动仿真开关，打开示波器可以观察到如图 8-74 所示的调幅波形。示波器中 3 个波形从上到下依次分别为 A、B、C 通道波形，A 通道波形为调制信号，B 通道波形为载波信号，

C 通道波形为调制后的调幅信号，为方便观察调幅信号波形，设置示波器的扫描时基为 20 μs/Div。可以自行减小扫描时基，观察输出波形的每个周期。

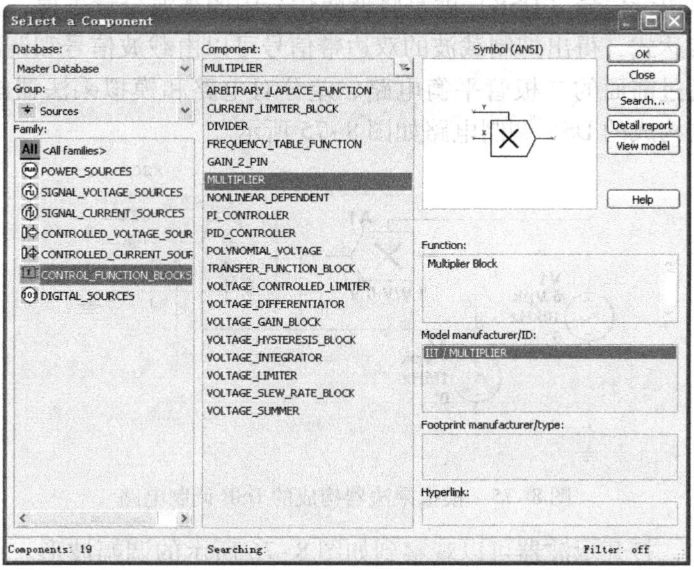

图 8-72　模拟乘法器函数模型

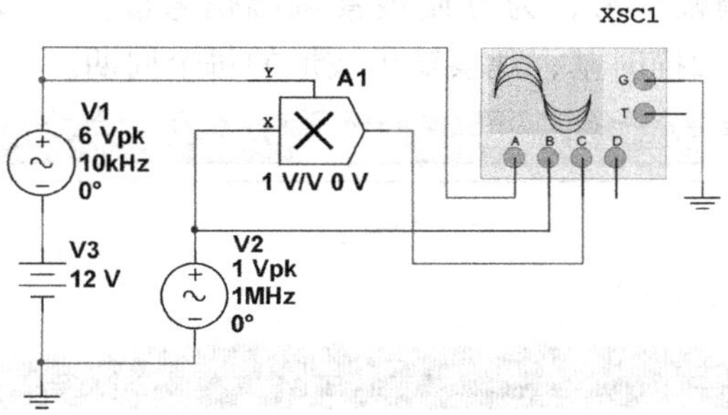

图 8-73　模拟乘法器调幅电路

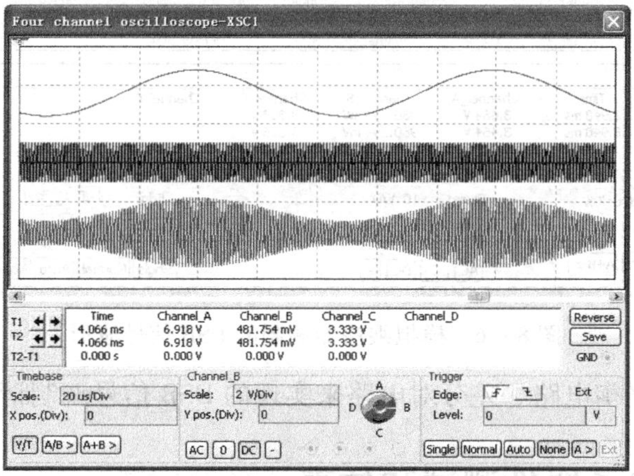

图 8-74　模拟乘法器调幅信号波形

8.3.2 抑制载波的双边带信号测试和仿真

抑制载波的双边带信号（DSB）就是将调幅信号中的载波分量去掉，分析调幅波信号去掉载波分量后的表达式，得出抑制载波的双边带信号可以由载波信号和调制信号直接相乘得到。因此，可以通过前面的二极管平衡电路、差分对电路和模拟乘法器电路修改获得 DSB 信号。模拟乘法器构成的 DSB 调制电路如图 8-75 所示。

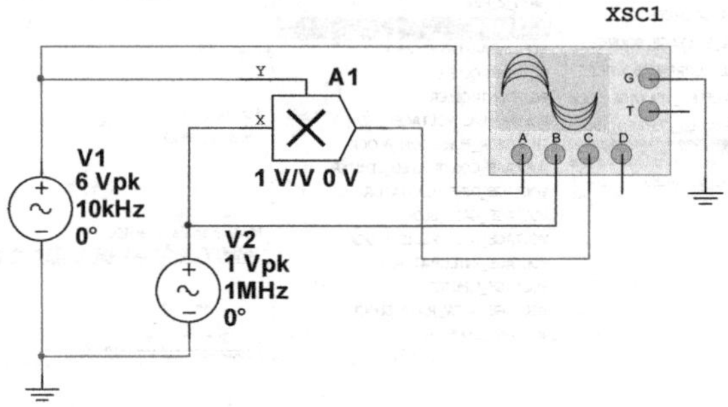

图 8-75 模拟乘法器构成的 DSB 调制电路

启动仿真开关，打开示波器可以观察到如图 8-76 所示的调幅波形。示波器中 3 个波形从上到下依次分别为 A、B、C 通道波形，A 通道波形为调制信号，B 通道波形为载波信号，C 通道波形为调制后的调幅信号，为方便观察调幅信号波形，设置示波器的扫描时基为 20μs/Div。可以自行减小扫描时基，观察输出波形的每个周期。

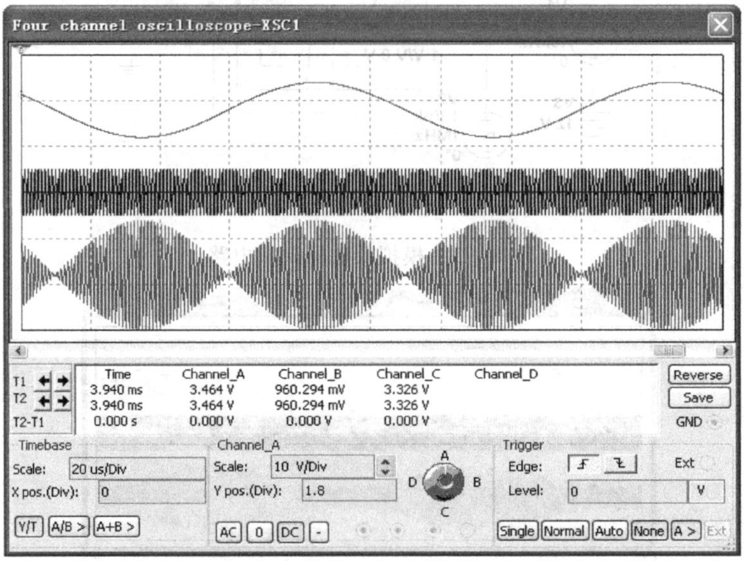

图 8-76 模拟乘法器调制的 DSB 信号波形

关于修改二极管平衡电路、差分对电路来实现的 DSB 信号调制请读者自己试一试。

8.4 常用高频电子器件测试和仿真

本节将对在电子线路和工程实际中比较常用的几种高频电子器件进行介绍，利用 Multisim 12.0 的常用高频仪器和分析方法对它们进行分析、测试和仿真。

8.4.1 检波器测试和仿真

幅度的解调过程通常称为检波。常用的检波电路形式有包络检波电路和同步检波电路两类。包络检波电路适用于普通调幅波的检波，输出电压直接反映高频调幅包络变化规律；同步检波电路适用于双边带调幅信号和单边带调幅信号的解调。

1. 二极管包络检波电路测试与仿真

包络检波是指解调器输出电压与输入已调波的包络成正比的检波方法，常用的电路形式为二极管包络检波电路，如图 8-77 所示。为方便测试与观察，输入信号载波频率下调为 100 kHz，调制度为 0.5。读者测试时可以自己将载波频率调整到 1 MHz。

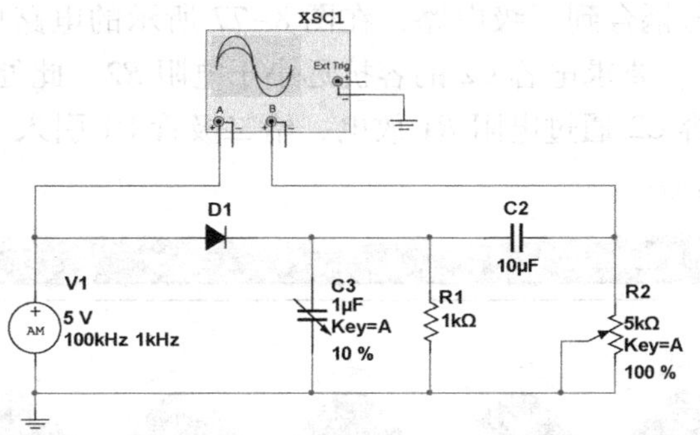

图 8-77 二极管包络检波电路

将可调电容 *C*3 调整到 10%（100 nF），负载电阻 *R*2 调整到 100%（5 kΩ）。开启仿真开关并打开示波器，调整示波器时基为 200 μs/Div，检波输出信号波形如图 8-78 所示。上面波形为检波输出波形，下面波形为输入的调幅波形，可以看到该电路检波输出的信号波形与调幅波的包络完全一致，能够不失真地完成检波任务。

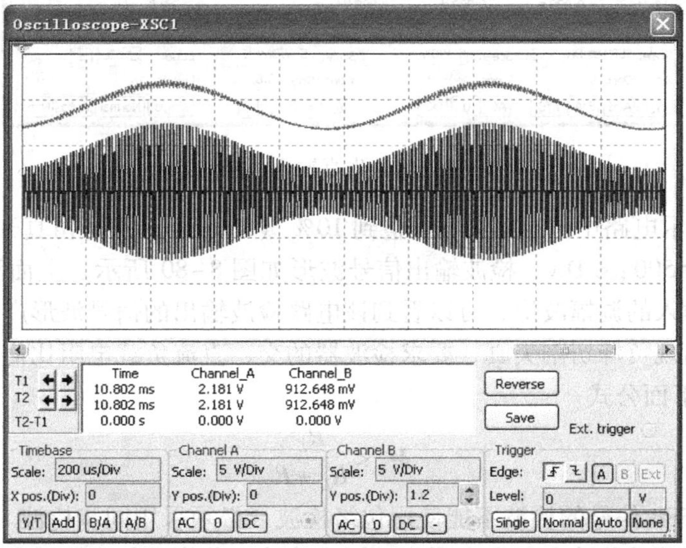

图 8-78 二极管包络检波输入/输出波形

（1）惰性失真测试与仿真

如果二极管包络检波的 $R1$、$C3$ 参数过大，使电容的放电速度过慢，可能会导致在输入信号包络下降段内，输出电压跟不上输入电压包络的变化，而是按照电容 $C3$ 的放电规律变化，产生惰性失真。将图 8-77 电路中电容 $C3$ 调整到 100%（1 μF），开启仿真开关并打开示波器，调整示波器时基为 500 μs/Div，检波输出信号波形如图 8-79 所示。上面波形为检波输出波形，下面波形为输入的调幅波形，可以看到该电路检波输出的信号波形产生了明显的惰性失真。为避免产生惰性失真，电阻 $R1$ 与电容 $C3$ 参数应满足下面公式

$$\frac{5\sim10}{\omega_c}<RC<\frac{\sqrt{1-M_\alpha^2}}{M_\alpha \Omega_{\max}}$$

（2）负峰切割失真测试与仿真

为将检波器输出信号耦合到下级电路，在图 8-77 所示的电路中通过电容 $C2$ 将检波信号加载到负载电阻 $R2$ 上，要求电容 $C2$ 的容抗远小于电阻 $R2$，此处选择电容值为 10 μF。负峰切割失真是指耦合电容 $C2$ 通过电阻 $R1$ 放电，给二极管 D1 引入一附加偏置电压，导致二极管截止而引入的失真。

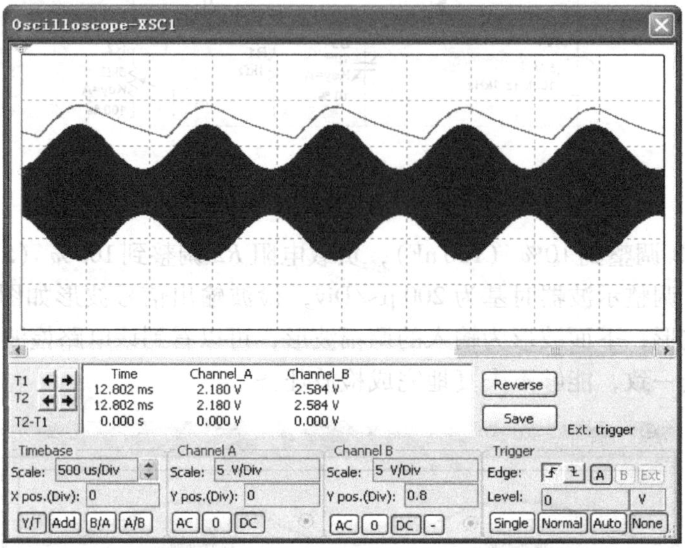

图 8-79　惰性失真输入/输出波形

将图 8-77 所示电路中的电容 $C2$ 调整到 10%（500 Ω），开启仿真开关并打开示波器，调整示波器时基为 500 μs/Div，检波输出信号波形如图 8-80 所示。上面波形为检波输出波形，下面波形为输入的调幅波形，可以看到该电路检波输出的信号波形产生了明显的负峰切割失真。为避免出现负峰切割失真，要求检波器的交、直流负载电阻比值应大于调幅波的调制度 M_a，即满足下面公式

$$M_a<\frac{R_L}{R_L+R}$$

对于 DSB 和 SSB 信号的检波不能使用包络检波，必须采用同步检波。为正确进行解调，插入载波应与调制端的载波电压完全同步。同步检波又分为叠加型和乘积型两类。

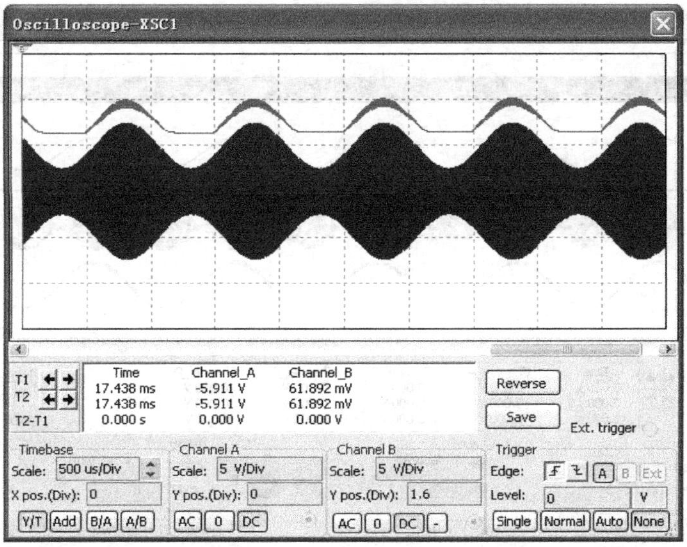

图 8-80　负峰切割失真输入/输出波形

2. 叠加型同步检波电路测试与仿真

叠加型同步检波器框图如图 8-81 所示。根据叠加型同步检波器框图，设计叠加型同步检波器如图 8-82 所示，图中 V1 为载波信号，V2 为调制信号，V3 为本地载波信号（同步信号）。

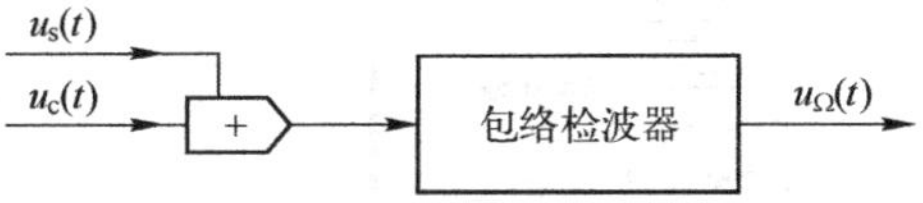

图 8-81　叠加型同步检波器框图

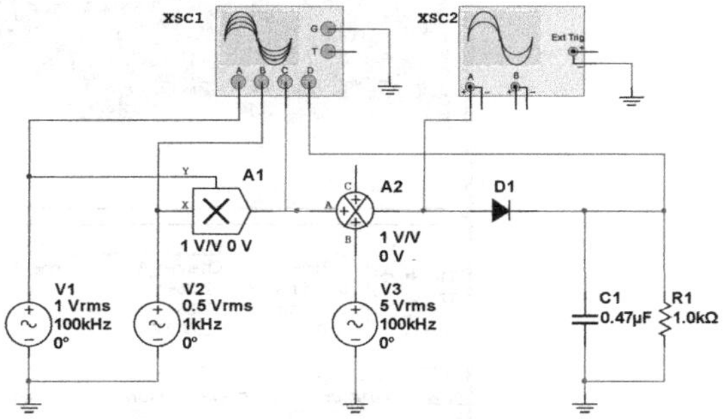

图 8-82　叠加型同步检波电路

开启仿真开关并打开示波器，检波输出信号如图 8-83 所示，图中信号从上到下依次为 A、B、C、D 四个通道信号，A 通道为载波信号，B 通道为调制信号，C 通道为调幅信号，D 通道为检波输出信号。同时，在加法器模块后再增加一示波器，测量波形如图 8-84 所示，可以观察到由调幅信号和本地同步载波信号相加后信号转换成了普通调幅信号，对于普通调幅信号的检波就可以使用二极管包络检波电路来完成。

3. 乘积型同步检波电路测试与仿真

乘积型同步检波器框图如图 8-85 所示。根据乘积型同步检波器框图，设计乘积型同步检波电路如图 8-86 所示，图中 V1 为载波信号，V2 为调制信号，V3 为本地载波信号（同步信号）。

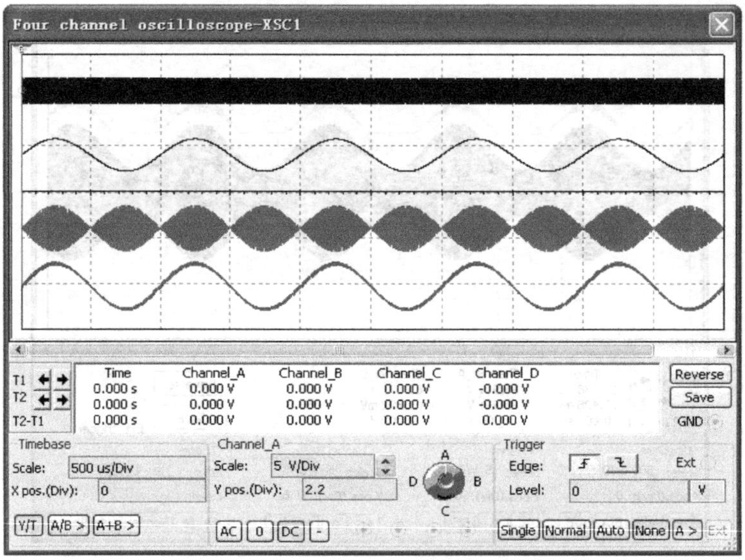

图 8-83　叠加型同步检波输入/输出波形

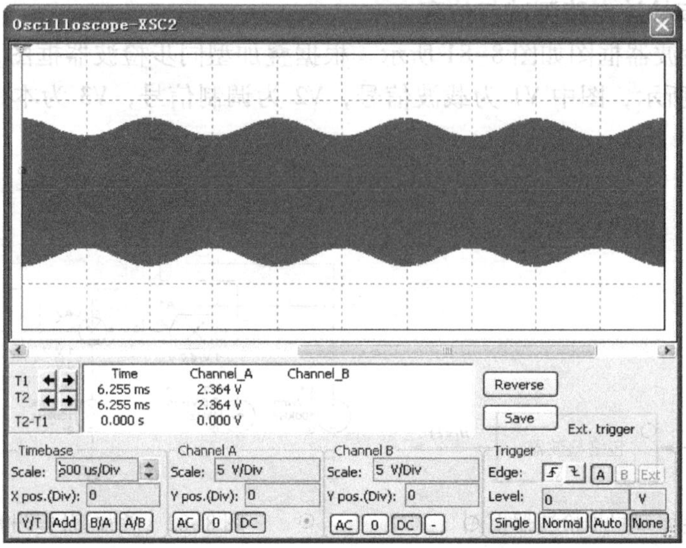

图 8-84　调幅信号与本地载波相加后输出信号

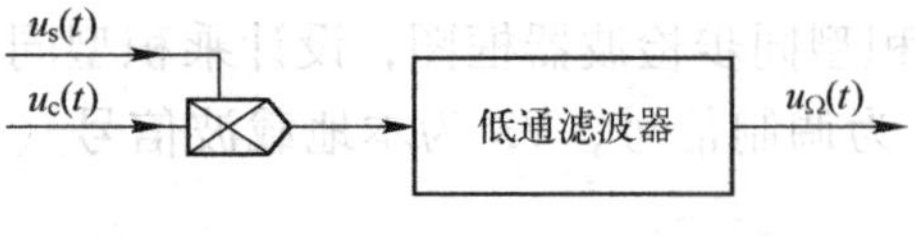

图 8-85　乘积型同步检波器框图

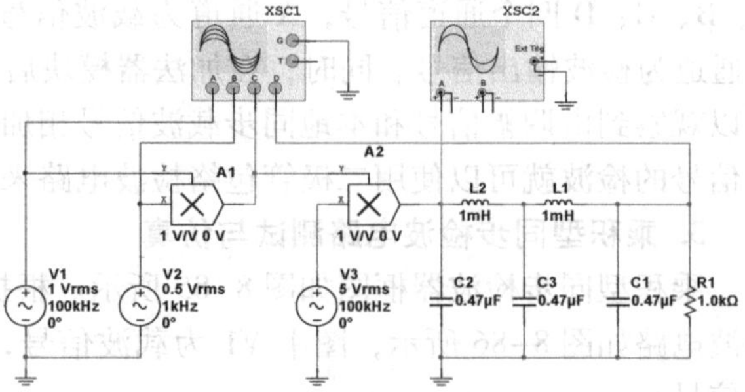

图 8-86　乘积型同步检波电路

开启仿真开关并打开示波器，检波输出信号如图8-87所示，图中信号从上到下依次为A、B、C、D四个通道信号，A通道为载波信号，B通道为调制信号，C通道为调幅信号，D通道为检波输出信号。同时在乘法器A2模块后再增加一示波器，由调幅信号和本地同步载波信号相乘后输出波形如图8-88所示。

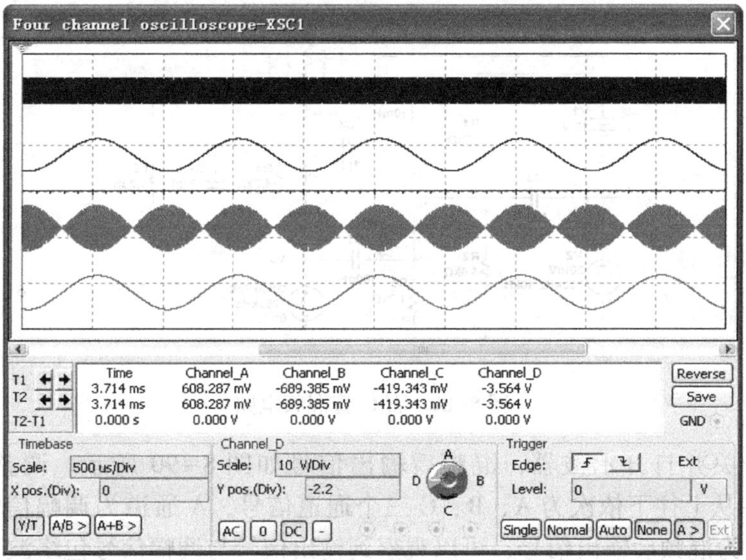

图8-87　乘积型同步检波输入/输出波形

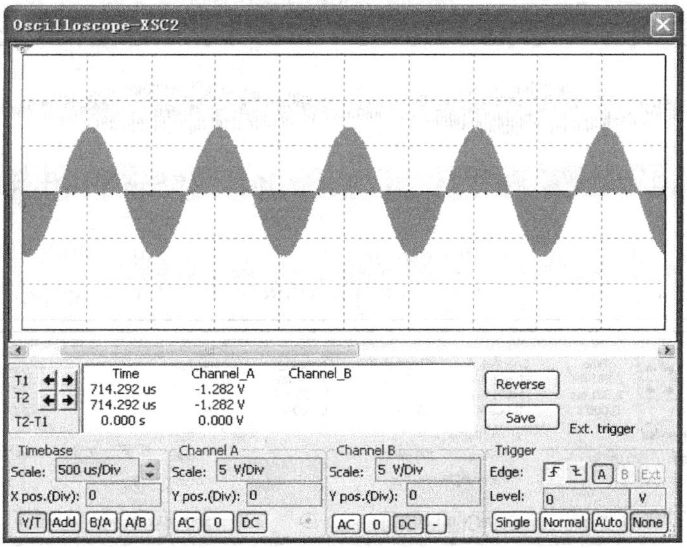

图8-88　调幅信号与本地载波相乘后的输出信号

8.4.2　晶体管混频器测试和仿真

混频器的作用是将不同载频的高频已调波信号变换为另一个载频的高频已调波信号，但在变换前后保持其调制规律不变。混频电路通常由非线性器件和带通滤波器组成，常用的混频电路有晶体管混频电路和模拟乘法器混频电路。

常用晶体管混频电路如图 8-89 所示。该电路由输入信号源、混频晶体管、本振信号源和 LC 选频回路构成，本振信号由晶体管的发射机输入，在晶体管中与输入调幅信号（调制度为 0.5）进行混频后从晶体管的集电极输出。

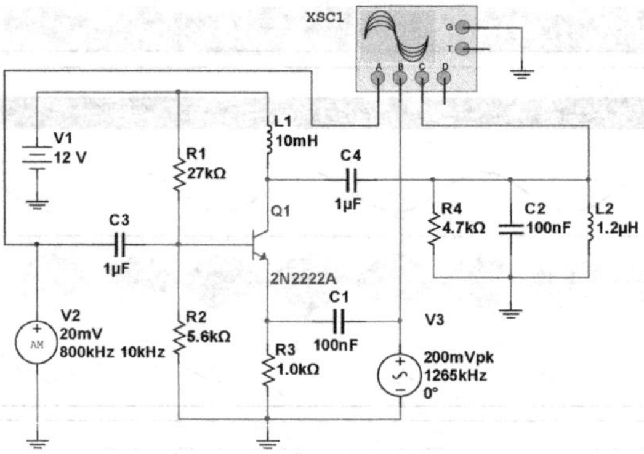

图 8-89　晶体管混频电路

启动仿真开关并打开示波器，混频后输出信号如图 8-90 所示。调整示波器时基为 20 μs/Div。图中从上往下依次为 A、B、C 三个通道信号，A 通道为调幅信号，B 通道为本振信号，C 通道为混频后输出信号，可以观察到输出信号与调幅信号包络波形一致，但载波频率减小为差频 465 kHz。

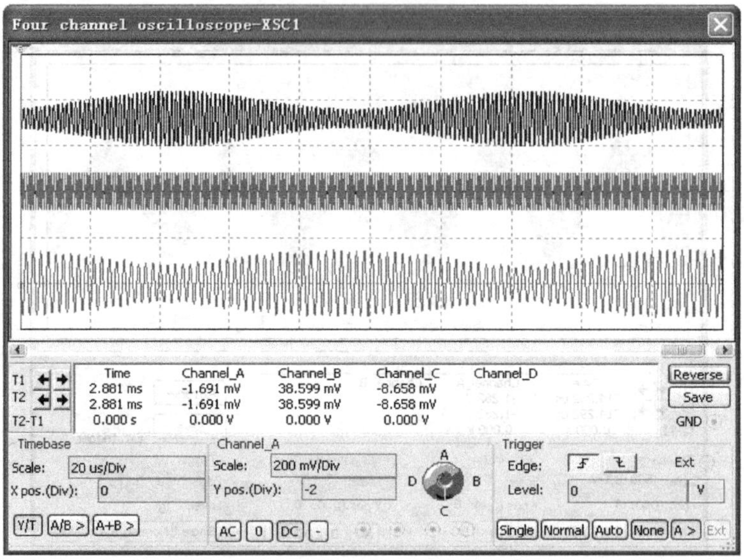

图 8-90　晶体管混频输入/输出信号波形

8.4.3　模拟乘法器测试和仿真

模拟乘法器是对两个模拟信号实现相乘功能的有源非线性器件。其主要功能是实现两个互不相关信号相乘，即输出信号与两输入信号相乘积成正比。它有两个输入端口，即 X 和 Y

输入端口。乘法器作为乘法、除法、乘方和开方等模拟运算的基本单元，广泛用于电子通信系统的调制、解调、混频、鉴相及自动增益控制等单元，以及滤波、波形形成和频率控制等场合。

1. 模拟乘法器混频电路测试与仿真

利用模拟乘法器构成混频电路如图 8-91 所示，输入调幅信号（调制度为 0.5）与本振信号分别送入到模拟乘法器输入端，在输出端连接低通滤波器。

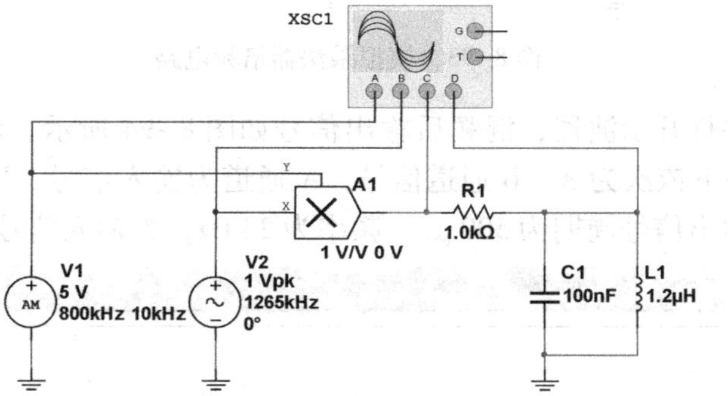

图 8-91　模拟乘法器混频电路

启动仿真开关并打开示波器，混频后输出信号如图 8-92 所示。调整示波器时基为 20 μs/Div。图中从上往下依次为 A、B、C、D 四个通道信号，A 通道为调幅信号，B 通道为本振信号，C 通道为调幅信号与本振信号相乘后的信号，D 通道为经低通滤波后的输出信号，可以观察到输出信号与调幅信号包络波形一致，但载波频率减小为差频 465 kHz。

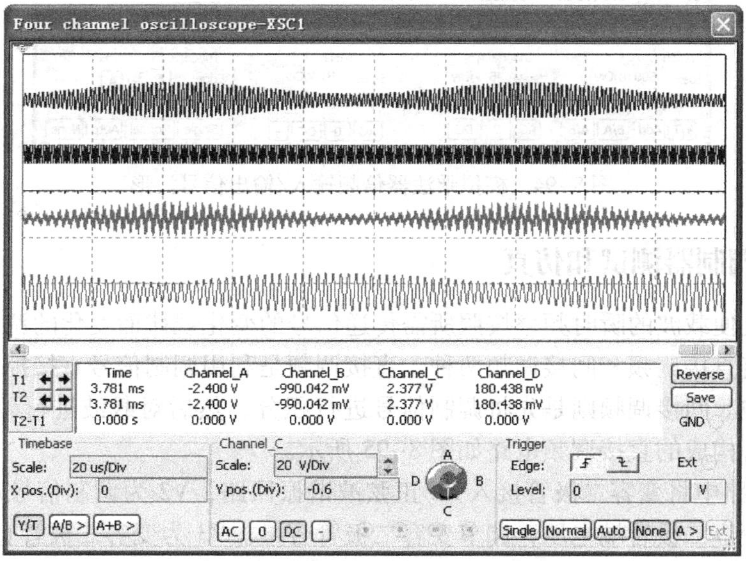

图 8-92　模拟乘法器混频输入/输出信号

2. 模拟乘法器倍频电路测试与仿真

模拟乘法器也可以用来对信号进行倍频，倍频电路如图 8-93 所示。

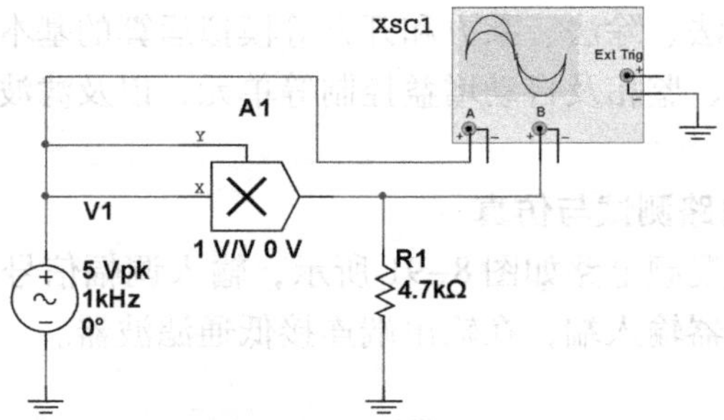

图 8-93　模拟乘法器倍频电路

启动仿真开关并打开示波器，混频后输出信号如图 8-94 所示。调整示波器时基为 500 μs/Div。图中从上往下依次为 A、B 通道信号，A 通道为输入信号，B 通道为输出信号，根据时基可以观察到输出信号周期为 500 μs，频率为 2 kHz，为输入信号频率的 2 倍。

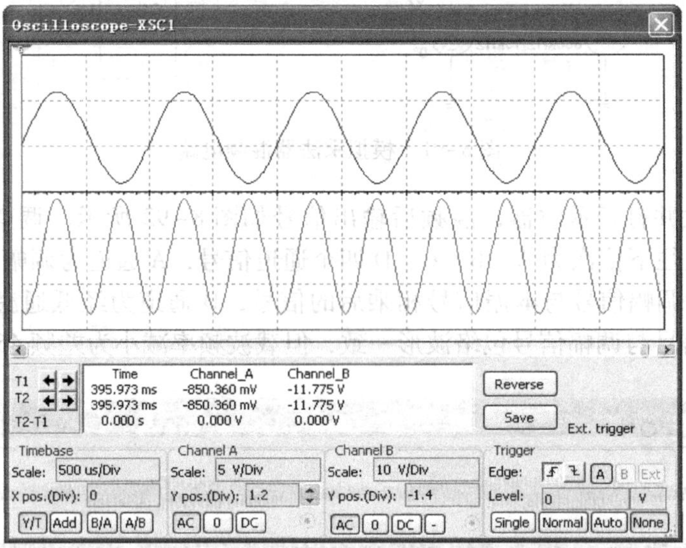

图 8-94　模拟乘法器倍频输入/输出信号波形

8.4.4　频率调制器测试和仿真

频率调制是使载波的瞬时频率按照所需传递信号的变化规律而变化的调制方法。实现频率调制的方法有直接调频和间接调频两种。直接调频是利用调制信号直接控制载波的瞬时频率来实现调频波。间接调频则是先将调制信号进行积分，然后对载波进行调相产生调频波。利用变容二极管构成的直接调频电路如图 8-95 所示。

图 8-95 电路中将变容二极管接入 *LC* 正弦波谐振回路，V2 为调制信号加载至变容二极管两端，改变变容二极管端电压，调节变容二极管容量。V3 为变容二极管直流偏置电压。

启动仿真开关并打开示波器，变容二极管调频输出信号如图 8-96 所示。调整示波器时基为 5 μs/Div。由于调制信号对振荡信号频率调制变化较小，示波器窗口的调频波形疏密变化很难观察出来，因此通过打开如图 8-97 所示的频率计进行观察，可以看到频率计上频率随调制信号的变化而变化。

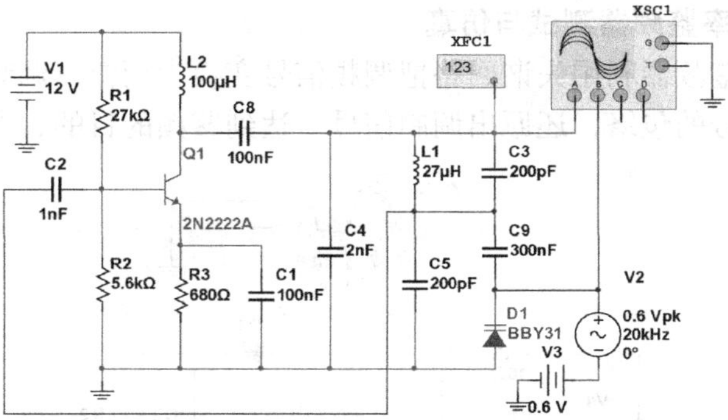

图 8-95　变容二极管调频电路

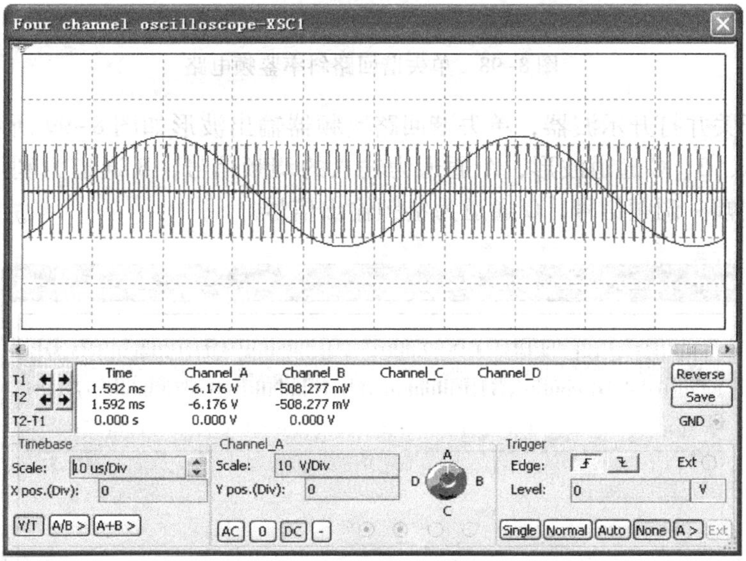

图 8-96　变容二极管调频电路输出信号波形

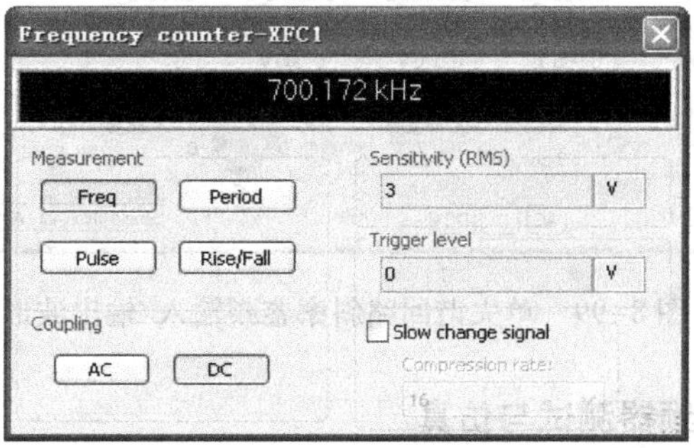

图 8-97　变容二极管调频信号频率

8.4.5　鉴频器测试和仿真

鉴频器就是将调频信号进行解调的电路，也称为频率检波。其目的就是将调频波瞬时频率变化转换为电压的变化，完成频率到电压的变换。

1. 单失谐回路斜率鉴频器测试与仿真

单失谐回路斜率鉴频器利用失谐回路把调频信号变换为调幅－调频信号，然后通过检波器检出调幅－调频信号的包络，还原出调制信号，达到鉴频的目的，电路如图 8-98 所示。

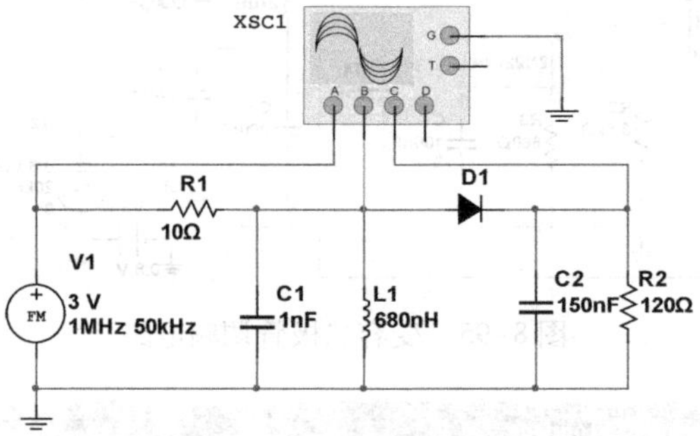

图 8-98　单失谐回路斜率鉴频电路

开启仿真开关并打开示波器，单失谐回路鉴频器输出波形如图 8-99 所示，图中波形从上到下依次为 A、B、C 通道波形，A 通道为输入的调频信号，B 通道为利用失谐回路将调频信号转换为调幅－调频信号，C 通道为鉴频输出信号。

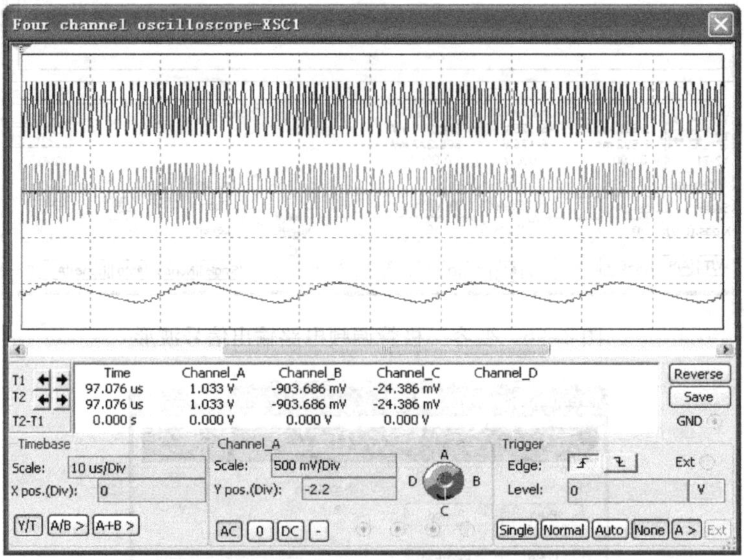

图 8-99　单失谐回路斜率鉴频输入/输出波形

2. 双失谐回路斜率鉴频器测试与仿真

双失谐回路斜率鉴频器采用两个单失谐回路组合而成，从而克服单个 *LC* 回路鉴频不理想的情况，电路如图 8-100 所示。

开启仿真开关并打开示波器，双单失谐回路鉴频器输出波形如图 8-101 所示，图中波形从上到下依次为 A、B、C、D 通道波形，A 通道为输入的调频信号，B 通道为利用失谐回路将调频信号转换为调幅－调频信号，C 通道为单路检波输出信号，D 通道为双通道检波信号和。

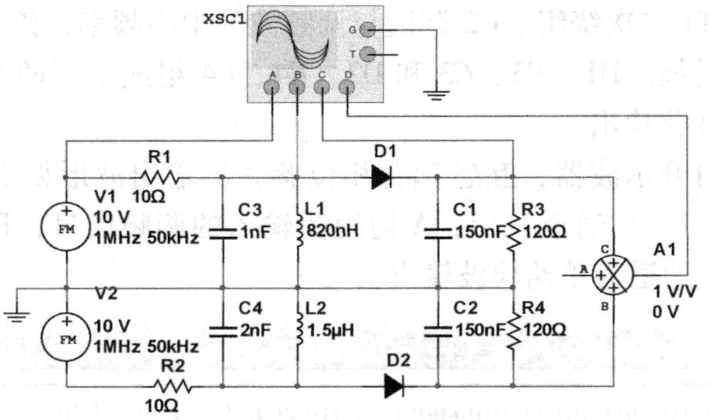

图 8-100　双失谐回路斜率鉴频电路

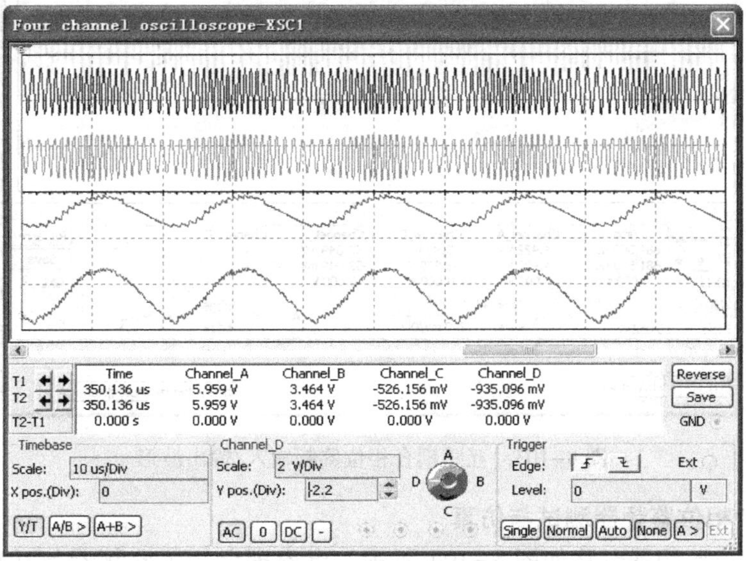

图 8-101　双失谐回路斜率鉴频输入/输出波形

3. 互感耦合相位鉴频器测试与仿真

相位鉴频器是利用耦合电路的相频特性来实现将调频波变换为调幅－调频波，将调频信号的频率变化转换为两个电压之间的相位变化，再将相位变化转换为对应的幅度变化，然后利用检波器将幅度包络检出，实现鉴频的过程。

互感耦合相位鉴频器电路如图 8-102 所示。输入电路的一次回路中的 T1 一次绕组、*C*6

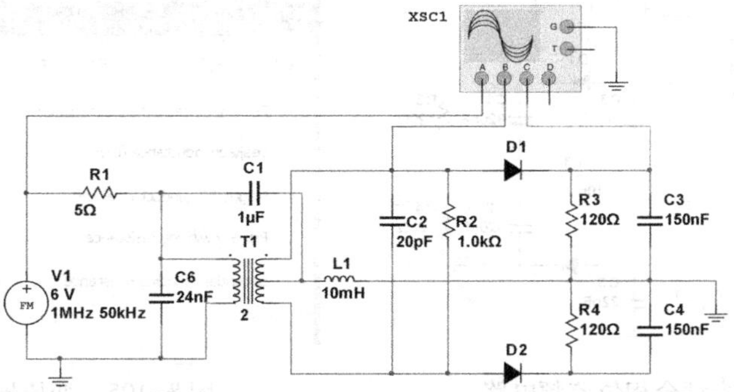

图 8-102　互感耦合相位鉴频电路

和二次绕组回路中的 T1 二次绕组、$C2$ 调谐与调频波的中心频率，该部分电路完成等幅调频波到调幅－调频波的转换。D1、$R3$、$C3$ 和 D2、$R4$、$C4$ 组成上下两个振幅检波器，且特性完全相同，将振幅的变化检出。

开启仿真开关并打开示波器，互感耦合相位鉴频器输出波形如图 8-103 所示，图中波形从上到下依次为 A、B、C 通道波形，A 通道为输入的调频信号，B 通道为互感耦合转换的调幅－调频信号，C 通道为单路检波输出信号。

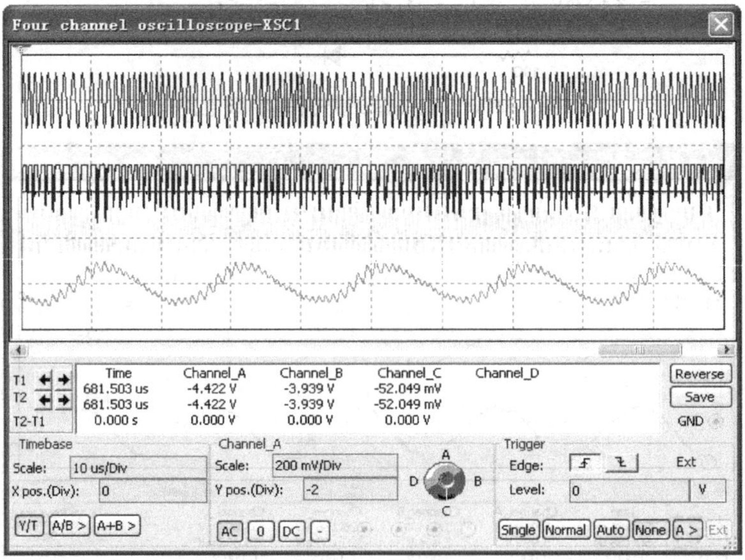

图 8-103　互感耦合相位鉴频输入/输出波形

4. 电容耦合相位鉴频器测试与仿真

电容耦合相位鉴频器电路如图 8-104 所示。电容耦合相位鉴频器与互感耦合相位鉴频器的主要区别有两点：一是变压器一次侧与二次侧之间没有电感耦合；二是一次侧与二次侧之间是由电容 $C4$ 和 $C5$ 耦合的，其余元件的作用在两种电路中是相同的。在仿真时设置变压器 T1 的参数如图 8-105 所示，修改变压器 T1 的 Primary－to－secondary turns ratio（初级－次级匝数比）为 0，即消除电压器的电感耦合。

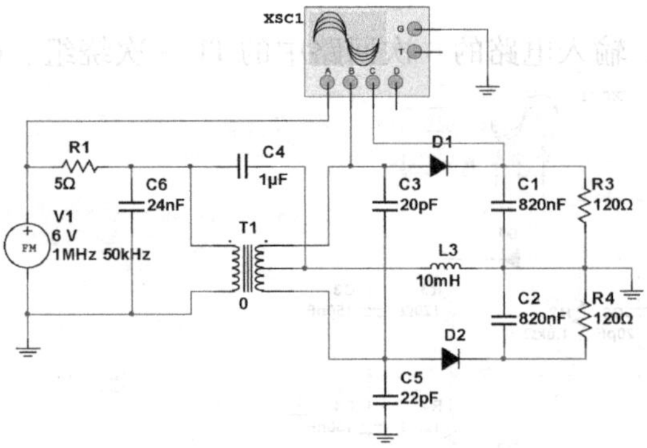

图 8-104　电容耦合相位鉴频电路

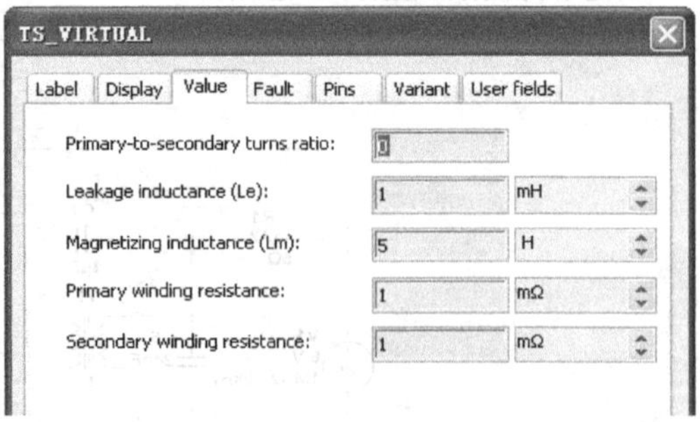

图 8-105　变压器 T1 参数设置

启动仿真开关并打开示波器，电容耦合相位鉴频器输出波形如图 8-106 所示。图中波形从上到下依次为 A、B、C 通道波形，A 通道为输入的调频信号，B 通道为利用电容耦合转换的调幅-调频信号，C 通道为单路检波输出信号。

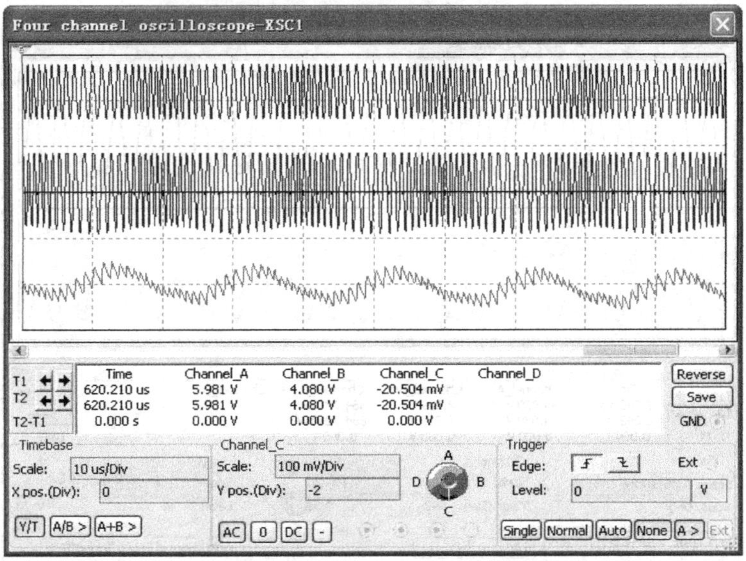

图 8-106　电容耦合相位鉴频输入/输出波形

8.4.6　锁相环测试和仿真

锁相环（PLL）电路是一种以消除频率误差为目的的自动控制电路，在无线电技术的很多领域都有应用。锁相环技术主要应用于调制、解调、频率合成等，主要是利用信号的相位误差来消除信号频率偏差。

1. 锁相环调频电路测试与仿真

利用锁相环进行频率调制具有调频范围宽、稳定度高的优点，实现锁相环调频使压控振荡器的中心频率锁定在稳定度很高的晶振频率上。随着输入调制信号的变化，振荡频率可以发生很大偏移。锁相环调频电路如图 8-107 所示，设置压控振荡器输出信号最低电压为 -1 V，设置控制电压输入为 0 V 时，输出频率为 0 Hz；控制电压输入为 5 V 时，输出频率为 1 MHz，即 2.5 V 时的中心频率为 500 kHz。

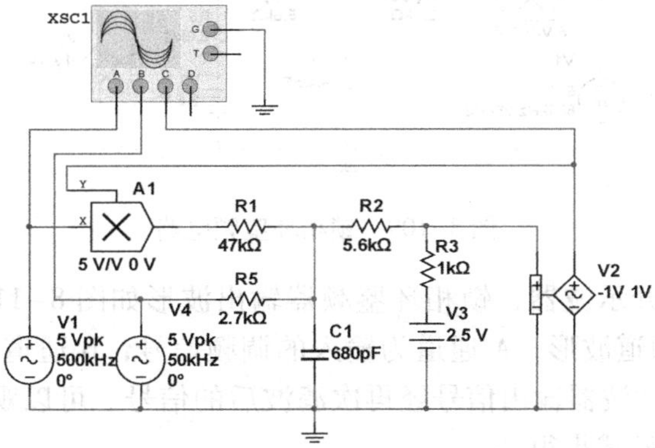

图 8-107　锁相环调频电路

启动仿真开关并打开示波器，锁相环调频器输出波形如图 8-108 所示。图中波形从上到下依次为 A、B、C 通道波形，A 通道为输入的载波信号，B 通道为调制信号，C 通道为锁相环输出调频信号。

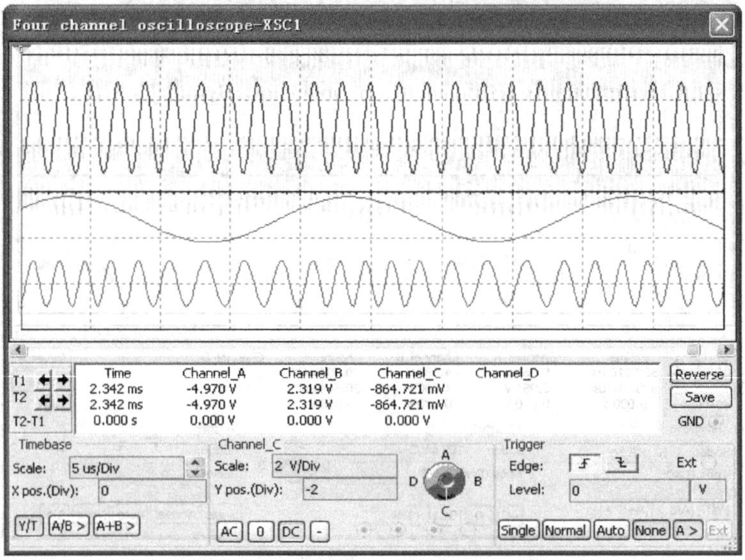

图 8-108　锁相环调频输入/输出信号波形

2. 锁相环鉴频器测试与仿真

利用锁相环电路实现调频信号的鉴频，电路如图 8-109 所示，设置压控振荡器输出信号最低电压为 -1 V。设置控制电压输入为 0 V 时，输出频率为 0 Hz；控制电压输入为 5 V 时，输出频率为 1 MHz，即 2.5 V 时的中心频率为 500 kHz。在锁相环的环路滤波器输出端加一级低通滤波器，以滤除高频成分。

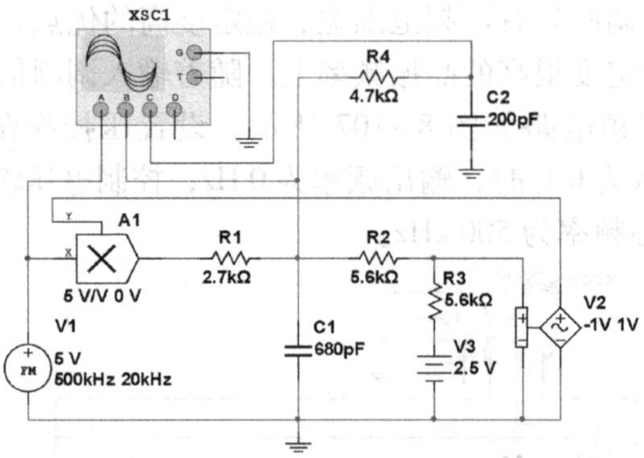

图 8-109　锁相环鉴频电路

启动仿真开关并打开示波器，锁相环鉴频器输出波形如图 8-110 所示。图中波形从上到下依次为 A、B、C 通道波形，A 通道为输入的调频信号，B 通道为锁相环环路滤波器输出信号，C 通道为环路滤波器输出信号经再次滤波后的信号。可以观察到经 *R4*、*C2* 再次滤波后的信号高频成分明显减小很多。

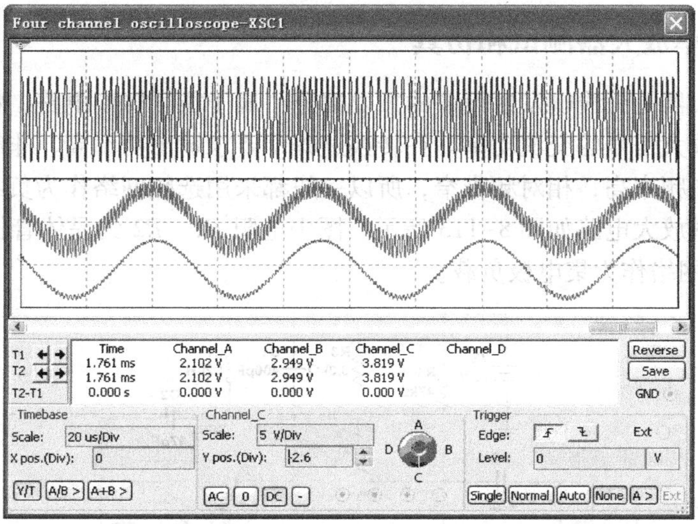

图 8-110　锁相环鉴频电路输入/输出信号波形

图 8-111 所示为锁相环鉴频电路，该电路利用 Multisim 12.0 提供的一个虚拟锁相环模块进行鉴频。该模块也同样由鉴相器、环路滤波器和压控振荡器组成，VCOout 端口输出的信号频率受 LPFout 端口电压的控制，而输入端口 PLLin 和 PDin 的信号频率相等，可以判断 LPFout 端口的电压变化与 PLLin 端口的频率变化抑制，可以作为鉴频信号输出。

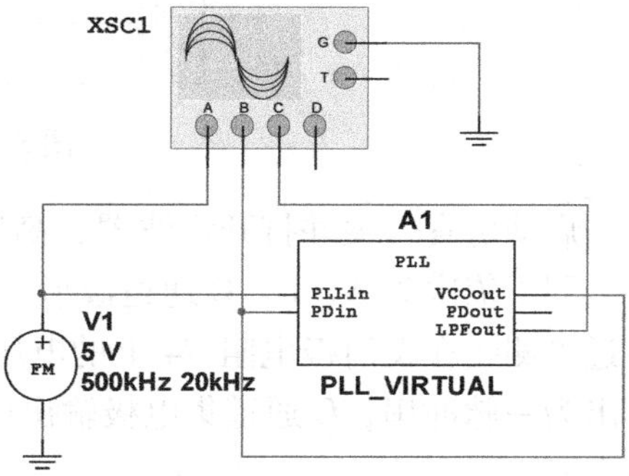

图 8-111　锁相环模块鉴频电路

启动仿真开关并打开示波器，锁相环鉴频器输入/输出信号如图 8-112 所示。图中波形从上到下依次为 A、B、C 通道波形，A 通道为输入的调频信号，B 通道为压控振荡器输出信号，C 通道为低通滤波器输出信号，即鉴频输出信号。

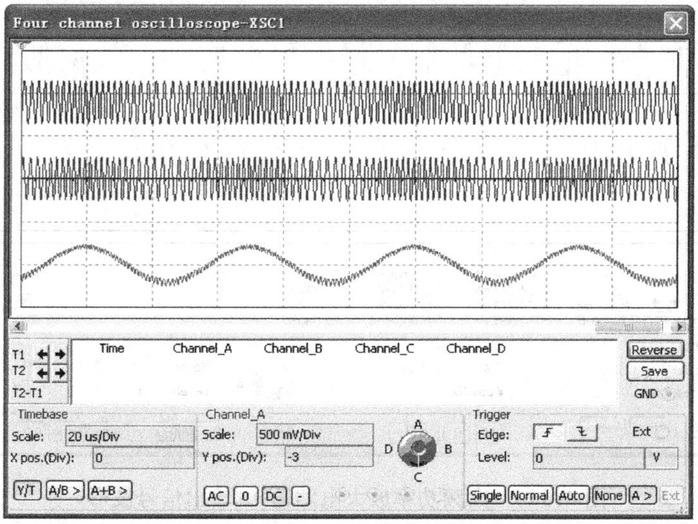

图 8-112　锁相环模块鉴频输入/输出信号波形

8.4.7 高频功率放大器测试和仿真

高频功率放大器是无线电发射设备的重要部分，属于能量转换电路，将直流电源提供的直流功率转换成放大信号的交流功率。在转换过程中要求输出功率高、非线性失真小和转换效率高。因为工作频率高，相对频带窄，所以一般都采用选频网络作为负载回路。

高频谐振功率放大电路如图 8-113 所示。图中电阻 *R*1、*R*2 为晶体管提供了基极偏置电压，*L*1、*C*1 选频网络作为集电极负载。

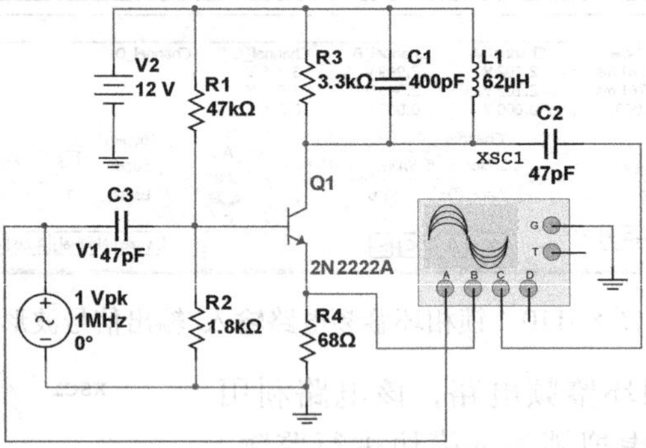

图 8-113 高频功率放大电路

启动仿真开关并打开示波器，高频功率放大电路输出信号如图 8-114 所示。图中波形从上到下依次为 A、B、C 通道波形，A 通道为输入的高频信号，B 通道为发射极电压信号，通过检测接在发射极电阻 *R*4 上的电压可以间接测量流过晶体管的集电极电流，从图中可以看出为一脉冲串，C 通道集电极输出电压信号，对比输入的高频信号，输出得到了不失真的放大。

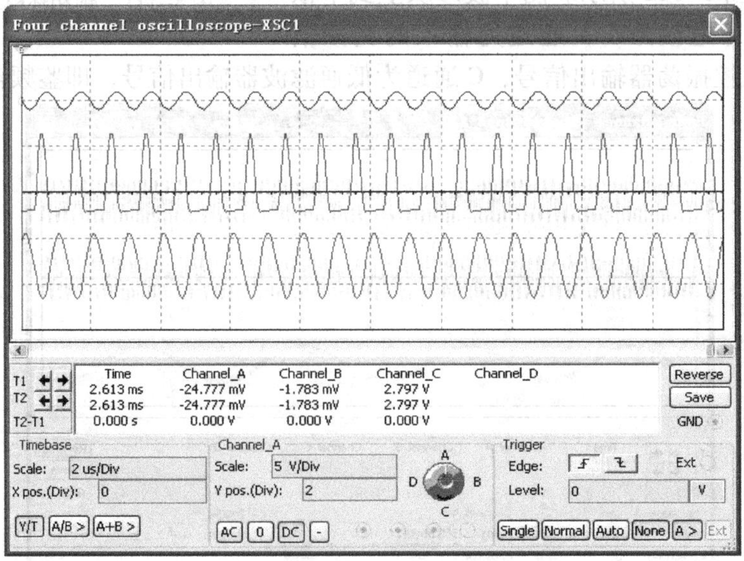

图 8-114 高频功率放大电路输入/输出信号波形

8.5 思考与习题

1. 单调谐回路如图 8-115 所示，在 Multisim 12.0 中绘制该电路，并测试该电路的谐振频率、通频带，计算其 Q 值。

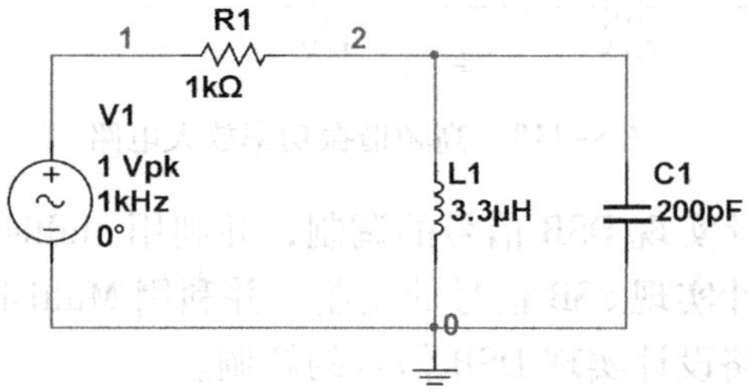

图 8-115 单调谐回路

2. 电容耦合谐振电路如图 8-116 所示，在 Multisim 12.0 中绘制该电路，并完成以下测试与仿真。

（1）利用波特图示仪测试该电路的幅频特性和相频特性。

（2）利用 AC Analysis 分析该电路的幅频特性和相频特性。

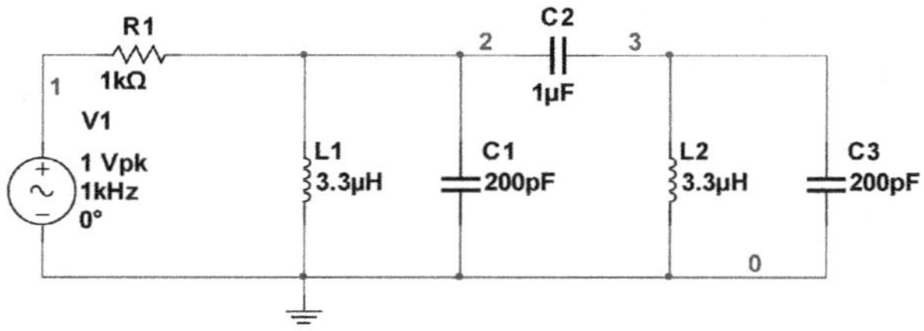

图 8-116 电容耦合谐振回路

3. 比较题 1 和题 2 中单调谐回路和电容耦合谐振回路的性能区别。

4. 某高频放大电路如图 8-117 所示，利用 Multisim 12.0 测试该电路的静态工作点、截止频率和特征频率。

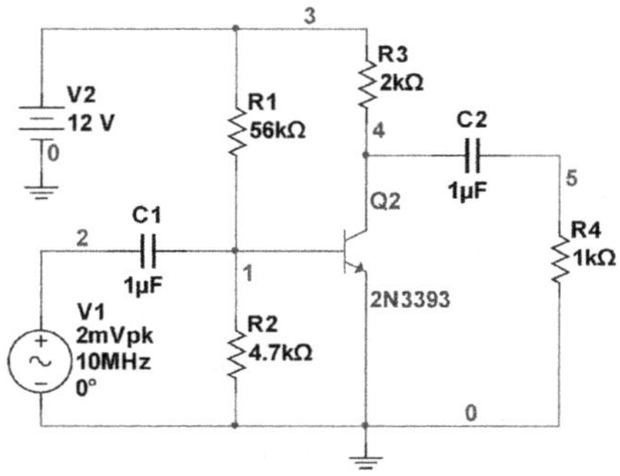

图 8-117 高频放大电路

5. 某高频功率放大电路模型如图 8-118 所示，利用 Multisim 12.0 中仿真工具测试其调谐特性、负载特性。

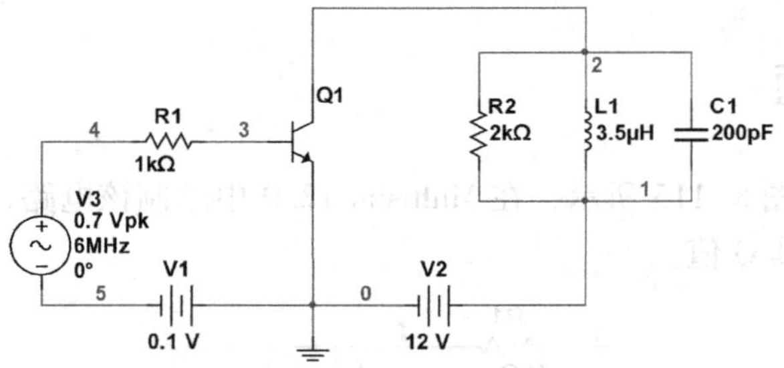

图 8-118　高频谐振功率放大电路

6. 利用差分对电路设计实现 DSB 信号的调制，并利用 Multisim 12.0 进行测试与仿真。
7. 利用模拟乘法器设计实现 SSB 信号的调制，并利用 Multisim 12.0 进行测试与仿真。
8. 利用二极管平衡电路设计实现 DSB 信号的解调。
9. 利用 Multisim 12.0 仿真工具计算图 8-64 调幅电路的调幅系数。

第9章 Multisim 12.0在MCU电路中的应用和仿真

在电子电路中，MCU（Micro Controller Unit）电路一般是指含有嵌入式装置或单片机模块的电路。Multisim 12.0不仅具有MCU电路原理图编辑功能，还提供了相应的软件开发模块，以方便用户编辑程序代码及仿真调试。

本章主要介绍Multisim 12.0基于汇编语言和C语言的8051系列单片机电路测试与仿真、Multisim 12.0与Keil的联合应用与仿真。通过典型应用案例分析和仿真，详细阐述Multisim 12.0在MCU电路设计和分析中的应用。

9.1 基于汇编语言的MCU电路测试与仿真

在Multisim 12.0中，MCU元件分为805x和PIC两个系列控制器。本节主要介绍8051系列单片机的仿真及应用。

9.1.1 MCU仿真电路的创建

在Multisim 12.0的电路仿真中，MCU仿真的流程分为以下几个步骤：①绘制仿真电路并进行相关设置；②编写源程序；③运行并调试程序；④仿真完成，达到电路设计要求后，开始制作电路板。下面通过一个实例介绍Multisim 12.0中的MCU模块的仿真方法和步骤。

在Multisim 12.0的电路工作区中建立含有MCU模块的仿真电路，并进行相关文件的设置。在新建的设计文件中，单击“Place”→“Component”→“MCU”→“805x”，选择8051单片机，放置后弹出如图9-1所示的“MCU Wizard_step 1 of 3”对话框。在该对话框中，用于建立MCU电路的MCU design文件包括Workspace、Project、Source file三个部分，通过该文件，Multisim 12.0的仿真内核和放置于电路原理图中的MCU文件相联系。

在图9-1所示的对话框中，设置Workspace path及Workspace name，即修改文件存放的路径及文件名称后，单击“Next”按钮，弹出如图9-2所示的对话框。该对话框中的各个选项功能如下：

1）Project type：在该下拉菜单中有Standard和Load External Hex File两个选项，选择“Standard”选项，该Project包括源程序；选择“Load External Hex File”选项，则Project中不包含源程序。

2）Programming language：在该下拉菜单中可以选择采用哪种编程语言，这里有C语言和Assembly汇编语言可选。

3）Assembler/compiler tool：用于选择编译工具，可以选择默认。

4）Project name：在这里可修改工程名称。

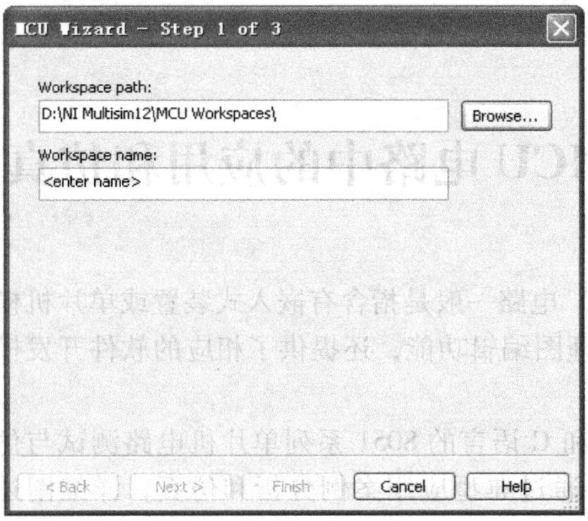

图 9-1 “MCU Wizard - Step 1of 3”对话框

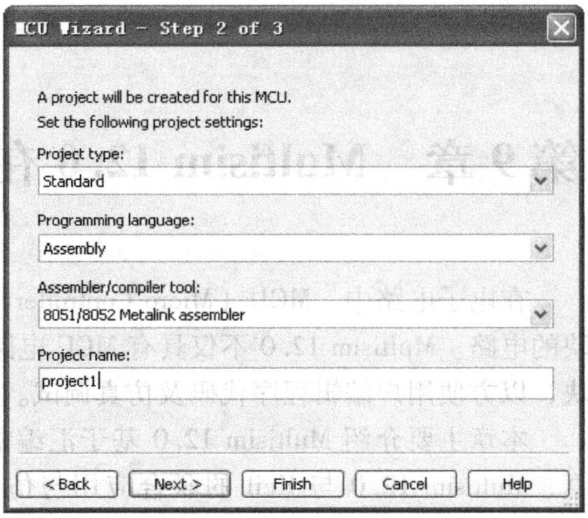

图 9-2 “MCU Wizard - Step 2of 3”对话框

按图 9-2 设置好各项内容之后，单击“Next”按钮，弹出如图 9-3 所示的对话框，进行 Source file name 的设置。

按图 9-3 设置完成后，单击“Finish”按钮，MCU Wizard 对话框设置完成。此时，Multisim 12.0 中 Design Toolbox 中的电路文件的组成结构如图 9-4 所示。从图 9-4 中可以看出，Workspace、Project、Source file 三个文件是树状的层层包含的关系。其中的“main. asm”项用于进行相关的源程序的编辑工作。

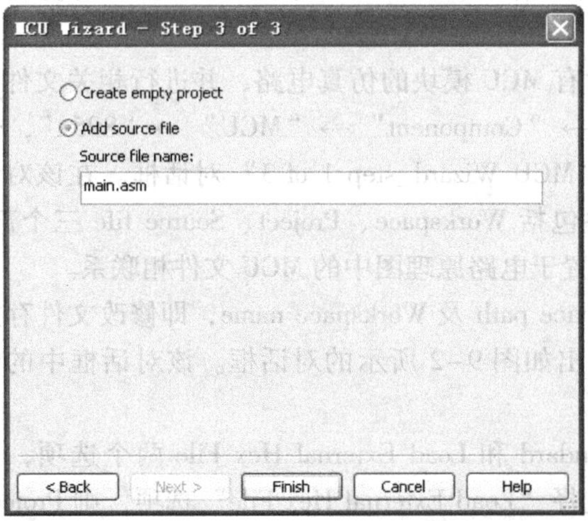

图 9-3 “MCU Wizard - Step 3 of 3”对话框

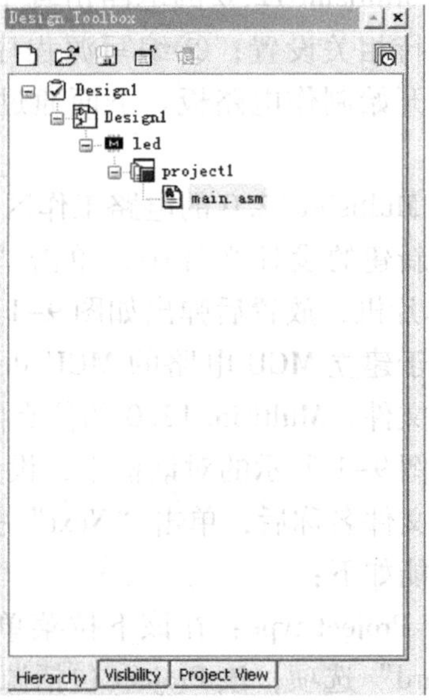

图 9-4 “Design Toolbox”窗口

在完成各项设置后，在电路工作区内建立 8051 的 P1 口作为 I/O 口控制 8 个发光二极管亮灭闪烁仿真电路，如图 9-5 所示。

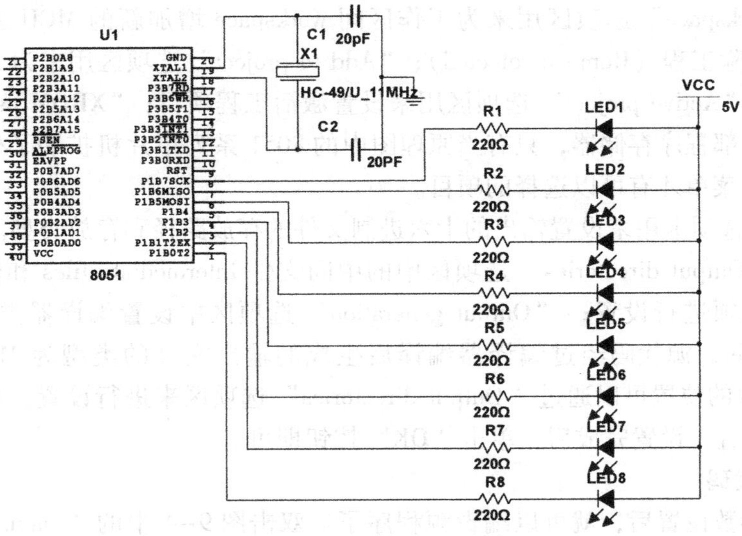

图 9-5　单片机控制发光二极管电路

9.1.2　测试和仿真

仿真电路创建完成后，可以进行源程序的编辑编译及对电路进行测试仿真。

1. 源代码管理对话框设置

先对 MCU 模块的源代码管理对话框进行设置，完成源代码编译时的相关参数设置。

单击“MCU”→“MCU 8051 U1”→“MCU code manager”，弹出“MCU Code Manager”对话框，单击对话框中的“main. asm”图标，出现如图 9-6 所示的内容，用于设置编译选项。该对话框中各选项的功能描述如下：

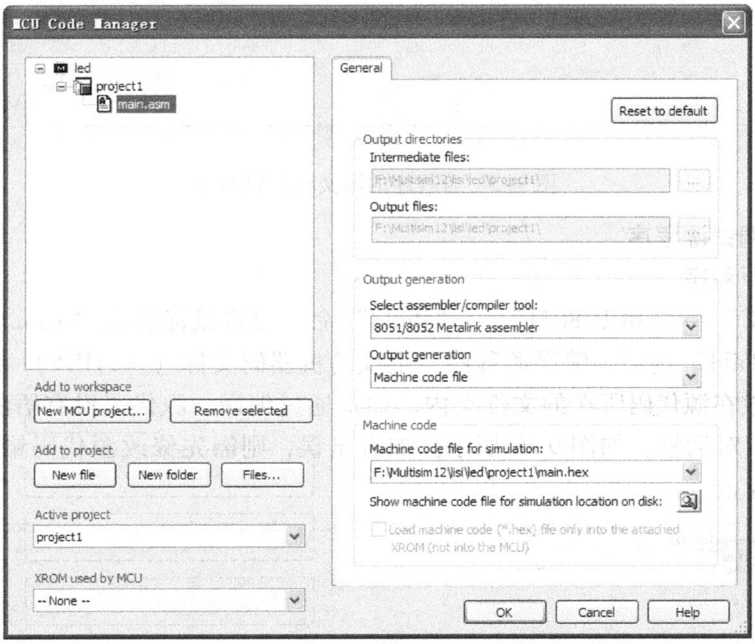

图 9-6　“MCU Code Manager”对话框

“Add to workspace”选项区用来为工作区间 workspace 增加新的 MCU 工程（New MCU project）或者删除工程（Remove selected）；“Add to project”选项区用来为 Project 增加源文件或源文件夹。“Active project”选项区用来设置激活工程项目；“XROM used by MCU”选项区用于选择外部程序存储器，只有当原理图中的 8051 系列单片机扩展了外部程序存储器时，该项的下拉菜单才有可以选择的项目。

“General”选项卡用来设置输出的十六进制文件的存放路径和存放类型。在图 9-6 所示的对话框中，“Output directories”选项区中的中间文件 Intermediate files 和输出文件 Output files 为默认，无须进行设置；“Output generation”选项区中设置编译器类型为 8051/8052 Metalink assembler，源代码经过编译器编译后生成的输出文件的类型为 Machine code files（机器码），存放的位置可以通过“Output directories”选项区来进行设置。本例中选择如图 9-6 所示参数设置，设置完成后，单击“OK”按钮即可。

2. 编辑源代码

完成相关参数设置后，就可以编辑源程序了。双击图 9-4 中的“main. asm”图标，在弹出的源程序编辑窗口中输入汇编源程序，如图 9-7 所示。

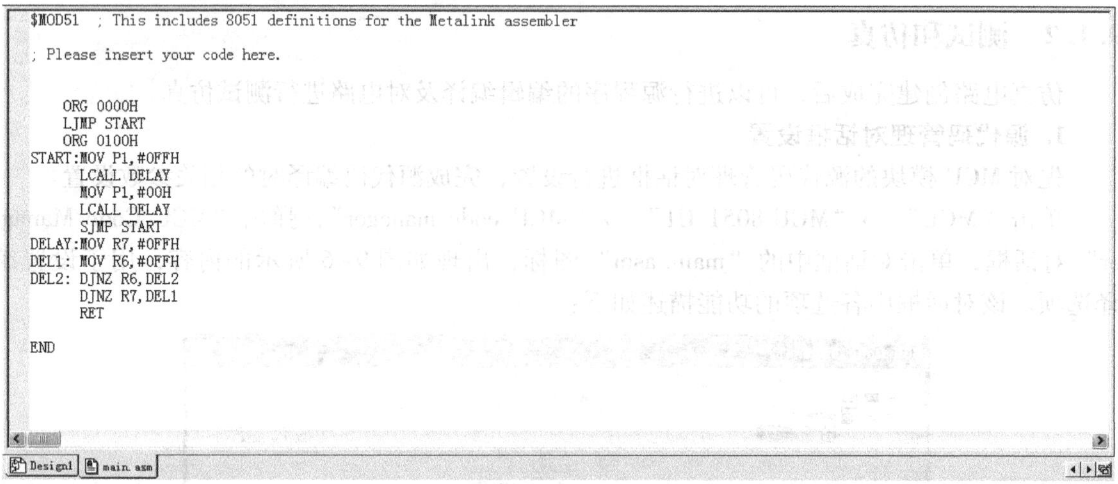

图 9-7　含程序的源文件编辑界面

3. 编译、调试源程序

（1）编译源程序

单击“MCU”→“MCU 8051”→“Build”命令或将鼠标放在“main. asm”图标上右键单击选择“Build”选项，编译源程序，生成的机器码文件（ *. HEX）和列表文件（ * . LST）默认存放在源代码所在的文件夹内。如果通过编译，源代码没有语法错误，则在扩展条视窗中显示对话框，如图 9-8 所示。如有错误，则需先修改源代码错误，重新编译，直到没有错误为止。

图 9-8　编译结果窗口

(2) 调试源程序

源代码编译完成后，“MCU”下的“MCU 8051”中的“Debug View”子菜单被激活，用鼠标右键单击“main. asm”图标，单击“Debug View”，弹出如图 9-9 所示的源代码调试窗口。窗口中共有 3 列参数，左边是源代码的行号，中间是程序存储器的地址，右边的是汇编程序。

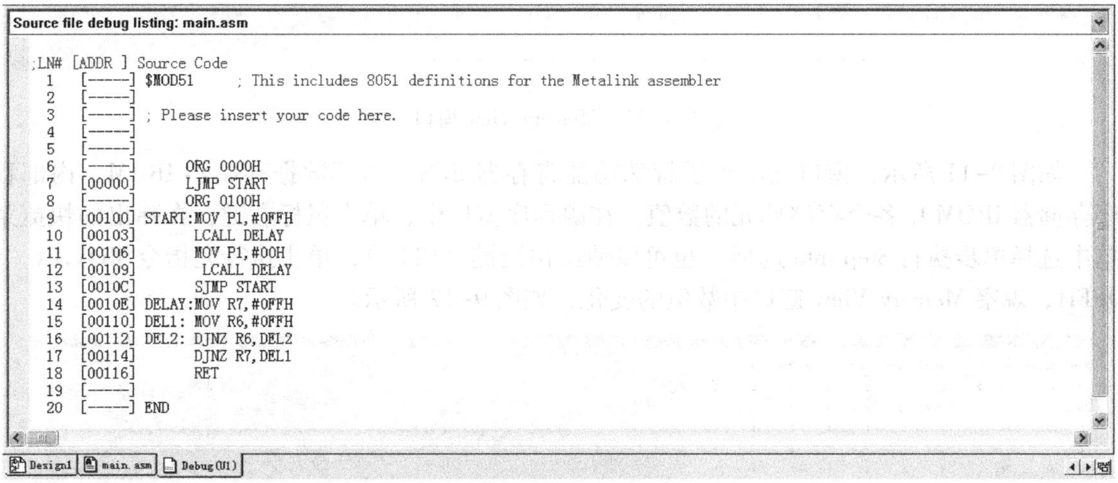

图 9-9 源代码调试窗口

在软件调试过程中，常用的定位错误的位置的方法有以下两种，一是单步调试，二是设置断点。在源代码编辑窗口中，用鼠标右键单击，弹出如图 9-10 所示的对话框。该对话框中各项的功能描述如下：

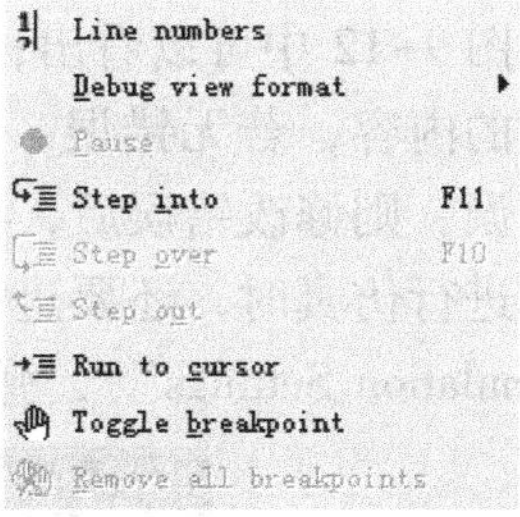

图 9-10 源代码调试设置窗口

Line numbers：用来显示 Debug View 窗口中每条指令所对应的行数。Debug view format：调试功能的附加选项，功能简单。Pause：程序运行过程中，选择该项可以暂停运行。Step into：单步运行源程序，如果当前指令为调用指令，则下一步将跳转到相应的被调用的子程序的起始位置，单步执行子程序。Step over：单步运行源程序，如果当前指令为调用指令，则下一步直接执行调用子程序后返回要执行的指令。Step out：一直执行到当前的程序结束为止。如果程序中设有断点，则会停止执行。Run to cursor：用来执行光标所在的源程序窗口中的位置。鼠标指向源程序中的某一行时，单击鼠标右键，选择该项，则程序运行到这一行停止。Toggle breakpoint：用来设置断点。当鼠标指向源程序中的某一行时，单击鼠标右键，选择该项则断点添加成功。Remove all breakpoints：用来取消所有断点。

在这里，以 Step into 为例来讲解程序调试的过程，其他调试方式都是相似的，可自行尝试。在单步调试过程中，每执行一条指令都会影响到存储器/寄存器中的内容，因此该条指令执行后的结果将会显示在存储器/寄存器中，观察存储器/寄存器中的内容，可以知道指令执行的情况。

单击“MCU”→“MCU 8051”→“Memory View”，弹出 Memory View 窗口，如图 9-11 所示。

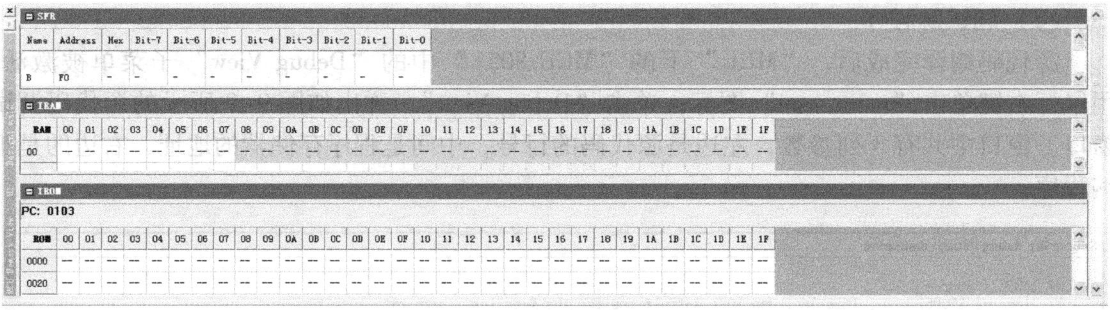

图 9-11　Memory View 窗口

如图 9-11 所示，窗口显示出了特殊功能寄存器 SFR、内部数据存储器 IRAM、内部程序存储器 IROM 中各个存储单元的数值。在源程序窗口中，单击鼠标右键，在弹出的快捷菜单中选择单步执行 Step into 选项（也可以使用快捷键〈F11〉），单步执行完指令 MOV P1，#0FFH，观察 Memory View 窗口中数值的变化，如图 9-12 所示。

图 9-12　单步执行后的 Memory View 窗口

在图 9-12 中可以看出，P1 端口的内容由原来的 00H 变为 0FFH，依次执行下去，观察窗口中的内容，若无错误，则可以直接单击“Simulate”→“run”，观察电路的仿真结果。若有错误，则修改错误后，再进行仿真。

在进行仿真时，还要进行步长设置。单击仿真—交互式仿真（“Simulate”→“Interactive Simulation Settings”），弹出交互式仿真设置窗口，如图 9-13 所示。

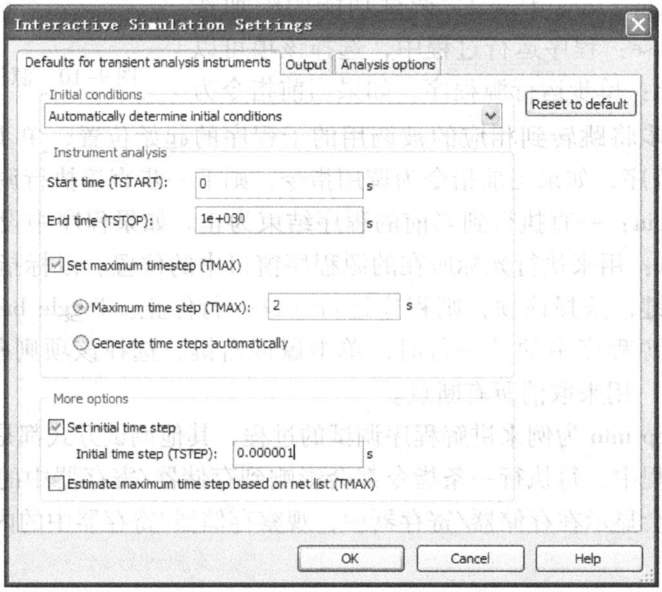

图 9-13　交互式仿真设置窗口

选择设置最大步长时间 Maximum time stem，填写需要设置的数值；选择设置初始步长 Initial time step（这是实际的时间步进），最大步长时间一定要大于初始时间步长，设置如图 9-13 所示。在 Multisim 12.0 中，步进时间越短，仿真越精确；步进时间越长，则仿真越不精确。

在进行文件保存时需要注意以下事项。

1）在 Multisim 12.0 进行基于汇编语言的 8051 单片机电路仿真时，要先把扩展名为 ms12 的空白文件电路保存在一个文件夹中，电路中加入 MCU 模块后，要把相关的 MCU 文件也放在这个文件夹中。

2）图 9-6 中的文件路径名等选项最好不要有中文字符。

图 9-5 中所示的仿真电路对应的汇编语言源程序如下：

```
$ MOD51;This includes 8051 definitions for the Metalink assembler
;Please insert your code here.
          ORG 0000H
          LJMP START
          ORG 0100H
START:    MOV P1,#0FFH
          LCALL DELAY
          MOV P1,#00H
          LCALL DELAY
          SJMP START
DELAY:    MOV R7,#0FFH
DEL1:     MOV R6,#0FFH
DEL2:     DJNZ R6,DEL2
          DJNZ R7,DEL1
          RET
          END
```

9.2 基于 C 语言的 MCU 电路测试与仿真

Multisim 12.0 提供了基于 C 语言编程的 8051 系列单片机的仿真设计。基于 C 语言的 MCU 电路仿真和基于汇编语言的 MCU 电路仿真过程基本一致，只有部分设置不同。

本节仅介绍与 9.1 节设置不同的部分。

9.2.1 MCU 仿真电路的创建

1. 建立 MCU 仿真模块

建立 MCU 仿真模块和相关文件。编程语言和编译器的设置按照图 9-14 所示进行设置。

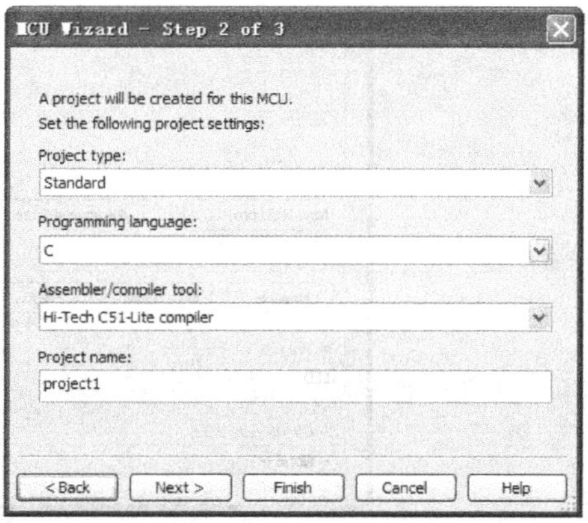

图 9-14　MCU Wisard - Step 2 of 3 对话框

2. 设置源代码编译的参数

如图 9-15 所示，单击“main. c”图标，则右侧的标签被全部激活。在图 9-15 所示的对话框中，和基于汇编语言的该项设置相比，这里的“Output directories”选项区中的参数可由用户重新设置。同时，这里增加了“C/Assembly”和“Library”两个选项卡，它们的设置如图 9-16 所示。

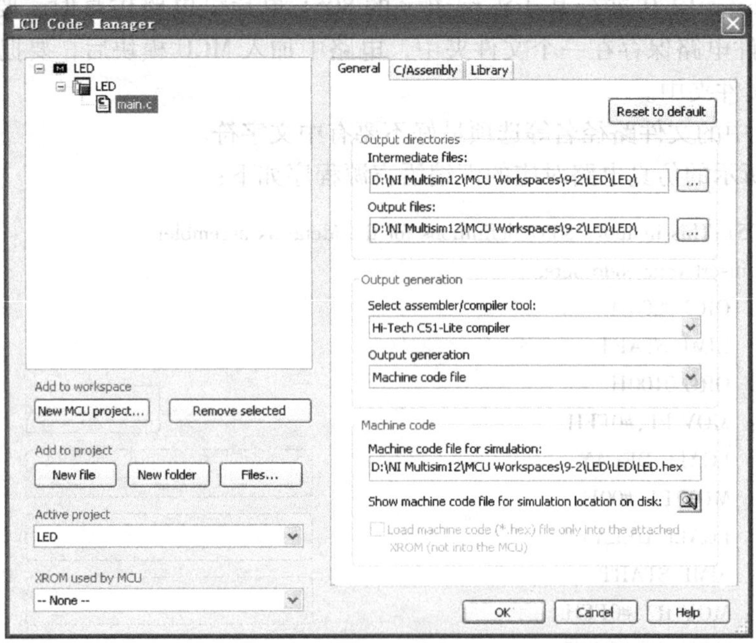

图 9-15　MCU Code Manager 窗口

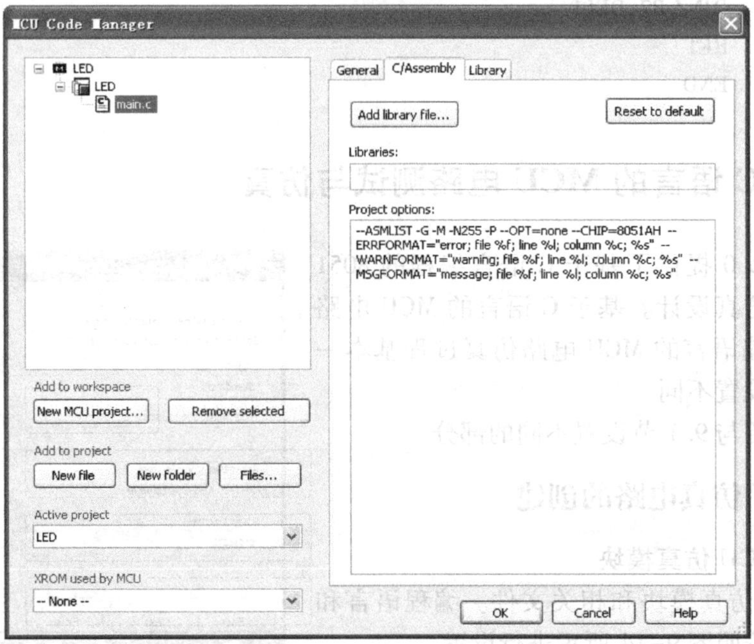

图 9-16　参数设置

"C/Assembly" 选项卡的功能描述如下：

"Libraryies" 文本框用来让用户设置变异后需要链接的库文件存放路径。"Project options" 文本框则用来支出 C51 编译器的编译命令行选项。在大多数情况下，这些参数设置保持默认即可。只有用户在 MCU 工程中使用了动态库时，才对 "C/Assembly" 和 "Library" 选项卡进行重新设置。

本例中，由于 "Output generation" 选项区没有选择 "Library"，因此在图 9-15 中设置为输出机器码文件而不是库文件。如果选择 Library，则生成库文件。对于不同的汇编器或编译器，图 9-15 中的 "C/Assembly" 和 "Library" 选项卡是不一样的。在这里，直接单击 "OK" 按钮，完成源代码编译时的各项参数设置。

3. 硬件电路的设计

本例为了说明 Multisim 12.0 在基于 C 语言编程的 8051 系列单片机的仿真设计方法，与基于汇编语言的 MCU 电路仿真做比较，采用与上节相同的例子来讲解，利用 8051 的 P1 口作为 I/O 口控制 8 个发光二极管亮灭闪烁。

需要注意的是，由于 MCU 电路模块中的设置不同，仿真电路中 MCU 模块不可复制，需重新绘制。重新建立仿真电路如图 9-17 所示。

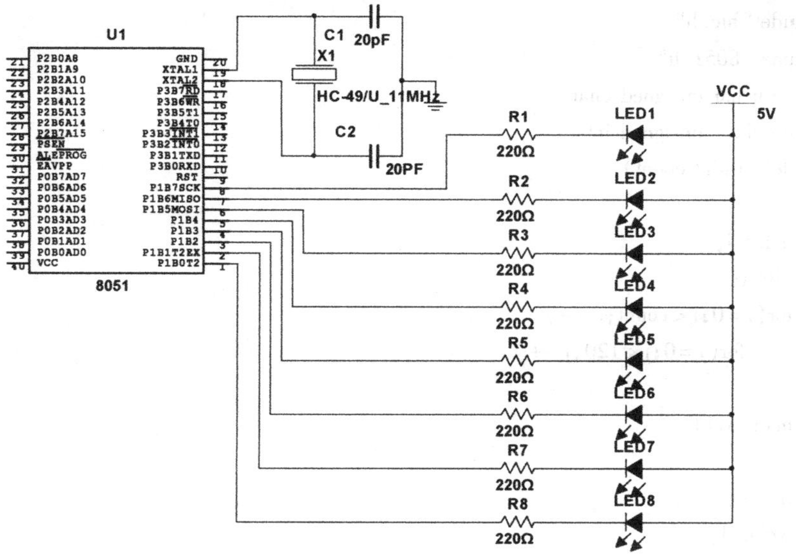

图 9-17　单片机控制发光二极管电路

9.2.2　测试和仿真

仿真电路创建完成后，要编辑源程序代码，对电路进行测试和仿真，观察是否达到预期的目标。

1. 编辑源代码

在源代码编辑框中编辑 C 语言代码，如图 9-18 所示。

2. 编译、调试源代码

编译、调试源代码的方法和上一节相同，在这里不再一一赘述。如果代码没有错误，则

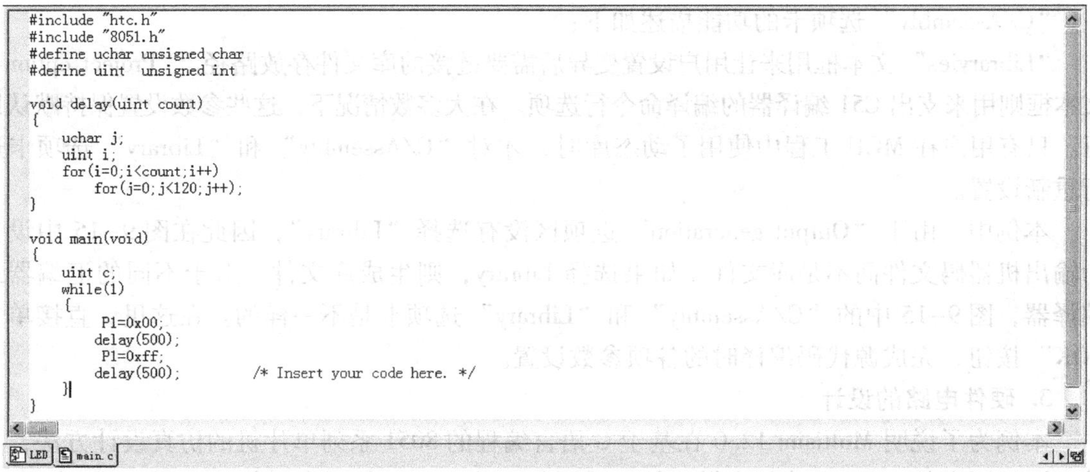

图 9-18　C 语言代码编辑框

可以观察到 8 个发光二极管同时亮灭闪烁的仿真结果。

图 9-18 中所示的仿真电路对应的 C51 源程序如下：

```
#include "htc.h"
#include "8051.h"
#define uchar unsigned char
#define uint   unsigned int
void delay(uint count)
{
    uchar j;
    uint i;
    for(i = 0;i < count;i ++ )
        for(j = 0;j < 120;j ++ );
}
void main(void)
{
    uint c;
    while(1)
    {
        P1 = 0x00;
        delay(500);
        P1 = 0xff;
        delay(500);            /* Insert your code here.  */
    }
}
```

9.3　Multisim 12.0 与 Keil 的联合应用与仿真

Keil C 是美国 Keil Software 公司（ARM 公司之一）出品的 51 系列兼容单片机 C 语言软

件开发系统。Keil 提供了包括 C 编译器、宏汇编、连接器、库管理和一个功能强大的仿真调试器等在内的完整开发方案，在单片机和嵌入式系统的软件开发中非常流行。为此，Multisim 12.0 也提供了与 Keil 联合应用的功能，使熟悉 Keil 的用户方便在 Multisim 12.0 中进行单片机的仿真。利用 Keil 进行软件开发，可以不必进行上一节中介绍的 HI-TECH C 编译器的各种参数设置。

在 Multisim 12.0 与 Keil 联合应用中，Multisim 12.0 用来设计硬件电路，Keil 则负责进行软件的编辑、编译、链接、调试。

9.3.1 在 Keil 中创建仿真文件

1. 在 Keil 中创建工程项目

打开 Keil 软件，执行“Project”→“New u vision project”命令，在弹出的对话框中设置保存工程及工程项目文件的路径和文件名，本例中设置工程名称为 shuma，单击“保存”按钮后，弹出如图 9-19 所示的对话框，选择 AT89C51 为仿真对象。

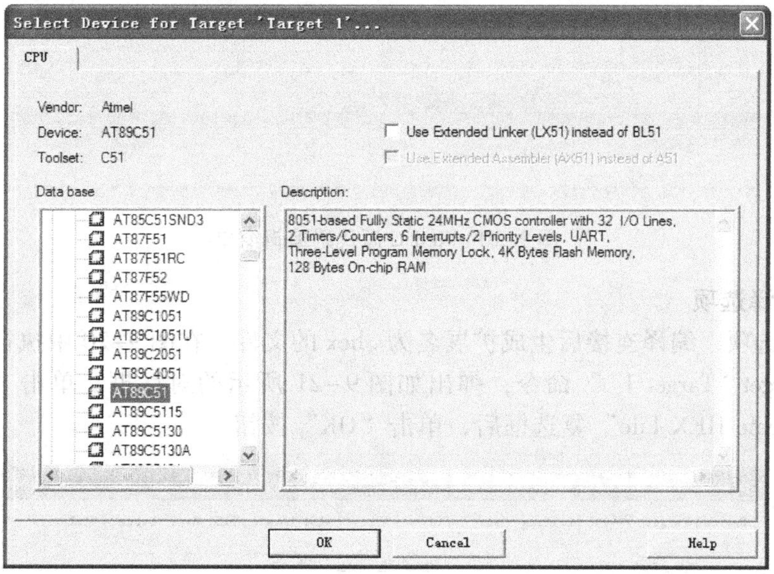

图 9-19 仿真对象设置对话框

单击“OK”按钮后，在弹出的对话框中再单击“OK”按钮即可，此时在 Keil 中创建了一个新的工程，同时为用户程序提供了自动的启动代码。

2. 在新的工程项目中添加源程序

在 Keil 主界面中执行“File”→“New”命令，在弹出的文本框中编辑源程序，这里以 C 语言源程序为例来说明，在编辑完程序后，将源程序文件命名为 shuma.c 后保存。本例中用一个简单的程序来说明 Multisim 12.0 与 Keil 联合应用的方法，通过单片机 P1 口控制一位数码管显示一位数字，其 C51 控制源程序代码如下：

```
#include <reg51.h>
#define uchar unsigned char
#define uint unsigned int
```

```
void main(void)
{
  while(1)
  {
    P1 =0x02;
  }
}
```

编辑好源程序后，把 shuma. c 添加到创建好的工程中，如图 9-20 所示。

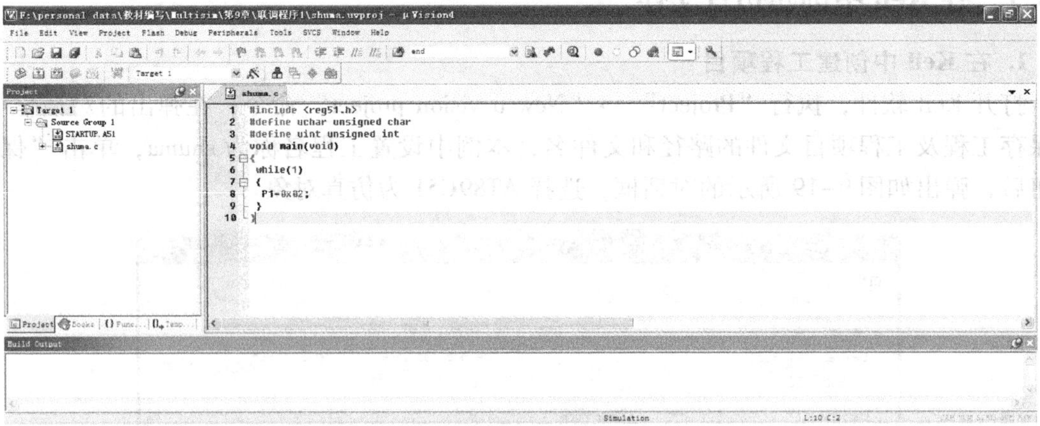

图 9-20　Keil C 源代码编辑窗口

3. 设置编译选项

设置编译选项，编译连接后生成扩展名为 . hex 的文件。在图 9-20 中执行 “Project” → “Option for Target ‘Target 1’” 命令，弹出如图 9-21 所示的对话框，单击 “Output” 选项卡，选中 “Create HEX File” 复选框后，单击 “OK” 按钮。

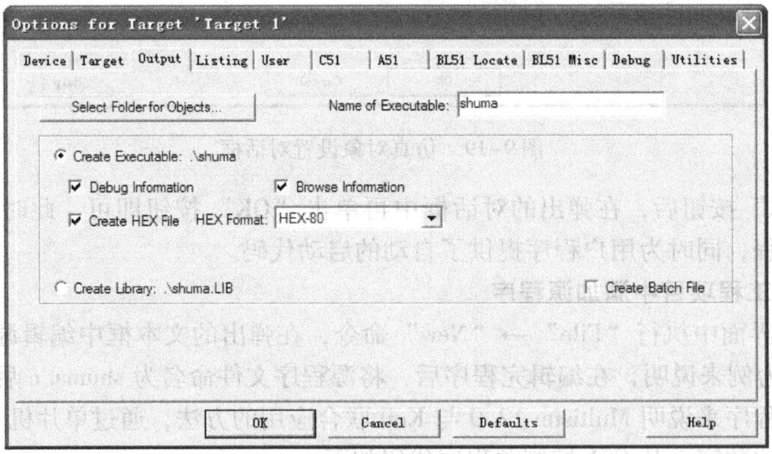

图 9-21　编译选项设置窗口

完成编译选项设置后，执行 “Project” → “Build Target” 命令进行源程序编译。如果程序中没有语法错误，则生成扩展名为 shuma. hex 的文件，然后可以进行下一步工作。

9.3.2　在 Multisim 12.0 中仿真、调试

1. 创建工程项目

在 Multisim 12.0 中放置 8051 系列的单片机。在 MCU Wizard 设置第二步中，在“Project type”下拉列表中选择“External hex file”，如图 9-22 所示。这里的外部文件指的是 shuma.hex。单击图 9-22 中的“Next”按钮，按照提示创建一个空的工程项目。

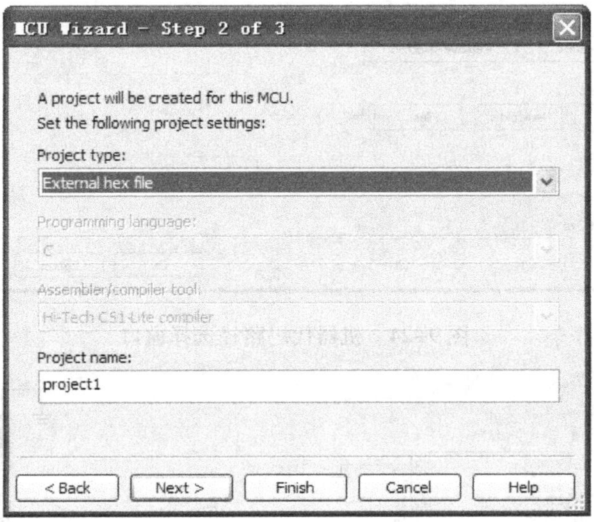

图 9-22　MCU 源文件设置窗口

2. 在工程中设计仿真电路

完成图 9-22 所示的设置后，在工程项目中完成如图 9-23 的仿真电路。

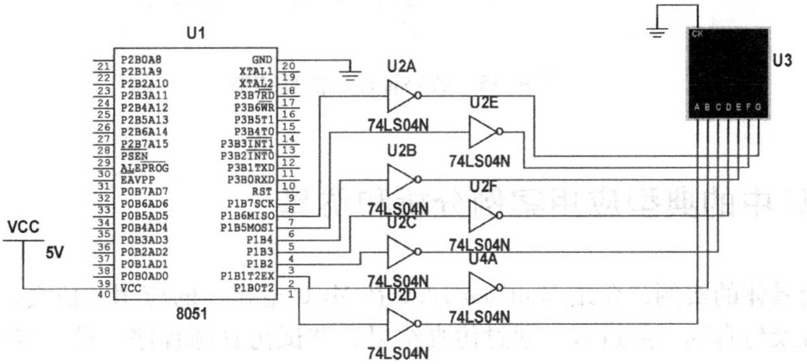

图 9-23　数码管显示仿真电路

设计好仿真电路后，打开 MCU 工程中的“MCU Code Manager”对话框，单击选中“shuma”图标，在“General”选项卡中选择使用 Keil 生成的外部文件 shuma.hex，如图 9-24 所示。设置完成后，单击“OK”按钮，开始仿真，仿真结果如图 9-25 所示。

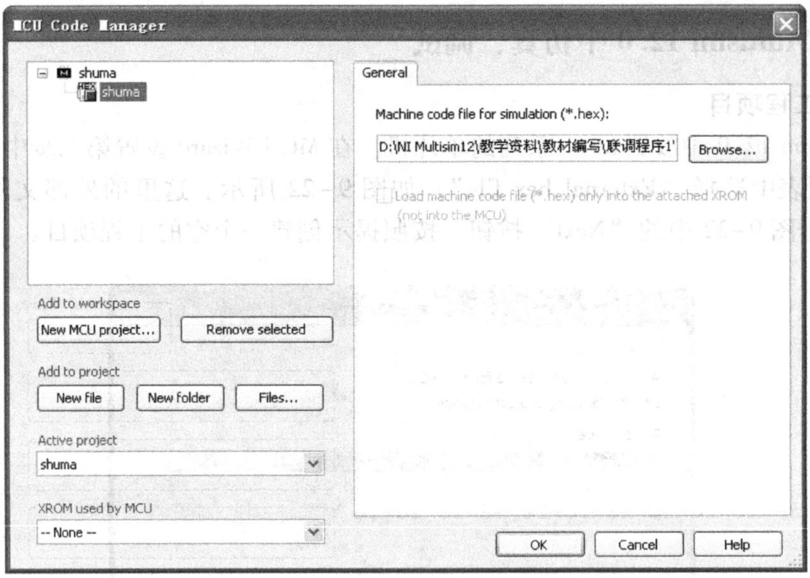

图 9-24　机器代码路径选择窗口

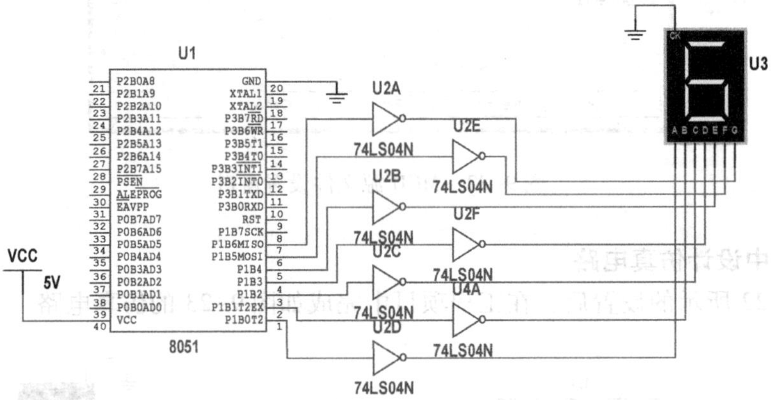

图 9-25　数码管显示仿真结果

9.4　MCU 中的典型应用案例分析和仿真

本节结合具体的实例，介绍 Multisim 12.0 在 MCU 电路中的应用和仿真，让读者熟悉仿真的参数设置及仿真的一般过程。通过仿真结果，调试仿真源程序，进一步改进设计电路，缩短单片机产品开发的周期。

9.4.1　实例一：调用 Multisim 12.0 中 MCU 的应用范例和仿真

在 Multisim 12.0 中，提供一些实际的 MCU 应用案例，读者可以在自行设计仿真电路前，打开这些案例，通过编译和仿真，掌握一些常用的 MCU 仿真的应用。

1. 打开 Multisim 12.0 中的应用实例

单击“File”→“Open samples”命令，弹出如图 9-26 所示的对话框，选择“MCU”文件夹，双击打开，弹出如图 9-27 所示的对话框。

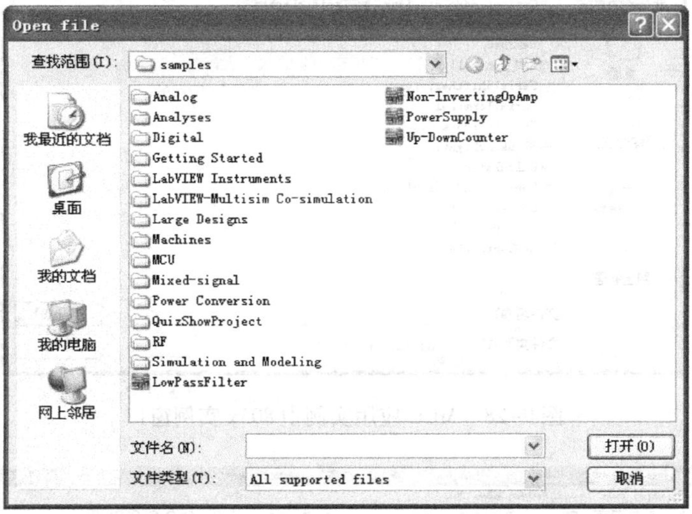

图 9-26　Multisim 12.0 中应用实例窗口

图 9-27　Multisim 12.0 中 MCU 应用实例窗口

在图 9-27 所示的对话框中有两个文件夹，分别是 8051 系列实例 805x Samples 和 PIC 单片机实例 PIC Samples，这里只以常用的 805x 系列单片机实例为例来介绍。选择 805x Samples 文件夹，双击打开，弹出如图 9-28 所示的对话框。

在图 9-28 所示的对话框中，文件扩展名为 .ms12 的文件即为 Multisim 12.0 提供的在 MCU 中的典型应用案例。这里提供了 9 个典型案例供读者参考，这里只通过一个典型案例来分析 805x 单片机在 Multisim 12.0 中的仿真应用。

双击打开图 9-28 中所示的最后一个图标 TrafficLights.ms12，弹出如图 9-29 所示的对话框。

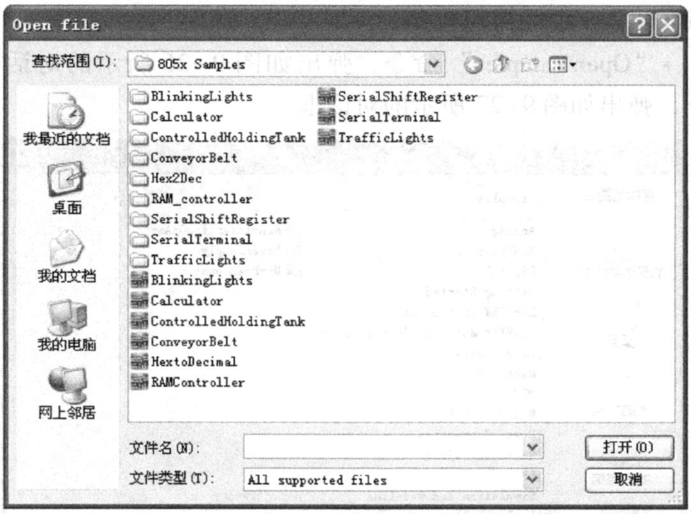

图 9-28　MCU 应用实例中 805x 实例窗口

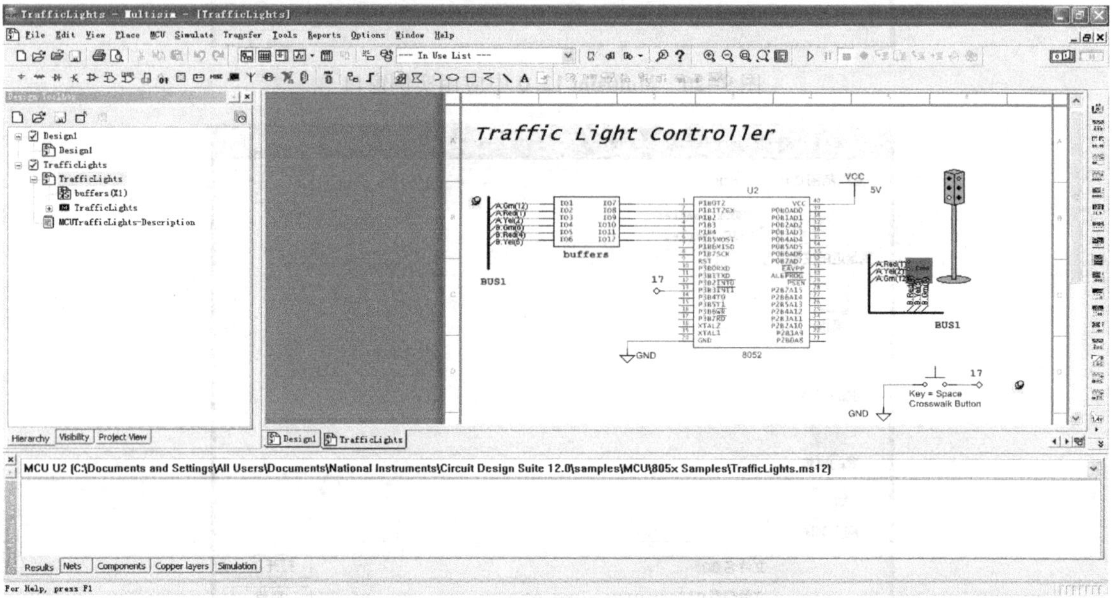

图 9-29　交通灯控制系统实例窗口

2. 源程序的编译

打开案例中提供的仿真电路，如图 9-29 所示。根据对电路的分析，这是一个模拟控制交通灯的仿真图，P1.0～P1.5 通过 buffers 缓冲器分别控制 A 通道和 B 通道的绿红黄灯。打开 TraficLight. asm 汇编源程序并进行编译，编译完成后进行仿真，结果如图 9-30 所示。

3. 电路仿真结果

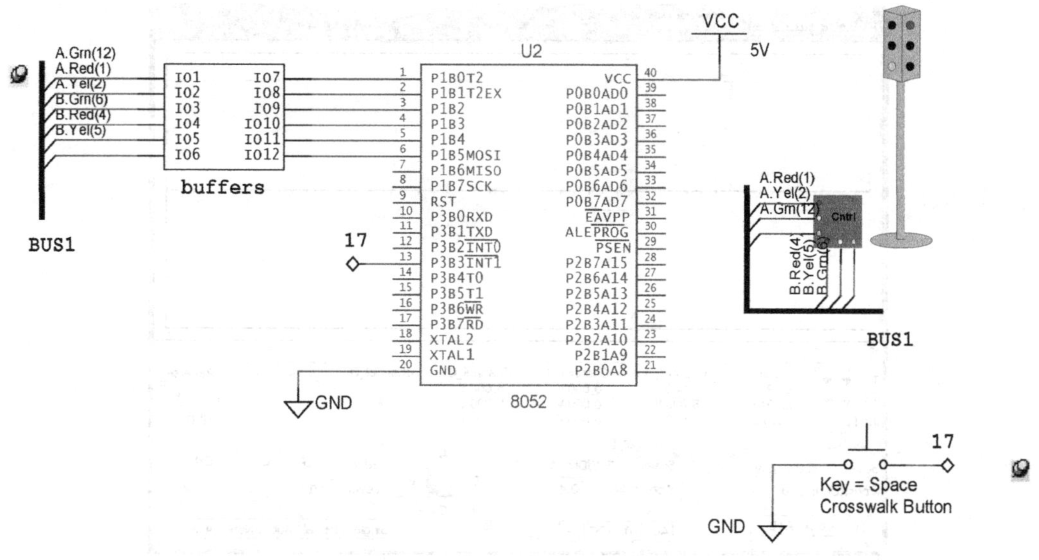

图 9-30　交通灯控制系统仿真结果

9.4.2　实例二：触摸延时开关电路的设计与仿真

触摸延时开关是通过人体触摸导通并保持一段时间后，开关自动断开（复位）。

1. 创建仿真电路

本例采用 8051 实现触摸延时开关电路的设计与仿真，仿真电路如图 9-31 所示。基本功能描述如下：只要用手指摸一下触摸电极，灯就点亮，延时一段时间后会自动熄灭，可以直接取代普通开关。采用 555 电路组成单稳态电路，开关 S1 模拟触摸信号。

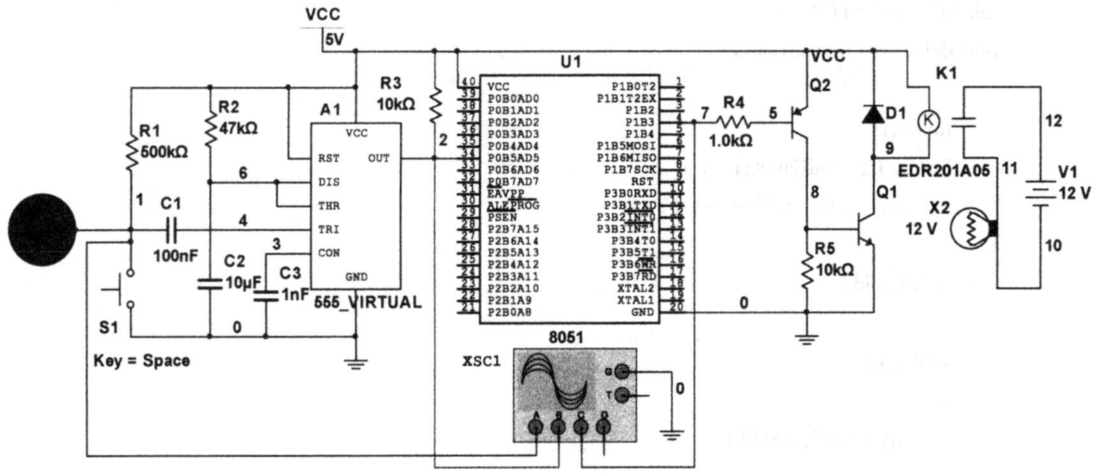

图 9-31　触摸延时开关仿真电路

触摸开关延时输入/输出信号波形如图 9-32 所示，波形从上到下依次为 A、B、C 通道波形，A 通道为触摸信号，B 通道为触摸信号引发 555 单稳态输出的脉冲信号，C 通道为单片机延时（约 3s 时间）控制信号。

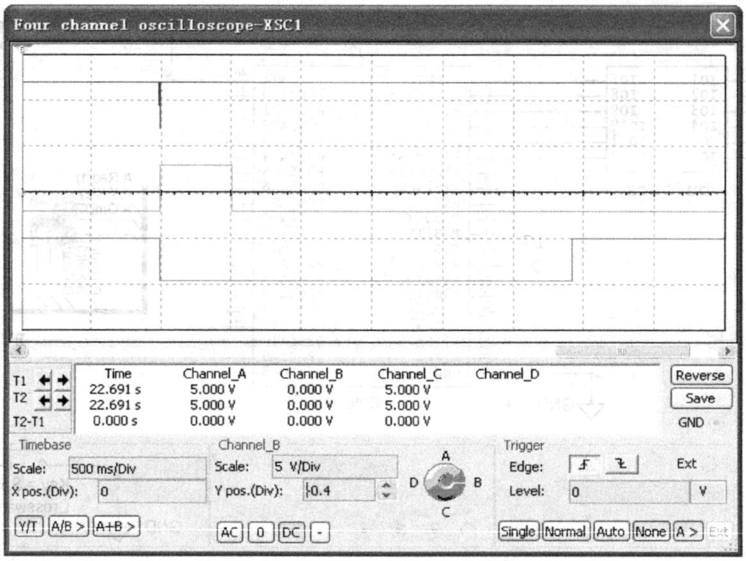

图 9-32　触摸开关延时输入/输出信号波形

2. 仿真源程序

在源文件编辑界面中输入 C51 源程序代码如下：

```
#include <reg51.h>
#define uchar unsigned char
#define uint unsigned int
#define DELAY_TIME 3000
sbit LAMP = P1^3;
sbit SENSOR = P0^5;
void delay_ms(uint uiCount)
{
    uint i,j;
    for(i = 0;i < uiCount;i ++)
        for(j = 0;j < 120;j ++);
}
void main(void)
{
    while(1)
    {
        if(1 == SENSOR)
        {
            LAMP = 0;
            delay_ms(DELAY_TIME);
        }
        else
        {
```

```
            LAMP = 1;
        }
    }
}
```

保存并编译程序，当程序编译通过后返回到电路图窗口，单击“运行”按钮进行仿真，按下按键 S1，模拟触摸开关，此时灯泡点亮，大约 3 s 后，灯泡熄灭。

9.4.3 实例三：红外线报警器的设计与仿真

本例采用 8051 实现红外线报警器电路的设计与仿真，基本功能如下：

红外线报警器采用热释电红外传感器，一旦检测出人体辐射的红外线，就可将其转变为电压信号，信号再经过单片机系统处理，可发出报警声。这种报警器有很强的隐蔽性和保密性，因此在防盗、警戒等安保装置中得到了广泛的应用。

1. 创建仿真电路

在 Multisim 12.0 电路窗口中建立红外线报警器仿真电路，如图 9-33 所示。本例电路中采用开关 S1 模拟红外传感器转换后的电压信号，当开关 S1 闭合，模拟热释电红外传感器检测到红外线，把转换后的信号送给单片机处理后，蜂鸣器模拟报警器报警，发出大约 6s 的蜂鸣声。

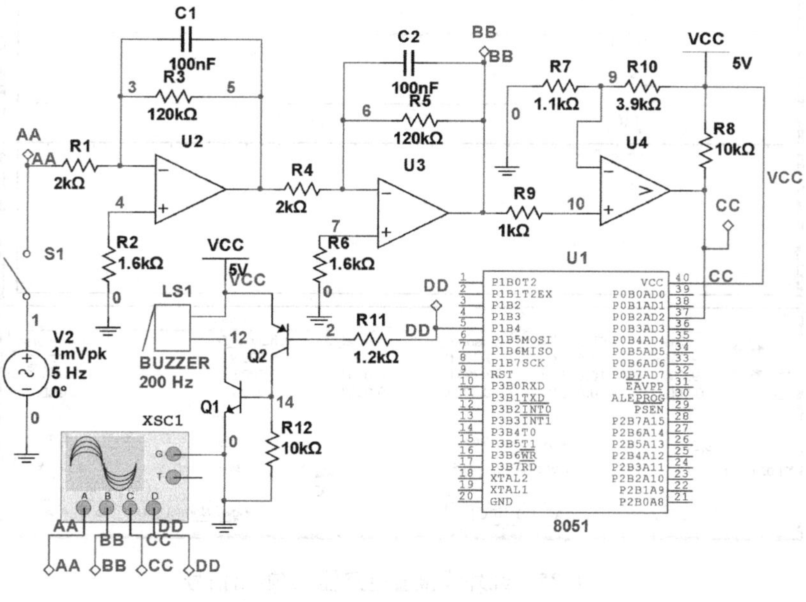

图 9-33　红外线报警器仿真电路

蜂鸣器参数设置如图 9-34 所示。红外线报警电路的输入/输出信号如图 9-35 所示，波形从上到下依次为 A、B、C、D 通道波形，A 通道为热释电红外传感器感应信号（1 mv，5 Hz），B 通道为放大后的感应信号（3.6 V，放大 3600 倍），C 通道为电压比较器输出信号，D 通道为单片机检测到感应信号后的报警信号（约 6s 时间）控制信号。

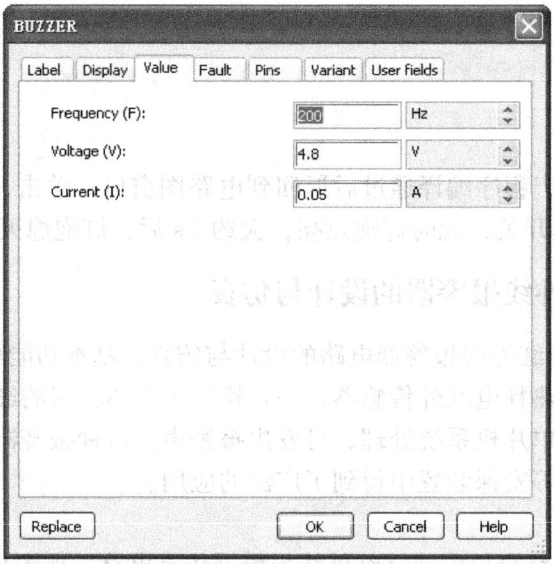

图 9-34　蜂鸣器 BUZZER 设置

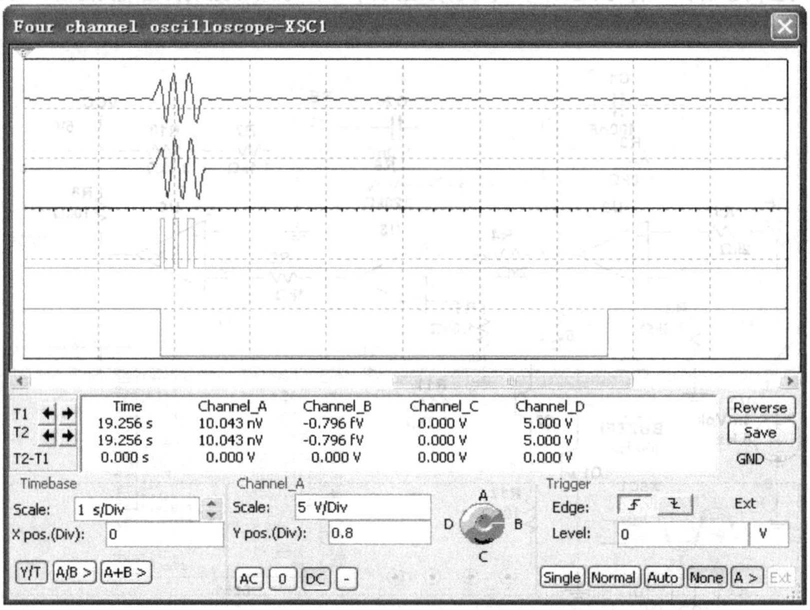

图 9-35　红外线报警电路输入/输出信号

2. 仿真源程序

在源文件编辑界面中输入 C51 源程序代码如下：

```
#include <reg51.h>
#define uchar unsigned char
#define uint unsigned int
#define DELAY_TIME 6000
```

```
sbit BUZZER = P1^4;
sbit SENSOR = P0^2;
void delay_ms(uint uiCount)
{
uint i,j;
for(i = 0;i < uiCount;i ++ )
    for(j = 0;j < 120;j ++ );
}
void main(void)
{
while(1)
{
    if(1 == SENSOR)
    {
        BUZZER = 0;
        delay_ms(DELAY_TIME);
    }
    else
    {
        BUZZER = 1;
    }
}
}
```

保存并编译源程序，程序编译通过后返回到电路图窗口，单击“运行”按钮进行仿真，按下开关 S1，蜂鸣器发出 6 s 蜂鸣声后停止。

9.4.4 实例四：函数信号发生器的设计与仿真

在现代电子学的各个领域，常常需要高精度且频率可方便调节的信号发生器，也就是函数信号发生器。函数信号发生器可产生正弦波、三角波、锯齿波、方波。函数信号发生器在电路实验和设备检测中具有十分广泛的用途。

1. 创建仿真电路

在 Multisim 12.0 电路窗口中建立函数信号发生器仿真电路，如图 9-36 所示。采用 8051 单片机设计函数信号发生器，产生正弦波、三角波、锯齿波和方波。电路运行时，默认第一次产生的是正弦波信号。同时，对应的 LED1 发光二极管点亮。第一次按下按键 S1，LED2 点亮，产生三角波信号。第二次按下 S1，LED3 点亮，产生锯齿波信号。第三次按下 S1，LED4 点亮，产生方波信号。第四次按下 S1，重新回到正弦波，LED1 点亮，显示依此规律循环。产生的波形图分别如图 9-37（正弦波）、图 9-38（三角波）、图 9-39（锯齿波）、图 9-40（方波）所示。电路仿真时设置示波器时基为 5 ms/Div。

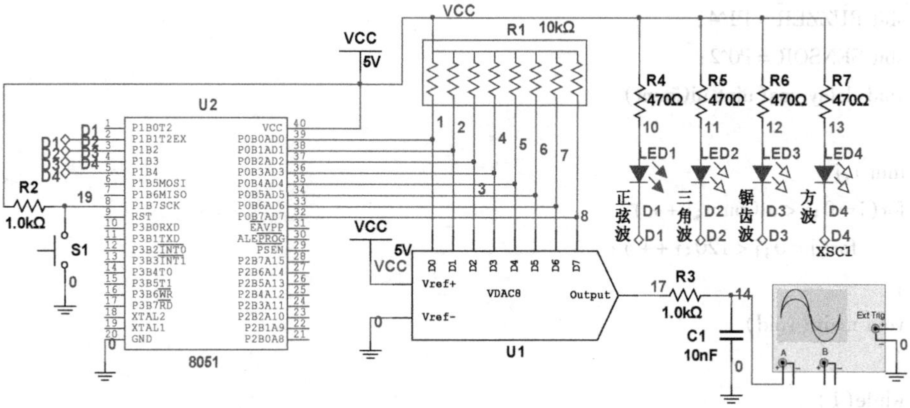

图 9-36　函数信号发生器仿真电路

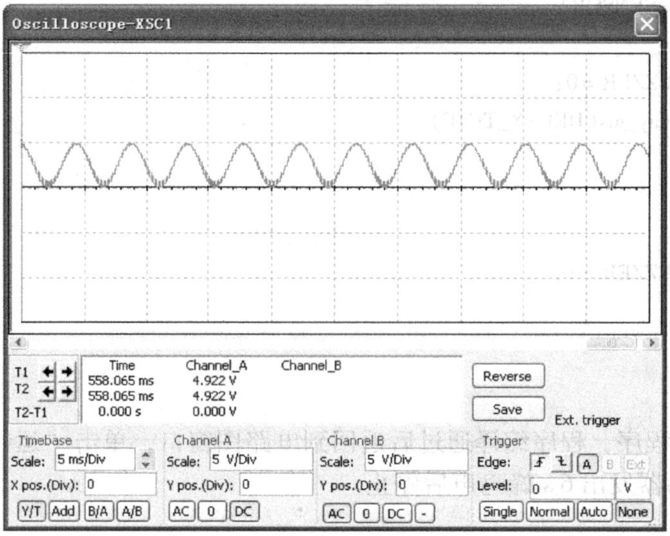

图 9-37　正弦波波形

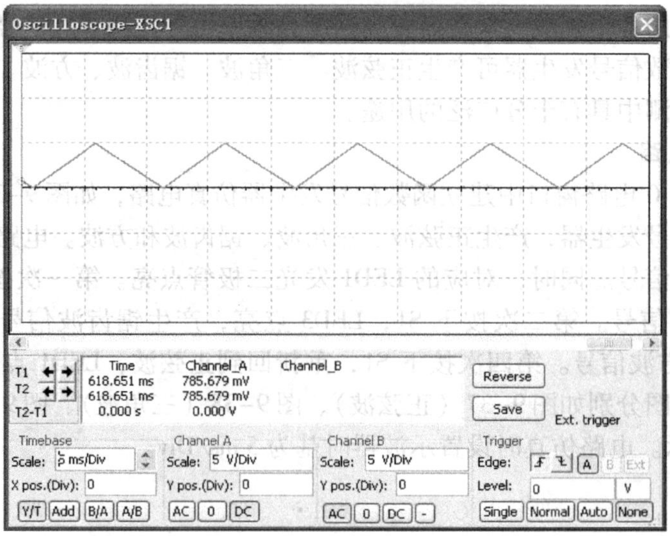

图 9-38　三角波波形

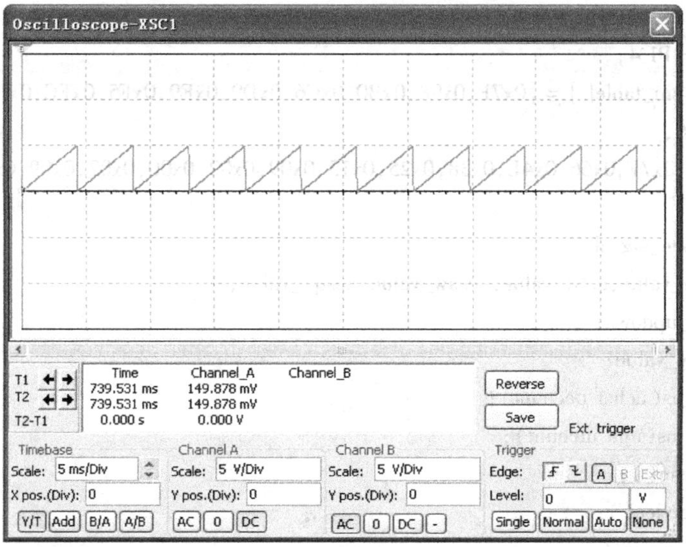

图 9-39　锯齿波波形

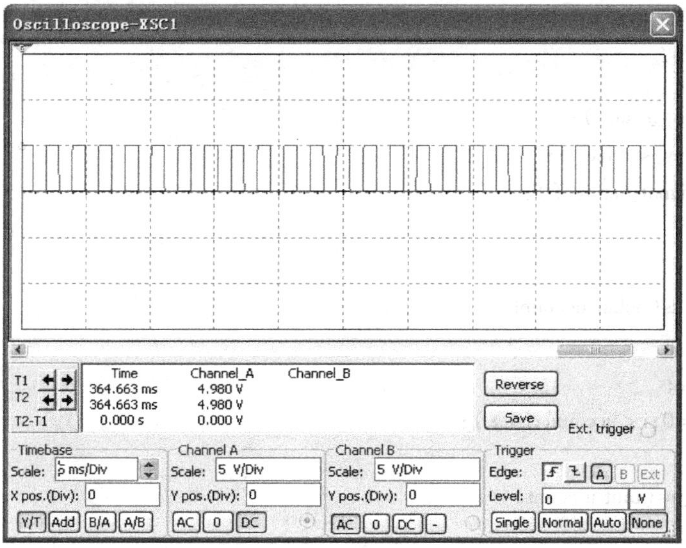

图 9-40　方波波形

2. 仿真源程序

在源文件编辑界面中输入 C51 源程序代码如下：

```
#include <reg51.h>
#define uchar unsigned char
#define uint unsigned int
#define SIG_PORT P0
sbit KEY1 = P1^7;
sbit LED1 = P1^1;
sbit LED2 = P1^2;
```

```
sbit LED3 = P1^3;
sbit LED4 = P1^4;
uchar code sin_table[ ] = {0x7F,0x98,0xB0,0xC6,0xD9,0xE9,0xF5,0xFC,0xFE,0xFC, 0xF5,0xE9,
0xD9, 0xC6,
0xB0,0x98,0x7F,0x66,0x4E,0x38,0x25,0x15,0x09,0x02,0x00,0x02,0x09,0x15,0x25,0x38,0x4E,
0x66};
uchar ucmode_signal;
uchar ucsin_value,uctri_value,ucsaw_value,ucsqu_value;
uchar uctri_updown;
uchar uckey_value;
void delay_us(uchar uccount);
void delay_ms(uint uicount);
void key_scan();
void key_service();
void signal_service();
void main()
{
    while(1)
    {
        key_scan();
        key_service();
        signal_service();
    }
}
void delay_us(uchar uccount)
{
    uchar i;
    for(i=0;i<uccount;i++);
}
void delay_ms(uint uicount)
{
    uint i,j;
    for(i=0;i<uicount;i++);
        for(j=0;j<120;j++);
}
void key_scan()
{
    if(0==KEY1)
    {
        delay_ms(3);
        SIG_PORT=0;
        if(0==KEY1)
        {
```

```
                while(0 == KEY1);
                uckey_value = 1;
            }
            uckey_value = 1;
        }
    }
    void key_service()
    {
        if(1 == uckey_value)
        {
            if(ucmode_signal < 3)
            {
                ucmode_signal ++;
            }
            else
            {
                ucmode_signal = 0;
            }
            uckey_value = 0;
        }
    }
    void signal_service()
    {
        switch(ucmode_signal)
        {
            case 0:
                LED1 = 0;
                LED2 = 1;
                LED3 = 1;
                LED4 = 1;
                SIG_PORT = sin_table[ucsin_value];
                delay_us(10);
                if(ucsin_value < 31)
                {
                    ucsin_value ++;
                }
                else
                {
                    ucsin_value = 0;
                }
                break;
            case 1:
                LED1 = 1;
```

```
        LED2 = 0;
        LED3 = 1;
        LED4 = 1;
        SIG_PORT = uctri_value;
        if(0 == uctri_updown)
        {
            if(uctri_value < 254)
            {
                uctri_value += 2;
            }
            else
            {
                uctri_updown = 1;
            }
        }
        else if(1 == uctri_updown)
        {
            if(uctri_value >  1)
            {
                uctri_value -= 2;
            }
            else
            {
                uctri_updown = 0;
            }
        }
        break;
    case 2:
        LED1 = 1;
        LED2 = 1;
        LED3 = 0;
        LED4 = 1;
        SIG_PORT = ucsaw_value;
        ucsaw_value += 2;
        break;
    case 3:
        LED1 = 1;
        LED2 = 1;
        LED3 = 1;
        LED4 = 0;
        SIG_PORT = ucsqu_value;
        delay_ms(1);
        ucsqu_value = ucsqu_value ^ 0xff;
```

```
                break;
            }
        }
```

保存并编译程序，当程序编译通过后返回到电路图窗口，单击“运行”按钮进行仿真。

9.4.5　实例五：自动售饮料机电路的设计与仿真

采用单片机设计一种自动售饮料机，系统维护简单方便，具有一定的推广价值。

1. 创建仿真电路

基于8051单片机的自动售饮料机功能如下：

1）售货机只接受0.5元和1元的硬币，可以用按钮代替硬币的投入。投入硬币的总金额用3位数码管显示，最大投入金额为99.5元。

2）售货机可以自动出售3种饮料，售价分别是1元、1.5元和2元。当顾客完成投币后，根据投入金额，各饮料对应的LED将亮起（如投入1.5元硬币，1元和1.5元饮料的LED亮起，表示可以购买1.0元或1.5元饮料）。

3）顾客根据自身需要按下各饮料对应的按钮，每按一次掉出一瓶饮料，两位数码管显示剩余金额，LED继续指示可购饮料的种类。

4）顾客单击“退币”按钮将使机器发出找零信号，3位数码管清零。

在Multisim 12.0电路窗口中建立自动售饮料机仿真电路，如图9-41所示。

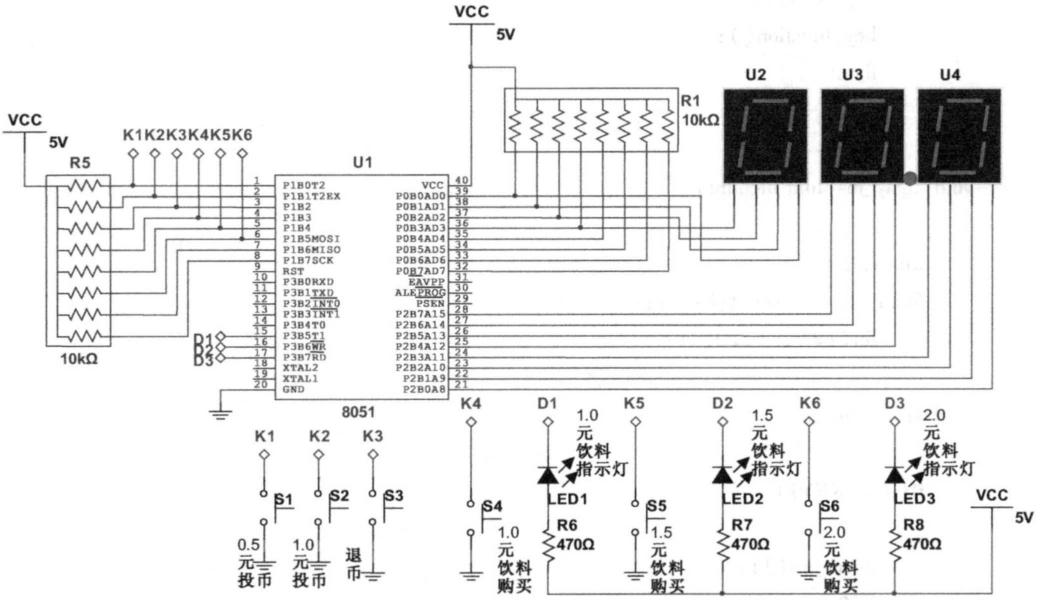

图9-41　自动售饮料机仿真电路

2. 仿真源程序

在源文件编辑界面中输入C51源程序代码并仿真。

```
#include <reg51.h>
```

```
#define uchar unsigned char
#define uint unsigned int
sbit KEY1 = P1^0;
sbit KEY2 = P1^1;
sbit KEY3 = P1^2;
sbit KEY4 = P1^3;
sbit KEY5 = P1^4;
sbit KEY6 = P1^5;
sbit LED1 = P3^5;
sbit LED2 = P3^6;
sbit LED3 = P3^7;
uint uimoney_value;
uchar uckey_value;
void delay_ms(uint uicount);
void key_scan();
void key_function();
void disp();
void main(void)
{
    while(1)
    {
        key_scan();
        key_function();
        disp();
    }
}
void delay_ms(uint uicount)
{
    uint i,j;
    for(i = 0;i < uicount;i ++);
        for(j = 0;j < 120;j ++);
}
void key_scan()
{
    if(0 == KEY1)
    {
        delay_ms(3);
        if(0 == KEY1)
        {
            while(0 == KEY1);
            uckey_value = 1;
        }
    }
```

```
else if(0 == KEY2)
{
    delay_ms(3);
    if(0 == KEY2)
    {
        while(0 == KEY2);
        uckey_value = 2;
    }
}
else if(0 == KEY3)
{
    delay_ms(3);
    if(0 == KEY3)
    {
        while(0 == KEY3);
        uckey_value = 3;
    }
}
else if(0 == KEY4)
{
    delay_ms(3);
    if(0 == KEY4)
    {
        while(0 == KEY4);
        uckey_value = 4;
    }
}
else if(0 == KEY5)
{
    delay_ms(3);
    if(0 == KEY5)
    {
        while(0 == KEY5);
        uckey_value = 5;
    }
}
else if(0 == KEY6)
{
    delay_ms(3);
    if(0 == KEY6)
    {
        while(0 == KEY6);
        uckey_value = 6;
```

```
            }
        }
        else
        {
            uckey_value = 0;
        }
}
void key_function( )
{
        if( 1 == uckey_value)
        {
            uimoney_value += 5;
            if( uimoney_value > 995)
            {
                uimoney_value = 995;
            }
        }
        else if( 2 == uckey_value)
        {
            uimoney_value += 10;
            if( uimoney_value > 995)
            {
                uimoney_value = 995;
            }
        }
        else if( 3 == uckey_value)
        {
            uimoney_value = 0;
        }
        else if( 4 == uckey_value)
        {
            if( uimoney_value >= 10)
            {
                uimoney_value -= 10;
            }
        }
        else if( 5 == uckey_value)
        {
            if( uimoney_value >= 15)
            {
                uimoney_value -= 15;
            }
        }
```

```
        else if(6 == uckey_value)
        {
            if( uimoney_value >= 20)
            {
                uimoney_value -= 20;
            }
        }
        else
        {       ;}
    }
    void disp( )
    {
        if( uimoney_value >= 20)
        {
            LED1 = 0;
            LED2 = 0;
            LED3 = 0;
        }
        else if( uimoney_value >= 15)
        {
            LED1 = 0;
            LED2 = 0;
            LED3 = 1;
        }
        else if( uimoney_value >= 10)
        {
            LED1 = 0;
            LED2 = 1;
            LED3 = 1;
        }
        else
        {
            LED1 = 1;
            LED2 = 1;
            LED3 = 1;
        }
        P0 = uimoney_value/100;
        P2 = ( uimoney_value% 100/10) * 16 + uimoney_value% 10;
    }
```

保存并编译程序，当程序编译通过后返回到电路图窗口，单击“运行”按钮进行仿真。

9.4.6 实例六：八路竞赛抢答器的设计与仿真

采用 8051 单片机设计八路抢答器，实用可靠，采用数码显示器显示抢答编号。

1. 创建仿真电路

在 Multisim 12.0 电路窗口中建立八路竞赛抢答器电路，如图 9-42 所示。电路采用 S1 ~ S2 八个按键作为选手抢答按键，S9 按键作为清零键，一位数码管显示抢答位号。仿真刚开始运行时，初始显示为 0，一旦开始抢答，哪个按键最先按下，数码管显示对应的按键位号，其余按键被锁定，不能显示。本轮抢答结束后，由 S9 按键清除原号码，重新显示为 0，等待下一轮的抢答。

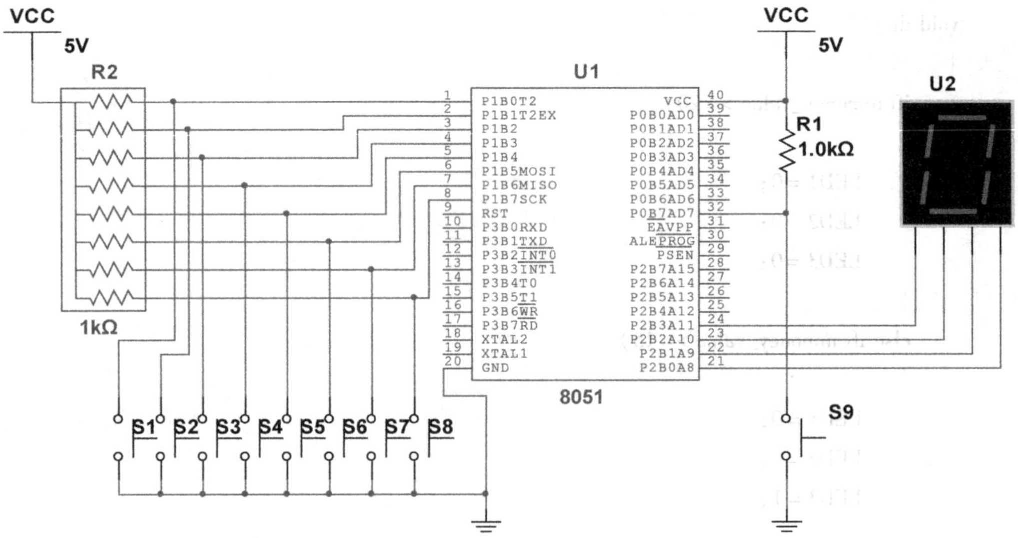

图 9-42　八路竞赛抢答器仿真电路

2. 仿真源程序

在源文件编辑界面中输入 C51 源程序代码并仿真。

```
#include <reg51.h>
#define uchar unsigned char
#define uint unsigned int
sbit KEY1 = P1^0;
sbit KEY2 = P1^1;
sbit KEY3 = P1^2;
sbit KEY4 = P1^3;
sbit KEY5 = P1^4;
sbit KEY6 = P1^5;
sbit KEY7 = P1^6;
sbit KEY8 = P1^7;
sbit KEY_RESET = P0^7;
#define SMG_PORT P2
uchar uckey_lock;
```

```
uchar uckey_value;
void delay_ms(uint uicount);
void key_scan();
void disp();
void main()
{
    while(1)
    {
        key_scan();
        disp();
        delay_ms(1);
    }
}
void delay_ms(uint uicount)
{
    uint i,j;
    for(i=0;i<uicount;i++);
        for(j=0;j<120;j++);
}
void key_scan()
{
    if(0==uckey_lock)
    {
        if(0==KEY1)
        {
            uckey_value=1;
            uckey_lock=1;
        }
        else if(0==KEY2)
        {
            uckey_value=2;
            uckey_lock=1;
        }
        else if(0==KEY3)
        {
            uckey_value=3;
            uckey_lock=1;
        }
        else if(0==KEY4)
        {
            uckey_value=4;
            uckey_lock=1;
        }
```

```
            else if(0 == KEY5)
            {
                uckey_value = 5;
                uckey_lock = 1;
            }
            else if(0 == KEY6)
            {
                uckey_value = 6;
                uckey_lock = 1;
            }
            else if(0 == KEY7)
            {
                uckey_value = 7;
                uckey_lock = 1;
            }
            else if(0 == KEY8)
            {
                uckey_value = 8;
                uckey_lock = 1;
            }
            else
            {;}
        }
        else if(0 == KEY_RESET)
        {
            uckey_value = 0;
            uckey_lock = 0;
        }
        else
        {;}
}
void disp()
{
    P2 = uckey_value;
}
```

保存并编译程序，当程序编译通过后返回到电路图窗口，单击“运行”按钮进行仿真。

9.4.7 实例七：数字钟的设计与仿真

本例采用 8051 单片机设计数字钟。

1. 创建仿真电路

在 Multisim 12.0 电路窗口中建立数字钟仿真电路，如图 9-43 所示。本电路采用 8051

作为核心控制部分，用6位数码管分别显示时、分、秒，同时当时间走时不准时，通过3个按键S1、S2、S3来进行时间调整，S1用来调整小时计时，每按下一次，时显示加1；S2用来调整分计时，每按下一次，分显示加1；S3用来调整秒计时，每按下一次，秒显示加1。

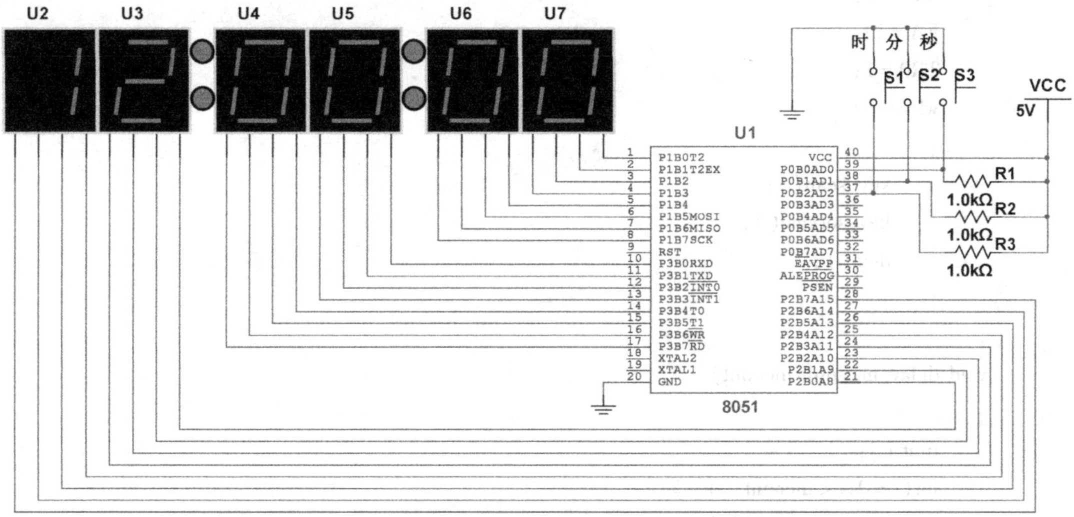

图9-43　数字钟仿真电路

2. 仿真源程序

在源文件编辑界面中输入C51源程序代码并仿真。

```
#include <reg51.h>
#define uchar unsigned char
#define uint unsigned int
#define H_PORT P2
#define M_PORT P3
#define S_PORT P1
sbit KEY_H = P0^2;
sbit KEY_M = P0^1;
sbit KEY_S = P0^0;
uchar uckey_value;
uchar uchour_value,ucmin_value,ucsec_value;
uchar uctime_count;
void delay_ms(uint uicount);
void key_scan();
void key_service();
void disp();
void main()
{
    uchour_value = 12;
    ucmin_value = 0;
    ucsec_value = 0;
```

```
    TMOD = 0x01;
    TH0 = 0x3c;
    TL0 = 0xb0;
    ET0 = 1;
    EA = 1;
    TR0 = 1;
    while(1)
    {
        key_scan();
        key_service();
        disp();
    }
}
void delay_ms(uint uicount)
{
    uint i,j;
    for(i = 0;i < uicount;i ++);
        for(j = 0;j < 120;j ++);
}
void key_scan()
{
    if(0 == KEY_H)
    {
        delay_ms(3);
        if(0 == KEY_H)
        {
            while(0 == KEY_H);
            uckey_value = 1;
        }
    }
    else if(0 == KEY_M)
    {
        delay_ms(3);
        if(0 == KEY_M)
        {
            while(0 == KEY_M);
            uckey_value = 2;
        }
    }
    else if(0 == KEY_S)
    {
        delay_ms(3);
        if(0 == KEY_S)
```

```
        {
            while(0 == KEY_S);
            uckey_value = 3;
        }
    }
}
void key_service()
{
    switch(uckey_value)
    {
    case 1:
    {
        if(uchour_value < 24)
        {
            uchour_value ++ ;
        }
        else
        {
            uchour_value = 0;
        }
        uckey_value = 0;
    }   break;
    case 2:
    {
        if(ucmin_value < 60)
        {
            ucmin_value ++ ;
        }
        else
        {
            ucmin_value = 0;
        }
        uckey_value = 0;
    }   break;
    case 3:
    {
        if(ucsec_value < 60)
        {
            ucsec_value ++ ;
        }
        else
        {
            ucsec_value = 0;
```

```
                }
                uckey_value = 0;
            }   break;
            default:
                break;
            }
}
void disp()
{
        H_PORT = (uchour_value/10) * 16 + uchour_value% 10;
        M_PORT = (ucmin_value/10) * 16 + ucmin_value% 10;
        S_PORT = (ucsec_value/10) * 16 + ucsec_value% 10;
}
void time0_ISR() interrupt 1
{
        TR0 = 0;
        TH0 = 0x3c;
        TL0 = 0xb0;
        if(uctime_count < 20)
        {
            uctime_count ++ ;
        }
        else
        {
            uctime_count = 0;
            ucsec_value ++ ;
            if(ucsec_value >= 60)
            {
                ucsec_value = 0;
                ucmin_value ++ ;
                if(ucmin_value >= 60)
                {
                    ucmin_value = 0;
                    uchour_value ++ ;
                    if(uchour_value >= 24)
                    {
                        uchour_value = 0;
                        ucmin_value = 0;
                        ucsec_value = 0;
                    }
                }
            }
        }
```

```
        TR0 = 1;
    }
```

保存并编译程序，当程序编译通过后返回到电路图窗口，单击“运行”按钮进行仿真。

9.4.8 实例八：电子秒表的设计与仿真

在各种体育比赛中，大多都采用秒表进行计时，本例利用单片机设计一个电子秒表，可完成开始计时、停止计时和清零的功能。

1. 创建仿真电路

在 Multisim 12.0 电路窗口中建立电子秒表仿真电路，如图 9-44 所示。电路功能描述如下：电路显示四位，秒计时时间精确到小数点后两位，按键 S1 用来控制秒表的启停，仿真开始时，显示为 0.00 秒，第一次按下按键 S1，秒表开始计时，计时结束时，再一次按下 S1 按键，此时显示的时间则是计时时间，第三次按下按键，显示清零，准备下一次的计时开始。

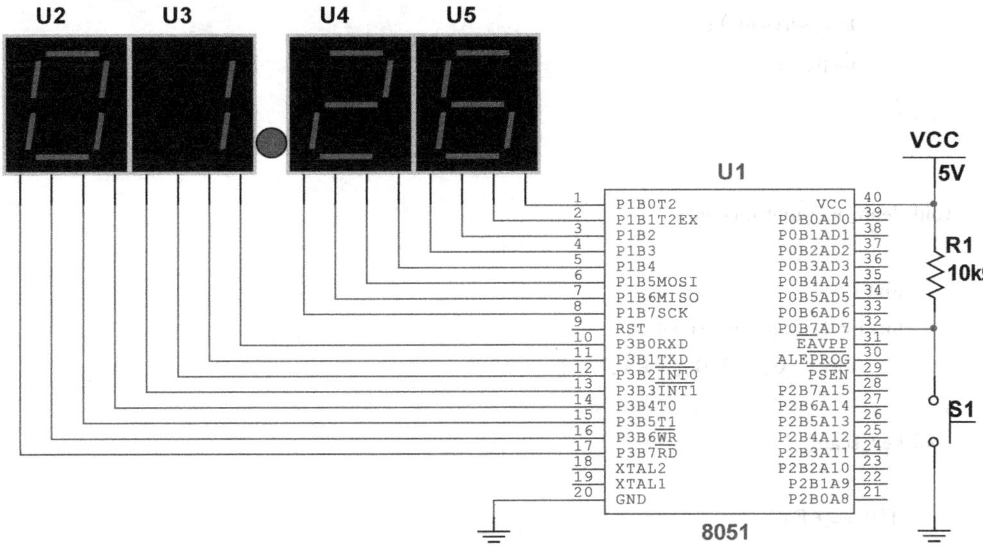

图 9-44　电子秒表仿真电路

2. 仿真源程序

在源文件编辑界面中输入 C51 源程序代码并仿真。

```
#include <reg51.h>
#define uchar unsigned char
#define uint unsigned int
#define SEC_PORT P3
#define MSEC_PORT P1
sbit KEY = P0^7;
uchar uckey_value;
uchar ucsec_value;
uchar ucmsec_value;
```

```
void delay_ms( uint uicount) ;
void key_scan( ) ;
void key_service( ) ;
void disp( ) ;
void main( )
{
    TMOD = 0x01 ;
    TH0 = 0xd8 ;
    TL0 = 0xf0 ;
    ET0 = 1 ;
    EA = 1 ;
    TR0 = 0 ;
    while(1)
    {
        key_scan( ) ;
        key_service( ) ;
        disp( ) ;
    }
}

void delay_ms( uint uicount)
{
    uint i,j;
    for( i = 0 ; i < uicount ; i ++ ) ;
        for( j = 0 ; j < 120 ; j ++ ) ;
}
void key_scan( )
{
    if(0 == KEY)
    {
        delay_ms(3) ;
        if(0 == KEY)
        {
            while(0 == KEY) ;
            uckey_value ++ ;
            if(3 == uckey_value)
            {
                uckey_value = 0;
            }
        }
    }
}
void key_service( )
```

```
{
    switch(uckey_value)
    {
        case 0:
        {
            TR0 = 0;
            ucsec_value = 0;
            ucmsec_value = 0;
        } break;
        case 1:
        {
            TR0 = 1;
        } break;
        case 2:
        {
            TR0 = 0;
        }
    }
}
void disp()
{
    SEC_PORT = (ucsec_value/10) * 16 + ucsec_value%10;
    MSEC_PORT = (ucmsec_value/10) * 16 + ucmsec_value%10;
}
void time0_ISR() interrupt 1
{
    TR0 = 0;
    TH0 = 0xd8;
    TL0 = 0xf0;
    ucmsec_value ++;
    if(100 == ucmsec_value)
    {
        ucmsec_value = 0;
        ucsec_value ++;
        if(100 == ucsec_value)
        {
            ucsec_value = 0;
            ucmsec_value = 0;
        }
    }
    TR0 = 1;
}
```

保存并编译程序，当程序编译通过后返回到电路图窗口，单击“运行”按钮进行仿真。

9.4.9 实例九：电子摇奖机的设计与仿真

本例采用8051单片机设计一个一位显示电子摇奖机。

1. 创建仿真电路

一位显示电子摇奖机功能：每按下按键一次，产生的随机数据可以通过数码管显示出来，也就是获奖的幸运数字。

随机数据产生的原理如下。

Keil软件库（包含stdlib.h文件）中rand()函数可以生成一个0~32767之间的伪随机数，函数运行完后将返回这个伪随机数。

首先利用void srand（int seed）函数设置一个初值，在程序启动后即启动定时器，该定时器在启动后会连续运行，把按下按键时刻的TL0中数据进行设置初值，然后调用rand()函数生成一个初值与32767之间的随机数。取最低位（个位）数据进行显示。

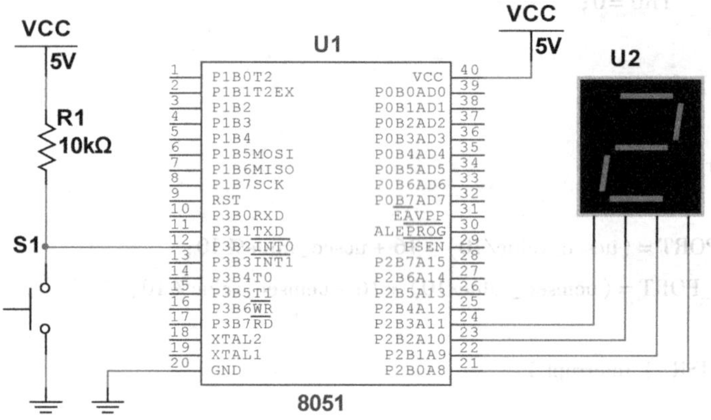

图9-45 电子摇奖机仿真电路

2. 仿真源程序

在源文件编辑界面中输入C51源程序代码并仿真。

```
#include <reg51.h>
#include <stdlib.h>
#define uchar unsigned char
#define uint unsigned int
#define SMG_PORT P2
sbit KEY = P3^2;
uchar uitime_value;
uchar uckey_value;
uchar ucrandom_dat;
uchar uctemp;
void initialization();
void main()
```

```
{
    initialization();
    while(1)
    {
        while(uckey_value)
        {
            uckey_value = 0;
            {
                uitime_value = TL0;
                srand(uitime_value);
                uctemp = rand()%10;
                if(ucrandom_dat ! = uctemp)
                {
                    ucrandom_dat = uctemp;
                }
                else
                {
                    uckey_value = 1;
                }
            }
        }
        SMG_PORT = ucrandom_dat;
    }
}
void initialization()
{
    TMOD = 0x01;
    TR0 = 1;
    EA = 1;
    EX0 = 1;
    IT0 = 1;
}
void int0_ISR() interrupt 0
{
    uckey_value = 1;
}
```

保存并编译程序，当程序编译通过后返回到电路图窗口，单击“运行”按钮进行仿真。

9.5 思考与习题

1. 简述 Multisim 12.0 在 MCU 电路中仿真的步骤。

2. 在 Multisim 12.0 软件中设计仿真流水灯电路，要求设计仿真电路，编写仿真源程序。

3. 在 Multisim 12.0 软件中设计花样广告电路，要求设计仿真电路，编写仿真源程序。

4. 在 Multisim 12.0 软件中利用单片机实现两位数码管静态显示 00 ~ 99 的电路仿真，要求设计仿真电路，编写仿真源程序。

5. 在 Multisim 12.0 软件中利用单片机作为控制器实现篮球记分器的电路仿真，要求通过两个按键分别控制篮球比赛中的得分显示，一个按键作为加 1 分键，另一个按键则为减 1 分键。要求设计仿真电路，编写仿真源程序。

6. 在 Multisim 12.0 软件中利用单片机作为控制器实现交通灯控制系统的电路仿真，两个通道的红黄绿灯可用发光二极管代替，两个通道都要有倒计时显示。

附录　常用逻辑符号对照表

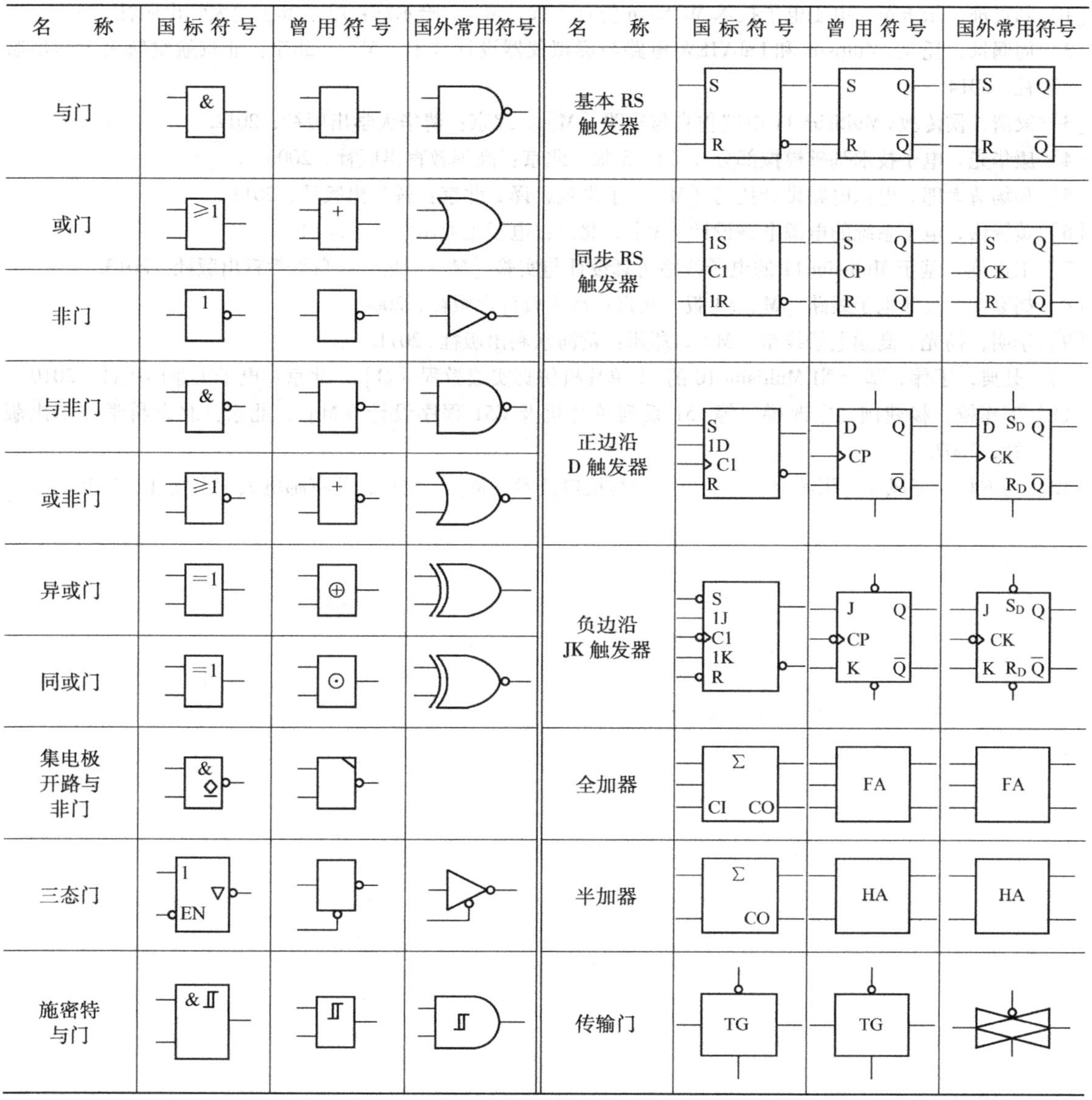

参考文献

[1] 刘贵栋，张玉军．电工电子技术 Multisim 仿真实践［M］．哈尔滨：哈尔滨工业大学出版社，2013.

[2] 周润景，托亚．Multisim 和 LabVIEW 电路与虚拟仪器设计技术［M］．北京：北京航空航天大学出版社，2014.

[3] 梁清，侯传教．Multisim 11 电路仿真与实践［M］．北京：清华大学出版社，2012.

[4] 康华光．电子技术基础模拟部分［M］．5 版．北京：高等教育出版社，2006

[5] 马场清太郎．电源电路设计技巧［M］．丁志强，译．北京：科学出版社，2013.

[6] 黄智伟．电子系统的电源电路设计［M］．北京：电子工业出版社，2014.

[7] 王连英．基于 Multisim 11 的电子线路仿真设计与实验［M］．北京：高等教育出版社，2013.

[8] 胡宴如．高频电子线路［M］．3 版．北京：高等教育出版社，2004.

[9] 李明，杨光．高频电子线路［M］．郑州：黄河水利出版社．2011.

[10] 聂典，丁伟．基于 NI Multisim 10 的 51 单片机仿真实战教程［M］．北京：电子工业出版社，2010.

[11] 王建校，杨建国，宁改娣，等．51 系列单片机及 C51 程序设计［M］．北京：北京科学技术出版社，2007.

[12] 马淑华，王凤文，张美金．单片机原理与接口技术［M］．北京：北京邮电大学出版社，2005.